Farben und Symbole helfen beim Suchen

Aus der Welt der Chemie
Ergänzende Angaben zum Text aus Geschichte, Technik und Umwelt

Im Überblick
Zusammenfassung wesentlicher Angaben des Kapitels

☐ Kennzeichnung von Experimenten. Schülerexperimente sind als Aufgabe formuliert, Lehrerexperimente als Beschreibung!
In Abbildungen dazu:

■ reagierende Feststoffe

■ reagierende Flüssigkeiten

□ nicht reagierende Stoffe

■ Kennzeichnung von Ausgangsstoffen

■ Kennzeichnung von Reaktionsprodukten

➡ Aufgaben zu den Themen auf einer Doppelseite

↗ Verweis auf eine andere Lehrbuchstelle

Chemisches Element
Hervorhebung wichtiger Begriffe im Text durch Fettdruck

Experiment 4
Ähnlich dem Experiment 2 wird auf einem Verbrennungslöffel zum Glühen erhitztes Eisen in ein abgeschlossenes Luftvolumen gebracht.

Experiment 5
Gib etwa 1 cm hoch Wasser in ein Weckglas und stelle eine Kerze hinein! Entzünde die Kerze und verschließe das Weckglas rasch mit Gummi und Deckel! Versuche nach etwa 10 Minuten den Deckel anzuheben!

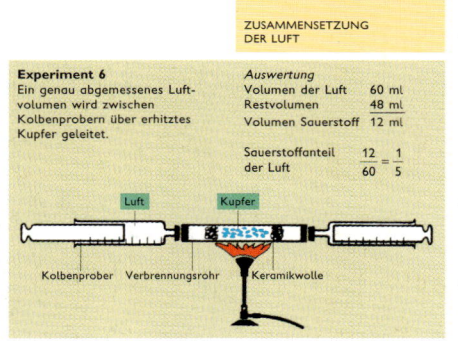

Experiment 6
Ein genau abgemessenes Luftvolumen wird zwischen Kolbenprobern über erhitztes Kupfer geleitet.

ZUSAMMENSETZUNG DER LUFT

Auswertung
Volumen der Luft   60 ml
Restvolumen   48 ml
Volumen Sauerstoff 12 ml

Sauerstoffanteil der Luft $\frac{12}{60} = \frac{1}{5}$

Im Experiment 2 beobachtet man nach dem Erlöschen der Kerze ein Ansteigen des Wassers in der Gasmessglocke. Im Restvolumen erlischt eine brennende Kerze sofort (Experiment 3). *Wie kann man diese Beobachtungen deuten?*
Ein Teil der Luft, der Sauerstoff, wird bei der Verbrennung verbraucht. Um diesen Betrag nimmt das Luftvolumen ab. Ein entsprechendes Volumen Wasser wird in das Gefäß gedrückt (Experiment 4). Den genauen Sauerstoffanteil der Luft kann man mit der Anordnung in Experiment 6 ermitteln.

Luft ist ein Stoffgemisch. Die Hauptbestandteile sind Stickstoff (etwa 4/5) und Sauerstoff (etwa 1/5).

Weitere **Bestandteile der Luft** sind Edelgase und Kohlenstoffdioxid sowie einige Stoffe, die nur in Spuren vorkommen. 100 l trockene Luft enthalten 78 l Stickstoff, 21 l Sauerstoff, 0,96 l Edelgase (hauptsächlich Argon) und 0,035 l Kohlenstoffdioxid (Abb. 2). Die erdnahe Luftschicht enthält noch einen unterschiedlichen Anteil an Wasserdampf.

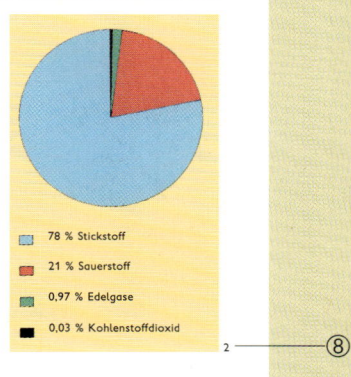

- 78 % Stickstoff
- 21 % Sauerstoff
- 0,97 % Edelgase
- 0,03 % Kohlenstoffdioxid

AUFGABEN

1. Wodurch unterscheidet sich der Stoff „Luft" vom Stoff „Wasser"?
2. An welchen Erscheinungen des täglichen Lebens kann man erkennen, dass Luft ein Stoff ist?
3. Begründe den Auftrieb eines Ballons in Luft! Es gelten die gleichen Gesetze wie beim Auftrieb eines Körpers in Wasser.
4. Beim Erhitzen von Kupfer an der Luft entsteht Kupferoxid. Formuliere die Wortgleichung!
5. Von welchen Beobachtungen hat sich *Lavoisier* bei der Wahl der Begriffe „Lebensluft" und „Stickluft" wohl leiten lassen (↗ S. 41)?
6. Warum erlischt die Kerze beim Experiment 3 im Restvolumen der Luft?
7. Berechne das Volumen an Sauerstoff in einem Raum von 820 m³!
8. Ein Mensch atmet täglich etwa 10000 l Luft ein. Wie groß ist der Anteil an Sauerstoff?
9. Erkläre die im Experiment 5 beobachteten Erscheinungen!

Chemie

Stoffe – Reaktionen – Umwelt

Lehrbuch
für Sekundarstufe I

Volk und Wissen Verlag

Autoren:
Barbara Arndt, Karin Arnold, Heinz Belter, Adolf Block, Helmut Boeck,
Roland Brauer, Volkmar Dietrich, Brigitte Duvinage, Johannes Elsner,
Lothar Fritsch, Gerhard Meyendorf, Jochen Teichmann, Günter Wegner

Leitung: Gerhard Meyendorf

unter Planung und Mitarbeit der Verlagsredaktion Chemie:
Edward Gutmacher, Dieter Hron

Dieses Werk ist in allen seinen Teilen urheberrechtlich geschützt. Jegliche Verwendung außerhalb der engen Grenzen des Urheberrechts bedarf der schriftlichen Zustimmung des Verlages. Dies gilt insbesondere für Vervielfältigungen, Mikroverfilmungen, Einspeicherung und Verarbeitung in elektronischen Medien sowie für Übersetzungen.

Dieses Werk folgt der reformierten Rechtschreibung und Zeichensetzung.

Das Umschlagbild zeigt einen Achatanschliff aus der mineralogischen Sammlung der TU Bergakademie Freiberg, Fundort Schnellbach-Nesselhof Thüringen. Foto: Michael Knopfe, Freiberg

ISBN 3-06-030722-9

1. Auflage
5 4 3 / 01 00 99
Alle Drucke dieser Auflage sind unverändert und im Unterricht parallel nutzbar. Die letzte Zahl bedeutet das Jahr des Druckes.
© Volk und Wissen Verlag GmbH, Berlin 1997
Printed in Germany
Technische Zeichnungen: Norbert Marzahn
Illustrationen: Rainer Fischer, Dieter Heidenreich, Hans Wunderlich
Layout: Manfred Behrendt
Einband und Typografie: Wolfgang Lorenz
Satz: Druckhaus „Thomas Müntzer" GmbH, Bad Langensalza
Druck und Binden: H. Heenemann GmbH & Co., Berlin

Inhalt

1	Überall Chemie	4
2	Vielfalt der Stoffe	8
3	Metalle	20
4	Luft – Sauerstoff	32
5	Wasser – Wasserstoff	42
6	Oxidation – Reduktion	52
7	Feuer	64
8	Atombau – Periodensystem der Elemente	70
9	Salzartige Stoffe	74
10	Chemische Bindung	84
11	Saure Lösungen	88
12	Neutrale Lösungen – Neutralisation	98
13	Halogene	104
14	Schwefel und Schwefelverbindungen	110
15	Stickstoffverbindungen	120
16	Kohlenstoff und Silicium	130
17	Organische Chemie	144
18	Alkane	146
19	Alkene und Alkine	158
20	Ringförmige Kohlenwasserstoffe	164
21	Erdöl und Erdgas	168
22	Alkohole – Aldehyde	172
23	Carbonsäuren – Ester	182
24	Seifen und Waschmittel	192
25	Einige Nährstoffe	198
26	Kunststoffe	208
27	Periodensystem – Teilchen bei Reaktionen	218
28	Quantitative Betrachtungen	226
29	Verlauf chemischer Reaktionen	234
30	Elektrochemische Reaktionen	242
31	Chemie und Umwelt	252

Anhang
Atombau der Elemente 262
Laborgeräte 264
Gefahrensymbole – Gefahrenhinweise 266
Sicherheitsratschläge – Entsorgungsratschläge 267
Entsorgung von Gefahrstoffabfällen 268
Liste der Gefahrstoffe 269
Lösungen zu Aufgaben 271
Register 272

ÜBERALL CHEMIE

Überall Chemie

Wir wollen uns künftig mit Chemie beschäftigen, einer weiteren Naturwissenschaft. Was ist Chemie? Wann und wo haben wir schon einmal mit Chemie zu tun gehabt?

Kein Leben ohne Chemie?

Wenn man heute von „Chemie" spricht, so denken viele Menschen sofort an Umweltschäden, die Verschmutzung von Luft und Gewässern. Unfälle in Chemiebetrieben machen Schlagzeilen in Zeitungen. Es ist aber keinesfalls berechtigt, alleine der Chemie die Verantwortung dafür zu geben. Vermeiden schädlicher Abfälle, gründliche Reinigung von Abgasen und Abwasser sowie strenge Kontrollen können Schäden durch chemische Betriebe nahezu vollständig verhindern.

Die meisten Umweltbelastungen kommen heute aus anderen Quellen, zum Beispiel den Abgasen der Kraftfahrzeuge, Heizungsanlagen oder zunehmenden Abfallbergen. Stoffe, die Menschen jahrhundertelang genutzt haben, werden durch neue Forschungen als schädlich erkannt. Gefährlichkeit oder Giftigkeit von Stoffen sind deren Eigenschaften, nicht von der Chemie verschuldet. Gefahren entstehen erst durch unsachgemäßen Umgang mit solchen Stoffen. Gerade die Chemie ist es, die in allen solchen Fällen nach Möglichkeiten sucht, Schäden zu vermeiden oder zu vermindern: Katalysatoren der Autos reinigen Abgase durch chemische Vorgänge, umweltfreundliche Verpackungsmaterialien werden entwickelt, neue, ungefährliche Stoffe können gesundheitsschädliche ersetzen.

Die uns umgebende **Natur ist ein großes chemisches Laboratorium.** Ständig laufen chemische Vorgänge ab. Gesteine und Mineralien bildeten sich in Urzeiten durch chemische Vorgänge (Abb. 1). Glut und Lava speiende Vulkane zeugen noch heute davon (Abb. 2). Pflanzen nehmen Wasser und Nährstoffe aus dem Boden und Kohlenstoffdioxid aus der Luft auf und bilden daraus Stoffe für ihr Wachstum.

KEIN LEBEN
OHNE CHEMIE?

Bier (Abb. 3) und perlender Sekt entstehen durch chemische Vorgänge. Bei der Verdauung (Abb. 4) und bei der Atmung laufen ebenfalls komplizierte chemische Vorgänge ab. Störungen machen sich durch Krankheiten bemerkbar. Genaue Kenntnisse über diese Vorgänge in den Organismen ermöglichen den Chemikern heute, immer wirksamere Medikamente herzustellen.
Heute ist ein **Leben ohne Chemie undenkbar**. In einem sehr langen Zeitraum gewonnene Kenntnisse über chemische Vorgänge und das Herstellen verschiedenster Stoffe können wir heute anwenden. Das Entzünden eines Feuers ist mit einem Zündholz sehr leicht geworden. Seife, Zahnpasta, Waschmittel und Kosmetika sind Produkte der Chemie, die wir täglich verwenden und deren Wirkung größtenteils auf chemischen Vorgängen beruht. Metalle, Zement, Glas, Porzellan, Gummi, wärmedämmende Isolierstoffe (Abb. 5) werden durch chemische Vorgänge hergestellt. Lesen wir ein Buch, dann hat die Chemie mit Papier, Druckfarben, Folien für den Einband und Klebstoffen wichtige Grundlagen dafür geschaffen. Ohne künstlich hergestellte Fasern wäre unsere Kleidung undenkbar (Abb. 7). Medikamente haben die Lebenszeit der Menschen wesentlich verlängert (Abb. 6). Ohne Chemie gäbe es kein Ton- oder Videoband, keine Schallplatte, kein Rundfunk- oder Fernsehgerät.
Das alles zeigt: Chemie ist in unserem Leben allgegenwärtig! Chemische Kenntnisse helfen, das, was um uns geschieht, zu verstehen und mit Stoffen sachgerecht umzugehen.
Im Laufe von Jahrhunderten lernten die Menschen, Stoffe aus der Natur zu nutzen und zu verarbeiten. Schon sehr früh konnten sie mit Feuer umgehen und beobachten, dass Fleisch durch Braten im Feuer besser genießbar wurde. Aus Ton geformte Gefäße wurden durch Brennen im Feuer für die Aufbewahrung von Nahrungsmitteln brauchbar.

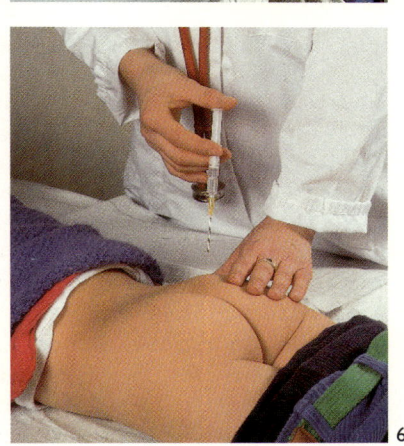

ÜBERALL CHEMIE

Das **Nutzen chemischer Erscheinungen** hatte deutlichen Einfluss auf die Geschichte der Menschheit. Als die Menschen die Metallherstellung kannten, ließen sich viele zuvor mühsame Arbeiten mit Metallgeräten schneller und leichter ausführen. Metalle gestatteten aber auch, gefährlichere Waffen herzustellen. Erfahrungen bei der Herstellung von Kalkmörtel ermöglichten den Bau großer Steinhäuser und Kirchen. Durch die Entdeckung des Schießpulvers konnten Gesteine und Mineralien leichter abgebaut (Abb. 2), aber auch Schusswaffen entwickelt werden. Koks aus der Entgasung von Kohle war notwendig, um große Mengen Stahl zum Bau von Maschinen, Industrieanlagen und Eisenbahnen zu erzeugen (Abb. 1). Fasern aus der Natur würden heute nicht ausreichen, um den Bedarf an Kleidung in den entwickelten Industriestaaten zu decken. Die Chemie schuf künstliche Fasern. Ohne sinnvolles Nutzen künstlicher Düngemittel hätte die ständig wachsende Weltbevölkerung weitaus größere Probleme bei der Ernährung. In Jahrhunderten sammelten die Menschen immer mehr Erfahrungen im Umgang mit chemischen Erscheinungen (Abb. 3). Aber erst seit etwa 200 Jahren werden sie wissenschaftlich untersucht und erklärt. Heute kann der Verlauf chemischer Vorgänge abgeschätzt und in einer gewünschten Weise beeinflusst werden.

ENTWICKLUNG DER CHEMIE

Aus der Welt der Chemie

So hat sich die Chemie entwickelt!

Chemische Vorgänge wurden von den Menschen schon im **Altertum**, besonders in China und im Orient genutzt (Metallgewinnung, Töpferei, Weinbereitung, Seifenherstellung).

Bis ins **17. Jahrhundert** erfolgte in Europa eine weniger gründliche Untersuchung vieler Stoffe (Alchemie). Wissenschaftliche Grundlagen fehlten noch. Alchemisten suchten nach dem „Stein der Weisen". Dennoch wurden Kenntnisse über Metalle und Metallgewinnung erweitert, viele neue Stoffe hergestellt und ab etwa 1600 Chemikalien als Heilmittel erkannt (Abb. 4).

1650 bis 1800 wurden unter Verwendung der Waage wichtige Grundlagen der Chemie und Naturgesetze erkannt. Verbrennung und andere chemische Vorgänge konnten erklärt werden (Abb. 5).

Mit der Industrialisierung entstanden Fabriken zur Herstellung von Schwefelsäure (1736), Soda (1775), Leuchtgas und Koks (1792) sowie Zement (1796). Ab 1735 wurde Eisen in größeren Mengen gewonnen.

Von **1800 bis 1900** entwickelten sich Organische und Physikalische Chemie sowie die chemische Großindustrie. Fabrikmäßig erzeugt wurden zum Beispiel Düngemittel, Farben, Kunstseide und Aluminium. Forschungen an Hochschulen und in der Industrie führten zu modernen Theorien der Chemie (Abb. 6).

Seit **1900** beeinflusst die Chemie alle Bereiche des Lebens. Die Erdölverarbeitung liefert Kraftstoffe und viele industrielle Ausgangsstoffe. Plaste und Chemiefasern verändern ganze Wirtschaftszweige (Bakelit 1909, Buna-Kautschuk 1926, PVC 1926, Polyesterfasern 1940, Perlon 1943). Die aufkommende Biochemie ermöglicht die Herstellung vieler neuer Heilmittel (Abb. 7).

VIELFALT DER STOFFE

2

Vielfalt der Stoffe

Buntes Treiben herrscht auf einem orientalischen Markt. Gegenstände aus verschiedenen Stoffen werden angeboten. Wodurch unterscheiden sich Stoffe?
Wie kann man Stoffe verändern?

Stoffe um uns

Körper und Stoff. Der Chemiker bezeichnet alles das als Stoffe, woraus die Gegenstände, die Körper, die uns umgeben, bestehen. Die Fensterscheibe besteht aus dem Stoff Glas, der Hausschlüssel aus dem Stoff Eisen. Für das Fahrrad sind verschiedene Stoffe verarbeitet worden, Eisen für den Rahmen, Aluminium für die Felgen, Gummi für die Bereifung. Viele Geräte, mit denen im Chemieunterricht gearbeitet wird, sind aus dem Stoff Glas, aus Metallen oder Holz angefertigt worden (Abb. 1). Auch unser Körper, die Knochen, die Haut, die Haare oder das Blut bestehen aus sehr verschiedenen Stoffen.

Aus einem bestimmten Stoff können unterschiedliche Körper hergestellt werden (Abb. 2). Andererseits lassen sich gleichartige Gegenstände aus verschiedenen Stoffen anfertigen (Abb. 3).

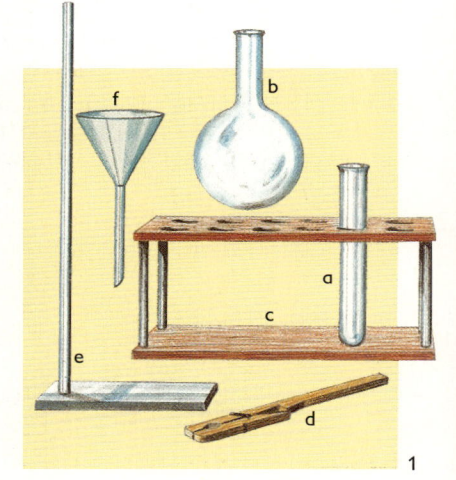

8

STOFFE UM UNS

Verschiedene Formen von Stoffen. Stoffe können in unterschiedliche Formen gebracht werden. Die flüssige Form des Stoffes Wasser erstarrt bei Temperaturen unter 0 °C zu Eis. Beim Erhitzen über 100 °C verdampft das Wasser. Glas lässt sich bei höheren Temperaturen erweichen und zu Flaschen, Gläsern und vielen anderen Körpern verformen (Abb. 4). Metalle wie Kupfer oder Aluminium können zu Blechen und Drähten verarbeitet werden, um daraus Gefäße, Maschinenbauteile, Kabel oder viele andere Dinge herzustellen. Bei diesen Veränderungen der Form von Körpern bleiben aber die Stoffe, aus denen sie bestehen, stets gleich.

Bei der Untersuchung von Gegenständen interessieren den Chemiker vor allem die Stoffe, aus denen sie bestehen.

Stoffe aus der Natur. Unsere Welt besteht aus vielen unterschiedlichen Stoffen. Manche von ihnen, z. B. Quarz, aus dem der Sand und viele Gesteine aufgebaut sind, oder das Wasser, kommen recht häufig vor, andere wie Gold und Diamanten sind selten.
Stoffe aus der Natur können von den Menschen genutzt werden. Gesteine und Holz dienen als Baumaterial. Aus Ton lassen sich Gefäße formen, die in der Hitze, durch Brennen, fest werden. Viele andere in der Natur vorkommende Stoffe, die man Rohstoffe nennt, werden verarbeitet, um daraus für die Menschen nützliche Stoffe zu gewinnen. Aus Erzen lassen sich Metalle herstellen, aus Erdöl und Erdgas Benzin, Kunststoffe, Farben, Medikamente und viele andere für unser Leben wichtige Stoffe.
Stoffe stehen in der Natur nicht in beliebiger Menge zur Verfügung. Mit ihnen muss sparsam umgegangen werden. Andererseits werden unbrauchbar gewordene Gegenstände oft achtlos weggeworfen. Aus vielen dieser nicht mehr benötigten Gegenstände können die darin verarbeiteten Stoffe zurückgewonnen und wieder verarbeitet werden. Man bezeichnet das als Recycling. Das Sammeln von Altpapier, Textilien, Metallschrott, Kunststoffabfällen, Glas und anderen Altstoffen (Abb. 5) entlastet die Umwelt und trägt gleichzeitig zum sparsamen Umgang mit den Rohstoffen aus der Natur bei.

4

AUFGABEN

1. Stelle Stoffe zusammen, die bei der Herstellung
a) eines Wohnhauses,
b) eines Autos, c) einer Armbanduhr, d) einer Tischlampe verwendet werden!
2. Schreibe 10 Stoffe auf, mit denen du am Morgen nach dem Aufstehen umgehst!
3. Bezeichne die Laborgeräte auf der Abbildung 1! Gib die Stoffe an, aus denen sie bestehen!
4. Gleichartige Gegenstände kann man aus verschiedenen Stoffen herstellen. Gib dafür Beispiele an!
5. Erläutere an Beispielen, dass Körper verformt werden, der Stoff, aus dem sie bestehen, aber unverändert bleibt!
6. Begründe die Notwendigkeit, Altstoffe zu sammeln und wieder zu verwenden!

5

VIELFALT DER STOFFE

Stoffe und ihre Eigenschaften

Eigenschaften der Stoffe. Stoffe kann man unabhängig von ihrer Form an ihren Eigenschaften erkennen und unterscheiden. Einige Eigenschaften wie Farbe, Geruch, Glanz an der Oberfläche oder der Aggregatzustand lassen sich unmittelbar mit den Sinnesorganen feststellen. Der Geruch ist sehr vorsichtig durch Zufächeln zu prüfen (Abb. 1), da einige Stoffe ätzende oder gesundheitsschädigende Dämpfe abgeben. Der Geschmack wird wegen der Giftigkeit vieler Stoffe grundsätzlich nicht geprüft. Die Angabe der Eigenschaften muss sehr genau erfolgen. Beim Aggregatzustand ist die jeweilige Temperatur zu beachten. Meist beziehen sich solche Angaben auf die Temperatur von 20 °C. Die Farbe kann von der Beschaffenheit der Stoffoberfläche abhängen. Eisen sieht an frischen Bruch- oder Sägekanten silberglänzend, in Pulverform dunkelgrau aus.

Geruchsprobe

Ermitteln von Eigenschaften. Viele andere Eigenschaften müssen durch Experimente festgestellt werden.
Einige Stoffe sind an der Löslichkeit in Wasser oder in anderen Flüssigkeiten erkennbar (Experiment 1). Wichtig ist ferner die Prüfung auf Brennbarkeit. Brennt ein Stoff, so können Angaben über die Farbe der Flamme, auftretenden Geruch oder Rußbildung wichtig sein (Experiment 2).

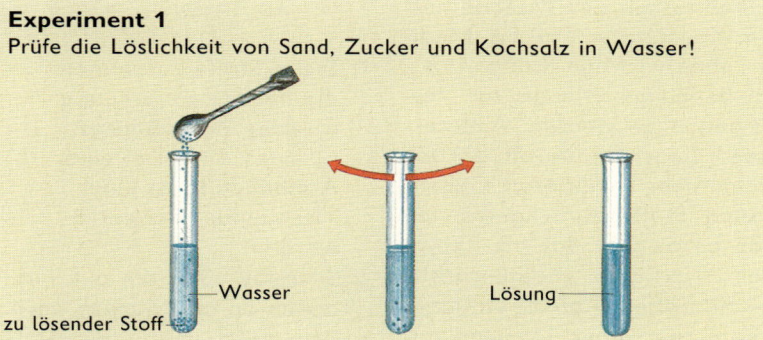

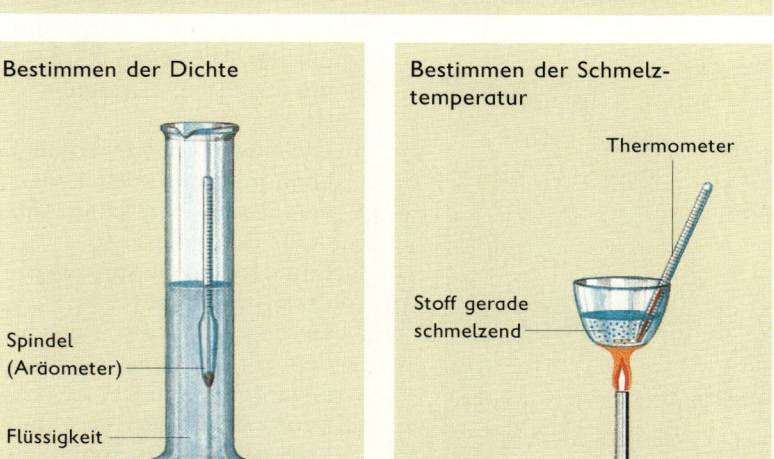

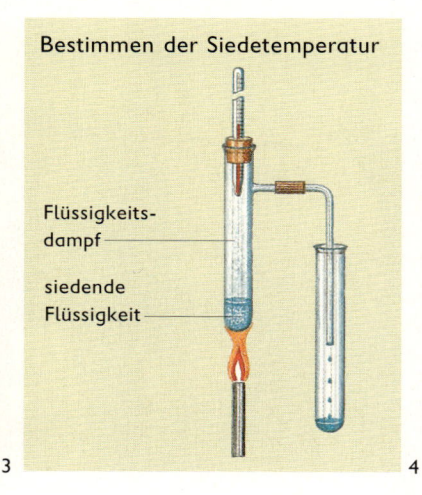

Experiment 1
Prüfe die Löslichkeit von Sand, Zucker und Kochsalz in Wasser!

zu lösender Stoff — Wasser — Lösung

Experiment 2
Alkohol und Petroleumbenzin werden auf Brennbarkeit untersucht. *Feuerfeste Unterlage!*

Alkohol oder Petroleumbenzin
Eisenschale

Bestimmen der Dichte

Spindel (Aräometer)
Flüssigkeit

Bestimmen der Schmelztemperatur

Thermometer
Stoff gerade schmelzend

Bestimmen der Siedetemperatur

Flüssigkeitsdampf
siedende Flüssigkeit

Einige Stoffe sind daran zu erkennen, dass sie den elektrischen Strom leiten (Abb. 5). Oft ist es notwendig, die Härte von Stoffen zu prüfen und vergleichen. Dazu versucht man, die Oberfläche des Stoffes mit einer Stahlnadel zu ritzen.

Zum Erkennen von Stoffen sind messbare Eigenschaften wichtig, wie die Dichte, die sich mit einer Senkspindel ermitteln lässt (Abb. 2), oder die Schmelz- (Abb. 3) und Siedetemperatur (Abb. 4). Oft lassen sich noch weitere Eigenschaften ermitteln. Eisen wird z. B. vom Magneten angezogen. Einige Stoffe wirken stark ätzend. Sie zerstören Kleidung oder Farboberflächen.

Unterscheiden von Stoffen. Sehr selten lässt sich ein Stoff nur an einer Eigenschaft erkennen. Es gibt viele farblose Flüssigkeiten oder salzähnliche weiße Stoffe. Je mehr Eigenschaften sich von einem Stoff angeben lassen, desto sicherer kann man ihn bestimmen.

Stoffe kann man an ihren Eigenschaften erkennen und unterscheiden.

Gefahrstoffe. Sehr gefährliche Stoffe dürfen im Chemieunterricht nicht verwendet werden. Der Umgang mit einigen Stoffen kann gefährlich und gesundheitsschädlich sein. Deshalb muss mit allen Stoffen vorsichtig umgegangen werden. Gefäße mit gefährlichen Stoffen müssen besondere Gefahrensymbole mit Kennbuchstaben (Abb. 6) tragen.

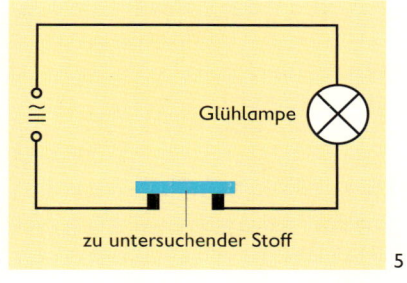

STOFFE UND IHRE EIGENSCHAFTEN

Vergleich von Eigenschaften

Schwefel	Alkohol
fest	flüssig
geruchlos	typischer Geruch
brennbar, blaue Flamme	brennbar
unlöslich in Wasser	löslich in Wasser
Dichte: $2{,}07\ \frac{g}{cm^3}$	Dichte: $0{,}79\ \frac{g}{cm^3}$
Siedetemperatur: 445 °C	Siedetemperatur: 78 °C

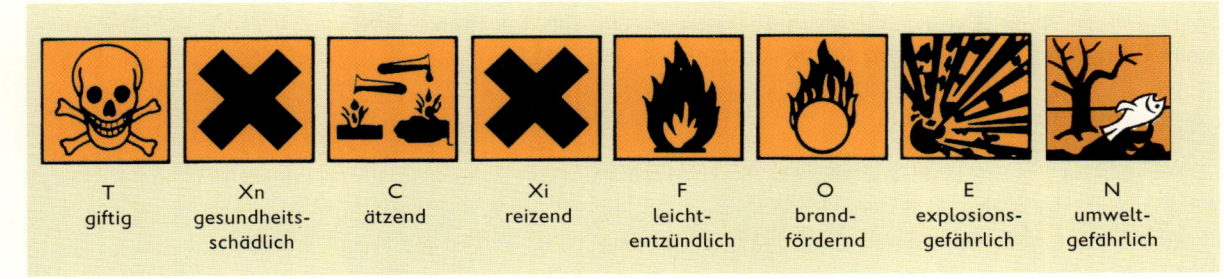

Symbol	Kennbuchstabe	Bedeutung
Totenkopf	T	giftig
X	Xn	gesundheitsschädlich
Reagenzglas/Hand	C	ätzend
X	Xi	reizend
Flamme	F	leichtentzündlich
Flamme über Kreis	O	brandfördernd
Explosion	E	explosionsgefährlich
Baum/Fisch	N	umweltgefährlich

AUFGABEN

1. Stelle für folgende Stoffe Eigenschaften zusammen: a) Wasser, b) Fensterglas, c) Benzin, d) Porzellan, e) Kupfer!
2. Welchen Aggregatzustand hat Wasser bei a) 20 °C, b) 75 °C, c) 100 °C, d) −12 °C?
3. Ermittle aus Tabellen Dichte, Schmelz- und Siedetemperatur von a) Eisen, b) Aluminium, c) Wasser, d) Schwefel!
4. Untersuche die Löslichkeit folgender Stoffe in Wasser: a) Kochsalz, b) Zucker, c) Spiritus, d) Eisenpulver, e) Korkpulver! Vergleiche die Effekte bei d) und e)!
5. Prüfe in einer Apparatur nach Abbildung 5 die elektrische Leitfähigkeit von a) Eisendraht, b) Kupferdraht, c) Aluminiumdraht, d) Glasstab, e) Kunststoffstreifen!
6. Warum kann man zwei Stoffe nicht nur an einer Eigenschaft sicher unterscheiden?
7. Stelle ähnliche und unterschiedliche Eigenschaften zusammen von a) Wasser und Spiritus, b) Puderzucker und Mehl, c) Eisen und Blei! Wodurch lassen sich die Stoffe unterscheiden?

VIELFALT DER STOFFE

Stoffgemische – Reinstoffe

Mischbarkeit von Stoffen. Stoffe lassen sich mischen. Der Bäcker bereitet aus Mehl, Salz, Zucker, Wasser und anderen Stoffen Teig, um daraus Brötchen zu backen. Zum Bauen kann Zementmörtel aus Sand, Zement und Wasser hergestellt werden (Abb. 2).

Beim Mischen von Stoffen entstehen Stoffgemische.

Riesensteingranit

In der Natur kommen Stoffe fast nur im Gemisch mit anderen Stoffen vor. In Gesteinen, wie dem Granit (Abb. 1), sind die Bestandteile oft noch deutlich nebeneinander erkennbar. Das Wasser der Meere enthält Salze. In einem Stoffgemisch liegen die Bestandteile mehr oder weniger fein verteilt nebeneinander vor (Abb. 4). So sind z. B. in einer Zucker- oder Salzlösung die Bestandteile nicht mehr nebeneinander zu erkennen.
Je nach der Art der Verteilung und dem Aggregatzustand der Bestandteile werden Stoffgemische häufig unterschiedlich bezeichnet (Tabelle).

Experiment 3
Mische im Reagenzglas etwas Schwefelpulver mit Eisenfeilspänen! Bewege dann einen Magneten an der Reagenzglaswand auf und ab! Schüttle das Gemisch danach mit Wasser!

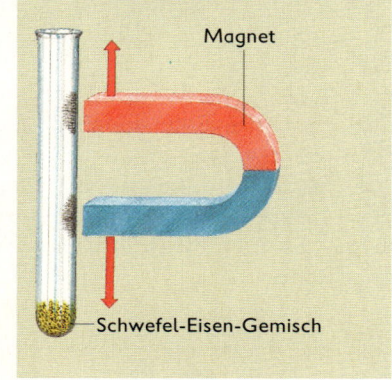

Schwefel-Eisen-Gemisch

Bestandteile von Stoffgemischen. Im Stoffgemisch von Schwefel und Eisen kann man die beiden Bestandteile nebeneinander mit der Lupe erkennen (Abb. 3). Von einem Magneten werden die Eisenteilchen angezogen, der Schwefel bleibt zurück (Experiment 3). Wird das Stoffgemisch mit Wasser geschüttelt, so sinkt das Eisen aufgrund seiner großen Dichte zu Boden, der Schwefel sammelt sich an der Wasseroberfläche. Die Stoffe haben also im Stoffgemisch ihre Eigenschaften beibehalten. Darauf beruhen viele Trennmöglichkeiten von Stoffgemischen.

Stoffgemische			
Stoffgemische	in festen Stoffen	in Flüssigkeiten	in Gasen
Fester Stoff	Gemenge Müll, Granitgestein	Lösung Zuckerlösung	Rauch Tabakrauch, Rußwolke
	Legierung Bronze, Messing	Aufschlämmung Deckenfarbe, Schmutzwasser	
Flüssigkeit		Lösung Wein, Speiseessig	Nebel zerstäubtes Haarspray
		Emulsion Milch	
Gas		Lösung Mineralwasser, Selters	Gasgemisch Luft
		Schaum Seifenschaum	

STOFFGEMISCHE – REINSTOFFE

Gemisch aus Schwefel- und Eisenpulver

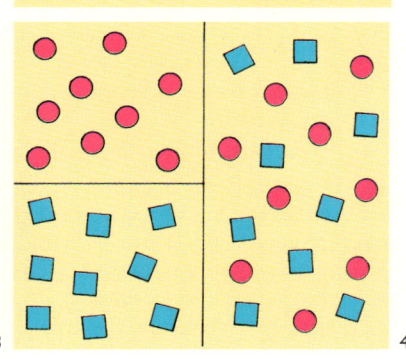

Reinstoffe. Wenn man Stoffgemische vollständig in ihre Bestandteile zerlegt, so erhält man Reinstoffe. Beispiele für Reinstoffe sind Wasser, Kochsalz, Zucker, Kupfer oder Eisen. Diese Stoffe haben bestimmte Eigenschaften und bestehen nur aus einem Stoff.

Einteilung der Stoffe. Bei der Vielzahl sehr unterschiedlicher Stoffe, die uns umgeben, ist es notwendig, eine Ordnung, eine Einteilung, vorzunehmen. Dafür gibt es sehr verschiedene Möglichkeiten. So kann man Stoffe z. B. nach bestimmten Eigenschaften ordnen.

Aggregatzustand	Fester Stoff	Flüssigkeit	Gas
Brennbarkeit	Brennbarer Stoff	Nicht brennbarer Stoff	
Elektrische Leitfähigkeit	Leiter	Nichtleiter	

Diese Einteilungen haben praktische Bedeutung. Sie sind sehr grob und müssten noch weitergeführt werden. Bei Zimmertemperatur feste Stoffe könnten z. B. in Metalle, wie Kupfer und Eisen, in salzartige Stoffe wie Kochsalz, in elastische Stoffe wie Gummi, in leicht verformbare Stoffe wie Kerzenmasse weiter unterteilt werden. Wichtig ist, dass sich möglichst alle Stoffe in eine solche Einteilung einordnen lassen.

In der Chemie ist eine Einteilung besonders wichtig, bei der zunächst zwischen Reinstoffen und Stoffgemischen unterschieden wird. Durch genaue Untersuchungen vieler Stoffe wird es möglich, diese Einteilung noch weiterzuführen.

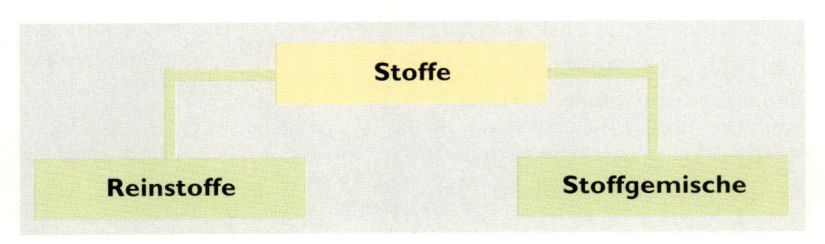

```
           Stoffe
          /      \
   Reinstoffe   Stoffgemische
```

AUFGABEN

1. Kommentiere die Übersicht über Stoffgemische! Versuche alle Bestandteile zu benennen! Suche weitere Beispiele!
2. Entscheide, welches Stoffgemische sind: a) Zink, b) Wasser, c) Kuchenteig, d) Ackerboden, e) Kupferdraht, f) Zuckerlösung, g) Beton!
3. Schüttle folgende Stoffe jeweils mit Wasser: a) Sand, b) Mehl, c) Zucker, d) Waschpulver! Entscheide, in welchen Fällen Lösungen entstanden sind! Begründe!

VIELFALT DER STOFFE

Trennen von Stoffgemischen

Trennverfahren. Stoffgemische müssen oft in ihre Bestandteile zerlegt werden. Aus dem Saft der Zuckerrüben ist Zucker, aus Raps- und anderen Pflanzensamen Öl zu gewinnen. In warmen Ländern stellt man Salz aus Meerwasser her (Abb. 3). Goldwäscher suchen im Sand und Geröll von Flüssen nach Goldstückchen (Abb. 2).
Zum Trennen von Stoffgemischen sind sehr unterschiedliche Arbeitsweisen entwickelt worden. Aus einem Gemisch verschiedenfarbiger Perlen kann man zum Beispiel die roten aussammeln. Eisenteile können mit Magneten aus Gemischen entfernt werden (↗ S. 12). Viele Trennverfahren beruhen auf der unterschiedlichen Löslichkeit von Stoffen in Wasser oder anderen Flüssigkeiten, verschiedener Teilchengröße, Dichte oder Siedetemperatur der zu trennenden Stoffe.

Zum Trennen von Stoffgemischen werden die Eigenschaften der Stoffe genutzt.

Dekantieren. Von festen Stoffen am Boden eines Gefäßes kann überstehende Flüssigkeit abgegossen oder abgesaugt werden (Experiment 4). Dieses Dekantieren trennt nur grob.

Filtrieren. Das Filtrieren ermöglicht eine vollständige Trennung fester unlöslicher Stoffe von Flüssigkeiten. Dazu wird das Stoffgemisch auf ein Filter gegeben. Dieses Filter lässt die Flüssigkeit (Filtrat) hindurchlaufen und hält die ungelösten Bestandteile (Filterrückstand) zurück. Filter können aus Papier oder Watte bestehen. In der Industrie werden noch weitere Materialien wie Tücher oder Sand benutzt. Zum Filtrieren wird ein Filterpapier zweifach gefaltet (Abb. 1), in einen Trichter gelegt und angefeuchtet. Der Trichterauslauf liegt an der Wand des Auffanggefäßes an. Das zu trennende Stoffgemisch lässt man an einem Glasstab in den Trichter laufen (Experiment 5).

Eindunsten und Eindampfen. Feste Stoffe kann man aus ihren Lösungen gewinnen, indem die Flüssigkeit in einem offenen Gefäß verdunstet. Dieser Vorgang des Eindunstens kann durch Erhitzen der Lösung bis zum Sieden beschleunigt werden. Dabei verdampft dann das flüssige Lösungsmittel. Der feste Stoff bleibt zurück. Kleine Lösungsportionen werden auf dem Objektträger oder im Reagenzglas eingedampft (Experimente 6 und 7), große in Abdampfschalen. Durch Eindampfen gewinnt man Kochsalz (Siedesalz) aus Salzlösungen (Abb. 4).

Experiment 4
Trenne ein Gemisch aus Kreidepulver und Wasser durch Abgießen der überstehenden Flüssigkeit!

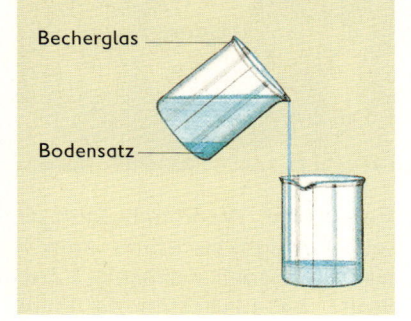

Experiment 5
Trenne ein Gemisch aus Kreidepulver und Wasser durch Filtrieren!

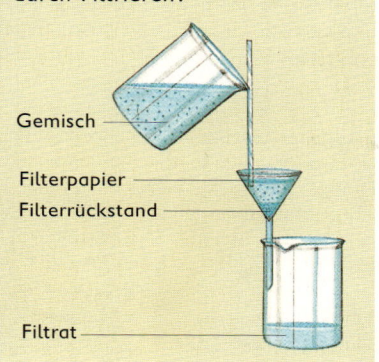

Experiment 6
Dampfe drei Tropfen Kochsalzlösung im Reagenzglas unter ständigem Schütteln ein!

Experiment 7
Dampfe einen Tropfen Trinkwasser auf einem Objektträger vorsichtig ein!

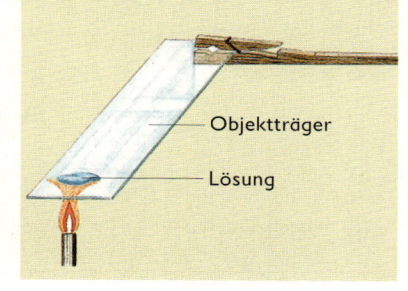

TRENNEN VON STOFFGEMISCHEN

Umgang mit dem Gasbrenner

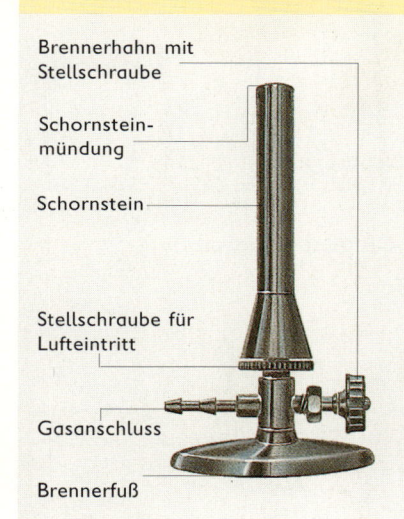

Brennerhahn mit Stellschraube
Schornsteinmündung
Schornstein
Stellschraube für Lufteintritt
Gasanschluss
Brennerfuß

Entzünden

Lufteintritt schließen!
Gashähne an Tisch und Brenner öffnen!
Gas sofort an der Brennermündung entzünden!
Flammengröße einstellen!
Lufteintritt nach Bedarf öffnen!

Löschen

Lufteintritt schließen!
Gashähne an Brenner und Tisch schließen!
Brenner erst nach Abkühlen wegstellen!

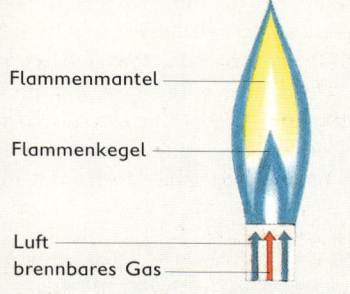

Flammenmantel
Flammenkegel
Luft
brennbares Gas

Bei geschlossenem Lufteintritt verbrennt das Gas mit blaugelb leuchtender Flamme.
Beim Öffnen der Luftzufuhr entfärbt sich die Flamme, beginnt zu rauschen und wird heißer!

AUFGABEN

1. Früher wurde das gedroschene Getreide in den Wind geworfen, um die Spreu vom Korn zu trennen. Welche unterschiedlichen Eigenschaften von Spreu und Korn werden dabei genutzt?
2. Wie entfernt man Fettflecke aus Kleidung? Welches Trennverfahren wird angewandt?
3. Warum ist beim Dekantieren nur eine grobe Trennung der Stoffe möglich?
4. Was ist zu erwarten, wenn ein unlöslicher Stoff mit geringerer Dichte als Wasser mit diesem gemischt wird? Wäre dann eine Trennung durch Dekantieren möglich?
5. Welches Trennverfahren wird bei der Salzgewinnung aus dem Meer angewandt? Warum ist dieses Verfahren in Deutschland nicht möglich?
6. Beschreibe den Weg des Gases und der Luft durch den Gasbrenner!
7. Halte ein Magnesiastäbchen in verschiedenen Höhen waagerecht in die rauschende Brennerflamme. Was lässt sich ableiten?
8. Halte ein Glasröhrchen mit einer Tiegelzange schräg nach unten in den Flammenkegel! Versuche an der oberen Öffnung eine Flamme zu entzünden!

VIELFALT DER STOFFE

Destillieren. Führt man das Eindampfen in einem Gefäß durch, bei dem der entweichende Dampf abgeleitet und gekühlt werden kann, so lässt sich auch das Lösungsmittel gewinnen (Abb. 1). Durch derartiges Destillieren können die letzten Salzanteile aus Leitungswasser entfernt werden. Dabei entsteht destilliertes Wasser. Gemische von Flüssigkeiten werden aufgrund unterschiedlicher Siedetemperaturen häufig durch Destillieren getrennt.

Weitere Trennverfahren. Es gibt viele weitere Möglichkeiten zum Trennen von Stoffgemischen. Mit besonders hergestellter, poröser Holzkohle, der so genannten Aktivkohle, können Geruchsstoffe aus der Luft (Abb. 2), schädliche Gase bei Experimenten oder Farbstoffe aus Flüssigkeiten durch Anlagerung an die Kohleoberfläche (Adsorption) entfernt werden (Experiment 8). In einer Wäscheschleuder wird das Wasser aus der Wäsche entfernt, indem man sie in einer Trommel sehr schnell dreht, sodass die Wassertropfen durch Löcher in der Trommelwand nach außen geschleudert werden. Dieses Trennverfahren bezeichnet man als **Zentrifugieren**. In ähnlicher Weise lässt sich in einer Saftzentrifuge der Fruchtsaft vom Fruchtfleisch trennen (Abb. 3). Die unterschiedliche Geschwindigkeit, mit der sich Stoffe, z. B. Farbstoffe, in feuchtem Filterpapier oder anderen dünnen Schichten ausbreiten, lässt sich zur Trennung kleinster Stoffportionen nutzen (Abb. 4). Dieses als **Chromatografie** bezeichnete Trennverfahren ermöglicht beispielsweise der Kriminalpolizei, Spuren von Stoffen zu erkennen und zu unterscheiden.

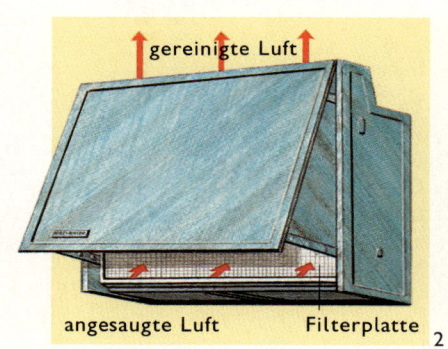

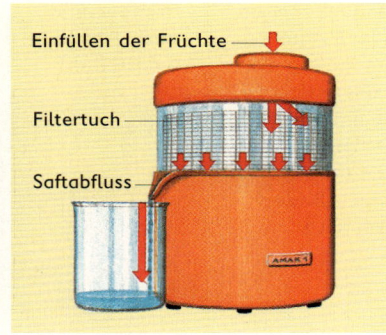

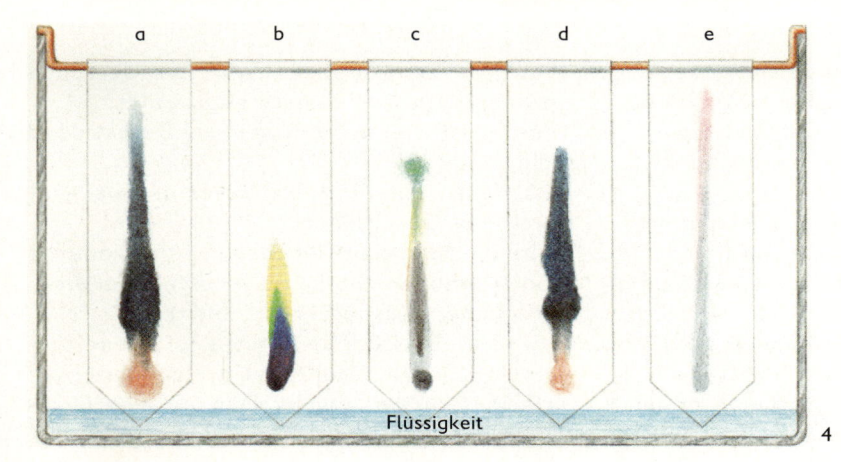

Experiment 8
Im Reagenzglas wird stark verdünnte rote Tinte (nur noch rosa) mit Aktivkohle geschüttelt. Danach wird filtriert.

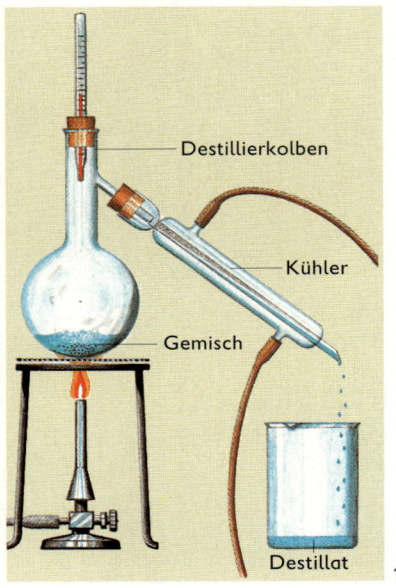

Destillationsapparatur 1

2

3

4

AUFGABEN

1. Stelle Trennverfahren zusammen, die im Haushalt angewandt werden!
2. Entwickle Vorschläge zur Trennung folgender Stoffgemische: a) Eisenspäne und Zucker, b) Schlämmkreide und Kochsalz, c) Sägespäne und Eisenspäne, d) Kochsalz, Sand und Eisenspäne!
   Alle Stoffe sollen nach der Trennung wieder vorliegen.
3. Bei welchen Streifen des Chromatogramms (Abb. 4) handelt es sich um die gleiche schwarze Faserschreiberfarbe?

Stoffumwandlung – chemische Reaktion

Erhitzen von Stoffen. Beim Erhitzen von Wasser auf 100 °C siedet es und geht in den gasförmigen Aggregatzustand über. Im oberen, kälteren Teil des Reagenzglases scheiden sich Wassertröpfchen ab. Der Wasserdampf kondensiert, das Wasser wird wieder flüssig (Experiment 9). Vor und nach dem Experiment liegt der gleiche Stoff Wasser vor. Nur dessen Aggregatzustand ändert sich.

Wird weißer Zucker erhitzt, so schmilzt er zunächst, geht vom festen in den flüssigen Aggregatzustand über. Bei weiterem Erhitzen färbt sich die Schmelze bald dunkler. Eine braune zähflüssige Masse entsteht. Schließlich bleibt ein fester schwarzer Stoff zurück und übelriechende Dämpfe entweichen (Experiment 10). Aus dem Zucker haben sich andere Stoffe gebildet, die man an ihren Eigenschaften erkennt.

> Stoffe können sich beim Erhitzen unterschiedlich verhalten. Oft kommt es zur Änderung des Aggregatzustandes. Es kann aber auch zu Stoffumwandlungen kommen.

Wir müssen also unterscheiden:

Änderung des Aggregatzustandes	Stoffumwandlung
Der Stoff bleibt erhalten.	Andere Stoffe entstehen.

Beispiele für Stoffumwandlungen. Stoffumwandlungen können sehr häufig beobachtet werden. Wird Magnesium erhitzt, so entzündet es sich und verbrennt mit greller Lichterscheinung. Aus dem silbergrauen Metall entsteht ein weißes lockeres Pulver (Experiment 11). Diese Stoffumwandlung nutzte man früher als Blitzlicht beim Fotografieren.

STOFFUMWANDLUNG – CHEMISCHE REAKTION

Experiment 9
Erhitze Wasser im Reagenzglas!

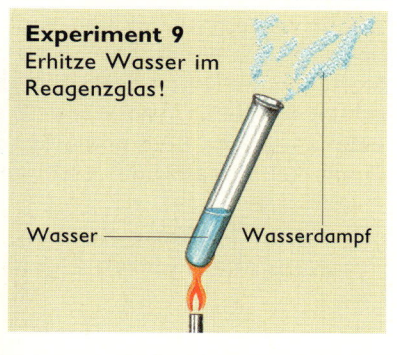

Wasser — Wasserdampf

Experiment 10
Erhitze Zucker im Reagenzglas! Dämpfe nicht einatmen!

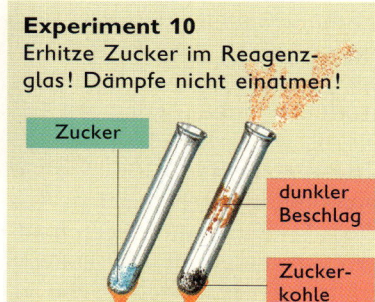

Zucker — dunkler Beschlag — Zuckerkohle

Experiment 11
Vorsicht! Ein Span Magnesium wird in der Brennerflamme erhitzt.

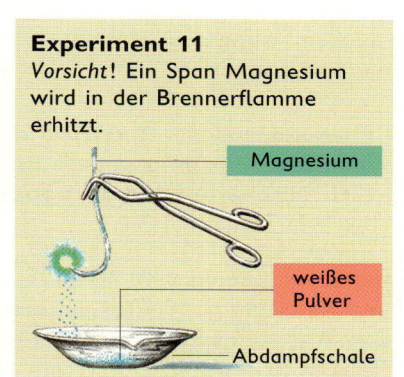

Magnesium — weißes Pulver — Abdampfschale

AUFGABEN

1. Beschreibe, was mit den Teilchen der Stoffe bei der Änderung des Aggregatzustandes geschieht! Vergleiche mit den Veränderungen bei der Stoffumwandlung!
2. Begründe, warum es sich beim Erhitzen von Zucker und Verbrennen von Magnesium um Stoffumwandlungen handelt!

VIELFALT DER STOFFE

Kohle verbrennt im Ofen. Gasförmige Stoffe entweichen durch den Schornstein und Asche bleibt zurück.
Stoffumwandlungen kann man auch beobachten, ohne dass Stoffe erhitzt werden. Eisen wandelt sich an feuchter Luft langsam zu abbröckelndem Rost um. Obstsäfte gären bei Zimmertemperatur. Dabei kann Wein oder Essig entstehen.

Bei einer Stoffumwandlung bilden sich andere Stoffe, die man an den anderen Eigenschaften erkennt.

Will man entscheiden, ob es sich bei einem Vorgang um eine Stoffumwandlung handelt, müssen die Eigenschaften der Stoffe vor und nach dem Ablauf des Vorganges verglichen werden. Ist ein Stoff mit anderen Eigenschaften gebildet worden, so liegt eine Stoffumwandlung vor.

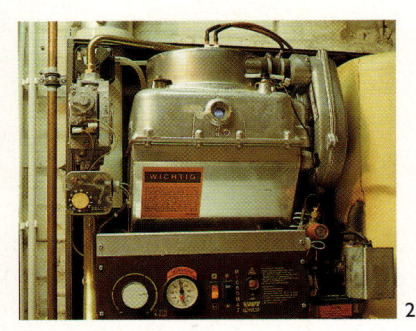

Chemische Reaktion. Stoffumwandlungen sind das wesentliche Merkmal aller chemischen Reaktionen.
Viele Stoffumwandlungen sind mit Wärme- und Lichterscheinungen verbunden. Bei der Umwandlung des Zuckers musste ständig erhitzt werden. Magnesium verbrannte unter starker Licht- und Wärmeabgabe. Beim Verbrennen von Kohle wird Wärme abgegeben, die wir zum Heizen nutzen (Abb. 1 und 2). Manche chemischen Reaktionen, wie das Rosten von Eisen, verlaufen sehr langsam, ohne dass Wärme- oder Lichterscheinungen beobachtet werden können.

Eine chemische Reaktion ist ein Vorgang, bei dem eine Stoffumwandlung stattfindet. Oft sind dabei Wärme- und Lichterscheinungen zu beobachten.

Bei jeder chemischen Reaktion muss zwischen Ausgangsstoffen und Reaktionsprodukten unterschieden werden.
Die **Ausgangsstoffe** liegen vor einer chemischen Reaktion vor.
Reaktionsprodukte sind die Stoffe, die bei einer chemischen Reaktion gebildet werden.

1 Glühende Holzkohle zum Grillen

2 Heizungsanlage

AUFGABEN

1. Entscheide, ob es sich um Stoffumwandlungen handelt:
a) Lösen von Zucker,
b) Gären von Obstsaft,
c) Schmelzen von Blei,
d) Sägen von Holz, e) Vorgänge im Motor, f) Abbrennen von Feuerwerk (Abb. 5, S. 17)!
2. Versuche Ausgangsstoffe und Reaktionsprodukte für die Beispiele von Stoffumwandlungen im Text zu bezeichnen!

Ausgangsstoffe —chemische Reaktion→ **Reaktionsprodukte**

Experiment 12
2 g Schwefel und 3,5 g Eisenpulver werden gemischt und im Reagenzglas so lange erhitzt, bis das Gemisch zu glühen beginnt.

Ausgangsstoff Schwefel	+	Ausgangsstoff Eisen	reagieren zu →	Reaktionsprodukt Schwefeleisen
gelb nicht magnetisch Dichte 2,1 g/cm^3		grau stark magnetisch Dichte 7,9 g/cm^3		schwarz schwach magnetisch Dichte 4,7 g/cm^3

STOFFUMWANDLUNG – CHEMISCHE REAKTION IM ÜBERBLICK

Im Überblick

Chemie Chemie ist die Wissenschaft von den Stoffen, ihren Eigenschaften und den Reaktionen, die zu anderen Stoffen führen.

Stoffe Alle Gegenstände bestehen aus Stoffen.

Stoffe erkennt man an ihren Eigenschaften.

Einteilung der Stoffe

Stoffe

Reinstoffe

z. B. Zucker, Wasser, Kupfer

können durch physikalische Trennverfahren nicht in andere Stoffe zerlegt werden.

Stoffgemische

z. B. Zuckerlösung, Mörtel, Müll

können meist durch physikalische Trennverfahren in Reinstoffe zerlegt werden.

Wichtige Trennverfahren für Stoffgemische

Trennverfahren	zum Trennen genutzte Eigenschaft der Bestandteile	besonders geeignet für
Sieben	Teilchengröße	Feststoffgemische
Dekantieren	Dichte	Feststoff-Flüssigkeits-Gemische
Filtrieren	Teilchengröße	Feststoff-Flüssigkeits-Gemische
Eindampfen, Destillieren	Siedetemperatur	Lösungen, Flüssigkeits-Gemische

Chemische Reaktion Umwandlung von Ausgangsstoffen in Reaktionsprodukte mit anderen Eigenschaften. Wesentliches Merkmal ist die Stoffumwandlung. Sie wird von anderen Erscheinungen begleitet, z. B. Wärme- und Lichterscheinung.

Ausgangsstoffe —chemische Reaktion→ Reaktionsprodukte

Schwefel + Eisen —reagieren zu→ Schwefeleisen

METALLE

3

Metalle

Die Herstellung großer Eisen- und Stahlmengen ermöglichte das Entstehen moderner Industrieanlagen und Verkehrsbauten, Stahlbrücken überspannen breite Wasserflächen. Weshalb sind Metalle für solche Bauwerke geeignet?

Eigenschaften und Verwendung von Metallen

Eigenschaften. Metalle sind eine wichtige Gruppe von Stoffen, die in einigen Eigenschaften übereinstimmen. Alle Metalle außer Quecksilber liegen bei Zimmertemperatur im festen Aggregatzustand vor. Sie sind gute Leiter für Wärme (Abb. 5) und den elektrischen Strom (Experimente 1 und 2). Metalle lassen sich nach Erwärmen, teilweise auch schon in der Kälte, durch Biegen, Walzen, Schmieden und Ziehen verformen (Abb. 2). Sie weisen aber andererseits hohe Festigkeit auf. Die Oberfläche vieler Metalle ist glänzend. Der Glanz verschwindet jedoch häufig durch Einwirkung von Luft und Feuchtigkeit.

> **Metalle sind Stoffe, die Wärme und elektrischen Strom leiten.**

Diese Eigenschaften haben Metalle auch im flüssigen Aggregatzustand, wie Quecksilber oder Metallschmelzen. Metalle im gasförmigen Aggregatzustand (Metalldämpfe) haben diese Eigenschaften nicht. Jedes Metall besitzt außerdem noch besondere Eigenschaften, an denen es erkannt werden kann. Kupfer hat rotbraune, Gold gelb glänzende Farbe. Blei besitzt sehr geringe Härte und große Dichte, Eisen wird vom Magneten angezogen. Das silberglänzende Quecksilber ist bei Zimmertemperatur flüssig und hat ebenfalls eine sehr große Dichte.
Aufgrund ihrer Eigenschaften werden Metalle zu Gruppen zusammengefasst. Nach der Dichte lassen sich **Schwermetalle**,

Experiment 1
Mit der Experimentieranordnung wird die elektrische Leitfähigkeit verschiedener Metalle geprüft.

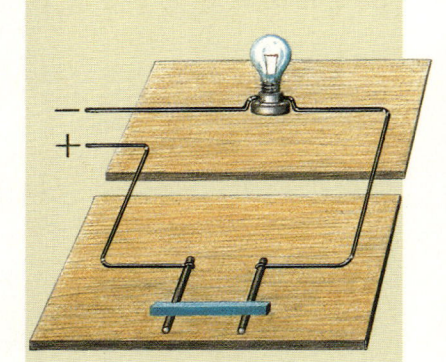

Experiment 2
Halte einen Eisen- und einen Glasstab mit einer Seite in die Brennerflamme! Wiederhole das Experiment mit einem Kupfer- und Kohlestab!

EIGENSCHAFTEN UND VERWENDUNG VON METALLEN

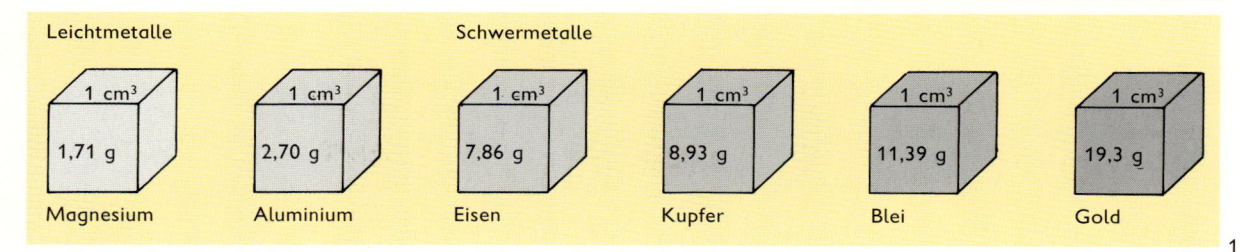

Leichtmetalle: Magnesium 1,71 g/cm³; Aluminium 2,70 g/cm³
Schwermetalle: Eisen 7,86 g/cm³; Kupfer 8,93 g/cm³; Blei 11,39 g/cm³; Gold 19,3 g/cm³

Abb. 1

wie Eisen, Kupfer und Blei, von **Leichtmetallen** wie Magnesium und Aluminium unterscheiden (Abb. 1). Gold, Silber und Platin werden als **Edelmetalle** bezeichnet und von **unedlen Metallen** wie Eisen, Zink, Magnesium und Aluminium unterschieden.

Verwendung. Stahl, ein wichtiger Werkstoff, der vorwiegend aus Eisen besteht, hat große Festigkeit. Er wird deshalb im Maschinen-, Fahrzeug- und Schiffbau sowie im Bauwesen verwendet. Elektrischen Strom leitet man durch Kupfer- oder Aluminiumkabel. Kupfer als sehr guter Wärmeleiter eignet sich zum Bau von Heizkesseln und Heizanlagen (Abb. 5). Für den Bau von Computern und Taschenrechnern benötigt man Gold und Silber, die wegen ihres schönen Glanzes auch für Schmuckstücke begehrt sind. Die geringe Dichte von Magnesium und Aluminium macht diese Metalle für den Flugzeugbau unentbehrlich (Abb. 4, S. 23). Das flüssige Quecksilber ist als Thermometerfüllung geeignet.

AUFGABEN

1. Durch welche Eigenschaften kann man folgende Metalle unterscheiden:
   a) Eisen und Kupfer,
   b) Aluminium und Blei,
   c) Silber und Aluminium?
2. Stelle Verwendungsmöglichkeiten von Eisen zusammen! Begründe jeweils die Wahl des Eisens!
3. Nenne Gegenstände aus Aluminium und begründe die Wahl dieses Metalls!

METALLE

Die Verwendung der Metalle richtet sich nach ihren Eigenschaften.

Metall	Farbe	Eigenschaften	Verwendung
Aluminium	silberweiß	geringe Dichte, guter elektrischer Leiter, beständig an trockener Luft	Kabel, Flugzeugbau (Abb. 4), Fahrzeugbau, Gebrauchsgegenstände, Leichtbau
Eisen	silbergrau	große Festigkeit, magnetisch, rostet	Maschinen, Bauwesen, Geräte, Fahrzeuge, Schiffe (Abb. 4, S. 21)
Gold	gelb glänzend	sehr beständig, guter elektrischer Leiter	Schmuckgegenstände (Abb. 6), Gerätebau
Kupfer	rotbraun	dehnbar, sehr guter elektrischer und Wärmeleiter	Kabel für Elektrotechnik, Rohre für Wärmetechnik (Abb. 5, S. 21)
Magnesium	silberweiß bis grau	geringe Dichte, leicht brennbar, wasserempfindlich	sehr leichte Bauteile, Unterwasser-Fackeln (Abb. 3, S. 21)
Silber	silberweiß	luft- und wasserbeständig, bester elektrischer Leiter	Schmuck, elektrische Kontakte, Fotografie
Zink	bläulich weiß bis grau	beständig an der Luft	Überzug auf Eisen (Verzinken), Batterien

Legierungen. Durch Zusammenschmelzen reiner Metalle können Gemische mit veränderten Eigenschaften hergestellt werden. Solche Metallgemische werden als **Legierungen** bezeichnet.
Bronze, eine Legierung aus Kupfer und Zinn, ist härter als die beiden Metalle alleine. Deshalb war sie zur Herstellung von Geräten und Werkzeugen vor rund 3000 Jahren (Bronzezeit) geeignet. Heute werden Lager in Maschinen aus Bronze gefertigt sowie Skulpturen (Abb. 1, Knesset-Kandelaber in Jerusalem) und Glocken (Abb. 2) aus Bronze gegossen.
Messing, eine Legierung aus Kupfer und Zink, wird wegen seiner Festigkeit und des goldgelben Glanzes zu Gebrauchsgegenständen, Türbeschlägen, Musikinstrumenten (Abb. 3) und vielem anderen verarbeitet. Kontakte in Elektrogeräten bestehen aus Messing.

EIGENSCHAFTEN UND VERWENDUNG VON METALLEN

Löten einer Bleiverglasung

Zum Löten wird ein leicht schmelzendes Metall benötigt. Die Legierung aus Zinn und Blei, das **Lötzinn,** schmilzt bei niedrigeren Temperaturen als die einzelnen Metalle (Abb. 5).
Reines Eisen ist recht weich. Zusätze von Chrom und Nickel verbessern seine Härte und Rostbeständigkeit. Solche Eisenlegierungen, die sich schmieden lassen, werden als **Stahl** bezeichnet.
Aluminiumlegierungen, beispielsweise mit Magnesium als Bestandteil, werden im Flugzeugbau benötigt (Abb. 4). Schmuck aus dem weichen reinen Gold (Abb. 6) würde sich leicht verformen. Deshalb werden dem Gold Silber, Kupfer (Rotgold) oder Nickel (Weißgold) zugesetzt. Der Goldgehalt wird in Tausendstel angegeben. „585er-Gold" bedeutet, dass eine Legierung aus 585 Teilen Gold und 415 Teilen eines anderen Metalls vorliegt (Abb. 7). Medizinische Geräte und Essbestecke (Abb. 8) bestehen oft aus Neusilber, einer Legierung aus Kupfer, Nickel und Zink.

➤ **AUFGABEN**

1. Begründe die Verwendung einzelner Metalle mit ihren Eigenschaften (↗ Tabelle)!
2. Suche Beispiele, wo die Verwendung von rostfreiem Stahl wünschenswert ist!
3. Versuche Blechstreifen (gleiche Stärke) von Kupfer, Zink und Messing mit einer Stahlnadel zu ritzen und anschließend zu biegen! Welche Unterschiede sind zu beobachten?
4. Goldmünzen bestehen meist aus 900er-Gold. Was bedeutet das?
5. Träger in Brücken, Spiralbohrer, Uhrfedern und Blumenbindedraht bestehen sämtlich aus Stahl. Welche unterschiedlichen Eigenschaften müssen die jeweils verwendeten Stahlsorten haben?
6. Sammle Beispiele für die Verwendung von Messing! Erläutere Vor- und Nachteile der Verwendung dieser Legierung!
7. Welche Vorzüge hat die Verwendung von Aluminium im Fahrzeugbau?

METALLE

Atom – Element – Symbol

Teilchenaufbau der Stoffe. Alle Stoffe sind aus Teilchen aufgebaut. Um eine Vorstellung vom Bau der Stoffe zu erhalten, werden Modelle benutzt, die aber die Wirklichkeit nie vollständig wiedergeben. Man kann sich Teilchen als Kugeln denken, die im festen Stoff an einem bestimmten Platz dicht beieinander angeordnet sind und gegenseitig durch starke Kräfte angezogen werden. In der Flüssigkeit sind die Kräfte geringer, die Teilchen können sich gegeneinander bewegen. Im Gas sind die Teilchen frei beweglich (↗ S. 38).

Atome. Eine Art außerordentlich kleiner Teilchen, aus denen Stoffe aufgebaut sein können, sind **Atome.** Mehr als 7 Millionen Aluminiumatome müsste man nebeneinander legen, um eine Reihe von 1 mm zu erhalten.
Atome eines bestimmten Stoffes unterscheiden sich von denen eines anderen. Gegenwärtig sind über 100 verschiedene Atomarten bekannt.

Modell vom Bau der Metalle. Metalle sind aus Atomen aufgebaut, Eisen aus Eisenatomen, Kupfer aus Kupferatomen. Nach dem Teilchenmodell vom Bau der Stoffe sind im festen Metall Atome regelmäßig angeordnet und werden durch starke Kräfte zusammengehalten. Man sagt auch, sie bilden einen Atomverband (Abb. 1 und 2). In einer Rasierklinge von 0,1 mm Dicke liegen etwa 400 000 Eisenatome übereinander.
Mit modernen Geräten kann man heute jedoch schon die regelmäßige Anordnung der Atome im Metall sichtbar machen (Abb. 3).

> **Metalle sind aus vielen Atomen aufgebaut. Die Atome werden durch starke Kräfte zusammengehalten.**

Chemische Elemente. Stoffe wie Metalle, die nur aus gleichartigen Atomen, also nur aus einer Atomart, aufgebaut sind, werden als **chemische Elemente** bezeichnet. Kupfer oder Aluminium sind chemische Elemente, denn sie bestehen nur aus Kupferatomen bzw. Aluminiumatomen.

> **Chemische Elemente sind reine Stoffe, die nur aus einer Atomart aufgebaut sind.**

Manchmal werden auch nur die Atomarten als chemische Elemente bezeichnet und die Stoffe daraus als *Elementsubstanzen*.

Symbole. Um Stoffe und Stoffveränderungen möglichst kurz und übersichtlich darstellen zu können, benutzen Chemiker in der ganzen Welt die Zeichensprache der Chemie. „Bausteine" dieser Zeichensprache sind die **chemischen Symbole**.
Der schwedische Chemiker *Jöns Jakob Berzelius* (Abb. 6) hat für jedes Element ein Symbol aus Buchstaben vorgeschlagen.

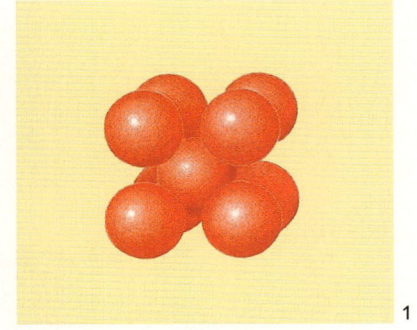

1 Anordnung von Eisenatomen

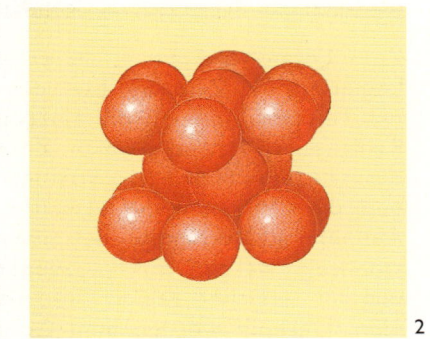

2 Anordnung von Zinkatomen

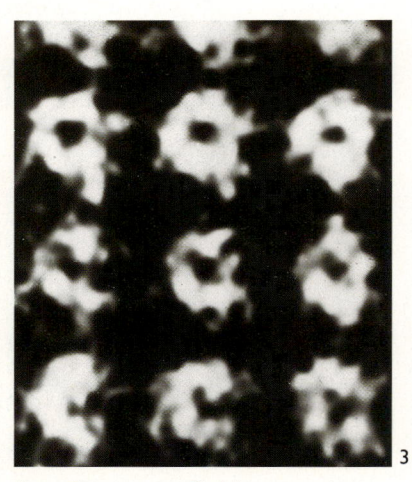

3 Anordnung von Goldatomen in starker Vergrößerung

Name des Elements	Symbol	Ableitung von
Aluminium	Al	**Al**uminium
Kupfer	Cu	**Cu**prum
Eisen	Fe	**Fe**rrum
Magnesium	Mg	**Mg**nesium
Blei	Pb	**Pl**umbum
Schwefel	S	**S**ulfur

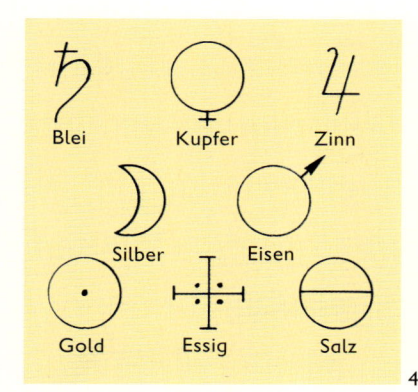

ATOM – ELEMENT – SYMBOL

Zeichen der Alchemisten

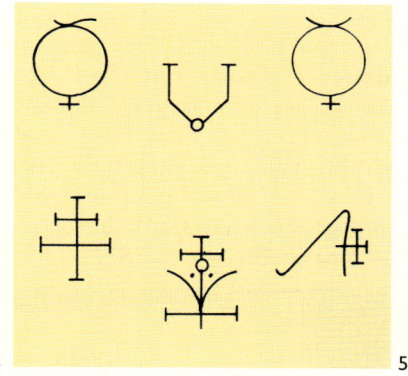

Zeichen für Quecksilber

Jöns Jakob Berzelius (1779 bis 1848) war Professor für Chemie und Pharmazie in Stockholm und ab 1810 Präsident der schwedischen Akademie der Wissenschaften. Er fasste den damaligen Stand chemischer Erkenntnisse in seinen Arbeiten zusammen und beeinflusste damit die weitere Entwicklung der Chemie stark. Er entdeckte mehrere Elemente und führte zahlreiche neue Laborgeräte ein. *Berzelius* schuf ein mehrbändiges Lehrbuch der Chemie.

Es besteht aus einem Großbuchstaben, oft mit einem zweiten kleinen Buchstaben. *Berzelius* leitete diese Buchstaben aus den lateinischen oder griechischen Namen der Elemente ab (Tabelle). Ein Symbol hat folgende Bedeutungen:

Aussagen eines chemischen Symbols	Beispiel „Al"
Der Stoff	Der Stoff Aluminium
Ein Atom dieses Stoffes	Ein Atom Aluminium

Entwicklung der Zeichensprache der Chemie. Die Alchemisten, die im Mittelalter Stoffe untersuchten, benutzten Zeichen, um ihre Beobachtungen kurz niederzuschreiben. Ihre Zeichen sollten allerdings der Geheimhaltung ihrer Erkenntnisse dienen und waren deshalb sehr unterschiedlich (Abb. 4 und 5).
Um 1810 entwickelt dann *John Dalton* (1766 bis 1844) einheitliche Zeichen in Form von Kreissymbolen (Abb. 7) zur Verständigung der Chemiker untereinander. Diese Schreibweise erwies sich aber als wenig zweckmäßig und wurde durch den Vorschlag von *Berzelius* abgelöst.

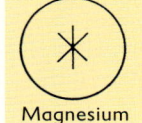

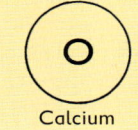

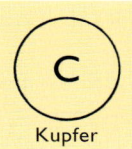

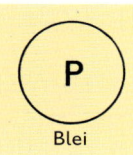

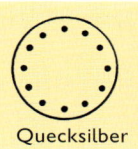

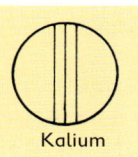

| Magnesium | Calcium | Natrium | Kupfer | Blei | Quecksilber | Kalium |

AUFGABEN

1. Beschreibe die Teilchenvorgänge beim Schmelzen fester Stoffe! Wende das auf Metalle an! Worin besteht der Unterschied zwischen festem und flüssigem Blei?
2. Erläutere den Bau von Eisen und Zink an den Abbildungen!
3. Wodurch unterscheiden sich verschiedene Elemente voneinander?
4. Schreibe Symbole für folgende Elemente auf: a) Eisen, Zink, Silber; b) Zinn, Nickel, Mangan (↗ Tabelle, S. 262)!
5. Was bezeichnen die Symbole a) Mg, Fe, Cu; b) Au, Zn, Cr (↗ Tabelle, S. 262)?
6. Warum ist es nicht möglich, die über 100 Elemente jeweils nur mit einem Buchstaben zu bezeichnen?

METALLE

Metalle an der Luft

Veränderung von Metalloberflächen. Metalle verändern sich an der Luft. Blanke Kupfergegenstände werden langsam dunkel, die Oberflächen von Eisen und Zink grau. Bei Einwirkung von feuchter Luft bildet sich auf Eisen eine poröse Rostschicht. Das Eisen kann völlig zerstört werden. Die langsame Zerstörung von Metallen durch äußere Einflüsse, die große wirtschaftliche Schäden verursacht, bezeichnet man als **Korrosion** (↗ S. 28).

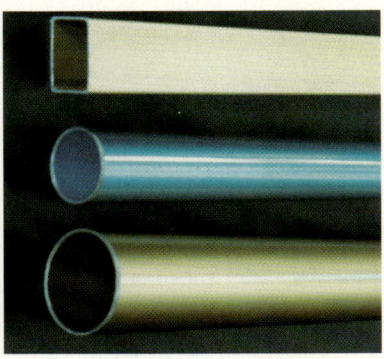

Veränderungen an Metalloberflächen sind aber nicht immer unerwünscht. Kupferdächer werden durch eine grüne Schicht von Patina geschützt (Abb. 1). Auf Aluminium, Zink und anderen Metallen sind die Schichten sehr dicht und schützen dann das darunter befindliche Metall vor weiterer Korrosion (Abb. 2).

Erhitzen von Metallen. Beim Erhitzen eines Kupferblechs entsteht, wie auch bei Zimmertemperatur, ein schwarzer Belag. Er ist aber wesentlich stärker und lässt sich abkratzen (Experiment 3). Magnesium verbrennt beim Erhitzen zu einem weißen Pulver (↗ S. 17). Eisenpulver geht unter Aufglühen in schwarzes Pulver über (Experiment 4).
Beim Erhitzen von Kupfer, Magnesium und Eisen finden offenbar chemische Reaktionen statt. Die Metalle sind jeweils Ausgangsstoffe, das weiße bzw. die schwarzen Pulver Reaktionsprodukte.

Reaktion im abgeschlossenen Luftraum. Erhitzt man zusammengefaltetes Kupferblech, bildet sich der schwarze Belag nur auf der Außenseite (Experiment 5). Offenbar ist die Luft für den Ablauf der chemischen Reaktion bedeutsam. Glüht Eisen in einem geschlossenen Luftraum, so wird ein Teil der Luft verbraucht, im Restgas erlischt ein brennender Holzspan (Experiment 6). Die Beobachtungen zeigen, dass offenbar Sauerstoff aus der Luft (↗ S. 33) bei der chemischen Reaktion verbraucht worden ist.

Prüfen der Massenveränderungen bei der Reaktion. Lässt man die Reaktion des Eisens auf einer Waage ablaufen, so entsteht wieder das schwarze Reaktionsprodukt. Seine Masse ist größer als die des Ausgangsstoffes Eisen (Experiment 7). Offensichtlich hat sich das Eisen mit dem Sauerstoff aus der Luft zu dem schwarzen Reaktionsprodukt verbunden, das **Eisenoxid** heißt.

Experiment 3
Ein Streifen Kupferblech wird mit der Tiegelzange in die Brennerflamme gehalten.

Experiment 4
Auf einem Glühschiffchen wird eine Schicht Eisenpulver von einer Seite erhitzt.

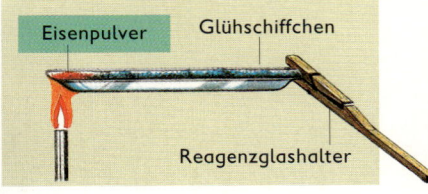

Experiment 5
Kupferblech wird zu einem Brief zusammengefaltet und in die Brennerflamme gehalten. Nach dem Abkühlen ist der Kupferbrief zu öffnen.

Experiment 6
In einen abgeschlossenen Luftraum wird ein Verbrennungslöffel mit glühendem Eisenpulver getaucht. Nach der Reaktion wird der Stopfen entfernt und ein brennender Holzspan in das Gefäß getaucht.

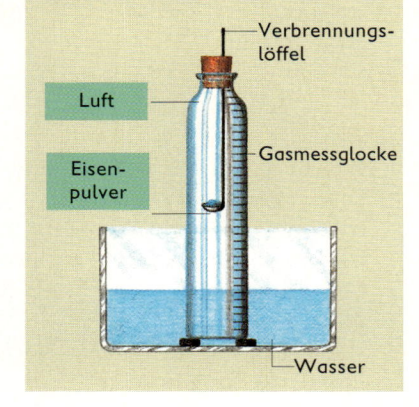

METALLE AN DER LUFT

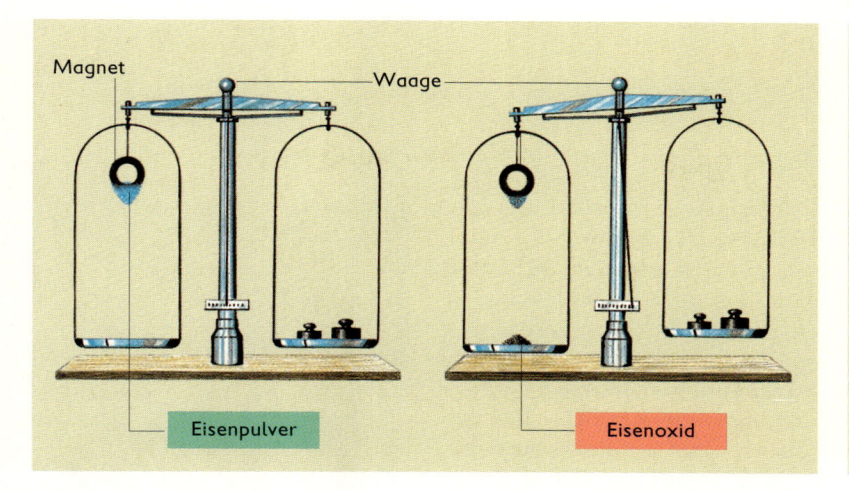

Experiment 7
Auf einer Seite einer ins Gleichgewicht gebrachten Waage ist ein Magnet mit Eisenpulver oder Eisenwolle befestigt. Das Eisen wird erhitzt.

Chemische Reaktion von Metallen mit Sauerstoff. Beim Erhitzen des Eisens ist eine chemische Reaktion abgelaufen, bei der sich der Ausgangsstoff Eisen mit dem Sauerstoff als zweitem Ausgangsstoff zu dem Reaktionsprodukt Eisenoxid verbunden hat. Der Vorgang kann kurz und übersichtlich aufgeschrieben werden (↗ S. 19):

Eisen + Sauerstoff ⟶ Eisenoxid

Lies: Eisen und Sauerstoff reagieren zu Eisenoxid.

Diese vereinfachte Schreibweise für chemische Reaktionen wird als **Wortgleichung** bezeichnet.
Beim Erhitzen von Kupfer und Magnesium laufen ganz ähnliche Vorgänge ab. Aus dem rotbraunen Kupfer entsteht schwarzes Kupferoxid, aus silbergrauem Magnesium weißes Magnesiumoxid.

Durch Einwirkung der Luft entstehen auf der Oberfläche vieler Metalle Schichten von Metalloxiden.

AUFGABEN

1. Kratze an der Oberfläche eines alten Aluminiumgegenstandes! Beobachte!
2. Begründe, warum es sich bei den Vorgängen in den Experimenten 3 bis 5 um chemische Reaktionen handelt!
3. Die Veränderung des Kupfers beim Erhitzen könnte durch die Berührung mit der Flamme entstanden sein. Überprüfe das durch Erhitzen des Kupfers im Reagenzglas!
4. Woran erkennt man beim Experiment 6, dass Luft verbraucht worden ist? Warum ist anzunehmen, dass es sich um Sauerstoff handelt?
5. Versuche Wortgleichungen für das Erhitzen von a) Magnesium, b) Kupfer an der Luft aufzuschreiben!
6. Beschreibe die Stoffumwandlungen bei der Reaktion von Magnesium und Kupfer mit Sauerstoff!

METALLE

Aus der Welt der Chemie

Korrosion und Korrosionsschutz

Die langsame Zerstörung von Metallen durch Korrosion verursacht große wirtschaftliche Schäden. In Deutschland betragen sie jährlich mehrere Milliarden Mark.
Besonders betroffen sind Gegenstände aus Eisen. Der an feuchter Luft entstehende Rost ist porös und durchlässig für feuchte Luft. Deshalb kann Eisen völlig durchrosten.
Aber auch andere Metalle können korrodieren. Aluminiumoberflächen werden nach längerer Zeit an feuchter Luft grau und rau.
Zinngefäße können durch „Zinnfraß" zerstört werden.

Jährlich werden 90 % der Stahlerzeugung benötigt, um Korrosionsverluste auszugleichen.

KORROSION UND KORROSIONSSCHUTZ

Um die wirtschaftlichen Schäden gering zu halten, muss der Korrosion der Metalle entgegengewirkt werden, indem man z. B. den Zutritt von Luft und Feuchtigkeit zur Metalloberfläche verhindert.
Für kurze Zeit lässt sich das durch Einölen der Metallteile erreichen.
Günstiger ist das Auftragen von Farbe, von Kunststoffen oder einer glasartigen Schicht, der Emaille.
Unter Farben kann durch Vorbehandlung des Eisens, z. B. durch Tauchen in Phosphorsäure, eine zusätzliche Schutzschicht erhalten werden.
Weiterhin können schützende Metallüberzüge von Zink, Zinn, Chrom und Nickel hergestellt werden.

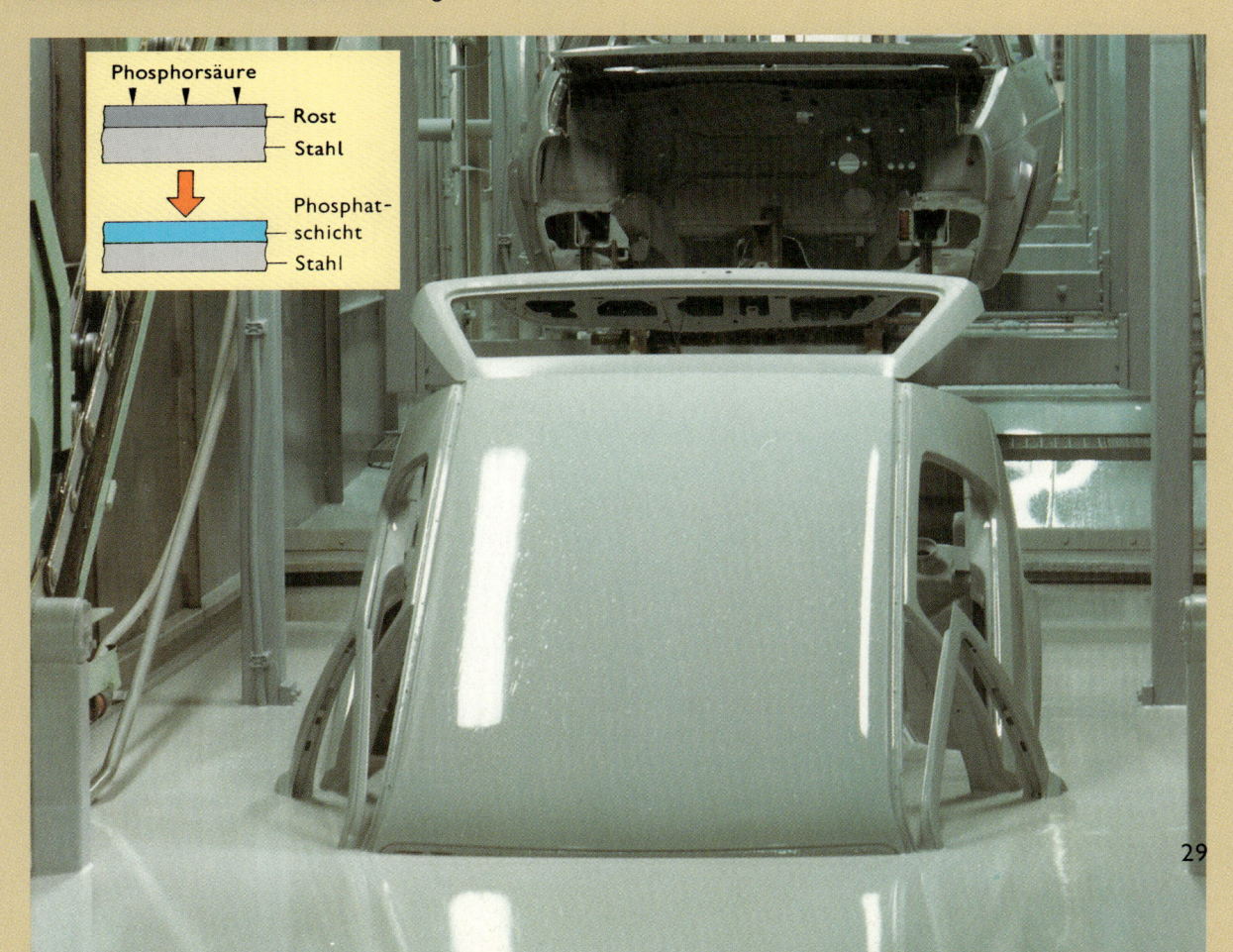

METALLE

Gesetz von der Erhaltung der Masse

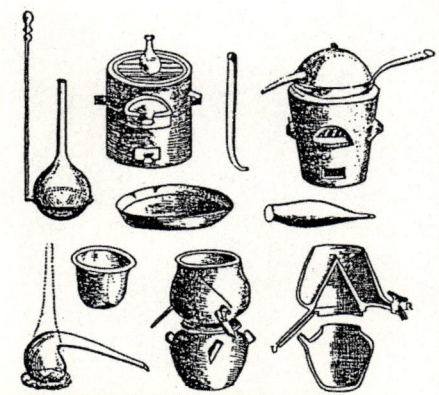

Erhitzen von Metallen im abgeschlossenen Gefäß. Beim Erhitzen von Metallen an der Luft entstehen Metalloxide. Die Masse der Metalloxide ist größer als die der Metalle, weil sie sich mit dem Sauerstoff aus der Luft verbinden. *Was wird zu beobachten sein, wenn diese Reaktion in einem abgeschlossenen Gefäß stattfindet, ohne dass Stoffe von außen hinzutreten können?*

Um die Frage zu beantworten, soll Kupfer in einem Reagenzglas, das Sauerstoff enthält, aber fest verschlossen ist, erhitzt werden. Aus den Ausgangsstoffen Kupfer und Sauerstoff bildet sich das schwarze Reaktionsprodukt Kupferoxid (Experiment 8).

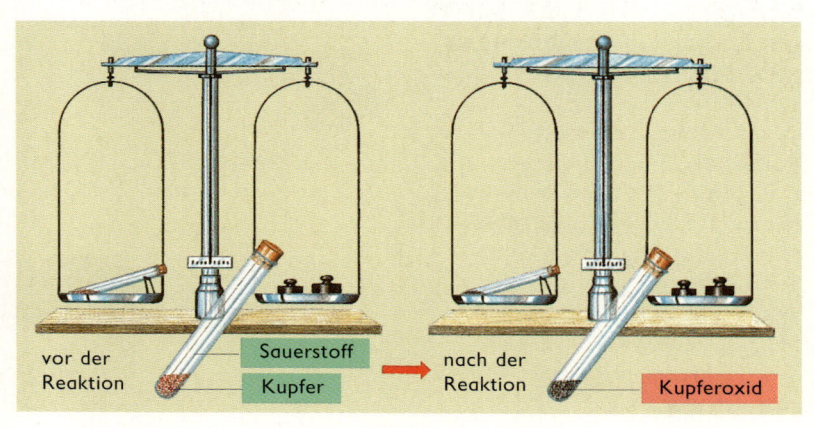

Experiment 8
Kupfer und Sauerstoff werden im abgeschlossenen Reagenzglas gewogen, danach durch Erhitzen zur Reaktion gebracht und erneut gewogen.

vor der Reaktion — Sauerstoff / Kupfer → nach der Reaktion — Kupferoxid

Ein Grundgesetz der Chemie. Beim Erhitzen des Kupfers im abgeschlossenen Gefäß ergibt sich, dass die Masse vor der Reaktion genauso groß ist wie nach der Reaktion (Experiment 8).

| Masse der Ausgangsstoffe Kupfer und Sauerstoff | = | Masse des Reaktionsproduktes Kupferoxid |

Diese Feststellung gilt auch für alle anderen chemischen Reaktionen. Es ist ein Grundgesetz der Chemie, das **Gesetz von der Erhaltung der Masse**.

Dieses Gesetz macht deutlich, dass Stoffe nicht aus dem Nichts entstehen oder spurlos verschwinden können. Stoffe lassen sich durch chemische Reaktionen nur umwandeln.

> **Bei jeder chemischen Reaktion ist die Masse der Ausgangsstoffe m_A gleich der Masse der Reaktionsprodukte m_R: $m_A = m_R$.**

Entdeckung des Gesetzes. Im Jahre 1756 untersuchte der russische Chemiker *M. W. Lomonossow* (Abb. 2) die Reaktion von Metallen mit der Luft in verschlossenen Glasröhren. Dabei fand er das Gesetz, konnte es aber noch nicht begründen. Erst dem französischen Chemiker *A. L. Lavoisier* (Abb. 3) gelang nach der Aufklärung der Verbrennungsvorgänge eine Erklärung.

Laborgeräte von *Lavoisier*

AUFGABEN

1. Vergleiche das Experiment 7, S. 27, mit dem auf dieser Seite! Stelle Ähnliches und Unterschiedliches heraus!
2. Beim Abbrennen einer Kerze hat es den Anschein, als würde Stoff verschwinden. Warum ist das dennoch kein Widerspruch zum Gesetz von der Erhaltung der Masse? Vermute!

GESETZ VON DER ERHALTUNG DER MASSE IM ÜBERBLICK

Michail Wassiljewitsch Lomonossow (1711 bis 1765) studierte in St. Petersburg, Marburg und Freiberg. In St. Petersburg gründete er das erste chemische Laboratorium Russlands. Er machte sich besonders um die Metallgewinnung in Russland verdient.

Antoine Laurent Lavoisier (1743 bis 1794) hat durch viele Wägungen bei Experimenten große Verdienste an der Entwicklung genauer Untersuchungsmethoden in der Chemie. Ihm gelang die wissenschaftliche Erklärung der Verbrennungsvorgänge.

Im Überblick

Metalle

Chemische Elemente, die vor allem gute elektrische und Wärmeleitfähigkeit besitzen. Metalle sind aus regelmäßig angeordneten Atomen aufgebaut (Atomverband).

Einteilung der Stoffe

Reinstoffe

- **Elemente** (aus nur einer Atomart aufgebaut)
  - **Metalle** z. B. Kupfer, Eisen
  - **Elemente, die keine Metalle sind** z. B. Schwefel, Sauerstoff
- **Andere Stoffe** (aus verschiedenen Atomarten aufgebaut) z. B. Kupferoxid, Eisenoxid

Viele Metalle bilden bei Zimmertemperatur mit dem Sauerstoff der Luft Oxidschichten auf der Oberfläche.

Metall + Sauerstoff ⟶ Metalloxid

Beim Erhitzen verlaufen diese Reaktionen schneller und heftiger als bei Zimmertemperatur. Temperaturerhöhung begünstigt den Ablauf chemischer Reaktionen.

Grundgesetz

Bei jeder chemischen Reaktion ist die Masse der Ausgangsstoffe gleich der Masse der Reaktionsprodukte (Gesetz von der Erhaltung der Masse).

LUFT – SAUERSTOFF

4

Luft – Sauerstoff

Luft ist ein Stoff. Beim Laufen und beim Radfahren spürt man einen Widerstand. Wind treibt Segelboote. Drachensegler gleiten in der Luft und Ballons steigen auf.
Was für ein Stoff ist Luft?

Zusammensetzung der Luft

Luft als Stoff. Die Erde ist von einer unsichtbaren Gasschicht umgeben. Diese Lufthülle schützt das Leben auf der Erde vor tödlicher Strahlung aus dem Weltraum, verhindert eine zu starke Erwärmung am Tag und eine zu starke Abkühlung in der Nacht.

Luft ist ein Stoff und hat eine Masse.

Sauerstoffanteil der Luft. Aus dem Biologieunterricht und dem täglichen Leben ist bekannt, dass Luft Sauerstoff enthält. Eine Kerze brennt in einem abgeschlossenen Luftvolumen nur kurze Zeit (Experiment 1).

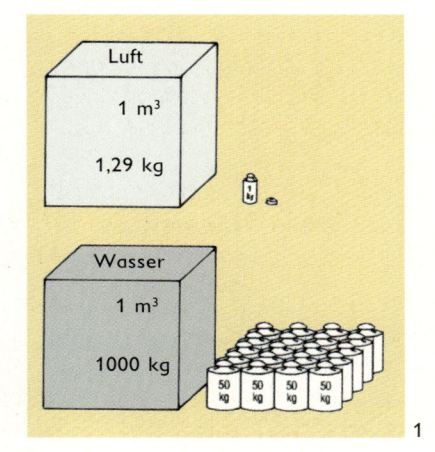

Experiment 1
Über eine brennende Kerze wird ein Glasgefäß gestülpt.

Experiment 2
Über eine brennende Kerze, die in Wasser steht, wird eine Gasmessglocke gestülpt.

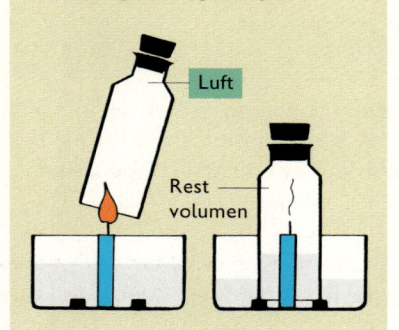

Experiment 3
Es wird untersucht, ob im Restvolumen der Luft eine Kerze brennen kann.

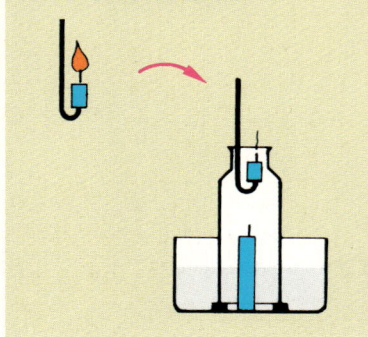

ZUSAMMENSETZUNG
DER LUFT

Experiment 4
Ähnlich dem Experiment 2 wird auf einem Verbrennungslöffel zum Glühen erhitztes Eisen in ein abgeschlossenes Luftvolumen gebracht.

Experiment 5
Gib etwa 1 cm hoch Wasser in ein Weckglas und stelle eine Kerze hinein! Entzünde die Kerze und verschließe das Weckglas rasch mit Gummi und Deckel! Versuche nach etwa 10 Minuten den Deckel anzuheben!

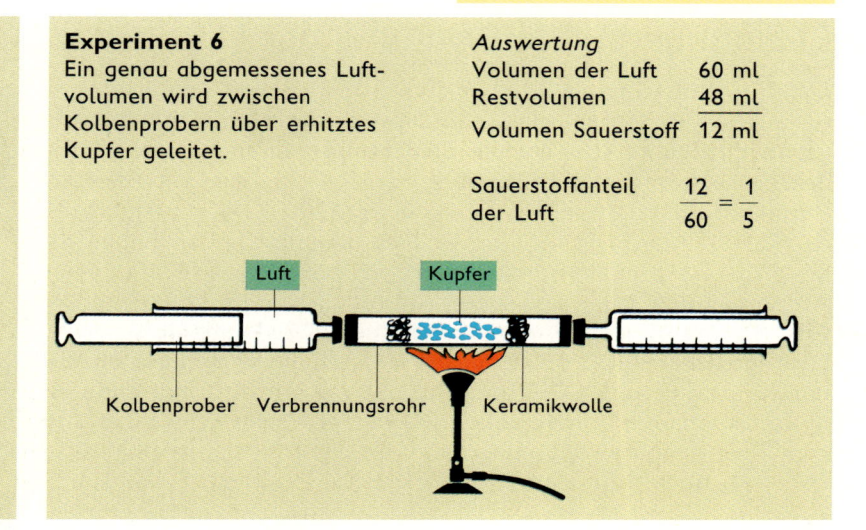

Experiment 6
Ein genau abgemessenes Luftvolumen wird zwischen Kolbenprobern über erhitztes Kupfer geleitet.

Auswertung
Volumen der Luft   60 ml
Restvolumen   48 ml
Volumen Sauerstoff 12 ml

Sauerstoffanteil der Luft $\frac{12}{60} = \frac{1}{5}$

Im Experiment 2 beobachtet man nach dem Erlöschen der Kerze ein Ansteigen des Wassers in der Gasmessglocke. Im Restvolumen erlischt eine brennende Kerze sofort (Experiment 3).
Wie kann man diese Beobachtungen deuten?
Ein Teil der Luft, der Sauerstoff, wird bei der Verbrennung verbraucht. Um diesen Betrag nimmt das Luftvolumen ab. Ein entsprechendes Volumen Wasser wird in das Gefäß gedrückt (Experiment 4). Den genauen Sauerstoffanteil der Luft kann man mit der Anordnung in Experiment 6 ermitteln.

Luft ist ein Stoffgemisch. Die Hauptbestandteile sind Stickstoff (etwa 4/5) und Sauerstoff (etwa 1/5).

Weitere **Bestandteile der Luft** sind Edelgase und Kohlenstoffdioxid sowie einige Stoffe, die nur in Spuren vorkommen. 100 l trockene Luft enthalten 78 l Stickstoff, 21 l Sauerstoff, 0,96 l Edelgase (hauptsächlich Argon) und 0,035 l Kohlenstoffdioxid (Abb. 2). Die erdnahe Luftschicht enthält noch einen unterschiedlichen Anteil an Wasserdampf.

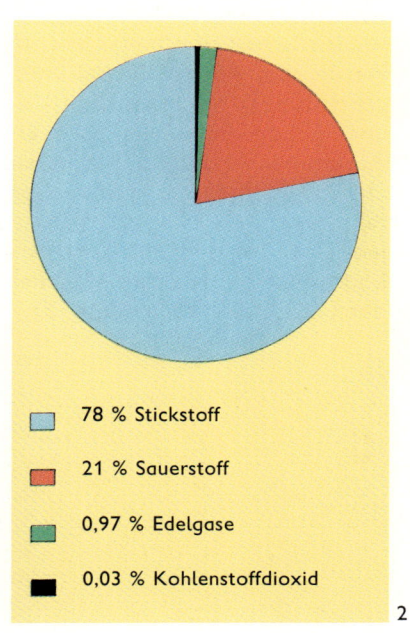

78 % Stickstoff
21 % Sauerstoff
0,97 % Edelgase
0,03 % Kohlenstoffdioxid

AUFGABEN

1. Wodurch unterscheidet sich der Stoff „Luft" vom Stoff „Wasser"?
2. An welchen Erscheinungen des täglichen Lebens kann man erkennen, dass Luft ein Stoff ist?
3. Begründe den Auftrieb eines Ballons in Luft! Es gelten die gleichen Gesetze wie beim Auftrieb eines Körpers im Wasser.
4. Beim Erhitzen von Kupfer an der Luft entsteht Kupferoxid.
   Formuliere die Wortgleichung!
5. Von welchen Beobachtungen hat sich *Lavoisier* bei der Wahl der Begriffe „Lebensluft" und „Stickluft" wohl leiten lassen (↗ S. 41)?
6. Warum erlischt die Kerze beim Experiment 3 im Restvolumen der Luft?
7. Berechne das Volumen an Sauerstoff in einem Raum von 820 m^3!
8. Ein Mensch atmet täglich etwa 10 000 l Luft ein. Wie groß ist der Anteil an Sauerstoff?
9. Erkläre die im Experiment 5 beobachteten Erscheinungen!

LUFT – SAUERSTOFF

Bedeutung und Reinhaltung der Luft

Luft als Rohstoff. Sauerstoff, Stickstoff und Edelgase sind von technischer Bedeutung. Diese Bestandteile der Luft können aufgrund ihrer unterschiedlichen Siedetemperaturen getrennt werden. Dazu wird Luft mithilfe eines von *Carl von Linde* entwickelten Verfahrens durch Abkühlung auf etwa −200 °C verflüssigt. Aus der flüssigen Luft (Abb. 1) entweichen die Gase in der Reihenfolge ihrer Siedetemperaturen, zuerst Stickstoff (−196 °C), dann Argon (−186 °C) und Sauerstoff (−183 °C).

Aus **Stickstoff** wird Ammoniak hergestellt. Ammoniak ist ein wichtiges Zwischenprodukt für die Herstellung von Düngemitteln und Kunststoffen. Da **Edelgase** so gut wie gar nicht mit anderen Stoffen reagieren, werden sie als Schutzgas beim Schweißen und zum Füllen von Glühlampen und Leuchtstoffröhren eingesetzt (Abb. 2). Auch **Sauerstoff** wird vielfältig verwendet (↗ S. 37).

Luft ist lebensnotwendig. Unter dem Schutzschild der Lufthülle ist das Leben überhaupt erst möglich. Sauerstoff brauchen Lebewesen zum Atmen. Dabei wird unter anderem Kohlenstoffdioxid ausgeatmet. Kohlenstoffdioxid nehmen die grünen Pflanzen auf und geben Sauerstoff ab. Durch solche Kreisläufe wird die Zusammensetzung der Luft seit Jahrmillionen aufrechterhalten. Durch übermäßiges Verbrennen von Kohle, Erdgas und Kraftstoffen vergrößert sich der Anteil an Kohlenstoffdioxid in der Luft jedoch ständig (Abb. 4). Das wirkt sich negativ auf den Treibhauseffekt (↗ S. 55) aus. Aber auch von anderen Stoffen droht der Lufthülle Gefahr (Abb. 5).

Einsetzen eines Drehzapfens mit flüssiger Luft

Smog über einer Stadt

Schadstoffe aus Schornsteinen

BEDEUTUNG UND REINHALTUNG DER LUFT

Schadstoffe der Luft. Staub, Schwefeldioxid, Stickstoffoxide und Kohlenstoffmonooxid belasten zunehmend die Lufthülle. Solche Schadstoffe können die Gesundheit der Menschen beeinträchtigen und Schäden in der Natur und an Gebäuden verursachen.

In Großstädten ist Smog (englisch: **sm**oke = Rauch, **fog** = Nebel) eine besonders gefährliche Erscheinung. Im Dezember 1952 entstand beispielsweise in London eine lebensgefährliche Anreicherung von schädlichen Gasen in der Luft, die 4000 Menschen das Leben kostete. Die Zusammensetzung der Luft muss regelmäßig überprüft und bei Gefahr Smogalarm ausgelöst werden (Abb. 3). Dann werden sofort alle technischen Prozesse gestoppt, bei denen Schadstoffe entstehen können. Der Verkehr wird weitgehend eingestellt. Menschen vermeiden den Aufenthalt im Freien.

Hauptquelle für die Emission von Schadstoffen (lateinisch: emittere = aussenden), die vom Menschen verursacht werden, sind Verkehr, Industrie, Kraftwerke und Haushalte (Abb. 7).

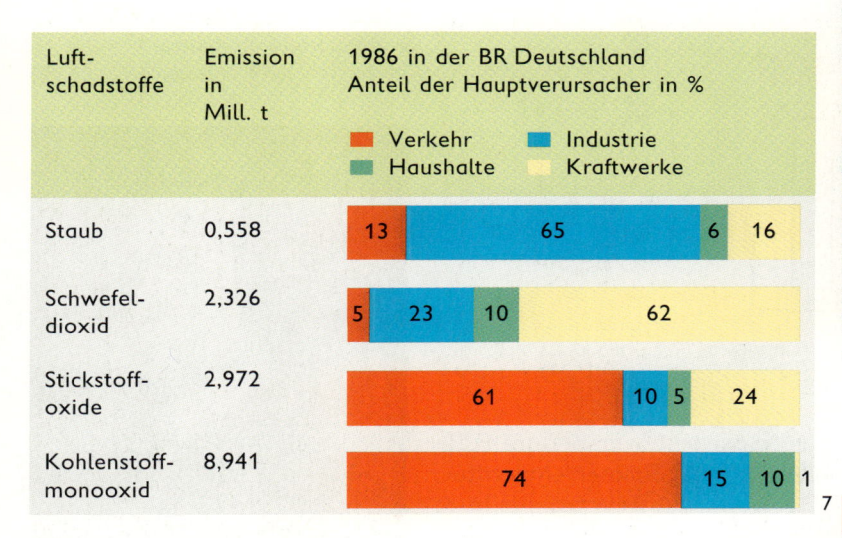

Abgase bei einem startenden Flugzeug

Abgastest

Luft-schadstoffe	Emission in Mill. t	1986 in der BR Deutschland Anteil der Hauptverursacher in % (Verkehr, Industrie, Haushalte, Kraftwerke)
Staub	0,558	13 / 65 / 6 / 16
Schwefeldioxid	2,326	5 / 23 / 10 / 62
Stickstoffoxide	2,972	61 / 10 / 5 / 24
Kohlenstoffmonooxid	8,941	74 / 15 / 10 / 1

Auf die vom Menschen verursachten Luftbelastungen muss bewusst eingewirkt werden. In der Bundesrepublik Deutschland konnte beispielsweise innerhalb der letzten 25 Jahre die Staubemission von jährlich fast 3 Mill. t auf weniger als 0,5 Mill. t gesenkt werden. Der Erfolg dieser Bemühungen ist besonders eindrucksvoll im Luftraum über dem Ruhrgebiet sichtbar.

Gegenwärtig ist der Verkehr Hauptverursacher von Schadstoffemissionen. Man kann den Schadstoffausstoß bei Kraftfahrzeugen einschränken durch: Begrenzen der Höchstgeschwindigkeit, regelmäßige Durchführung von Abgastests (Abb. 6). In Kraftfahrzeugen eingebaute Katalysatoren wandeln Schadstoffe in ungefährliche Stoffe um, ohne dabei selbst verbraucht zu werden (Abb. 8).

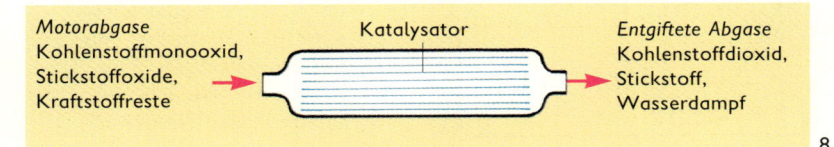

Motorabgase Kohlenstoffmonooxid, Stickstoffoxide, Kraftstoffreste → Katalysator → *Entgiftete Abgase* Kohlenstoffdioxid, Stickstoff, Wasserdampf

AUFGABEN

1. Wie kann jeder selbst zur Reinhaltung der Luft beitragen?
2. Was kann man tun, um seinen Organismus ständig ausreichend mit Sauerstoff zu versorgen?
3. Welche Bedeutung haben Grünanlagen und Wälder für ein gesundes Leben auf der Erde?
4. Begründe, dass Kohlenstoffdioxid, Wasser und Sonnenlicht Bedingungen für das Wachstum von Pflanzen sind!

LUFT – SAUERSTOFF

Sauerstoff

Entdeckung. Sauerstoff wurde 1771 vom Schweden *Carl Wilhelm Scheele* (1742 bis 1786) und unabhängig von ihm vom Engländer *Joseph Priestley* (1733 bis 1804) entdeckt.

Darstellen und pneumatisches Auffangen von Sauerstoff. Sauerstoff kann man aus Stoffen gewinnen, die Sauerstoff leicht abgeben, z. B. aus Wasserstoffperoxid oder aus Kaliumpermanganat.

Experiment 7
Im Gasentwickler (links) oder in der Küvette (rechts) wird Wasserstoffperoxidlösung auf angefeuchteten Braunstein getropft. Das entstehende Gas ist pneumatisch aufzufangen.

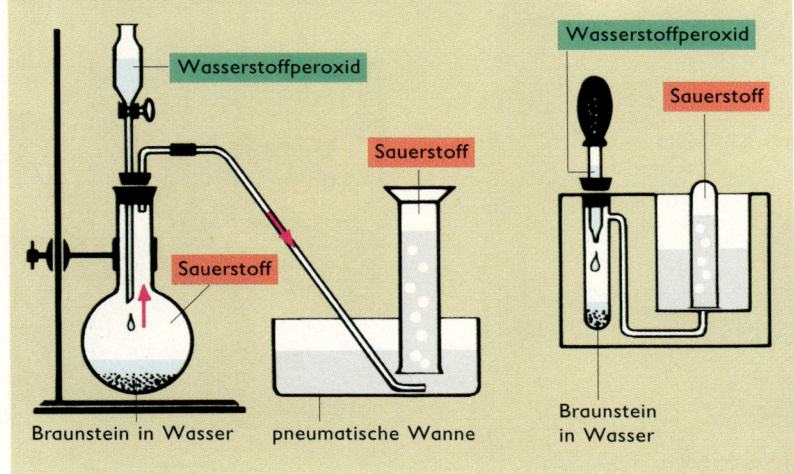

Carl Wilhelm Scheele
Apotheker und Chemiker, entdeckte die Elemente Sauerstoff und Chlor. Viele andere Stoffe wurden von ihm erstmals hergestellt und untersucht.

Aus Wasserstoffperoxid (in Wasser gelöst eine wasserklare Flüssigkeit) erhält man Sauerstoff bereits bei Zimmertemperatur, wenn man es in einem Gasentwickler auf Braunstein tropfen lässt (Experiment 7). Kaliumpermanganat (violette Kristalle) gibt beim Erwärmen Sauerstoff ab (Experiment 8). Gase, die nicht oder nur sehr wenig in Wasser löslich sind, fängt man pneumatisch auf. Beim **pneumatischen Auffangen** wird zunächst das Auffanggefäß mit Wasser gefüllt. Das Gas wird dann von unten in das Auffanggefäß eingeleitet. Es verdrängt das Wasser aus dem Auffanggefäß.

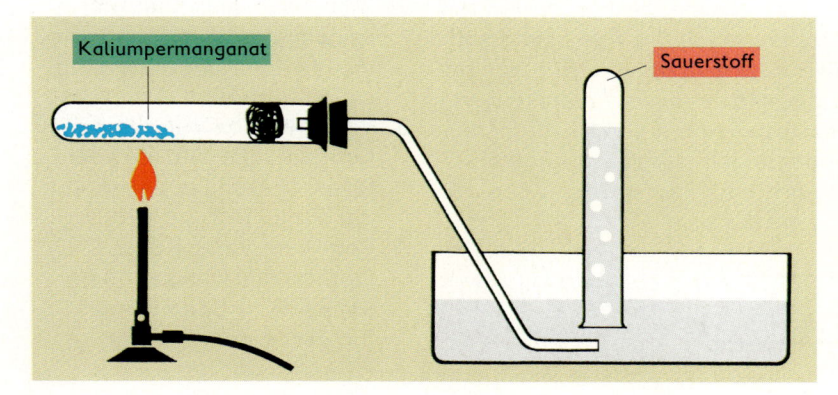

Joseph Priestley
Theologe und Naturwissenschaftler, entdeckte unabhängig von *Scheele* Sauerstoff. Er untersuchte weitere Gase.

Experiment 8
Stelle eine Apparatur nach nebenstehender Abbildung zusammen! Erhitze Kaliumpermanganat vorsichtig! Beobachte die Vorgänge in der pneumatischen Wanne, wenn unterschiedlich stark erhitzt wird! Fülle drei Reagenzgläser mit reinem Sauerstoff!
Ermittle Farbe, Geruch und Brennbarkeit von Sauerstoff!

Eigenschaften und Nachweis von Sauerstoff. Wichtige Eigenschaften des Sauerstoffs unterscheiden sich von den Eigenschaften des Stickstoffs.

Die Elemente Sauerstoff und Stickstoff weisen nicht die Eigenschaften von Metallen auf. Solche Elemente bezeichnet man als **Nichtmetalle**.

Eigenschaften der Stoffe	Eigenschaften des Sauerstoffs	Eigenschaften des Stickstoffs
Aggregatzustand bei 20 °C	gasförmig	gasförmig
Siedetemperatur	−183 °C	−196 °C
Farbe	farblos	farblos
Geruch	geruchlos	geruchlos
Brennbarkeit	nicht brennbar, unterhält die Flamme	nicht brennbar, erstickt die Flamme
Dichte im Vergleich zur Luft	etwas größer (Experiment 10)	etwa gleich
Löslichkeit in Wasser bei 101,3 kPa	sehr gering	fast unlöslich

Sauerstoff und Stickstoff gehören zu den Nichtmetallen. Sauerstoff wird durch die Spanprobe nachgewiesen: Ein glimmender Holzspan flammt in reinem Sauerstoff auf.

Verwendung von Sauerstoff. Der größte Teil des Sauerstoffs wird in der chemischen Industrie und für den Antrieb von Raketen verwendet (Abb. 3). Große Mengen Sauerstoff werden auch zum Schweißen benötigt (Abb. 4). In besonderen Gefahrensituationen wird Sauerstoff in Beatmungsgeräten eingesetzt. Sauerstoff wird in Tankwagen oder in Stahlflaschen transportiert, die durch einen blauen Farbanstrich gekennzeichnet sind.

SAUERSTOFF

Experiment 9
Ein glimmender Holzspan wird in das zu untersuchende Gas getaucht (Spanprobe).

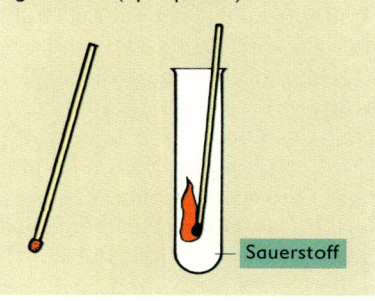

Experiment 10
Von zwei mit Sauerstoff gefüllten Reagenzgläsern werden die Stopfen gleichzeitig entfernt. Nach etwa 3 Minuten wird in beiden Reagenzgläsern die Spanprobe durchgeführt.

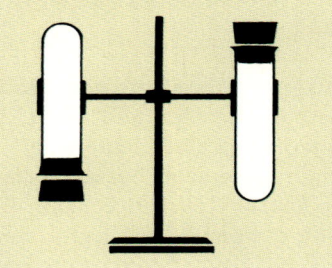

AUFGABEN

1. Beschreibe das pneumatische Auffangen von Gasen!
2. Warum flammt ein Holzspan, der an der Luft nur glimmt, in einem Gefäß mit reinem Sauerstoff hell auf?
3. Welchen Schluss kann man aus dem Ergebnis des Experiments 9 ziehen?
4. Welche Bedeutung hat in der Natur der in Wasser gelöste Sauerstoff?
5. Durch welche Eigenschaften kann man Sauerstoff von Stickstoff unterscheiden?

LUFT – SAUERSTOFF

Bau des Sauerstoffs aus Teilchen

Alle Stoffe sind aus Teilchen aufgebaut. Ein Gas wie Sauerstoff oder ein Gasgemisch wie Luft lässt sich im Gegensatz zu festen Stoffen und Flüssigkeiten leicht zusammendrücken. Es nimmt jeden zur Verfügung stehenden Raum ein. Durch Luft kann sich ein Mensch ohne weiteres fortbewegen, durch Wasser mit etwas Mühe, durch eine Wand aus Eisen kommt man nicht hindurch (Abb. 1). Diese auffälligen Unterschiede zwischen festen, flüssigen und gasförmigen Stoffen kann man damit erklären, dass die Stoffe aus **Teilchen** bestehen, die unterschiedlich stark zusammenhalten. In Metallen sind die Teilchen so dicht und regelmäßig angeordnet, dass sie ihren Platz nicht verändern können. Diese Anordnung bewirkt die hohe Festigkeit der Metalle. Bei Gasen bestehen zwischen den Teilchen sehr große Abstände. Die Teilchen bewegen sich ständig und regellos in alle Richtungen des Raumes.

Die Teilchen, aus denen die Stoffe bestehen, sind unvorstellbar klein. Sie sind selbst mit empfindlichsten Mikroskopen nicht sichtbar zu machen. Erst eine riesige Anzahl von Teilchen bemerkt man. Da man die Teilchen nicht direkt untersuchen kann, benutzt man zur Veranschaulichung **Modelle** (↗ S. 24). Modelle dürfen nicht mit den wirklich existierenden Teilchen verwechselt werden.

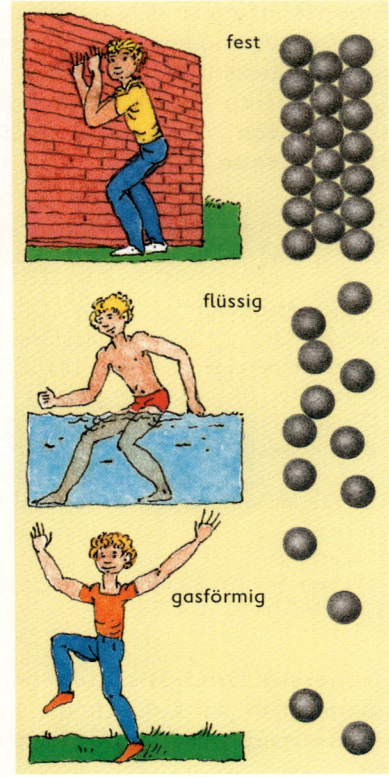

Modelle vom Teilchenaufbau erklären das unterschiedliche Verhalten des Menschen gegenüber Luft, Wasser und einer Wand aus Eisen.

Sauerstoff besteht aus Molekülen. Es ist bereits bekannt, dass Metalle aus Atomen bestehen, die in einem Atomverband fest angeordnet sind. Sauerstoff aber ist ein Gas. Die Teilchen, aus denen Sauerstoff besteht, sind frei beweglich.
Um welche Teilchen handelt es sich beim Sauerstoff?
Atome können es nicht sein; denn einzelne, isolierte Atome existieren bei Zimmertemperatur nur bei Edelgasen (Abb. 3).

Beim Sauerstoff sind immer zwei Atome zu einem Teilchen vereinigt. Aus Atomen zusammengesetze Teilchen bezeichnet man als Moleküle.

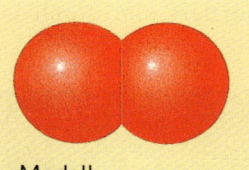

Modell vom Sauerstoffmolekül

Moleküle sind stabile, aus zwei oder mehreren Atomen zusammengesetzte Teilchen.

Die Atome werden im Molekül durch starke Kräfte zusammengehalten. Auch beim Erwärmen und Abkühlen bleiben die Moleküle als Teilchen erhalten.
Stoffe, die wie Sauerstoff aus Molekülen aufgebaut sind, bezeichnet man auch als **Molekülsubstanzen**. Zwischen den Molekülen der Molekülsubstanzen bestehen nur geringe Anziehungskräfte. Diese schwachen Anziehungskräfte können beispielsweise durch Erwärmen leicht überwunden werden.

Möglichkeiten der Anordnung von Atomen

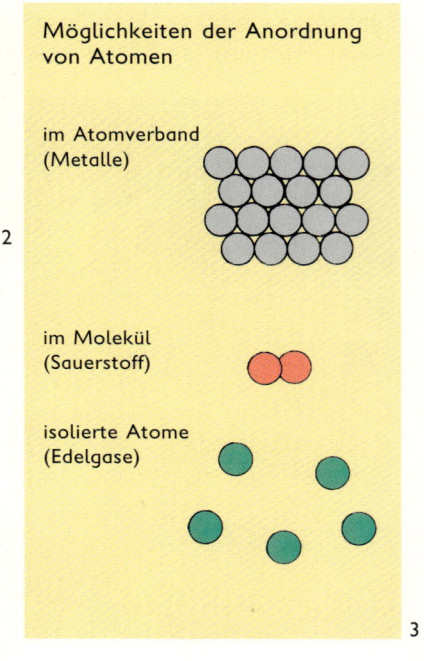

im Atomverband (Metalle)

im Molekül (Sauerstoff)

isolierte Atome (Edelgase)

Anordnung der Sauerstoffmoleküle. Den Chemiker interessiert nicht nur die **Art der Teilchen**, sondern auch die **Anordnung der Teilchen**.

Der feste Stoff Aluminium unterscheidet sich vom gasförmigen Stoff Sauerstoff in der Art und der Anordnung der Teilchen. In dem Raum, den 1 Molekül Sauerstoff zur Verfügung hat, befinden sich dicht gepackt über 2000 Aluminiumatome (Abb. 4).

Zwischen den Aluminiumatomen bestehen starke Anziehungskräfte. Aluminiumatome sind im Atomverband an einen festen Platz gebunden. Sauerstoffmoleküle sind jedoch weit voneinander entfernt und bewegen sich frei im Raum. Zwischen den Sauerstoffmolekülen bestehen nur schwache Anziehungskräfte (Abb. 5).

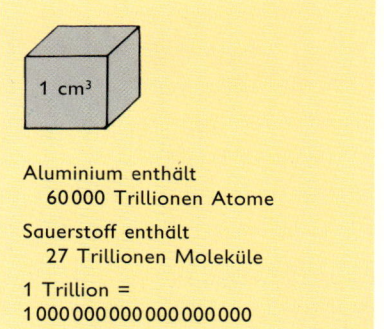

BAU DES SAUERSTOFFS AUS TEILCHEN

Aluminium enthält 60 000 Trillionen Atome

Sauerstoff enthält 27 Trillionen Moleküle

1 Trillion = 1 000 000 000 000 000 000

4

	Sauerstoff	Aluminium
Aggregatzustand bei 20 °C	gasförmig	fest
Siedetemperatur	−183 °C	+2450 °C
Masse von 1 cm³	0,00143 g	2,7 g
Teilchen in 1 cm³	27 Trillionen	60 000 Trillionen
Art der Teilchen	Moleküle	Atome
Anordnung der Teilchen (Modell)	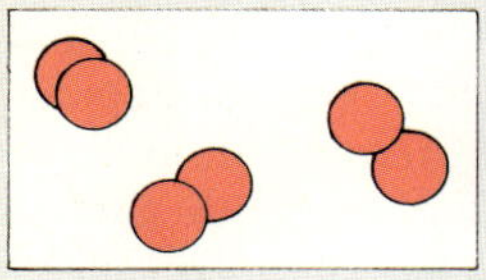	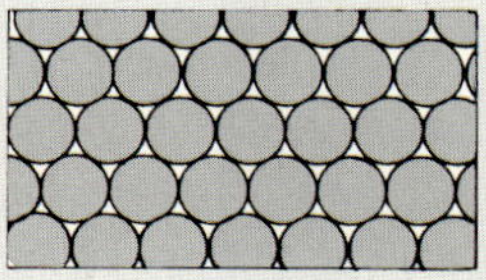

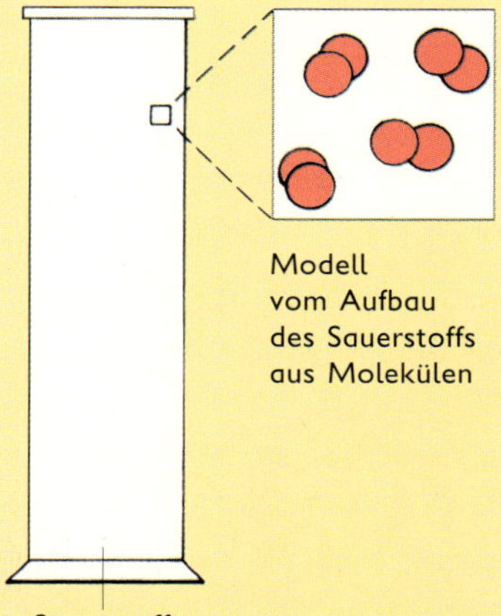

Modell vom Aufbau des Sauerstoffs aus Molekülen

Sauerstoff

5

Zwischen den Eigenschaften eines Stoffes und der Art und Anordnung der Teilchen dieses Stoffes bestehen Zusammenhänge.

O_2

Modell und Formel für ein Sauerstoffmolekül

6

Chemisches Zeichen für Sauerstoff. Mit chemischen Zeichen kennzeichnet man Stoffe und Teilchen, aus denen die Stoffe aufgebaut sind. Als chemische Zeichen sind die Symbole bereits bekannt (↗ S. 25).

Welches chemische Zeichen hat die Molekülsubstanz Sauerstoff? Es sollen zwei zu einem Molekül vereinigte Atome gekennzeichnet werden. Man schreibt das Symbol O und gibt tief gestellt hinter dem Symbol die Anzahl der Atome an: O_2 (Abb. 6). Solche zusammengesetzten chemischen Zeichen nennt man **Formeln**.

Auf die gleiche Weise gelangt man zur Formel N_2 für das aus zwei Atomen zusammengesetzte Stickstoffmolekül.

Sauerstoff ist eine Molekülsubstanz und hat die Formel O_2. Die Formel O_2 kennzeichnet ein Molekül Sauerstoff und den Stoff Sauerstoff.

AUFGABEN

1. Vergleiche Eigenschaften und Bau von Sauerstoff und Eisen!
2. Welcher Unterschied besteht zwischen den chemischen Zeichen O und O_2?
3. Welche Aussagen kann man der Formel N_2 entnehmen?

LUFT – SAUERSTOFF

Aus der Welt der Chemie

Feuerstoff – Phlogiston – Feuerluft – Lebensluft

Ist Luft eines der vier Elemente, wie *Aristoteles* annahm?
Welche Rolle spielt die Luft bei der Verbrennung?

Boyle und der Feuerstoff. Der Engländer *Robert Boyle* (Abb. 1) konnte diese Fragen nicht beantworten und tat doch den ersten Schritt. 1673 erhitzte er Blei in einem geschlossenen Gefäß, nachdem zuvor alles gewogen worden war. Nach dem Experiment vernahm er beim Öffnen des Gefäßes ein zischendes Geräusch. Nach dem Öffnen nahm er eine erneute Wägung vor. Durch die nachströmende Luft war die Gesamtmasse größer als vor dem Experiment.
Die Zunahme der Masse bei der Verbrennung von Metallen erklärte *Boyle* mit der Aufnahme von Feuerstoff durch die Gefäßwand.

Laboratorium von *Lomonossow* in St. Petersburg

Robert Boyle (1627 bis 1691)

Georg Ernst Stahl (1659 bis 1734)

Stahl glaubt an Phlogiston. Die Erklärung von *Robert Boyle* erscheint uns heute als absurd. Sie wurde aber vor über 300 Jahren abgegeben. Selbst im 18. Jahrhundert meinte mancher, Stoffe könnten verschwinden und aus dem Nichts entstehen. Zur Erklärung der Verbrennung stellte der deutsche Chemiker *Georg Ernst Stahl* (Abb. 2) um 1700 die Phlogistontheorie auf (griechisch: phlox = die Flamme):
Beim Verbrennen eines Metalls bleibt ein Metallkalk zurück und Phlogiston entweicht.

Lomonossow ist der Lösung schon sehr nahe. 83 Jahre nach dem Experiment von *Boyle* kam der russische Chemiker *Michail Wassiljewitsch Lomonossow* (↗ S. 31) in St. Petersburg der Wahrheit ein ganzes Stück näher (Abb. 3). Zunächst klärte er die Ursache für das zischende Geräusch, das *Boyle* beim Öffnen des Gefäßes beobachtet hatte. Bevor *Lomonossow* das zugeschmolzene Glasgefäß öffnete, stellte er eine brennende Kerze auf. Die Kerzenflamme wurde im Augenblick des Öffnens in das Gefäß hineingezogen. Beim Erhitzen von Blei im völlig abgeschlossenen Gefäß war also ein Teil der Luft „verschwunden". Das Reaktionsprodukt vom Blei war schwerer als das Blei vor dem Experiment. *Lomonossow* fand folgende Erklärung:
Es sind die Luftpartikelchen, die sich mit den Metallen beim Erhitzen verbinden und diese in Kalke verwandeln.

Scheele und Priestley entdecken die „taugliche Luft". Zwischen 1770 und 1772 hatten der Schwede *Carl Wilhelm Scheele* und der Engländer *Joseph Priestley* durch Experimente mit verschiedenen Stoffen und Tieren ermittelt, dass nur ein Fünftel der Luft zur Verbrennung und Atmung tauglich ist (Abb. 4 und 5). Den Teil der Luft, der bei Verbrennungen und bei der Atmung übrigblieb, nannte *Scheele* „verdorbene

Scheele experimentierte mit Schwefel.

Priestley experimentierte auch mit Mäusen.

40

AUS DER WELT DER CHEMIE IM ÜBERBLICK

Luft", weil eine brennende Kerze sofort erlosch und Bienen in dieser „Luft" nicht leben konnten. Dem anderen Teil der Luft kam *Scheele* auf die Spur, als er den Sauerstoff, den er „Feuerluft" nannte, entdeckte.

Aus einem Fünftel „Feuerluft" und vier Fünftel „verdorbener Luft" konnte Scheele „gewöhnliche Luft" herstellen. Luft war also kein Element, sondern ein Gemisch.

Lavoisier **findet die Lösung.** Der Franzose *Antoine Laurent Lavoisier* (↗ S. 31) nannte die von *Scheele* und *Priestley* entdeckten Bestandteile der Luft „Lebensluft" und „Stickluft". Nachdem *Lavoisier* von der Entdeckung des Sauerstoffs – nichts anderes war die Lebensluft – erfahren hatte, führte er weitere Experimente durch (Abb. 6) und konnte 1777 formulieren:
Bei der Verbrennung der Metalle kommt es zur Vereinigung der Metalle mit Lebensluft.

Damit war auch der Phlogistontheorie ein schwerer Schlag versetzt worden; denn nach dieser Theorie hätten die „verbrannten Metalle" durch entweichendes Phlogiston leichter und das Volumen der umgebenden Luft größer werden müssen.

Lavoisier bei seinen Experimenten über die Rolle der Luft bei der Verbrennung

Im Überblick

Luft	ist ein Stoffgemisch; Hauptbestandteile sind Stickstoff und Sauerstoff (Edelgase, Kohlenstoffdioxid), ist ein wichtiger Rohstoff, ist lebensnotwendig; der menschliche Organismus muss ständig mit reiner Luft (Sauerstoff) versorgt werden, muss vor übermäßiger Belastung mit Schadstoffen durch Verkehr, Industrie, Kraftwerke und Haushalte geschützt werden.
Sauerstoff	wird im Laboratorium aus Wasserstoffperoxid oder durch Erhitzen von Kaliumpermanganat dargestellt, ist nicht brennbar, fördert aber die Verbrennung, wird durch die Spanprobe nachgewiesen: glimmender Holzspan flammt in reinem Sauerstoff auf, wird vielseitig verwendet: Beatmungsgeräte, Schweißen, Antrieb von Raketen, chemische Industrie, Metallurgie.
Nichtmetall	Element, das nicht die Eigenschaften eines Metalls aufweist.
Atom	kleinstes Teilchen, aus dem Stoffe aufgebaut sein können.
Molekül	stabiles, aus zwei oder mehreren Atomen zusammengesetztes Teilchen.
Chemische Zeichen	**Symbol:** kennzeichnet einen Stoff (ein Element) und ein Atom davon. | **Formel:** kennzeichnet einen Stoff und ein Molekül davon.

WASSER – WASSERSTOFF

5

Wasser – Wasserstoff

Über zwei Drittel der Erdoberfläche sind mit Wasser bedeckt. Im Wasser entwickelte sich vor über drei Milliarden Jahren das erste Leben auf der Erde. Wasser ist lebensnotwendig. Ist Wasser wirklich ein Element, wie man in der Antike annahm?

Bedeutung des Wassers

Wasservorräte. Etwa 97 % des auf der Erde vorkommenden Wassers sind salziges Meerwasser. 1 l Meerwasser enthält durchschnittlich etwa 35 g gelöstes Salz (Ostsee: 15 g, Nordsee: 30 g, Atlantik: 35 g, Totes Meer: 260 g). Etwa 3 % der Wasservorräte sind Süßwasser und damit als Trinkwasser geeignet. Vom Süßwasservorrat sind jedoch nur etwa 10 % als Trinkwasser verfügbar (Abb. 1). Das meiste Süßwasser liegt als Eis an den Polkappen, im Meer und in Hochgebirgsgletschern vor. Es gibt genügend Trinkwasser, wenn die Menschen damit vernünftig umgehen.

Wasser befindet sich auf der Erde in einem **Kreislauf:** Verdunstung, Niederschlag, Verdunstung (Abb. 2).

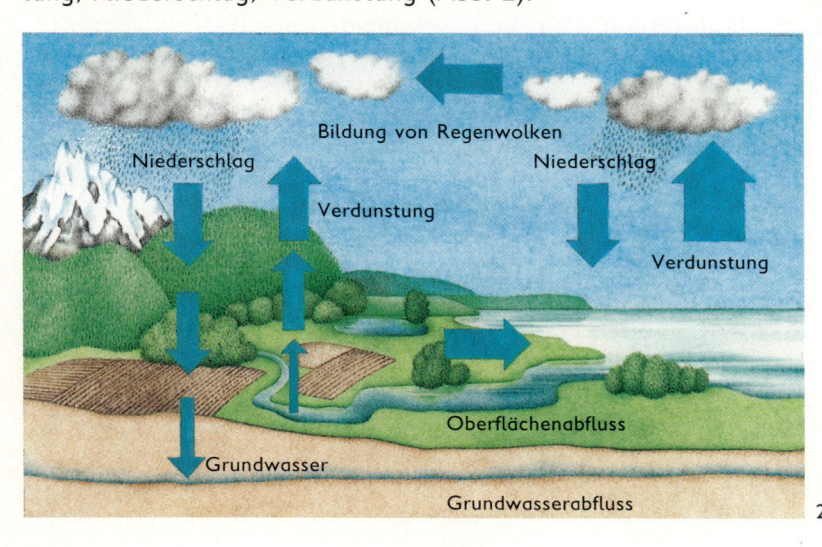

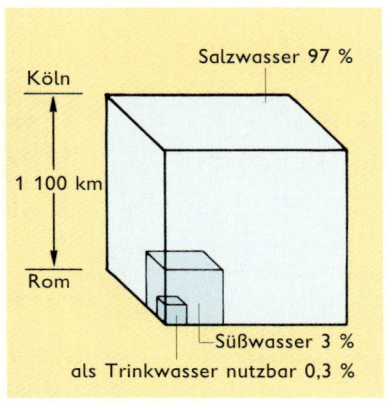

1 Wasservorrat der Erde: 1,38 Mrd. km³

2 Kreislauf des Wassers (vereinfacht)

Wasserbedarf. Alle Lebewesen müssen regelmäßig Wasser aufnehmen. Ein erwachsener Mensch benötigt täglich etwa 3 l Wasser. Für den Menschen ist das Wasser das wichtigste Lebensmittel. Etwa 10 % des Wasserbedarfs entfällt in unserem Lande auf die Haushalte, wobei das Wasser zum Trinken und zur Bereitung von Speisen nur den geringsten Anteil ausmacht. Das meiste Wasser wird im Haushalt zur Körperpflege, zum Waschen und Reinigen sowie für die WC-Spülung verwendet. Der Verbrauch von Wasser nimmt ständig zu. Eine Person verbrauchte täglich etwa 25 l Wasser, als es noch vom Brunnen geholt werden musste. 1950 waren es schon 85 l und 1987 gar 141 l Wasser, die eine Person im Durchschnitt täglich verbrauchte.

Etwa 90 % des gesamten Wasserbedarfs werden von der Energiewirtschaft, der Industrie und der Landwirtschaft als Rohstoff, Lösungsmittel, Reinigungsmittel und Kühlmittel sowie als Energieüberträger und zur Bewässerung des Bodens beansprucht.

Trinkwasser und Betriebswasser. Das bereitgestellte Wasser muss je nach Verwendungszweck bestimmte Eigenschaften haben. **Trinkwasser** muss höchsten Gütekriterien genügen. Natürlich vorkommendes Wasser ist erst nach einer gründlichen Aufbereitung als Trinkwasser geeignet. Gewinnung, Aufbereitung und Verteilung von Trinkwasser verursachen hohe Kosten. Fast alle Haushalte werden heute über das zentrale Wassernetz ausschließlich mit Trinkwasser versorgt (Abb. 3), obwohl nur der geringste Teil Trinkwasserqualität aufweisen müsste.

Trinkwasser ist kostbar. Sei sparsam mit Trinkwasser!

Wasser, das gewerblichen, industriellen, landwirtschaftlichen oder ähnlichen Zwecken dient, ohne dass Trinkwasserqualität verlangt wird, bezeichnet man als **Betriebswasser** (Brauchwasser). Oft wird Betriebswasser den natürlichen Wasservorräten direkt entnommen und nur geringfügig aufbereitet.

Betriebswasser darf nicht als Trinkwasser verwendet werden!

Gewerbe, Industrie und Landwirtschaft haben auch Bedarf an Trinkwasser, das dem öffentlichen Wassernetz entnommen wird.

BEDEUTUNG DES WASSERS

Wasserverbrauch im Haushalt 1987 je Person und Tag

WC-Spülung	46 l
Baden/Duschen	44 l
Wäschewaschen	17 l
Körperpflege	9 l
Geschirrspülen	9 l
Raumreinigung	4 l
Trinken/Kochen	3 l
Sonstiges	9 l
Gesamt	141 l

Anforderungen an einwandfreies Trinkwasser

- frei von Krankheitserregern, keimarm
- geschmacklich einwandfrei, kühl
- farblos, geruchlos
- geringer Anteil an gelösten Stoffen
- nicht gesundheitsschädigend

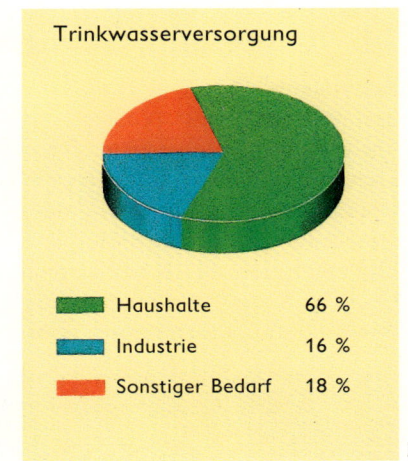

Trinkwasserversorgung

Haushalte	66 %
Industrie	16 %
Sonstiger Bedarf	18 %

➤ **AUFGABEN**

1. Warum benötigen Lebewesen Wasser?
2. Warum kann man Meerwasser nicht direkt als Trinkwasser nutzen?
3. Könnte man destilliertes Wasser als Trinkwasser verwenden?
4. Wie könnte man das Salz aus dem Meerwasser entfernen?
5. Wie kann man das Ansteigen des Wasserbedarfs in den Haushalten vermeiden? Unterbreite Vorschläge!
6. Woher kommt das Trinkwasser im Heimatort?
7. Erläutere einige Möglichkeiten zum sparsamen Umgang mit Trinkwasser!

WASSER – WASSERSTOFF

Trinkwassergewinnung. Trinkwasser wird hauptsächlich aus Grundwasser gewonnen. Mitunter muss auch Oberflächenwasser genutzt werden. Quellwasser steht nur in wenigen Fällen zur Verfügung (Abb. 1). Grundwasser wird mithilfe von Tiefbrunnen (Abb. 3) gefördert und als Trinkwasser aufbereitet. Oberflächenwasser wird zunächst durch Filtrieren, beispielsweise mit Kiesfiltern (Abb. 2), von groben Verunreinigungen befreit. Durch intensive Belüftung und mittels chemischer und biologischer Verfahren werden gesundheitsschädigende Stoffe entfernt. Die Qualität des Trinkwassers wird ständig kontrolliert.

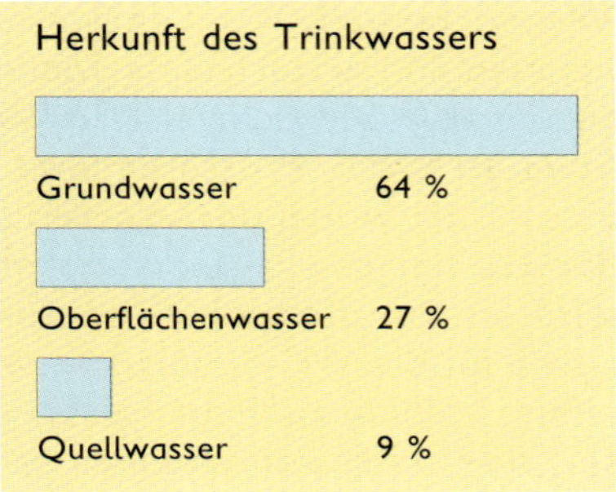

Herkunft des Trinkwassers
Grundwasser 64 %
Oberflächenwasser 27 %
Quellwasser 9 %

1

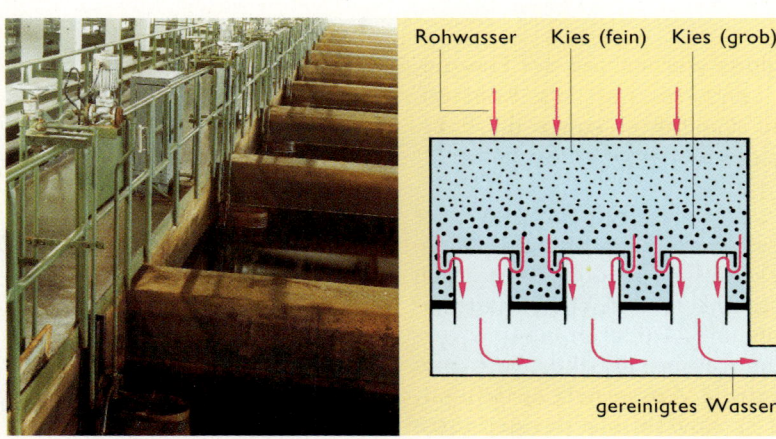

2 Ansicht und Schema des Kiesfilters

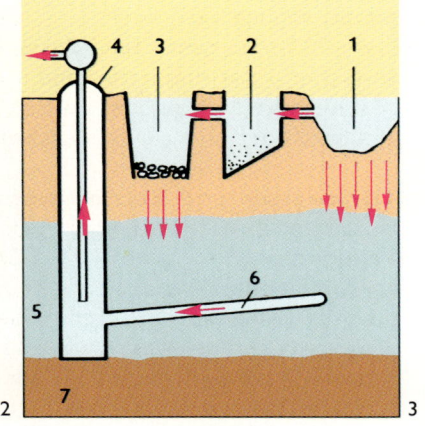

3 Trinkwasser aus Brunnen
1. Fluss
2. Absetzbecken
3. Sickerbecken
4. Brunnen mit Pumpwerk
5. Grundwasser führende Schicht
6. Sammelröhre
7. Wasserundurchlässige Schicht

Abwasser und Gewässerschutz

Abwasser. Durch Entnahme von Wasser greift der Mensch in den Kreislauf des Wassers ein. Das durch Gebrauch in seinen natürlichen Eigenschaften veränderte Wasser wird als **Abwasser** bezeichnet. Belastungen durch Schadstoffe im Abwasser müssen beseitigt werden, bevor man Abwasser wieder in natürliche Gewässer einleitet. Biologisch intakte Gewässer verfügen nur über eine begrenzte Selbstreinigungskraft.
Über 90 % der anfallenden Abwässer werden in industriellen und kommunalen Kläranlagen gereinigt (Abb. 4). Neben der Anwen-

4 Anlage zur Abwasserbehandlung

ABWASSER UND GEWÄSSERSCHUTZ

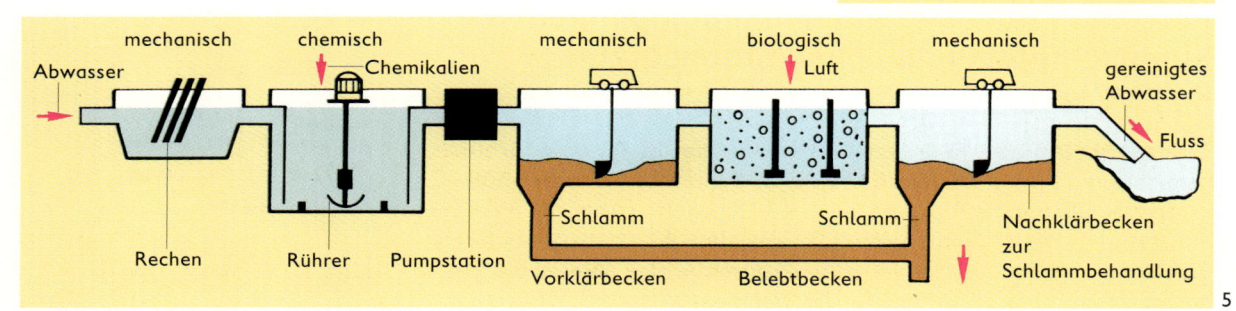

Schema einer Kläranlage mit den Stationen: mechanisch (Rechen), chemisch (Rührer, Chemikalien, Pumpstation), mechanisch (Vorklärbecken, Schlamm), biologisch (Belebtbecken, Luft), mechanisch (Nachklärbecken zur Schlammbehandlung) – gereinigtes Abwasser in den Fluss. 5

dung mechanischer und chemischer Reinigungsverfahren werden heute in über 80 % aller Kläranlagen auch biologische Verfahren angewendet (Abb. 5). Bei der biologischen Reinigung erfolgt eine Zufuhr von Luft und die Einwirkung von Mikroorganismen. Dadurch werden vor allem organische Stoffe abgebaut. Der Klärschlamm ist ein wertvolles Düngemittel.

Gewässerschutz. Nicht ausreichend gereinigte Abwässer, die in Flüsse und Seen sowie in das Grundwasser gelangen, schädigen das Ökosystem (Abb. 6) und können auch die Trinkwasserversorgung gefährden. Damit das kostbare Wasser ständig in guter Qualität zur Verfügung steht, müssen die Gewässer vor Belastungen geschützt werden (Abb. 7). Schadstoffe aus Industrie und Haushalten, übermäßige Verwendung von Düngemitteln in der Landwirtschaft, leichtfertiger Umgang mit Motorenölen und Lösungsmitteln sowie das Sickerwasser von Deponien bedrohen unsere Wasservorräte. Zum Schutz der Gewässer und zur Sanierung bereits geschädigter Gewässer sind zahlreiche gesetzliche Bestimmungen erlassen worden. Der Rhein ist ein gutes Beispiel für die Sanierung eines durch Belastung mit Schadstoffen bereits schwer geschädigten Gewässers. Die Belastung des Rheins war bereits so weit fortgeschritten, dass in den Trockenjahren 1971 und 1972 das Leben im Rhein fast zum Erliegen kam. Der Sauerstoffgehalt, ein wichtiges Kriterium für den Zustand eines Gewässers, war auf 5 mg Sauerstoff pro Liter Wasser abgesunken. Durch verschiedene Maßnahmen konnten bis 1985 etwa 80 % der Schadstoffe zurückgehalten werden. Der Sauerstoffgehalt hatte mit 9 mg Sauerstoff pro Liter Wasser fast den Sättigungswert erreicht. Mit der Zunahme des verfügbaren Sauerstoffs hat die Vielfalt der Fischnährtierarten enorm zugenommen. Damit waren für die Entwicklung der Fische im Rhein wieder gute Bedingungen gegeben. Heute gibt es im Rhein 31 Fischarten.

Schützt die Trinkwasserversorgung und die Ökosysteme!
– Kein Trinkwasser verschwenden! Regenwasser nutzen!
– Speisereste und Küchenreste gehören nicht ins Abwasser!
– Reinigungs-, Putz- und Waschmittel nur im unbedingt notwendigen Umfang einsetzen!
– Farben, Lösungsmittel, Motorenöl und Reste von Medikamenten ordnungsgemäß entsorgen! Diese Stoffe nicht ins Abwasser geben!

Verschmutztes Gewässer 6

Untersuchung von Wasserproben 7

AUFGABEN

1. Beschreibe die Wirkung des Kiesfilters!
2. Warum kann man aus Tiefbrunnen Wasser in Trinkwasserqualität fördern?
3. Wie wird das Abwasser des Heimatortes gesammelt und gereinigt?
4. Nenne Beispiele, wie zum Schutz der Gewässer und des Grundwassers beigetragen werden kann!

WASSER – WASSERSTOFF

Eigenschaften und Zusammensetzung des Wassers

Eigenschaften des Wassers. Wasser ist bei 20 °C eine farblose, geruchlose Flüssigkeit, die bei 0 °C in den festen und bei 100 °C in den gasförmigen Aggregatzustand übergeht (Abb. 1). Wasser hat seine größte Dichte von 1 g/cm³ bei 4 °C, also noch vor Erreichen der Schmelztemperatur (Anomalie des Wassers). Deshalb schwimmt das „leichtere" Eis auf dem Wasser.
Für viele feste, flüssige und gasförmige Stoffe ist Wasser ein gutes Lösungsmittel. Durch wässrige Lösungen werden beispielsweise Organe im menschlichen Körper mit lebenswichtigen Stoffen versorgt und Stoffwechselprodukte ausgeschieden.
Wasser leitet kaum den elektrischen Strom und ist auch ein schlechter Wärmeleiter.
Reines Wasser erhält man durch Destillation oder durch Behandeln mit Ionenaustauschern. Im Laboratorium und für Kühlflüssigkeit im Auto benötigt man destilliertes Wasser (↗ S. 16).

Zusammensetzung des Wassers. In der Antike nahm man an, dass aus den vier Elementen Luft, Erde, Feuer und Wasser alle anderen Stoffe gebildet werden. Heute wissen wir, dass es über 100 Elemente gibt. *Ist Wasser wirklich eines dieser Elemente?*
Diese Frage soll nun beantwortet werden. Wenn Wasser ein Element ist, dann darf es sich nicht in andere Stoffe zerlegen lassen. Man muss also feststellen, ob Wasser zerlegbar ist. Das Erhitzen von Wasser führt nur zur Änderung seines Aggregatzustandes, aber nicht zur Zerlegung (↗ S. 17). In einer geeigneten Experimentanordnung soll untersucht werden, ob Wasser durch elektrischen Strom zerlegbar ist (Experimente 1 und 2).

Experiment 1
An die Elektroden der Apparatur wird eine Gleichspannung angelegt. Entstehende Gase werden pneumatisch aufgefangen.

Experiment 2
Untersuche mit der Apparatur, ob Wasser durch Anlegen einer Gleichspannung zerlegbar ist!

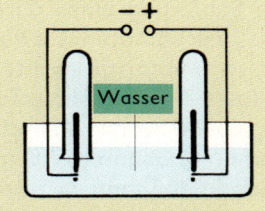

Experiment 3
Untersuche die an Plus- und Minuspol gebildeten Gase mit Hilfe der Spanprobe!

Am Minuspol aufgefangenes Gas

Spanprobe negativ, Gas ist brennbar

Da die Experimente 1 und 2 bei Zimmertemperatur durchgeführt wurden, kann es sich bei den aufgefangenen Gasen nicht um Wasserdampf handeln. Am Pluspol kann *Sauerstoff* nachgewiesen werden.
Das brennbare Gas am Minuspol ist *Wasserstoff* (Exp. 3).

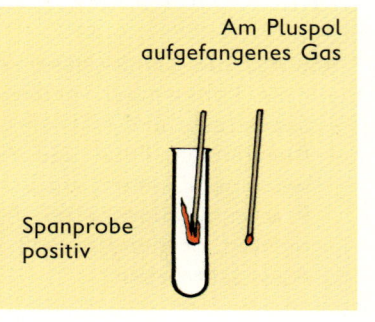

Am Pluspol aufgefangenes Gas

Spanprobe positiv

Wasser ist kein Element; denn es lässt sich in Wasserstoff und Sauerstoff zerlegen. Stoffe, die sich in andere Stoffe zerlegen lassen, nennt man **chemische Verbindungen**.

Chemische Verbindungen sind Stoffe, die sich in zwei oder mehr Stoffe zerlegen lassen.

Die Zerlegung von Wasser in Wasserstoff und Sauerstoff ist eine chemische Reaktion:

Ausgangsstoff ⟶ Reaktionsprodukte

| Wasser | ⟶ | Wasserstoff | + | Sauerstoff |

Lies: Wasser reagiert zu Wasserstoff und Sauerstoff!

Mit den Experimenten 1 oder 2 wurde der Beweis erbracht, dass Wasser zerlegbar, also eine Verbindung ist. Es ist aber noch zu beweisen, dass Wasser *nur* aus den Elementen Wasserstoff und Sauerstoff besteht.
Mit dem Experiment 4 kann man nachweisen, dass aus Wasserstoff und dem Sauerstoff der Luft Wasser gebildet wird.

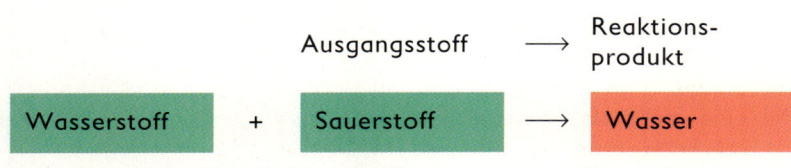

Ausgangsstoff ⟶ Reaktionsprodukt

| Wasserstoff | + | Sauerstoff | ⟶ | Wasser |

Lies: Wasserstoff und Sauerstoff reagieren zu Wasser!

Wasser ist eine chemische Verbindung, die sich in die Elemente Wasserstoff und Sauerstoff zerlegen lässt.

Bau und Formel von Wasser. Wasser lässt sich bei relativ niedriger Siedetemperatur in den gasförmigen Aggregatzustand überführen. Zwischen den Teilchen bestehen nur schwache Anziehungskräfte, die durch geringe Wärmezufuhr leicht zu überwinden sind. Es liegt die Vermutung nahe, dass Wasser aus Molekülen aufgebaut ist.
Wissenschaftler haben durch exakte Untersuchungen und Berechnungen herausgefunden, dass immer 2 Atome Wasserstoff (Symbol: H) und 1 Atom Sauerstoff durch starke Anziehungskräfte zu einem Molekül verbunden sind (Abb. 2). Ein Molekül Wasser wird durch die Formel H_2O gekennzeichnet. Tief gestellt hinter dem jeweiligen Symbol wird die Anzahl der im Molekül enthaltenen Atome angegeben. Die „Eins" wird nicht geschrieben.

Wasser ist aus Molekülen aufgebaut und hat die Formel H_2O. Die Formel H_2O kennzeichnet den Stoff Wasser und 1 Molekül davon.

EIGENSCHAFTEN UND ZUSAMMENSETZUNG DES WASSERS

Experiment 4
Wasserstoff wird verbrannt. Das Reaktionsprodukt wird in einem Trichter aufgefangen und dann abgekühlt.

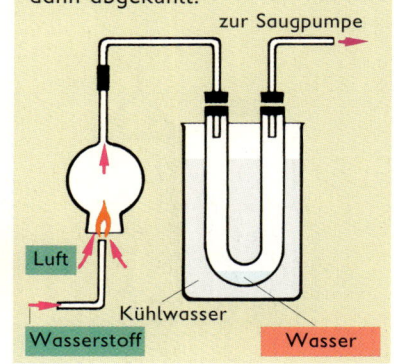

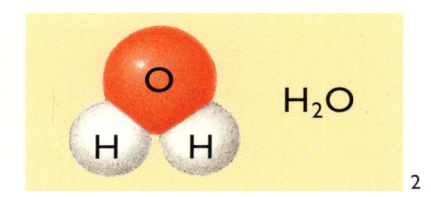

H_2O

2

AUFGABEN

1. Warum ist Regenwasser nahezu reines Wasser?
2. Warum schwimmen Eisberge im Wasser?
3. Warum bereitet man Kühlflüssigkeit für Autos mit destilliertem Wasser?
4. Nenne feste, flüssige und gasförmige Stoffe, die in Wasser löslich sind!
5. Begründe, dass es sich beim Zerlegen und Bilden von Wasser um chemische Reaktionen handelt!
6. Wie kann man Sauerstoff, Wasserstoff und Wasser unterscheiden?
7. Welche Eigenschaften des Wassers sprechen dafür, dass Wasser eine Molekülsubstanz ist?

WASSER – WASSERSTOFF

Wasserstoff

Entdeckung. 1766 entdeckte der Engländer *Henry Cavendish* (1731 bis 1810) den Wasserstoff, als er Metalle mit verdünnten Säuren reagieren ließ (Abb. 1). Diese chemische Reaktion benutzt man auch heute noch zur Darstellung von Wasserstoff im Laboratorium. In der Technik stellt man heute den Wasserstoff durch Reaktion von Wasserdampf mit Kohle oder durch Zerlegen von Erdöl oder Erdgas her.

Der erste Start eines Gasballons 1783 in Paris. Im Dezember 1783 erlebte Paris den ersten Aufstieg eines Gasballons (Abb. 2). Gebaut hatte ihn der Physiker *Jacques Charles*. Zur Füllung benutzte er das Gas Wasserstoff, das 1766 von *Cavendish* entdeckt worden war. Gemeinsam mit einem Gefährten gelang in einer am Ballon befestigten Gondel eine mehr als zweistündige Luftreise. Der Ballon landete 40 km von Paris entfernt.

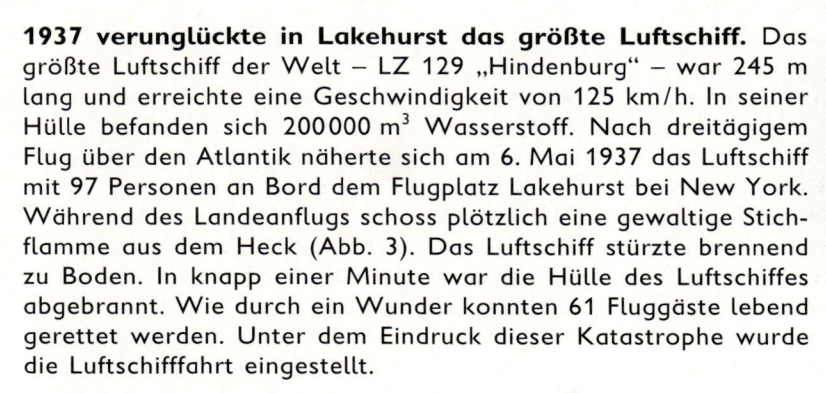

1937 verunglückte in Lakehurst das größte Luftschiff. Das größte Luftschiff der Welt – LZ 129 „Hindenburg" – war 245 m lang und erreichte eine Geschwindigkeit von 125 km/h. In seiner Hülle befanden sich 200000 m^3 Wasserstoff. Nach dreitägigem Flug über den Atlantik näherte sich am 6. Mai 1937 das Luftschiff mit 97 Personen an Bord dem Flugplatz Lakehurst bei New York. Während des Landeanflugs schoss plötzlich eine gewaltige Stichflamme aus dem Heck (Abb. 3). Das Luftschiff stürzte brennend zu Boden. In knapp einer Minute war die Hülle des Luftschiffes abgebrannt. Wie durch ein Wunder konnten 61 Fluggäste lebend gerettet werden. Unter dem Eindruck dieser Katastrophe wurde die Luftschifffahrt eingestellt.

1986 verunglückte eine Raumfähre vor Florida. Am 28. 1. 1986 explodierte die US-Raumfähre „Challenger" mit ihrer siebenköpfigen Besatzung wenige Sekunden nach ihrem Start 8 km vor der Küste Floridas (Abb. 4). Die Explosion kam aus dem riesigen Treibstofftank (47 m lang, 8 m Durchmesser), der noch den größten Teil der etwa 1,5 Mill. l flüssigen Wasserstoffs und mehr als 0,5 Mill. l flüssigen Sauerstoff enthielt. Vor der Explosion traten an einer der Feststoffhilfsraketen Flammen aus, die wahrscheinlich an den Treibstofftanks die Explosion auslösten.

WASSERSTOFF

Eigenschaften. Wasserstoff ist bei 20 °C ein farbloses, geruchloses Gas, das in Wasser bei Normaldruck fast unlöslich ist (Experiment 5). Er hat eine Siedetemperatur von −253 °C. Seine Dichte beträgt bei 0 °C und 1013 hPa 0,089 g/l. Die Dichte der Luft ist 14,5-mal so groß wie die Dichte von Wasserstoff (Experiment 6). Wasserstoff ist brennbar. Beim Experimentieren mit Wasserstoff ist äußerste Vorsicht geboten. Wasserstoff-Luft-Gemische, auch **Knallgas** genannt, sind explosiv. Deshalb muss man sich vor dem Experimentieren durch die **Knallgasprobe** davon überzeugen, dass kein Wasserstoff-Luft-Gemisch vorliegt (Abb. 5).

Experiment 5
Im Gasentwickler wirkt Salzsäure auf Zink ein. Das entweichende Gas wird pneumatisch aufgefangen.

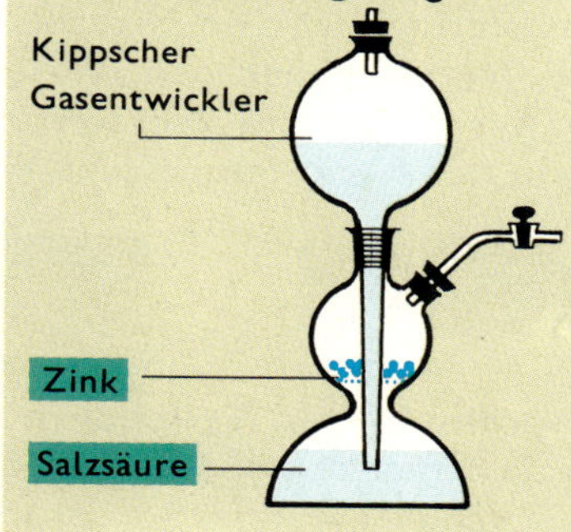

Kippscher Gasentwickler
Zink
Salzsäure

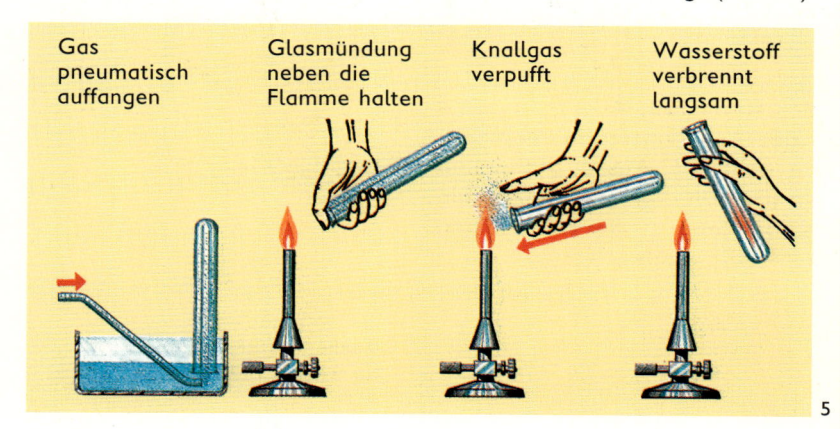

Gas pneumatisch auffangen — Glasmündung neben die Flamme halten — Knallgas verpufft — Wasserstoff verbrennt langsam

5

Experiment 6
Von zwei mit Wasserstoff gefüllten Standzylindern werden die Abdeckungen entfernt. Nach etwa 3 Minuten prüft man in beiden Standzylindern auf Brennbarkeit.

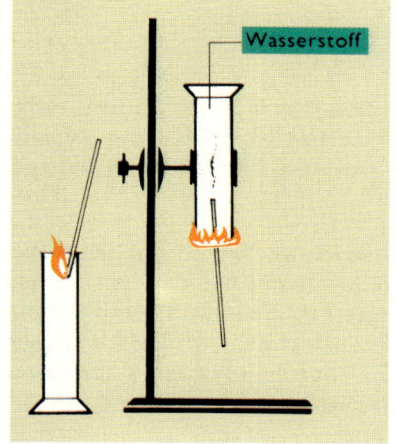

Wasserstoff

Verwendung. Die Eigenschaften des Wasserstoffs bestimmen seine vielfältige Verwendung im täglichen Leben und in der Technik. Wasserstoff hat einen hohen Heizwert. Stadtgas besteht etwa zur Hälfte aus Wasserstoff. Beim autogenen Schweißen und Schneiden wird Wasserstoff in einem speziellen Brenner zusammen mit reinem Sauerstoff zur Reaktion gebracht. In der Flamme herrschen Temperaturen bis zu 3000 °C.
Aufgrund der geringen Dichte bekommt ein mit Wasserstoff gefüllter Ballon in der Luft einen solchen Auftrieb, dass Lasten gehoben werden können. Heute dürfen zur Personenbeförderung keine mit Wasserstoff gefüllten Ballons eingesetzt werden. Wetterballons sind oft noch mit Wasserstoff gefüllt.
Wasserstoff wird in Stahlflaschen transportiert. Mit Wasserstoff gefüllte Stahlflaschen tragen einen roten Farbanstrich und deren Anschlussventile haben Linksgewinde.

Bau und Formel von Wasserstoff. Wasserstoff ist wie Sauerstoff und Stickstoff aus zweiatomigen Molekülen aufgebaut. Die Formel ist H_2 (Abb. 6). Wasserstoff ist eine Molekülsubstanz.

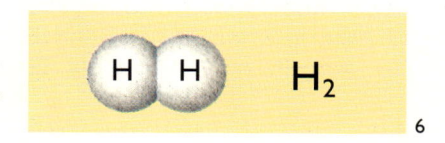

H H H_2

6

> **AUFGABEN**

1. Warum dürfen heute keine mit Wasserstoff gefüllten Ballons zur Personenbeförderung eingesetzt werden?
2. Weshalb konnte es bei der Challanger-Raumfähre zu einer Explosion kommen?
3. Welche Eigenschaften hat Wasserstoff, wenn man ihn pneumatisch auffangen kann?
4. Welcher Unterschied besteht zwischen dem Bau eines Wasserstoffmoleküls und dem eines Wassermoleküls?

WASSER – WASSERSTOFF

Von der chemischen Reaktion zur Reaktionsgleichung

Chemische Reaktion – Stoffumwandlung – Wortgleichung. Beim Verbrennen von Wasserstoff bilden sich Wassertröpfchen, wird Wärme abgegeben und Licht ausgestrahlt (Experiment 7). Die Ausgangsstoffe Wasserstoff und Sauerstoff (der Luft) werden in das Reaktionsprodukt Wasser umgewandelt.

| Wasserstoff | + | Sauerstoff | ⟶ | Wasser |

Experiment 7
Wasserstoff wird in einem Standzylinder verbrannt.

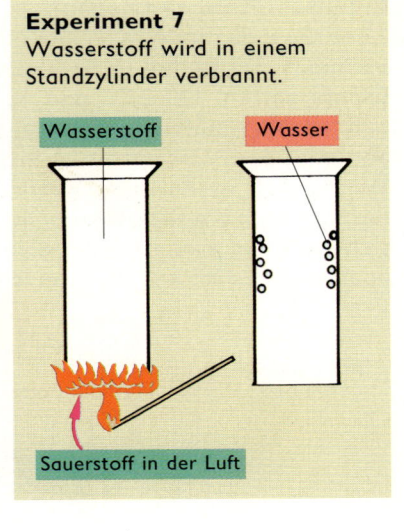

Umordnung von Teilchen bei der Reaktion. Alle Stoffe sind aus Teilchen aufgebaut. Teilchen der Ausgangsstoffe reagieren zu Teilchen der Reaktionsprodukte (Abb. 1). Aus 2 Molekülen Wasserstoff und 1 Moleküle Sauerstoff werden genau 2 Moleküle Wasser gebildet. Wasserstoffatome und Sauerstoffatome bleiben in der Anzahl erhalten, werden aber völlig umgeordnet.

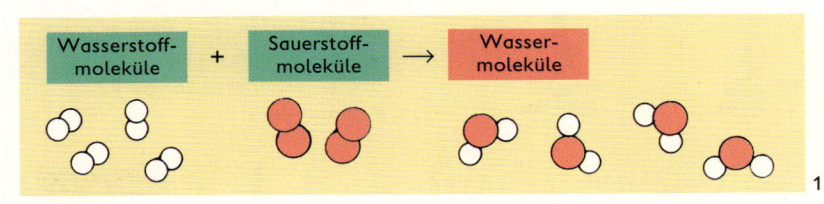

Wasserstoffmoleküle + Sauerstoffmoleküle ⟶ Wassermoleküle

1

Kleinstmöglicher Teilchenumsatz und Reaktionsgleichung

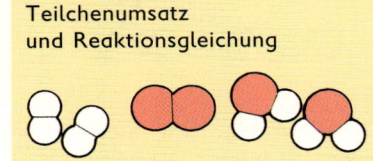

$$2\,H_2 + O_2 \longrightarrow 2\,H_2O$$

Stoffliche Deutung: Wasserstoff und Sauerstoff reagieren zu Wasser.

Teilchenmäßige Deutung: Jeweils 2 Moleküle Wasserstoff und 1 Molekül Sauerstoff reagieren zu 2 Molekülen Wasser.

2

Die Anzahl der Atome eines Elements bei den Ausgangsstoffen ist gleich der Anzahl der Atome dieses Elements bei den Reaktionsprodukten.

Reaktionsgleichung. Zur Kennzeichnung der Teilchen kann man chemische Zeichen verwenden, also die Formeln für Wasserstoff, Sauerstoff und Wasser. Will man mehrere Teilchen kennzeichnen, wird ein entsprechender Faktor vor das chemische Zeichen geschrieben. So erhält man die **Reaktionsgleichung** (Abb. 2).

Die Reaktionsgleichung kennzeichnet die an der chemischen Reaktion beteiligten Stoffe. Sie gibt das Zahlenverhältnis an, in dem die Teilchen reagieren.

Kontrolle der Faktoren

Reaktionsgleichung	$2\,H_2 + O_2 \longrightarrow 2\,H_2O$
Anzahl der Wasserstoffatome (H)	$2 \cdot 2 = 2 \cdot 2$ $4 = 4$
Anzahl der Sauerstoffatome (O)	$1 \cdot 2 = 2 \cdot 1$ $2 = 2$

Reaktionsgleichungen sind international verständlich. **Wortgleichungen** formuliert man in der Landessprache.

$2\,H_2$	$+\; O_2$	$\longrightarrow 2\,H_2O$
Wasserstoff	+ Sauerstoff	⟶ Wasser
hydrogen	+ oxygen	⟶ water
hydrogène	+ oxygène	⟶ eau
водород	+ кислород	⟶ вода

AUFGABEN

1. Erläutere den Zusammenhang zwischen dem Gesetz von der Erhaltung der Masse und dem Erhalt der Atome eines Elements bei chemischen Reaktionen!
2. Erläutere am Beispiel des Wasserstoffs den Zusammenhang zwischen Eigenschaften und Verwendung eines Stoffes!
3. Weise nach, dass die Anzahl der Atome jedes Elements bei den Ausgangsstoffen und den Reaktionsprodukten gleich ist!
$N_2 + O_2 \longrightarrow 2\ NO$
4. Erläutere die Begriffe Meerwasser, Süßwasser, Trinkwasser, Betriebswasser und destilliertes Wasser!

REAKTIONSGLEICHUNG IM ÜBERBLICK

Im Überblick

Wasser
ist lebensnotwendig; mit dem kostbaren Trinkwasser muss sparsam umgegangen werden; Abwasser aus Haushalten und Betrieben muss sorgfältig aufbereitet werden, um Ökosysteme und Trinkwasserversorgung nicht zu gefährden,
ist eine chemische Verbindung, die sich in die Elemente Wasserstoff und Sauerstoff zerlegen lässt,
ist aus Molekülen aufgebaut und hat die Formel H_2O.

Wasserstoff
wird im Laboratorium durch Reaktion von Salzsäure mit Zink dargestellt,
ist ein farbloses, geruchloses Gas, brennbar und hat von allen Gasen die geringste Dichte,
bildet im Gemisch mit Luft (Sauerstoff) explosive Gemische; beim Experimentieren mit Wasserstoff muss die Knallgasprobe durchgeführt werden,
wird zum Schweißen, als Heizgas und zur Herstellung von Ammoniak und Margarine verwendet,
ist aus Molekülen aufgebaut und hat die Formel H_2.

Verbindung
Stoffe, die sich in zwei oder mehrere Stoffe zerlegen lassen.

Reaktionsgleichung
Stoffumwandlung – Wortgleichung
Wasserstoff + Sauerstoff ⟶ Wasser

Teilchenumwandlung im Modell:

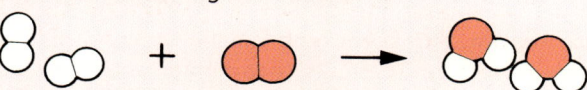

Die Anzahl der Atome eines Elements bei den Ausgangsstoffen ist gleich der Anzahl der Atome dieses Elements bei den Reaktionsprodukten.

Reaktionsgleichung:
$2\ H_2 + O_2 \longrightarrow 2\ H_2O$

– Wasserstoff reagiert mit Sauerstoff zu Wasser.
– Jeweils 2 Moleküle Wasserstoff und 1 Molekül Sauerstoff reagieren zu 2 Molekülen Wasser.

OXIDATION – REDUKTION

6

Oxidation – Reduktion

650 Millionen Tonnen Stahl werden heute jährlich auf der Welt aus Erzen und Schrott hergestellt – eine unvorstellbar große Menge. Grundlage dafür sind chemische Reaktionen. Auf welchem Wege gewinnt man Stahl? Welche Vorgänge laufen dabei ab?

Metalloxide – Oxidation

Erhitzen von Metallen. Beim Erhitzen von Metallen an der Luft entstehen Metalloxide (↗ S. 26). Taucht man erwärmte Metalle in reinen Sauerstoff, so entstehen die gleichen Reaktionsprodukte wie beim Erhitzen an der Luft. Die Reaktionen verlaufen aber wesentlich schneller und heftiger (Experiment 1).

Namen der Metalloxide. Ein Metalloxid ist eine chemische Verbindung aus einem Metall und Sauerstoff.

Name des Metalls	Vom lateinischen Namen des Sauerstoffs (Oxigenium) abgeleitete Silbe	Endung id
Kupfer	ox	id
	Kupferoxid	

Formeln der Metalloxide. Als chemische Zeichen werden **Formeln** benutzt, die den Stoff und den Teilchenaufbau angeben. In den meist festen Metalloxiden sind die Metall- und Sauerstoffteilchen regelmäßig angeordnet. Die Formeln bezeichnen bei den Metalloxiden deshalb nicht einzelne Moleküle wie beim Sauerstoff O_2 oder Wasser H_2O, sondern geben das kleinstmögliche Zahlenverhältnis an, in dem die beiden Teilchenarten miteinander verbunden sind. Man sagt: Sie kennzeichnen eine **Baueinheit**.
Die Formel CuO bezeichnet somit
1. den Stoff Kupferoxid,
2. eine Baueinheit Kupferoxid mit Kupfer- und Sauerstoffteilchen im Zahlenverhältnis 1:1.

Experiment 1
Auf Verbrennungslöffeln werden Magnesiumspäne, Eisen-, Zink- und Kupferpulver erhitzt und dann in Gefäße mit Sauerstoff getaucht.

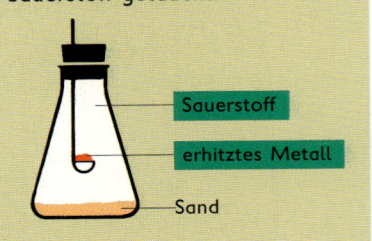

– Sauerstoff
– erhitztes Metall
– Sand

Metalloxide		
Name	Formel	Farbe
Magnesiumoxid	MgO	weiß
Calciumoxid	CaO	weiß
Aluminiumoxid	Al_2O_3	weiß
Zinkoxid	ZnO	weiß
Eisenoxid	Fe_2O_3	rotbraun
Eisenoxid	Fe_3O_4	schwarz
Kupferoxid	CuO	schwarz
Bleioxid	PbO	gelb

METALLOXIDE – OXIDATION

Oxidation von Metallen. Werden Magnesiumspäne erwärmt und in ein Gefäß mit Sauerstoff getaucht, so bildet sich unter greller Lichterscheinung weißes Magnesiumoxid (Experiment 1).

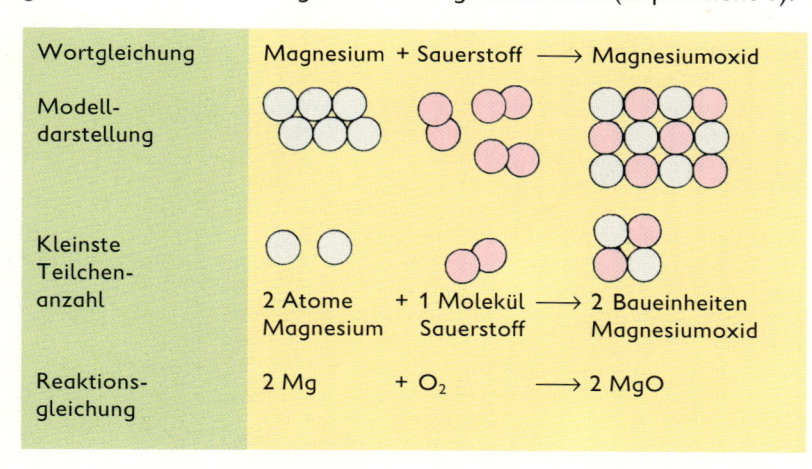

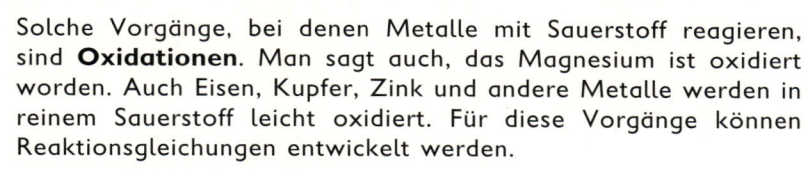

Wortgleichung	Magnesium + Sauerstoff ⟶ Magnesiumoxid
Modelldarstellung	(Modell)
Kleinste Teilchenanzahl	2 Atome Magnesium + 1 Molekül Sauerstoff ⟶ 2 Baueinheiten Magnesiumoxid
Reaktionsgleichung	2 Mg + O_2 ⟶ 2 MgO

Solche Vorgänge, bei denen Metalle mit Sauerstoff reagieren, sind **Oxidationen**. Man sagt auch, das Magnesium ist oxidiert worden. Auch Eisen, Kupfer, Zink und andere Metalle werden in reinem Sauerstoff leicht oxidiert. Für diese Vorgänge können Reaktionsgleichungen entwickelt werden.

Entwickeln der Reaktionsgleichung für die Oxidation von Kupfer				
1. Wortgleichung	Kupfer	+ Sauerstoff	⟶	Kupferoxid
2. Chemische Zeichen einsetzen	Cu	O_2		CuO
3. Faktoren ermitteln	2 Cu	+ O_2	⟶	2 CuO
4. Kontrolle (Cu)	2		=	2
(O)		2	=	2

Verwendung von Metalloxiden. Viele Metalloxide kommen in der Natur vor. Roteisenerz (rotbraunes Eisenoxid), Magneteisenstein (schwarzes Eisenoxid, Abb. 1), Rotkupfererz (Kupferoxid, Abb. 2), Rotzinkerz (Zinkoxid, Abb. 3) und Zinnstein (Zinnoxid, Abb. 4) sind Beispiele. Sie dienen als Rohstoffe zur Gewinnung von Metallen. Manche Metalloxide werden zur Bereitung von Malerfarben wie Ocker, Chromgelb, Kobaltblau oder Zinkweiß genutzt. Zinkoxid und Magnesiumoxid haben Bedeutung in der Medizin. Aus Magnesiumoxid bestehen feuerfeste Magnesia-Laborgeräte. Calciumoxid verwendet man zur Mörtelbereitung.

> **AUFGABEN**

1. Begründe, dass es sich bei den Vorgängen im Experiment 1 um Reaktionen handelt!
2. Leite aus den Formeln MgO, CuO, Cu_2O, Fe_2O_3, Al_2O_3 die Zusammensetzung der Metalloxide ab! Gib beide Bedeutungen an!
3. Was bedeuten die Zeichen 2 Fe, 3 Zn, Cu, 2 ZnO, 2 Al_2O_3?
4. Entwickle Reaktionsgleichungen für die Oxidation von a) Zink, b) Aluminium! Deute sie stoff- und teilchenmäßig!

OXIDATION – REDUKTION

Nichtmetalloxide – Oxidation

Nichtmetalle. Die drei Nichtmetalle Sauerstoff, Stickstoff (↗ S. 37) und Wasserstoff (↗ S. 49) wurden bereits untersucht. Weitere Nichtmetalle sind Schwefel und Kohlenstoff.

1

S_8 2

Wassermolekül H_2O

Schwefeldioxidmolekül SO_2

Kohlenstoffdioxidmolekül CO_2

3

Schwefel ist ein bei Zimmertemperatur fester, gelber Stoff (Abb. 1). Man findet ihn in der Natur vor allem auf Sizilien und in Polen (↗ S. 111). Schwefel leitet den elektrischen Strom nicht, schmilzt bei 113 °C und siedet bei 445 °C. Fester Schwefel ist aus Molekülen aufgebaut, in denen jeweils 8 Schwefelatome ringförmig miteinander verbunden sind (Abb. 2). Die Formel müsste eigentlich S_8 lauten. In Reaktionsgleichungen wird aber nur das Symbol S verwendet.

Kohlenstoff ist Hauptbestandteil der Kohlen. Graphit, Ruß und Diamanten sind weitgehend reiner Kohlenstoff (↗ S. 131). Er ist ein schlechter Wärmeleiter. Kohlenstoff ist aus regelmäßig angeordneten und miteinander verbundenen Kohlenstoffatomen aufgebaut. Das chemische Symbol für Kohlenstoff ist C.

Oxidation von Nichtmetallen. Wasserstoff verbrennt zu Wasser. Diese Reaktion ist eine Oxidation. Wasser könnte man auch als Wasserstoffoxid bezeichnen (Abb. 3).
Schwefel verbrennt an der Luft mit schwach blauer, in reinem Sauerstoff mit leuchtend blauer Flamme (Experiment 2). Reaktionsprodukt ist das stechend riechende, farblose Gas **Schwefeldioxid** mit der Formel SO_2 (Abb. 3). Das Verbrennen von Schwefel ist eine Oxidation.

Schwefel + Sauerstoff ⟶ Schwefeldioxid
S   + O_2 ⟶ SO_2

In ganz ähnlicher Weise kann auch Kohlenstoff an der Luft und in reinem Sauerstoff verbrannt werden (Experiment 3). Bei dieser Oxidation entsteht das farblose und geruchlose Gas **Kohlenstoffdioxid** mit der Formel CO_2 (Abb. 3).
Die Untersuchungen zeigen: Nichtmetalle reagieren wie Metalle mit Sauerstoff zu Oxiden. Deshalb kann zusammengefasst werden:

Die chemische Reaktion eines Stoffes mit Sauerstoff ist eine Oxidation.

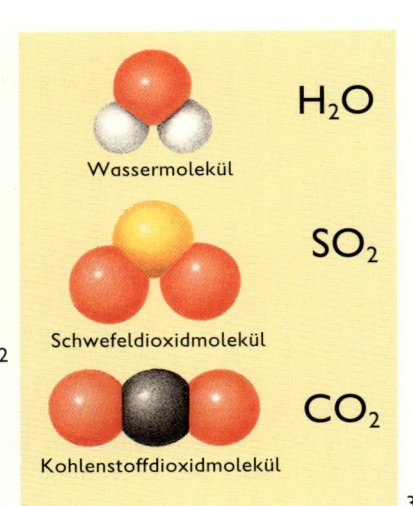

Experiment 2
Entzünde einen Schwefeltropfen an einem Eisendraht und tauche ihn in einen Kolben mit Sauerstoff. Wiederhole das Experiment in einem Kolben mit Luft!

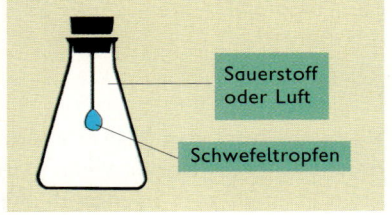

Sauerstoff oder Luft
Schwefeltropfen

Experiment 3
Glühende Holzkohle wird in einen Standzylinder mit Luft und einen mit Sauerstoff getaucht.

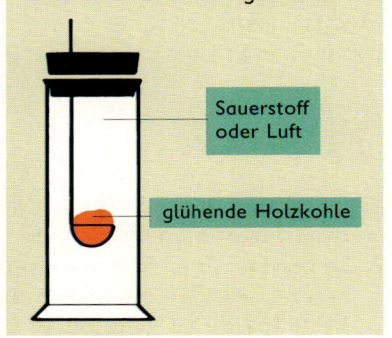

Sauerstoff oder Luft
glühende Holzkohle

NICHTMETALLOXIDE – OXIDATION

Bedingungen für den Ablauf von Oxidationen. Auf der Oberfläche von Kupfer bildet sich sowohl bei Zimmertemperatur als auch beim Erhitzen schwarzes Kupferoxid (↗ S. 52, Experiment 1). In der Hitze verläuft der Vorgang wesentlich schneller. Temperaturerhöhung beschleunigt diese Reaktionen. Alle Reaktionen von Metallen und Nichtmetallen mit Sauerstoff verlaufen in reinem Sauerstoff heftiger als in Luft. Der Sauerstoffanteil in der Luft beträgt auch nur etwa 20 %. Der Ablauf chemischer Reaktionen kann also durch bestimmte Bedingungen beeinflusst werden.

Temperaturerhöhung und hoher Sauerstoffanteil begünstigen den Ablauf von Oxidationen.

Nichtmetalloxide. Kohlenstoffdioxid ist zu etwa 0,03 % in der Luft enthalten. Bei der Assimilation nehmen die Pflanzen das Gas auf und geben Sauerstoff ab. Er wird bei der Atmung verbraucht, die wiederum Kohlenstoffdioxid liefert. In den letzten Jahrzehnten ist durch die zunehmende Verbrennung von Kohle, Erdöl, Erdgas und Benzin der Anteil an Kohlenstoffdioxid in der Luft deutlich angestiegen. Dadurch wird von der Erde abgestrahlte Wärme zurückgehalten und der Treibhauseffekt (↗ S. 156) verstärkt (Abb. 5).

Viele Brennstoffe enthalten geringe Anteile Schwefel. Werden sie verbrannt, entsteht neben Kohlenstoffdioxid auch Schwefeldioxid. Es verursacht den sauren Regen (↗ S. 113), der das Waldsterben (Abb. 4) und die Zerstörung von Gebäudeteilen und Denkmälern aus Kalkstein bewirkt (Abb. 6).

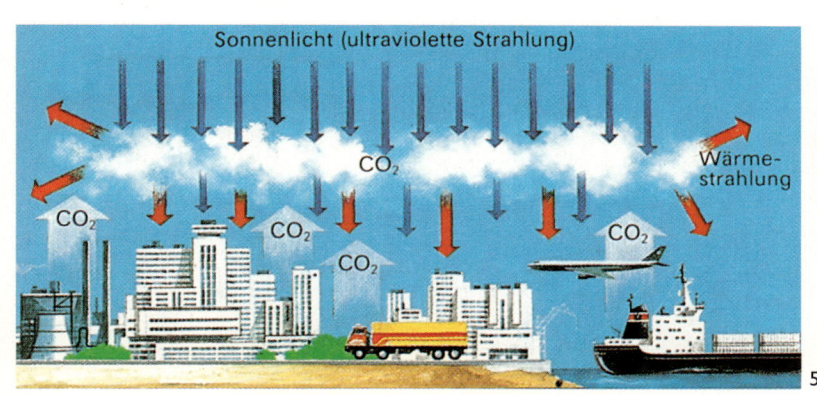

➤ AUFGABEN

1. Welche beiden Bedeutungen hat das chemische Symbol S?
2. Weise nach, dass bei den Experimenten 1 und 2 chemische Reaktionen ablaufen!
3. Deute die Formeln CO_2 und SO_2!
4. Diamanten bestehen aus reinem Kohlenstoff. Was müsste geschehen, wenn man sie in reinem Sauerstoff erhitzt?
5. Entwickle die Reaktionsgleichung für die Oxidation von Kohlenstoff! Deute sie stoff- und teilchenmäßig!
6. Was müsste getan werden, um den Treibhauseffekt und den sauren Regen zu verhindern? Versuche zu begründen, warum diese Umweltprobleme erst in den letzten Jahrzehnten sehr deutlich geworden sind!

OXIDATION – REDUKTION

Reduktion – Redoxreaktion

Zerlegen von Oxiden. Wasser, das Oxid des Wasserstoffs, lässt sich in Wasserstoff und Sauerstoff zerlegen (↗ S. 46 und 47). Wird rotes Quecksilberoxid HgO erhitzt, so scheiden sich kleine Quecksilbertröpfchen ab. Mit der Spanprobe kann Sauerstoff nachgewiesen werden (Abb. 1). Quecksilberoxid kann also durch Erwärmen in seine Bestandteile zerlegt werden.

$$2\,HgO \longrightarrow 2\,Hg + O_2$$

Auch Silberoxid Ag_2O lässt sich in Silber und Sauerstoff zerlegen (Experiment 4).

Reduktion. Quecksilber- und Silberoxid lassen sich unter Abgabe von Sauerstoff zu Quecksilber bzw. Silber „zurückführen". Solche Reaktionen sind **Reduktionen** (lat.: Zurückführung). Quecksilberoxid wird zu Quecksilber reduziert, Silberoxid zu Silber.

> **Wird einem Stoff Sauerstoff entzogen, so ist diese chemische Reaktion eine Reduktion.**

Bildung und Zerlegung von Oxiden sind einander entgegengesetzte chemische Reaktionen.

Bildung von Wasser: $\quad 2\,H_2 + O_2 \longrightarrow 2\,H_2O$
Zerlegung von Wasser: $2\,H_2O \longrightarrow 2\,H_2 + O_2$

Wärmeerscheinungen. Bei Oxidationen wird Wärme an die Umgebung abgegeben. Teilweise treten Flammenerscheinungen auf, zum Beispiel beim Verbrennen von Magnesium und Kohlenstoff. Man sagt, die chemische Reaktion verläuft **exotherm** (lateinisch: ex = heraus; griechisch: thermos = Wärme). Um Oxide zu zerlegen musste ständig erwärmt, also Wärme zugeführt werden. Solche Reaktionen sind **endotherm** (griechisch: endo = hinein). Die Reduktion von Quecksilberoxid ist also eine endotherme Reaktion.

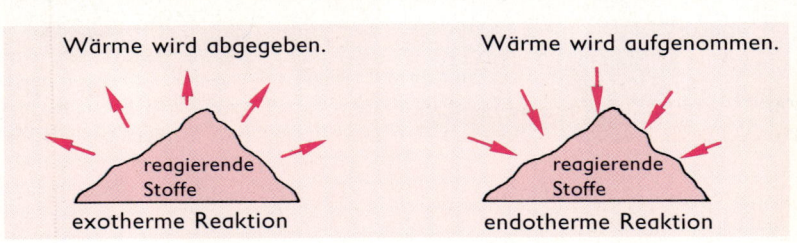

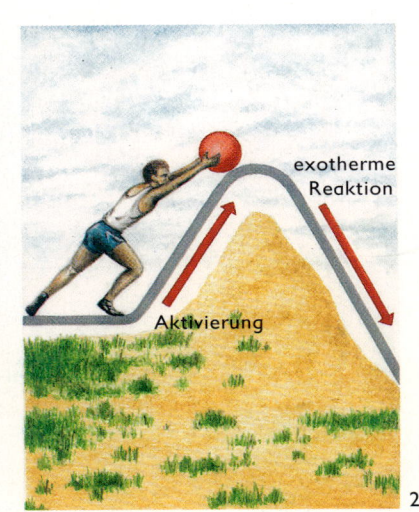

Zerlegung von Quecksilberoxid (1)

Experiment 4
Silberoxid wird im Reagenzglas erhitzt und die Spanprobe durchgeführt.

Der Ball muss erst auf den „Berg" geschoben werden, ehe er von selbst hinunter rollt. (2)

Bei vielen exothermen Reaktionen muss zunächst erhitzt werden, um sie einzuleiten. Kohle wird erst zum Glühen gebracht, dann brennt sie unter ständiger Wärmeabgabe weiter. Dieses Einleiten chemischer Reaktionen heißt **Aktivierung** (Abb. 2).

Redoxreaktionen. Viele Erze sind Metalloxide. Die Reduktion zum Metall ist aber meist nicht so leicht wie beim Silberoxid möglich. Geeignete Stoffe werden benötigt, um den Sauerstoff

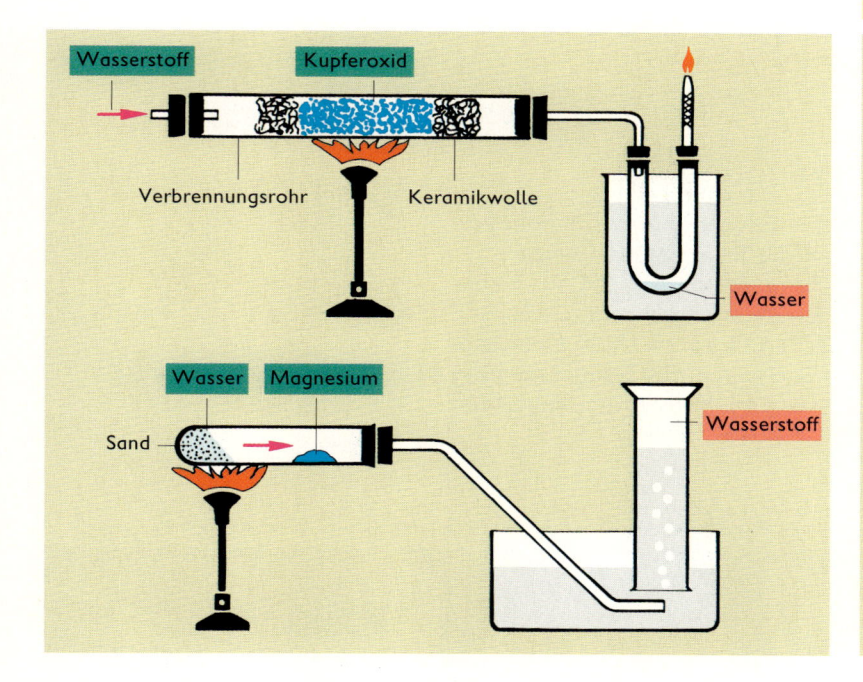

REDUKTION – REDOXREAKTION

Experiment 5
Vorsicht! Im Verbrennungsrohr wird Wasserstoff über erwärmtes Kupferoxid geleitet (Bild oben).

Experiment 6
Vorsicht! Ein Gemisch von Magnesiumspänen und Kupferoxid wird erhitzt.

Experiment 7
Mische je eine Spatelspitze Kupferoxid und Eisenpulver und erhitze!

Experiment 8
Mische wenig Kupferoxid und Holzkohlepulver (Kohlenstoff) und erhitze!

Experiment 9
Vorsicht! Wasserdampf wird über heißes Magnesium geleitet (Bild unten).

aus den Oxiden zu entfernen. Kupferoxid reagiert mit Wasserstoff. Aus diesen beiden Ausgangsstoffen entstehen die Reaktionsprodukte Kupfer und Wasser (Experiment 5).

Bei dieser Reaktion kann man zwei Teilreaktionen unterscheiden. Eine ist die **Reduktion** des Kupferoxids zu Kupfer. Die zweite ist die **Oxidation** von Wasserstoff zu Wasser. Im Gegensatz zu den bisher besprochenen Oxidationen liegt der Sauerstoff dazu nicht als chemisches Element vor. Er stammt aus dem Kupferoxid. Mithilfe des Wasserstoffs wird das Kupferoxid reduziert.

Teilreaktion Reduktion
$$CuO + H_2 \longrightarrow Cu + H_2O; \quad \text{exotherm}$$
Teilreaktion Oxidation

Reduktion und Oxidation sind bei diesem Vorgang voneinander abhängig. Er wird als **Red**uktions-**Ox**idations-**Reaktion** oder kurz als **Redoxreaktion** bezeichnet.

Redoxreaktionen sind chemische Reaktionen, bei denen Reduktion und Oxidation gleichzeitig ablaufen.

Reduktionsmittel. Stoffe, die bei Redoxreaktionen Sauerstoff aufnehmen, heißen **Reduktionsmittel**. Im Beispiel war der Wasserstoff das Reduktionsmittel. Reduktionsmittel für Kupferoxid können auch Eisen oder Kohlenstoff sein (Experimente 7 und 8). Gute Reduktionsmittel sind auch Magnesium, Aluminium und Zink. Der Stoff, der den Sauerstoff abgibt, in unserem Beispiel das Kupferoxid, ist das **Oxidationsmittel**.

AUFGABEN

1. Entwickle die Reaktionsgleichung für die Spaltung von Silberoxid Ag_2O! Begründe, dass es eine Reduktion ist!
2. Bei Experiment 5 erlischt nach einiger Zeit die Wasserstoffflamme. Begründe!
3. Entwickle Reaktionsgleichungen für die Reduktion von Kupferoxid a) mit Magnesium, b) mit Zink, c) mit Eisen! Benutze die Schrittfolge!
4. Bestimme für alle Reaktionen in den Experimenten 5 bis 9 Reduktions- und Oxidationsmittel!
5. Wieso sind die Teilreaktionen bei einer Redoxreaktion voneinander abhängig?
6. Entwickle für Experiment 9 die Reaktionsgleichung! Kennzeichne Teilreaktionen! Gib Reduktions- und Oxidationsmittel an!

OXIDATION – REDUKTION

Aus der Welt der Chemie

Geschichte der Eisenerzeugung

Das erste von den Menschen benutzte Eisen stammte offenbar von Sternschnuppen (Meteoren), die auf die Erde gefallen waren. Wann und wo es den Menschen gelang, erstmals Eisen aus Eisenerzen zu erzeugen, ist unbekannt. Funde stammen aus China und dem Orient. Wandbilder in ägyptischen Gräbern (Abb. 1) zeigen, dass 1500 v. Chr. bereits einfache Techniken der Eisenerzeugung bekannt waren. In Mitteleuropa stellten Kelten im Siegerland etwa ab 700 v. Chr. Eisen her.

Bis ins Mittelalter erhitzte man Eisenerz und Holzkohle in flachen Gruben oder Erdlöchern (Rennöfen) und führte die Luft mit Handblasebälgen zu (Abb. 2). Bei diesem Verfahren entstanden mit Schlacke vermengte Eisenklumpen. Die Schlacke wurde später durch mehrmaliges Schmieden „herausgehämmert". Um 1200 fanden kleine Schachtöfen, sogenannte Stücköfen (Abb. 3), Anwendung.

AUS DER WELT DER CHEMIE

Die ersten, auch noch mit Holzkohle betriebenen „Hochöfen" entstanden um 1300 (Abb. 4). In diesen noch recht niedrigen Öfen entstand bei höheren Temperaturen erstmalig flüssiges Roheisen. Dieser Vorteil wurde allerdings mit einem höheren Kohlenstoffanteil im Eisen erkauft. Schmiedbarer Stahl erforderte zusätzlich die Oxidation dieses Kohlenstoffs.

Die rasche Industrialisierung ab 1800 und der Eisenbahnbau ab 1840 ließen den Bedarf an Stahl gewaltig ansteigen (Abb. 6). Da die Kraft der neuen Dampfmaschinen die Leistung der Gebläse verbesserte und Koks anstelle der Holzkohle zur Verfügung stand, konnte sich die Eisen- und Stahlproduktion rasch entwickeln (Abb. 5). Die Hochöfen wuchsen von 8 m auf 20 bis 50 m Höhe und ihre Tagesleistung stieg von 1 bis 5 t auf 1000 bis 10000 t Roheisen.

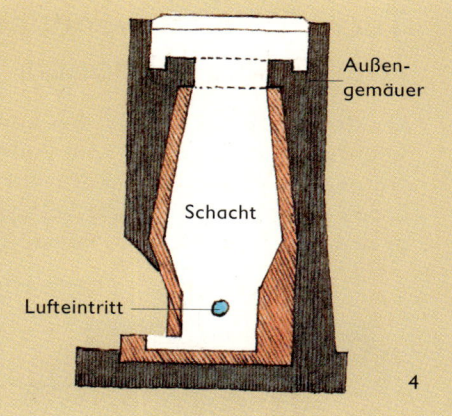

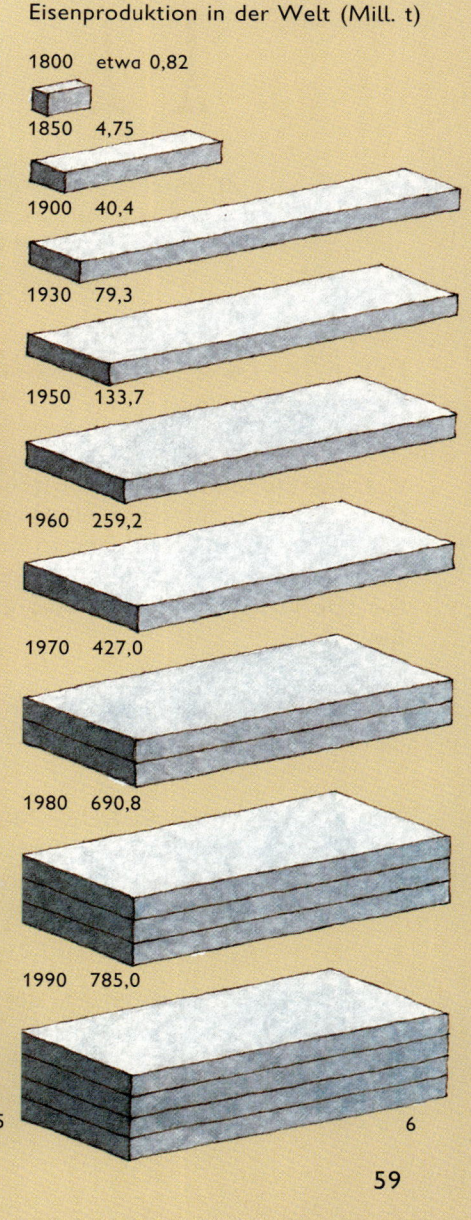

Eisenproduktion in der Welt (Mill. t)

Jahr	Produktion
1800	etwa 0,82
1850	4,75
1900	40,4
1930	79,3
1950	133,7
1960	259,2
1970	427,0
1980	690,8
1990	785,0

OXIDATION – REDUKTION

Technische Anwendung von Redoxreaktionen

Oxide des Kohlenstoffs. Bei einem Lagerfeuer, beim Grillen, in Öfen und Heizanlagen, zum Antrieb von Autos und Flugzeugen werden Kohlen oder andere kohlenstoffhaltige Brennstoffe wie Erdöl, Erdgas oder Benzin verbrannt. Hauptreaktionsprodukt ist in den meisten Fällen Kohlenstoffdioxid CO_2.

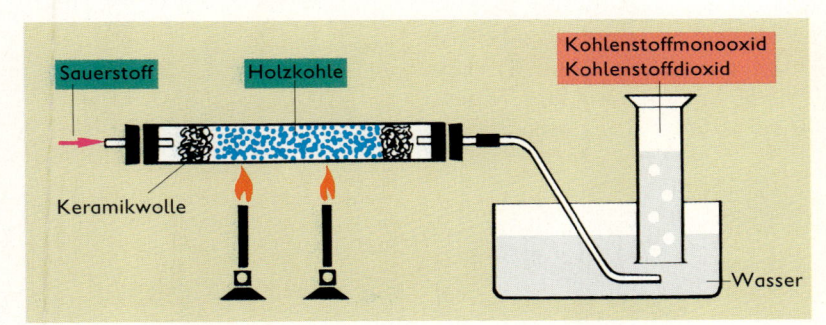

Experiment 10
Vorsicht! Sauerstoff wird in einem Verbrennungsrohr durch eine lange Schicht glühende Holzkohle geleitet. Das Reaktionsprodukt wird auf Brennbarkeit untersucht. *Abzug!*

Leitet man Luft durch eine sehr dicke Schicht glühender Holzkohle, dann reagiert ein Teil des entstehenden Kohlenstoffdioxids mit weiterem Kohlenstoff zu **Kohlenstoffmonooxid CO** (Experiment 10).

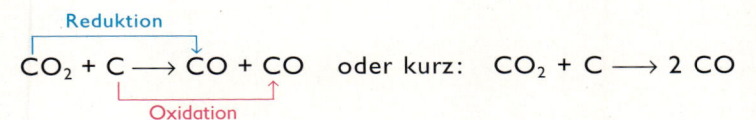

$$CO_2 + C \longrightarrow CO + CO \quad \text{oder kurz:} \quad CO_2 + C \longrightarrow 2\,CO$$

(Reduktion: $CO_2 \to CO$; Oxidation: $C \to CO$)

Kohlenstoffmonooxid ist ein farb- und geruchloses, sehr giftiges Gas. Es verbrennt mit bläulicher Flamme zu Kohlenstoffdioxid. Wenn dieses Gas beim Heizen oder Grillen durch unzureichende Sauerstoffzufuhr entsteht, können schwere Vergiftungen auftreten. Der angegebene Redoxvorgang hat aber große technische Bedeutung.

Kohlenstoffdioxid kann durch Kohlenstoff zu Kohlenstoffmonooxid reduziert werden.

Aluminothermisches Schweißen. Um Eisenbahnschienen und schwere Stahlwellen zu verbinden, soll möglichst am Arbeitsort flüssiges Eisen hergestellt werden (Experiment 11). Dazu eignet sich die Reaktion zwischen Eisenoxid und Aluminium.

$$3\,Fe_3O_4 + 8\,Al \longrightarrow 9\,Fe + 4\,Al_2O_3; \quad \text{exotherm}$$

Das pulverförmige Gemisch der Ausgangsstoffe wird in einem Tiegel zur Reaktion gebracht. Wegen der stark exothermen Reaktion ist das entstehende Eisen flüssig. Es fließt durch eine Öffnung im Boden des Tiegels direkt in die Form, die die beiden zu verbindenden Teile umgibt (Abb. 1).

Schweißen einer Schiene

Experiment 11
Vorsicht! Nur im Freien durchführen! In einem Blumentopf mit untergestellter Sandschale wird ein Gemisch von Eisenoxid und Aluminium gezündet.

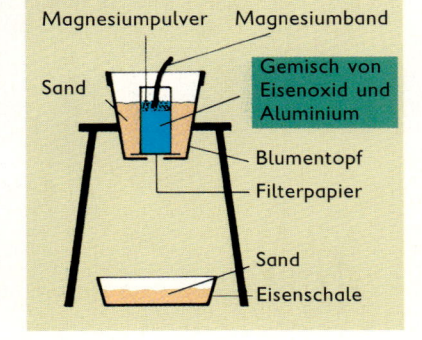

TECHNISCHE ANWENDUNG VON REDOXREAKTIONEN

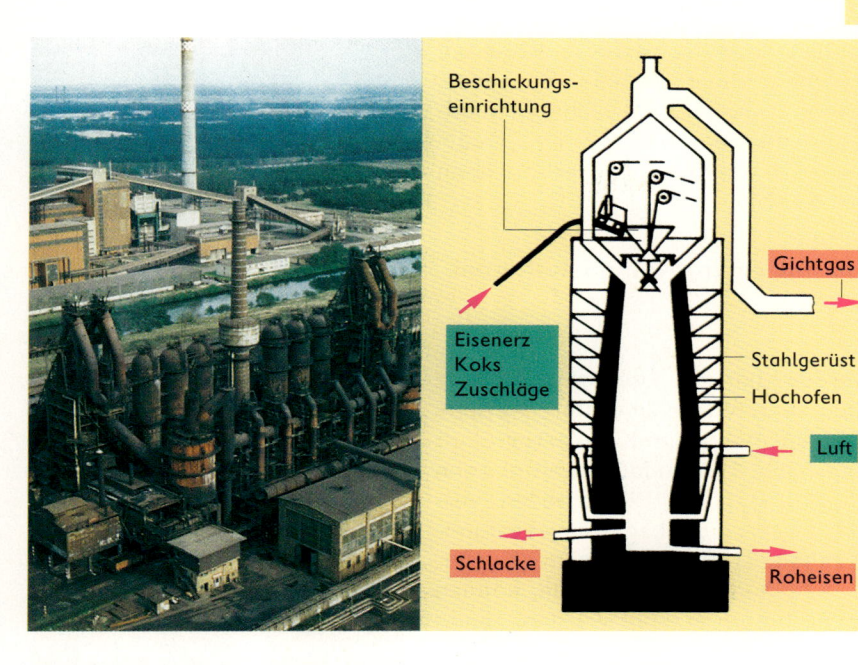

Hochofen. Die technische Herstellung von Eisen erfolgt im Hochofen (Abb. 2). Er wird von oben mit Erz, Koks und Zuschlägen „beschickt". Die Zuschläge sollen die Schlackebildung aus den Gesteinsbestandteilen der Erze, der Gangart, begünstigen.
Die festen Stoffe bewegen sich im Hochofen langsam von oben nach unten (Abb. 3). Ihnen strömen die gasförmigen Stoffe entgegen (Gegenstrom). Das flüssige Eisen sammelt sich unten im Hochofen. Darauf schwimmt die flüssige Schlacke.

Eisengewinnung. Eisenoxide aus Eisenerzen werden zu Eisen reduziert. Kohlenstoffmonooxid ist dabei Reduktionsmittel.

$$Fe_2O_3 + 3\,CO \longrightarrow 2\,Fe + 3\,CO_2; \quad \text{exotherm}$$

(Reduktion / Oxidation)

Bei hohen Temperaturen wirkt auch Kohlenstoff reduzierend.

$$FeO + C \longrightarrow Fe + CO; \quad \text{endotherm}$$

Zur Herstellung von Roheisen werden Eisenoxide mit Kohlenstoffmonooxid und mit Kohlenstoff reduziert.

Vorgänge im Hochofen

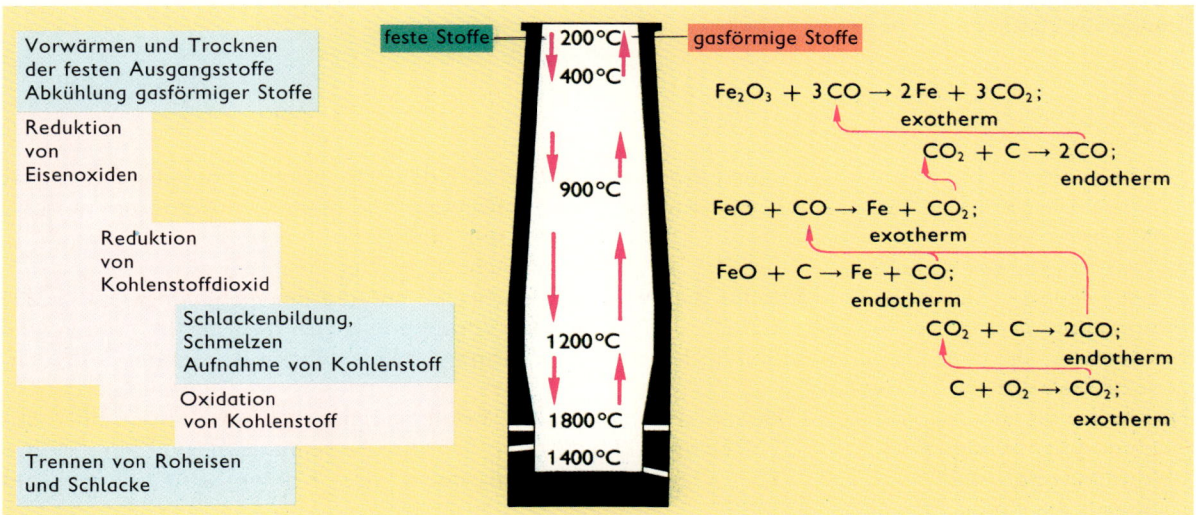

Zone	Temperatur	Reaktion
Vorwärmen und Trocknen der festen Ausgangsstoffe / Abkühlung gasförmiger Stoffe	200 °C – 400 °C	
Reduktion von Eisenoxiden		$Fe_2O_3 + 3\,CO \to 2\,Fe + 3\,CO_2$; exotherm
Reduktion von Kohlenstoffdioxid	900 °C	$CO_2 + C \to 2\,CO$; endotherm
		$FeO + CO \to Fe + CO_2$; exotherm
		$FeO + C \to Fe + CO$; endotherm
Schlackenbildung, Schmelzen, Aufnahme von Kohlenstoff	1200 °C	
Oxidation von Kohlenstoff	1800 °C	$CO_2 + C \to 2\,CO$; endotherm
Trennen von Roheisen und Schlacke	1400 °C	$C + O_2 \to CO_2$; exotherm

OXIDATION – REDUKTION

Stahl aus Roheisen. Das im Hochofen hergestellte Roheisen enthält 3,5 % Kohlenstoff sowie geringe Anteile Phosphor, Schwefel und Silicium. Es ist spröde, brüchig und nicht schmiedbar. Diese Bestandteile müssen daher entfernt werden. Dabei wird der Kohlenstoffanteil unter 2 % gesenkt. Man erhält dann schmiedbaren, gut verformbaren **Stahl**.

Stahl ist eine Eisenlegierung mit einem Kohlenstoffanteil unter 2 %.

Die störenden Bestandteile werden oxidiert. Gasförmige Oxide entweichen, die anderen können in Schlacke überführt werden. Zur Oxidation kann durch flüssiges Roheisen in **Konvertern** Luft oder Sauerstoff geblasen werden (Abb. 1). Oxidationsmittel kann auch Schrott sein, wenn das Roheisen im **Elektroofen** verschmolzen wird (Abb. 2). Durch Zusatz von Legierungsbestandteilen, wie Chrom, Nickel, Mangan, Cobalt, Wolfram, Kupfer, Aluminium, Silicium, Titanium, Vanadium und Molybdän, können **Edelstähle** mit besonderen Eigenschaften erzeugt werden. Heute gibt es über 1000 verschiedene Stahlsorten.

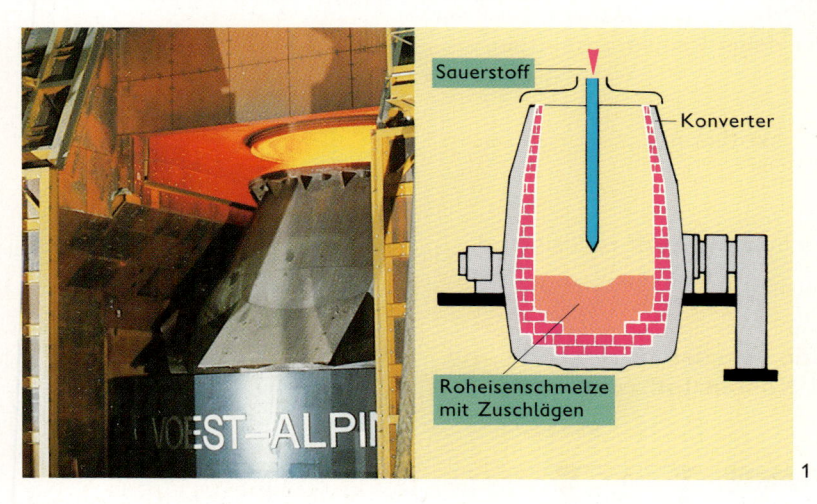

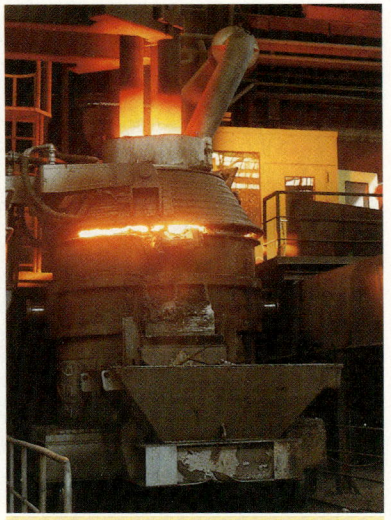

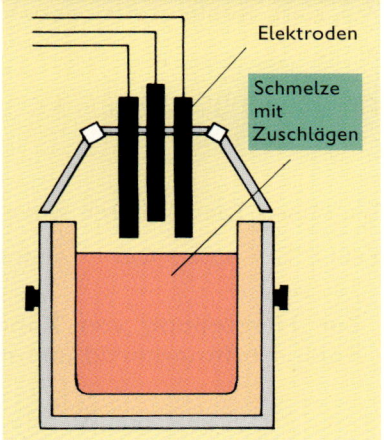

AUFGABEN

1. Wieso ist die Bildung von Kohlenstoffmonooxid im Experiment 10 (↗ S. 60) eine Redoxreaktion?
Was ist Reduktionsmittel?
2. Entwickle die Reaktionsgleichung für die Verbrennung von Kohlenstoffmonooxid!
3. Versuche die Bezeichnung „aluminothermisches Schweißen" zu deuten!
4. Beschreibe die Vorgänge im Hochofen anhand der Abbildung 3 (↗ S. 61)! Welche sind Redoxreaktionen?
Nenne die Reduktionsmittel!
5. Das aus dem Hochofen abgeleitete Gichtgas ist brennbar und dient zum Aufheizen der Luft für den Hochofen.
Welche Ursachen hat das?
6. Beschreibe anhand der Abbildung 3 (↗ S. 61) die Verknüpfung von Wärme liefernden und Wärme verbrauchenden Vorgängen im Hochofen!
7. Zur Stahlgewinnung kann Roheisen mit rostigem Schrott verschmolzen werden. Wieso kann dabei der Kohlenstoffanteil gesenkt werden?

TECHNISCHE ANWENDUNG
VON REDOXREAKTIONEN
IM ÜBERBLICK

Im Überblick

Einteilung der reinen Stoffe

- Reinstoffe
  - Chemische Elemente (z. B. Kupfer, Schwefel)
    - Metalle (z. B. Kupfer)
    - Nichtmetalle (z. B. Schwefel)
  - Verbindungen (z. B. Kupferoxid, Zucker)
    - Oxide (z. B. Kupferoxid)
    - andere Verbindungen (z. B. Zucker)

Chemische Reaktionen

Oxidation: Chemische Reaktion, bei der sich ein Element mit Sauerstoff verbindet. Teilreaktion einer Redoxreaktion

Reduktion: Chemische Reaktion, bei der einem Stoff Sauerstoff entzogen wird. Teilreaktion einer Redoxreaktion

Redoxreaktion: Chemische Reaktion, bei der Oxidation und Reduktion gleichzeitig ablaufen.

Exotherme Reaktionen: Chemische Reaktionen, die Wärme an die Umgebung abgeben.
z. B.: $C + O_2 \longrightarrow CO_2$; exotherm

Endotherme Reaktionen. Chemische Reaktionen, die Wärme aus der Umgebung aufnehmen.
z. B.: $2\ HgO \longrightarrow 2\ Hg + O_2$; endotherm

Chemische Zeichensprache

Chemisches Zeichen	Stoffliche Bedeutung	Teilchenmäßige Bedeutung
Symbol	Stoff, der aus einem Element besteht.	1 Atom des Elements
Mg	Der Stoff Magnesium	1 Atom Magnesium
Formel	Stoff, der aus einem Element besteht oder aus mehreren Elementen entstanden ist.	1 Molekül oder 1 Baueinheit des Stoffes
O_2	Der Stoff Sauerstoff	1 Molekül Sauerstoff, bestehend aus 2 Atomen Sauerstoff
Al_2O_3	Der Stoff Aluminiumoxid, entstanden aus Aluminium und Sauerstoff.	1 Baueinheit Aluminiumoxid, bestehend aus 2 Aluminiumatomen und 3 Sauerstoffatomen
Reaktionsgleichung	Ausgangsstoffe und Reaktionsprodukte einer chemischen Reaktion	Teilchen der Ausgangsstoffe und Reaktionsprodukte und deren Zahlenverhältnis
$2\ H_2 + O_2 \longrightarrow 2\ H_2O$	Wasserstoff und Sauerstoff reagieren zu Wasser.	Jeweils 2 Moleküle Wasserstoff und 1 Molekül Sauerstoff reagieren zu 2 Molekülen Wasser.

7 Feuer

Feuer und die züngelnden Flammen sind immer wieder beeindruckend. Feuer liefert und Licht und Wärme, es ist lebensnotwendig. Feuer kann aber auch großen Schaden anrichten, Leben und Umwelt zerstören.
Was ist Feuer? Wie entsteht es? Wie können wir uns vor ihm schützen?

Entstehen von Feuer

Verbrennung – eine chemische Reaktion. Beim Verbrennen von Stoffen treten oft Flammen auf. Sie sind das charakteristische Merkmal eines Feuers.

Feuer kann nur entstehen, wenn brennbare Stoffe vorhanden sind. Luft ist eine zweite Voraussetzung für das Entstehen eines Feuers und für seine Unterhaltung, also das Weiterbrennen eines einmal entstandenen Feuers. Unterbrechen der Luftzufuhr führt zum Verlöschen des Feuers (Experiment 1). Der Sauerstoff der Luft ist für das Brennen eines Feuers notwendig.

In einem Feuer werden die brennbaren Stoffe umgewandelt. Gase und Rauch entstehen, Asche bleibt zurück. Die ablaufenden chemischen Reaktionen sind **Oxidationen**. Brennbare Stoffe reagieren mit dem Sauerstoff der Luft. Es entstehen Oxide, vor allem Kohlenstoffdioxid und Wasser. Asche besteht aus nicht brennbaren Rückständen. Teilweise enthält sie auch feste Oxide von Bestandteilen der Brennstoffe.

Entzündungstemperatur. Brennbare Stoffe und Sauerstoff sind ständig um uns vorhanden. Beides reicht nicht für das Entstehen eines Feuers aus. Die brennbaren Stoffe lassen sich erst entzünden, wenn sie auf eine bestimmte Temperatur, die **Entzündungstemperatur,** gebracht worden sind (Experiment 2). Genaue Beobachtungen beim erstmaligen Entzünden einer Kerze zeigen, dass die feste Kerzenmasse zunächst flüssig wird und offenbar auch verdampft, ehe die Kerzenflamme zu brennen beginnt. Experiment 3 bestätigt, dass beim Erhitzen von brennbaren Stoffen Gase und Dämpfe entstehen, die sich entzünden lassen und mit Flammenerscheinungen brennen.

Experiment 1
Entzünde eine Kerze! Stülpe einen Standzylinder oder ein großes Becherglas darüber!

Experiment 2
Erhitze in einem Reagenzglas Holzspäne!
Prüfe entstehende Gase auf Brennbarkeit!

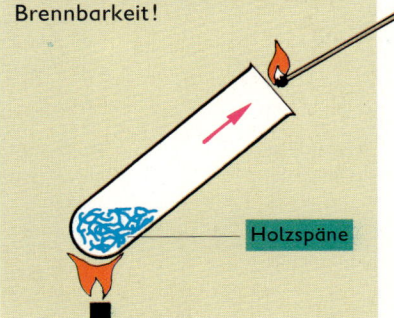

Holzspäne

ENTSTEHEN VON FEUER

Flammen sind brennende Gase.

Erst wenn die Entzündungstemperatur eines Stoffes erreicht ist, lassen sich die Gase entzünden. Brennt das Feuer, dann reicht die abgegebene Wärme aus, um aus den brennenden Stoffen ständig Gase und Dämpfe nachzuliefern.

Durchmischung. Bei jeder Verbrennung müssen brennbarer Stoff und Sauerstoff in Berührung kommen. Nur an den Berührungsstellen kann die chemische Reaktion stattfinden. Je feiner der brennbare Stoff zerteilt ist, desto leichter erfolgt die Durchmischung mit Sauerstoff. Das Entzünden ist dann schneller möglich, und die Verbrennung verläuft lebhafter (Experiment 4).

Experiment 3
Vorsicht! Es wird versucht, Paraffinöl bei Zimmertemperatur sowie erhitztes Paraffinöl mit einem Holzspan zu entzünden.

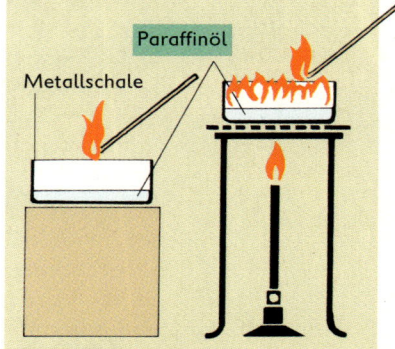

Feuer entsteht und brennt, wenn
– **brennbarer Stoff vorhanden ist,**
– **Sauerstoff vorhanden ist ($\geq$ 15 % in der Luft),**
– **die Entzündungstemperatur erreicht ist und**
– **die Berührung und Durchmischung von brennbarem Stoff und Sauerstoff gegeben ist.**

Experiment 4
Versuche ein Stück Holz und Holzwolle auf einer feuerfesten Unterlage mit einem Zündholz anzubrennen!

Entzündungstemperaturen brennbarer Stoffe

Paraffin	250 °C
Papier	250 °C
Holzkohle	300 °C
Heizöl	300 °C
Holz (trocken)	350 °C
Spiritus	425 °C
Stadtgas	560 °C
Koks	700 °C

1

➡ AUFGABEN

1. Stelle brennbare Stoffe zusammen!
2. Warum brennen die sich bildenden Gase beim Experiment 2 nur an der Mündung des Reagenzglases?
3. Weshalb lässt sich ein Stück Kohle nicht mit einem einzelnen Zündholz anbrennen?
4. Erläutere, wie man die notwendigen Bedingungen für das Entzünden eines Feuers im Ofen schafft! Wie erfolgt das Entfachen des Feuers unter Verwendung von Papier, Holz und Kohle?
5. Bei geöffneter Luftregulierung verbrennt das Gas am Gasbrenner intensiver und mit höherer Temperatur. Begründe das mit den Kenntnissen über das Feuer!
6. Begründe mit den Kenntnissen über das Entstehen von Feuer folgende Brandschutzbestimmungen: a) Brennstoffvorräte dürfen nicht in der Nähe des Ofens aufbewahrt werden, b) Heizgeräte müssen einen Sicherheitsabstand zu Möbeln und Gardinen haben, c) Holzfußboden muss vor der Feuerungstür eines Ofens durch ein Ofenblech geschützt sein, d) eingeschaltetes Bügeleisen und Kocher dürfen nur auf einer unbrennbaren Unterlage stehen und nicht unbeaufsichtigt bleiben, e) an Tankstellen ist das Rauchen verboten (Abb. 1)!
7. Glasscherben, besonders zerbrochene Flaschen, können einen Waldbrand auslösen. Begründe das!

FEUER

Löschen von Feuer – Brandschutz

Brandgefahren. Unachtsamkeit mit Feuer, Heizgeräten und leicht brennbaren Stoffen haben schon oft zu großen Bränden geführt. Wohnungseinrichtungen, Häuser, Stallungen und Industrieanlagen wurden ein Raub der Flammen. Waldbrände können ganze Landstriche verwüsten und schwere Umweltschäden verursachen. Leider verunglücken immer wieder Menschen durch Brände. Deshalb ist größte Vorsicht beim Umgang mit Feuer, leicht brennbaren Stoffen und heißen Gegenständen notwendig. Jeder Mensch muss wissen, wie man Brände verhütet und im Notfall schnell Hilfe leisten kann.

Löschen von Feuer. Möglichkeiten zum Löschen von Bränden leiten sich aus den Voraussetzungen für das Entstehen von Feuer ab. Mindestens eine der Voraussetzungen muss beseitigt werden. Brennbare Stoffe sind aus der Nähe des Feuers zu entfernen, der Brandherd wird abgekühlt oder der Zutritt von Sauerstoff unterbunden (Abb. 1). Die **Löschmittel** sind aber sehr bedacht auszuwählen (Experiment 5). Ungeeignete Mittel können zu noch größeren Schäden führen. Bei Verwendung von Feuerlöschern müssen die Bedienungsanweisungen genau beachtet werden. (Abb. 3).

Experiment 5
Vorsicht! In einer Porzellanschale wird Ethanol entzündet und mit Wasser gelöscht.
In einer zweiten Schale wird versucht, entzündetes Petroleumbenzin zu löschen.

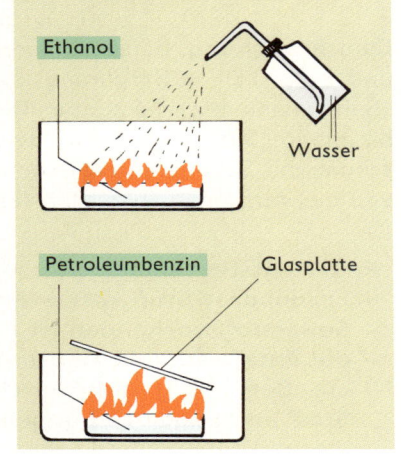

Löschen mit Wasser

Hilfe! Es brennt!
Entstehende Brände selbst zu löschen versuchen!
Oder: Hilfe anderer Menschen herbeiholen!
Über Notruf Feuerwehr (1 12) oder Polizei (1 10) verständigen!
Genau einprägen: Wo brennt es? Was brennt?

Löschmittel für einige brennbare Stoffe

Brennbare Stoffe	Löschmittel
Möbel, Gardinen, Teppiche, Holz im Freien (keine stromführenden Leitungen in der Nähe!)	Löschdecke, Nasslöscher, Wasser, Sand, Erde
Mit Wasser mischbare Flüssigkeiten, z. B. Spiritus	Decke, Wasser, Feuerlöscher
Mit Wasser nicht mischbare Flüssigkeiten, z. B. Benzin, Öl	Löschdecken, Sand, Kohlenstoffdioxidlöscher, Pulverlöscher
Bekleidung von Personen	Wasser, Löschdecken
Elektrische Leitungen und Anlagen	Kohlenstoffdioxidlöscher, Löschdecken, Pulverlöscher *Kein Wasser verwenden!*

- Umgang mit offenem Feuer
- elektrische Anlagen und Geräte
- Rauchen
- Feuerstätten
- sonstige Ursachen
- von Kindern verursacht

LÖSCHEN VON FEUER – BRANDSCHUTZ

Brandschutz. Richtige Vorsorge gegen verheerende Brände ist ein guter Brandschutz. Jeder sollte Brandursachen (Abb. 2) kennen und alles tun, um das Entstehen von Bränden zu verhindern. Brandschutzbestimmungen müssen genau eingehalten werden. Jegliche Möglichkeit der Entzündung brennbarer Stoffe (Abb. 4) durch offenes Feuer, glimmende Zigaretten, glühende Asche, Funkenbildung oder Heizgeräte muss verhindert werden. Für das Lagern brennbarer Gegenstände auf Hausböden, in Kellern, Lagerräumen oder Werkstätten gelten besondere **Brandschutzbestimmungen**. In öffentlichen Gebäuden, in Verkehrsmitteln, auf Camping- und Rastplätzen müssen Löschmittel und -geräte so bereitstehen, dass sie jederzeit benutzt werden können. Jeder sollte Kenntnisse über Verwendungsmöglichkeiten und die Benutzung von Feuerlöschern haben. Aufgehäufte Kohle und feuchtes Getreide neigen zur Selbstentzündung. Sie müssen regelmäßig umgelagert werden. Wer einen Brand feststellt, muss sofort Feuerwehr und Polizei benachrichtigen. Jeder sollte Löscharbeiten unterstützen.

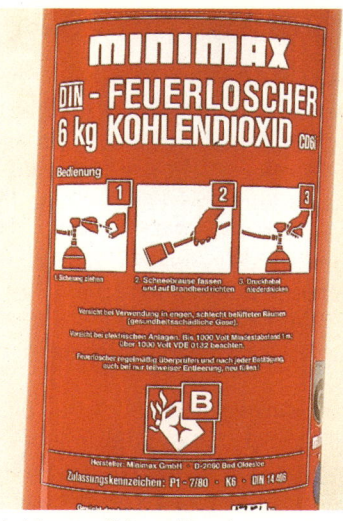

3 Kohlenstoffdioxidlöscher

Wichtige Brandschutzmaßnahmen im Haushalt

- Möbel, Gardinen und andere brennbare Gegenstände nicht in die Nähe heißer Gegenstände oder Feuerstellen bringen!
- Eingeschaltete elektrische Heizgeräte stets beaufsichtigen!
- Kellerräume und Hausböden nie mit offenem Licht betreten!
- Heiße Asche niemals in brennbare Behälter füllen!
- Durch orangerote Symbole gekennzeichnete Gefahrenhinweise auf handelsüblichen Verpackungen einhalten (Abb. 4)!
- Entweichen von Dämpfen leicht brennbarer Flüssigkeiten (Spiritus, Benzin) in geschlossenen Räumen vermeiden!
- Fette und Öle beim Braten nie überhitzen!
- Zündhölzer und Feuerzeuge vor Kindern schützen!
- Keine schadhaften Elektrogeräte benutzen! Reparaturen an elektrischen Anlagen nur von einer Fachkraft ausführen lassen!

4 Feuergefährliche Stoffe im Haushalt

AUFGABEN

1. Stelle leicht brennbare Stoffe zusammen, die im Haushalt verwendet werden!
2. Warum kann man a) einen Benzinbrand, b) brennendes Öl, c) Brände an elektrischen Anlagen nicht mit Wasser löschen?
3. Gib die Wirkungsweise der Löschmittel in nebenstehender Tabelle an!
4. Wie würdest du dich bei folgenden Bränden verhalten: a) Wohnungsbrand, b) umgefallene Kerze auf dem Tisch, c) Waldbrand?
5. Begründe die im Text genannten Brandschutzmaßnahmen im Haushalt mit den Kenntnissen über das Entstehen von Feuer!
6. Erkunde, was bei der Verwendung einzelner Arten von Feuerlöschern zu beachten ist! Wie sind sie zu bedienen?
7. Welche Löschmittel und -geräte sind a) im Chemiefachraum, b) in der Schule, c) im Autobus, d) auf dem Campingplatz vorhanden?
8. Wie verhält man sich im Falle eines Brandes im Chemiefachraum?
9. Stimmen die angegebenen Notrufnummern auch für deinen Wohnort?
10. Schwaches Blasen in die Glut entfacht das Feuer. Starkes Blasen löscht eine Kerze. Begründe!

FEUER

Explosive Gasgemische

Gasexplosionen. Zwischen brennbaren Gasen und Sauerstoff der Luft ist eine besonders intensive und schnelle Durchmischung möglich. Das begünstigt den Ablauf heftiger Reaktionen zwischen den Stoffen. Schon ein Funke kann sie auslösen. Bei der dann außerordentlich schnell ablaufenden Reaktion wird in kürzester Zeit sehr viel Wärme frei. Die gasförmigen Reaktionsprodukte dehnen sich augenblicklich stark aus und verursachen einen Knall. In einem abgeschlossenen Raum steigt der Druck sehr stark an. Gefäße bzw. Gebäude können zerstört und Menschen verletzt werden. Eine **Gasexplosion** hat stattgefunden (Experiment 6).

Explosionsgrenzen. Alle brennbaren Gase und die Dämpfe brennbarer Flüssigkeiten wie Benzin, bilden mit Luft explosive Gasgemische. Zur Explosion kann es aber nur kommen, wenn ein bestimmter Anteil von brennbarem Gas in der Luft enthalten ist. Ein Wasserstoff-Luft-Gemisch (Knallgas) kann nur bei einem Wasserstoffanteil zwischen 4 % und 75 % explosionsartig reagieren. Diese **Explosionsgrenzen** unterscheiden sich bei verschiedenen Gasen (↗ Tabelle). Liegt ein solches explosives Gasgemisch vor, dann ist eine Zündung oft schon durch einen Funken möglich. Dort, wo explosive Gasgemische auftreten können, ist größte Vorsicht geboten.

Umgang mit Stadtgas und Propan. Stadtgas besteht etwa zur Hälfte aus Wasserstoff sowie anderen brennbaren Gasen. Eines davon ist Kohlenstoffmonooxid, das die Giftigkeit von Stadtgas hervorruft. Strömt Stadtgas aus und mischt sich mit Luft, so können schwere Explosionen erfolgen (Abb. 1). Bemerkt man Gasgeruch im Haus oder auf der Straße, so ist sofort alles zu tun, um eine Explosion zu verhindern (↗ Übersicht).
Gleiches gilt für die zum Heizen und Kochen benutzten Gase Propan und Butan. Auch sie können mit Luft explosive Gasgemische bilden, die sich zunächst am Boden ansammeln.

Experiment 6
Vorsicht! Stadtgas strömt von unten in eine umgestülpte Konservendose, die ein Loch im Boden hat. Die Gaszufuhr wird unterbrochen und das Gas am Loch im Konservendosenboden entzündet.

Explosionsgrenzen

Brennbares Gas	Anteile im Gasgemisch
Wasserstoff	4 ⋯ 75 %
Stadtgas	4,8 ⋯ 35 %
Propan	1,9 ⋯ 9,5 %
Ethin (Acetylen)	3,5 ⋯ 82 %
Kohlenstoffmonooxid	12,5 ⋯ 75 %
Benzindämpfe	0,6 ⋯ 11 %

Vermeiden von Gasexplosionen

Gas nicht unkontrolliert ausströmen lassen! Ausströmendes Gas am Gasherd und Brenner sofort entzünden!
Bei Gasgeruch Feuerwehr und Polizei benachrichtigen! Bei Gasgeruch keine Lichtschalter oder Klingelknöpfe betätigen! Kein Zündholz anbrennen! Räume sofort lüften! Personen ins Freie bringen!

EXPLOSIVE GASGEMISCHE
IM ÜBERBLICK

AUFGABEN

1. Beschreibe die Vorgänge beim Experiment 6!
2. Bei welchem Gas sind die Explosionsgrenzen besonders weit? Was bedeutet das?
3. Begründe die Hinweise zum Verhalten bei Gasgeruch!
4. Wende Kenntnisse über Oxidation, Wärmeabgabe und Aktivierung auf die Reaktion von explosiven Gasgemischen an!
5. In einer Wohnung scheint Gas auszuströmen. Was ist zu tun?

Im Überblick

Entzünden und Löschen von Feuer

Bedingungen für das Entzünden und Unterhalten eines Feuers	Maßnahmen zum Löschen eines Feuers und zur Brandbekämpfung
Brennbarer Stoff muss vorhanden sein.	Entfernen des brennbaren Stoffes vom Brandherd, z. B. Gräben bei Grasbrand und Schneise bei Waldbrand ziehen, Möbel wegräumen
Sauerstoff muss vorhanden sein.	Verhindern von Sauerstoffzutritt zum Brandherd, z. B. Abdecken mit Löschdecke, Sand, Schaum oder Löschpulver
Stoffe müssen auf Entzündungstemperatur erwärmt sein.	Abkühlen des Brandherdes unter die Entzündungstemperatur, z. B. Zugeben von Wasser oder Kohlenstoffdioxid-Schnee aus dem Kohlenstoffdioxidlöscher
Gute Durchmischung des brennbaren Stoffes mit Sauerstoff begünstigt das Feuer.	Entfernen eines der Stoffe, Verhindern des Durchmischens mit Sauerstoff

Gefahrensymbole

Alle hoch- und leichtentzündlichen Stoffe und alle brandfördernden Stoffe müssen durch Gefahrensymbole und Kennbuchstaben gekennzeichnet sein.

Art der Gefahr	Hochentzündlich	Leichtentzündlich	Brandfördernd
Gefahrensymbol	🔥	🔥	🔥⭕
Kennbuchstabe	F+	F	O
Beispiele	Butan Kohlenstoffmonooxid Leichtbenzin Methan Propan Wasserstoff	Benzen (Benzol) Ethanol (Alkohol) Magnesiumpulver und -späne Natrium Zinkpulver	Kaliumchlorat Kaliumpermanganat flüssige Luft Ozon Wasserstoffperoxid Natriumnitrat

ATOMBAU – PERIODENSYSTEM DER ELEMENTE

8

Atombau – Periodensystem der Elemente

Mit Beschleunigern werden kleinste Teilchen auf sehr hohe Energien gebracht. Damit kann man den Aufbau der Atome untersuchen. Bestehen Atome aus noch kleineren Teilchen?

Bau der Atome

Protonen und Elektronen. Atome sind die Teilchenart aus der chemische Elemente aufgebaut sind. Jedes Atom ist aber – wie wir heute wissen – aus noch kleineren Teilchen zusammengesetzt. Alle Atome haben einen sehr kleinen, positiv elektrisch geladenen **Atomkern**. Er ist von der negativ elektrisch geladenen **Atomhülle** umgeben. In ihr bewegen sich **Elektronen,** von denen jedes eine negative Ladung trägt. Teilchen im Atomkern mit je einer positiven Ladung sind die **Protonen**. Der Durchmesser des Atomkerns beträgt nur ein Zehntausendstel von dem des Atoms. Da Atome nach außen hin elektrisch neutral sind, ist in jedem von ihnen die Anzahl der Protonen gleich der Anzahl der Elektronen.

Ernest Rutherford (1871 bis 1937) [1]

Atom	
Atomkern	**Atomhülle**
positiv elektrisch geladen	negativ elektrisch geladen
Proton	**Elektron**
Träger einer positiven elektrischen Ladung	Träger einer negativen elektrischen Ladung

Das Atom ist elektrisch neutral.
Anzahl der Protonen = Anzahl der Elektronen

Außenelektronen. Elektronen bilden die Atomhülle und bewegen sich ständig in unterschiedlicher Entfernung vom Atomkern. Elektronen, die am weitesten vom Atomkern entfernt sind, werden als **Außenelektronen** bezeichnet.

Niels Bohr (1885 bis 1962) [2]

Atommodell. Die Vorstellungen vom Bau der Atome können vereinfacht und anschaulich in einem **Atommodell** dargestellt werden. Ein Magnesiumatom besitzt im Atomkern 12 Protonen und in der Atomhülle 12 Elektronen. Zwei dieser Elektronen sind Außenelektronen, die restlichen 10 befinden sich dichter am Kern (Abb. 3). Dieses Atommodell ist wie alle Modelle stark vereinfacht. Es gibt die Wirklichkeit nur unzulänglich wieder. So bewegen sich die Elektronen ständig um den Atomkern. Das Atom ist ein räumliches Gebilde und nicht eine Scheibe, wie auf der Modelldarstellung.

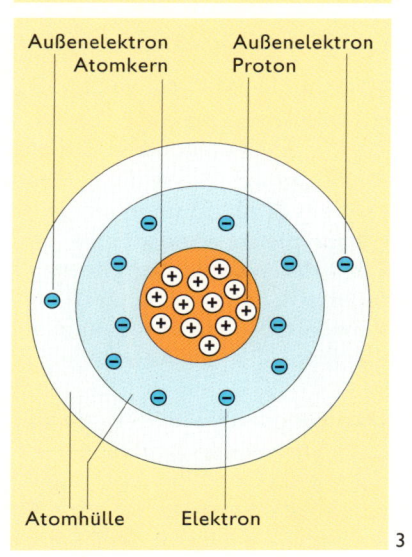

Chemische Elemente – Bau der Atome. Die Atome eines bestimmten chemischen Elements besitzen alle die gleiche Anzahl Protonen im Atomkern. Atome des Elementes Sauerstoff enthalten im Atomkern stets 8 positiv elektrisch geladene Protonen. Atome des Elementes Aluminium besitzen stets 13 Protonen im Atomkern. Jedes Element ist also aus einer anderen **Atomart** aufgebaut. Den gegenwärtig bekannten über 100 chemischen Elementen entsprechen auch ebensoviele Atomarten.

BAU DER ATOME

Modell des Magnesiumatoms

Chemische Elemente unterscheiden sich dadurch, dass sie aus unterschiedlichen Atomarten aufgebaut sind.

Atome von Metallen besitzen eine geringe Anzahl von Außenelektronen. Bei Nichtmetallen ist sie größer (↗ Tabelle).

Atomart	Anzahl der Protonen	Anzahl der Elektronen	Anzahl der Außenelektronen
Natriumatome	11	11	1
Magnesiumatome	12	12	2
Aluminiumatome	13	13	3
Eisenatome	26	26	2
Kupferatome	29	29	2
Zinkatome	30	30	2
Silberatome	47	47	1
Stickstoffatome	7	7	5
Sauerstoffatome	8	8	6
Schwefelatome	16	16	6

Atommodelle

J. Dalton (1766 bis 1844):
Atome als gleichartige kugelförmige Teilchen
J. Thomson (1856 bis 1940):
Atom als positiv geladene Wolke mit negativ geladenen Elektronen an der Oberfläche
E. Rutherford (1871 bis 1937):
Atom als positiv geladener Atomkern, von negativ geladenen Elektronen umkreist
N. Bohr (1885 bis 1962):
Atom als positiv geladener Atomkern, um den negativ geladene Elektronen auf bestimmten Bahnen kreisen.
Neuere Modelle u. a. durch
A. Sommerfeld, W. Heisenberg, M. Born, E. Schrödinger

➤ AUFGABEN

1. Was ist unter einem elektrisch neutralen Körper zu verstehen? Begründe, dass ein Atom elektrisch neutral ist!
2. Beschreibe den Bau von a) Natriumatomen, b) Aluminiumatomen! Zeichne die Modelle vom Bau dieser Atome!
3. Vergleiche den Bau von a) Stickstoff- und Sauerstoffatomen, b) Magnesium-, Aluminium- und Schwefelatomen!
4. Wodurch unterscheiden sich die Elemente a) Magnesium und Kupfer, b) Sauerstoff und Schwefel stofflich und in Bezug auf den Bau ihrer Teilchen?
5. Einige Alchemisten wollten im Mittelalter aus unedlen Metallen wie Blei und Zinn durch Zugabe anderer Stoffe das Edelmetall Gold herstellen.
Beurteile dieses Vorhaben!

ATOMBAU – PERIODEN-
SYSTEM DER ELEMENTE

Periodensystem der Elemente

Entstehung. In der Mitte des 19. Jahrhunderts waren über 60 chemische Elemente bekannt. Viele Chemiker versuchten, diese Elemente sinnvoll zu ordnen. In den Jahren 1869 bis 1870 entwickelten der Russe *D. I. Mendelejew* (Abb. 1) und der Deutsche *L. Meyer* (Abb. 5) unabhängig voneinander einen Vorschlag für die systematische Anordnung der Elemente in einer Tabelle, das **Periodensystem der Elemente**. Es ist ein wichtiges Arbeitsmittel der Chemie. Die erst 40 bis 50 Jahre später gewonnenen Kenntnisse über den Bau der Atome lieferten nachträglich eine Erklärung für die Anordnung der Elemente.

Ordnungszahl. Im Periodensystem sind die chemischen Elemente nach steigender Anzahl der Protonen in ihren Atomen angeordnet. Jedes Element hat in der Reihenfolge, in der es in das System eingeordnet worden ist, eine **Ordnungszahl** erhalten. Diese Ordnungszahl entspricht der Anzahl der Protonen in den Atomen.

Anordnung der Elemente. Für jedes Element ist im Periodensystem ein Feld vorgesehen. Es enthält Angaben zu dem jeweiligen Element (Abb. 2). Die Felder für die einzelnen Elemente sind im Periodensystem in 7 waagerechten Reihen, den **Perioden**, angeordnet. Die Anordnung erfolgte dabei so, dass Elemente mit ähnlichen Eigenschaften senkrecht untereinander stehen. Solche senkrechten Spalten mit einander ähnlichen Elementen werden als Gruppen bezeichnet. Es werden **Hauptgruppen** und **Nebengruppen** unterschieden (Abb. 3 und Tabelle am Ende des Buches).

Periodensystem als Arbeitsmittel. Das Periodensystem der Elemente ist zu einem wichtigen Arbeitsmittel in der Chemie geworden, weil daraus Angaben über chemische Elemente entnommen werden können. So findet man dort die Namen und die zugehörigen chemischen Symbole der Elemente.

Dimitri Iwanowitsch Mendelejew (1834 bis 1907), Professor in St. Petersburg. Sein besonderes Interesse galt der Ordnung der Elemente.

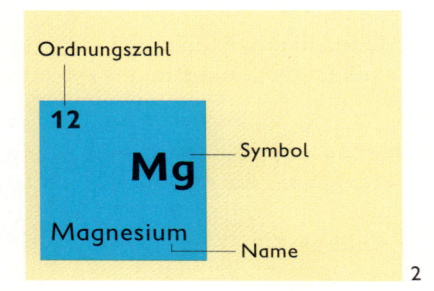

Auszug aus dem Periodensystem der Elemente (Hauptgruppen)

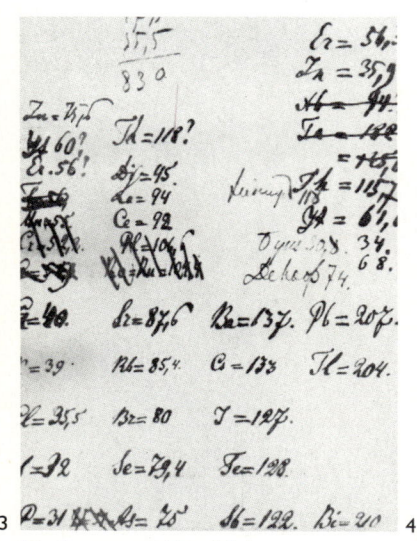

Notizen von *Mendelejew*

PERIODENSYSTEM DER ELEMENTE IM ÜBERBLICK

Besonders wichtig sind Angaben über den Bau der Atome der jeweiligen Elemente. Die Ordnungszahl entspricht der Anzahl der Protonen in den Atomen. Da diese in einem Atom gleich der Anzahl der Elektronen ist, kann aus der Ordnungszahl auch deren Anzahl abgeleitet werden.

Ordnungszahl ≙ Protonenanzahl = Elektronenanzahl

In den Hauptgruppen stehen Elemente untereinander, deren Atome die gleiche **Anzahl der Außenelektronen** haben.

Nummer der Hauptgruppe ≙ Anzahl der Außenelektronen

Metalle mit geringer Anzahl von Außenelektronen findet man auf der linken Seite der Tabelle. Die rechts stehenden Elemente weisen solche metallischen Eigenschaften nicht auf.

Lothar Meyer (1830 bis 1895) schlug eine Ordnung der Elemente vor, die dem Periodensystem der Elemente weitgehend entsprach.

AUFGABEN

1. Suche die Elemente a) Sauerstoff, b) Stickstoff, c) Natrium, d) Wasserstoff, e) Calcium, f) Arsen im Periodensystem der Elemente auf! Gib Hauptgruppe und Periode an!
2. Suche Namen und chemische Symbole der Elemente der Hauptgruppen in der 3. Periode auf! Vergleiche schon bekannte Elemente miteinander!
3. Stelle die Elemente der IV. Hauptgruppe zusammen! Welche Elemente sind schon als Metalle und als Nichtmetalle bekannt?
4. Gib die Elemente der II. Hauptgruppe an! Ermittle für die ersten drei Elemente die Anzahl der Protonen und Elektronen sowie der Außenelektronen in den Atomen!
5. Wie unterscheiden sich die Atome von a) Magnesium und Schwefel, b) Natrium und Chlor!
6. Die Atome eines Elementes haben a) 19, b) 20, c) 82 Protonen. Welche Elemente sind es? Was kann über den Bau ihrer Atome ausgesagt werden!
7. Stelle Angaben über Atombau und Eigenschaften von Elementen der 3. Periode zusammen!

Im Überblick

Zusammenhang zwischen Periodensystem der Elemente und Atombau

Angabe im Periodensystem der Elemente	Folgerung für den Bau der Atome	Beispiel: Element Aluminium Periodensystem der Elemente	Bau der Atome
Ordnungszahl	Anzahl der Protonen im Atomkern Anzahl der Elektronen in der Atomhülle	Ordnungszahl 13	13 Protonen 13 Elektronen
Nummer der Hauptgruppe	Anzahl der Außenelektronen in der Atomhülle	III. Hauptgruppe	3 Außenelektronen

SALZARTIGE STOFFE

9

Salzartige Stoffe

Täglich verwenden wir Kochsalz. Heute kann man sich kaum vorstellen, dass im 13. Jahrhundert in China dieses Salz gegen Gold aufgewogen wurde. Um Salzvorkommen wurden sogar Kriege geführt. Hat Kochsalz heute noch diese Bedeutung?

Vorkommen, Gewinnung und Verwendung von Kochsalz

Vorkommen. Der Chemiker nennt das Kochsalz **Natriumchlorid**, um es von anderen Salzen zu unterscheiden. Natriumchlorid kommt meist mit anderen Salzen, wie Kaliumchlorid, Magnesiumchlorid, Kaliumsulfat und Calciumsulfat, in großen **Salzlagerstätten** unter der Erdoberfläche vor (Abb. 1). Solche Salzlagerstätten befinden sich in Deutschland (Staßfurt, Merkers/Rhön, Bad Reichenhall, Berchtesgaden), Österreich (Salzkammergut), Bulgarien, Spanien und den USA.

Die Salzlagerstätten in Mitteleuropa sind vor etwa 200 bis 300 Millionen Jahren entstanden. Damals war diese Gegend von einem großen Meer bedeckt, dessen Wasser verschiedene Salze gelöst enthielt. Durch Erdbewegungen entstanden Becken, in denen das Meerwasser langsam verdunstete. Die Salze lagerten sich ab und wurden später von anderen Erdschichten überdeckt. Die Salze liegen heute in einer Tiefe von 300 ··· 1500 m.

Das größte Salzvorkommen befindet sich im Meerwasser. Dort sind etwa 50 Billiarden Tonnen Salz gelöst. Diese Masse würde ausreichen, um das Festland der Erde mit einer 150 m hohen Salzschicht zu bedecken. Die einzelnen Meere haben einen unterschiedlichen Anteil an gelösten Salzen. So haben Randmeere mit geringer Verdunstung und starkem Zufluss an Wasser einen geringeren Anteil an Salzen (Tabelle).

Kochsalz (Natriumchlorid) kommt in großen Salzlagerstätten und im Meerwasser gelöst vor.

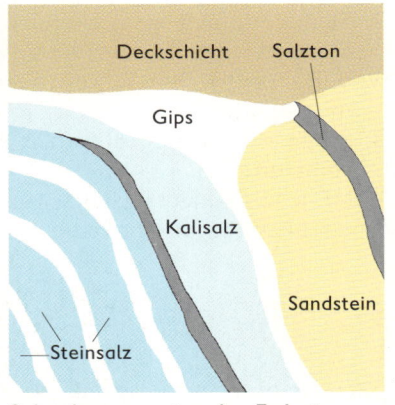

1 Salze lagern unter der Erde in verschiedenen Schichten.

Masse von Kochsalz in 1 l Meerwasser	
Ostsee	15 g
Nordsee	30 g
Atlantik	35 g
Mittelmeer	38 g
Rotes Meer	40 g
Totes Meer	260 g

VORKOMMEN, GEWINNUNG UND VERWENDUNG VON KOCHSALZ

Gewinnung. Natriumchlorid baut man in Salzbergwerken ab, ähnlich wie die Steinkohle (↗ S. 130). Es wird durch Sprengungen gelockert und mit Schrappern (Abb. 2) zu den Förderwagen transportiert. In ihnen gelangt das **Steinsalz** zum Schacht, in dem es an die Erdoberfläche gezogen wird. Das so abgebaute Salz muss noch gereinigt werden. Dazu löst man es in Wasser, dampft die Lösung ein und erhält auf diese Weise Speisesalz.

In einem anderen Verfahren pumpt man Wasser durch Bohrschächte in Salzlagerstätten und löst das Salz unter Tage auf. Die Salzlösung, sogenannte Sole, wird an die Erdoberfläche gepumpt. In Sudhäusern wird das Wasser verdampft (↗ Abb. 4, S. 15) und das Salz gewonnen. Das in den Salinen gewonnene Salz bezeichnet man als **Siedesalz** (Abb. 3). Die Sole kann vor dem „Sieden" in Gradierwerken behandelt werden. Sie wird über eine etwa 12 Meter hohe und mehrere Meter breite Wand aus Dornreisig geleitet. Das Wasser kann so schnell verdunsten. Die Sole wird dadurch gereinigt und auf einen höheren Salzgehalt gebracht. Heute dienen solche Gradierwerke vorrangig zur Heilbehandlung der Atmungsorgane (Abb. 5). Kochsalz kann auch aus dem Meerwasser gewonnen werden. Besonders in den Ländern um das Mittelmeer, das Schwarze Meer und in Indien wird das Salz des Meeres in Salzgärten „geerntet" (↗ Abb. 3, S. 15).

Verwendung. Kochsalz (Natriumchlorid) dient als Speisesalz zum Würzen von Nahrungsmitteln. Es kommt als Siedesalz oder Meersalz in den Handel. Da Kochsalz auf Kleinlebewesen wachstumshemmend wirkt, eignet es sich zur Konservierung von Nahrungsmitteln, z. B. Salzhering, Pökelfleisch, Salzgurken und Sauerkraut. Kochsalz ist ein lebensnotwendiger Bestandteil der Nahrung und hilft, wichtige Lebensvorgänge aufrechtzuerhalten. In der Medizin wird es als physiologische Kochsalzlösung eingesetzt (Abb. 4). Der größte Teil des gewonnenen Kochsalzes wird in der chemischen Industrie zur Herstellung von Chlor, Natrium, Salzsäure, Natriumhydroxid und Soda verwendet.

Abbau von Salzen unter Tage

Die alte Saline in Bad Reichenhall vor 1834

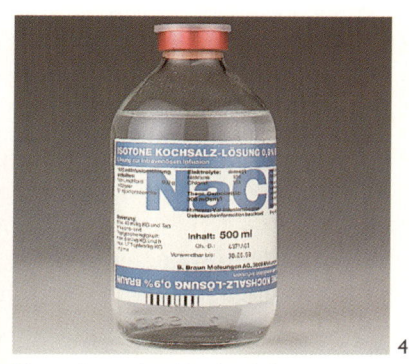

Physiologische Kochsalzlösung

AUFGABEN

1. Warum lecken pflanzenfressende Tiere gern Salz?
2. Warum sollte man im Urlaub in warmen Ländern die Speisen etwas mehr salzen?

SALZARTIGE STOFFE

Eigenschaften und Bau von Kochsalz

Eigenschaften von Natriumchlorid. Natriumchlorid besteht aus würfelförmigen Kristallen (Abb., S. 74) und schmilzt bei 800 °C. Die Kristalle sind weiß, spröde und im Wasser löslich (Experiment 1). Sie leiten nicht den elektrischen Strom (Experiment 2). Dagegen leitet eine Natriumchloridlösung den elektrischen Strom (Experiment 2).

Experiment 1
Gib einige Kristalle Natriumchlorid in ein Reagenzglas mit Wasser und schüttle!

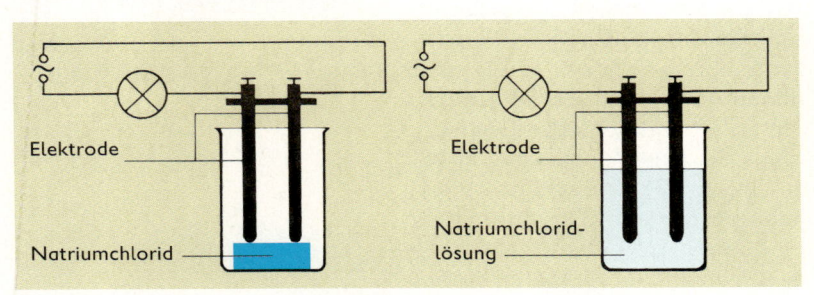

Experiment 2
Natriumchlorid und Natriumchloridlösung werden jeweils in ein Becherglas gegeben und auf elektrische Leitfähigkeit geprüft.

Kaliumchlorid, Magnesiumchlorid, Zinkchlorid und Kupferchlorid haben ähnliche Eigenschaften wie Natriumchlorid. Sie bestehen aus Kristallen, haben hohe Schmelztemperaturen und sind in Wasser löslich. Ihre Schmelzen leiten im Gegensatz zu den festen Stoffen den elektrischen Strom (Experiment 3). Diese Stoffe bezeichnet man als **Metallchloride**. Sie gehören zu den **salzartigen Stoffen**.

Experiment 3
Zinkchlorid wird bis zum Schmelzen erhitzt. Danach wird die elektrische Leitfähigkeit geprüft.

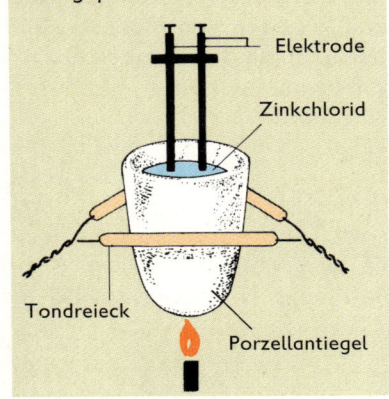

Teilchen im Natriumchlorid. In wässrigen Lösungen und Schmelzen einiger Metallchloride können bewegliche elektrisch geladene Teilchen nachgewiesen werden. Diese Teilchen bezeichnet man als **Ionen** (griechisch: ion = wandernd). Die Ionen sind neben den Atomen und Molekülen eine weitere **Teilchenart**, aus der Stoffe aufgebaut sind. Metallchloride wie Natriumchlorid sind aus Ionen aufgebaut. Die elektrische Leitfähigkeit von wässrigen Lösungen und Schmelzen lässt sich auf die beweglichen Ionen zurückführen. In festen Metallchloriden sind die Ionen kaum beweglich.

> **Natriumchlorid ist aus Ionen aufgebaut. Ionen sind elektrisch geladene Teilchen in der Größe von Atomen.**

Vergleich von Atomen und Ionen. Das **Natrium-Ion** hat ein Elektron weniger als das Natriumatom (Abb. 1) und ist deshalb einfach positiv elektrisch geladen. Die Anzahl der Protonen ist gleich. Das **Chlorid-Ion** hat ein Elektron mehr als das Chloratom (Abb. 1) und ist deshalb einfach negativ elektrisch geladen. Die Anzahl der Protonen ist gleich.
Ionen können positiv elektrisch oder negativ elektrisch geladen sein. Bei den chemischen Zeichen für Ionen wird die Art und die Anzahl der elektrischen Ladungen am Symbol der Elemente rechts oben angegeben (Tabelle).

Ionen	
Name	Chemisches Zeichen
Natrium-Ion	Na^+
Kalium-Ion	K^+
Silber-Ion	Ag^+
Magnesium-Ion	Mg^{2+}
Calcium-Ion	Ca^{2+}
Barium-Ion	Ba^{2+}
Kupfer-Ion	Cu^{2+}
Zink-Ion	Zn^{2+}
Aluminium-Ion	Al^{3+}
Chlorid-Ion	Cl^-

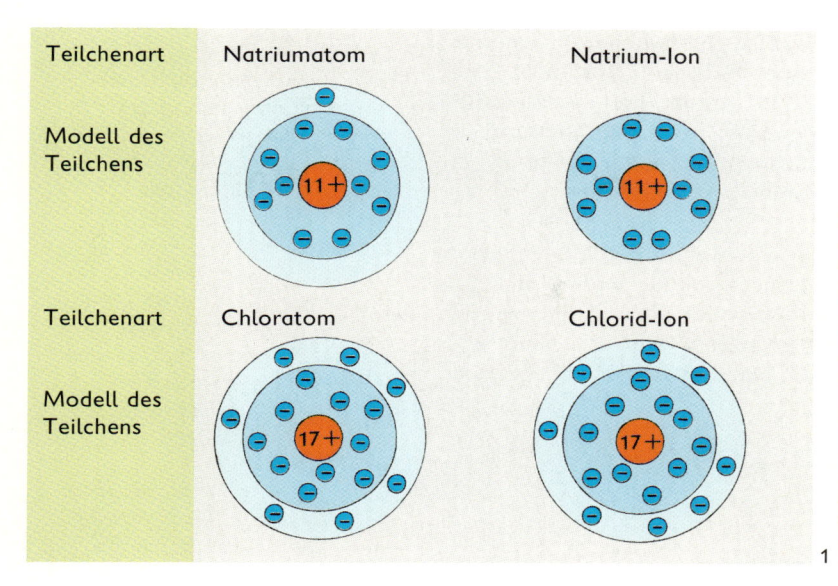

EIGENSCHAFTEN UND BAU VON KOCHSALZ

Teilchenart	Natriumatom	Natrium-Ion
Modell des Teilchens	(11+)	(11+)

Teilchenart	Chloratom	Chlorid-Ion
Modell des Teilchens	(17+)	(17+)

1

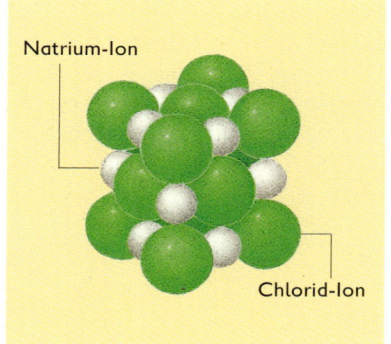

Modell des Natriumchlorids

2

Bau des Natriumchlorids. Natriumchlorid ist aus vielen Natrium-Ionen Na^+ und Chlorid-Ionen Cl^- aufgebaut (Abb. 2). Die entgegengesetzt geladenen Ionen sind regelmäßig räumlich angeordnet und bilden einen **Ionenverband**. Im Ionenverband liegen Natrium- und Chlorid-Ionen in gleicher Anzahl vor, sodass die elektrischen Ladungen ausgeglichen sind. Stoffe, die aus positiv und negativ elektrisch geladenen Ionen aufgebaut sind, bezeichnet man auch als **Ionensubstanzen**.

Metallchloride wie Natriumchlorid sind aus Metall-Ionen und Chlorid-Ionen aufgebaut und gehören zu den salzartigen Stoffen (Ionensubstanzen).

Namen und Formeln für Metallchloride. Die Namen der Metallchloride werden wie folgt gebildet.

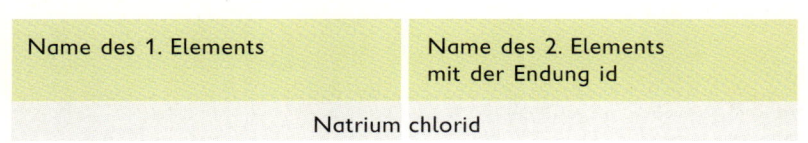

Name des 1. Elements	Name des 2. Elements mit der Endung id
Natrium	chlorid

Die Formel für Natriumchlorid ist **NaCl**. In dieser Formel kommt das Zahlenverhältnis der Natrium-Ionen und Chlorid-Ionen im Natriumchlorid zum Ausdruck. Die elektrischen Ladungen der Ionen werden in der Formel nicht angegeben. Die Formel NaCl kennzeichnet auch die kleinste **Baueinheit** von Natriumchlorid, die aus einem Natrium-Ion und einem Chlorid-Ion besteht.

Die Formel NaCl kennzeichnet den Stoff Natriumchlorid und eine Baueinheit des Stoffes Natriumchlorid.

Metallchloride	
Namen	Formel
Natriumchlorid	NaCl
Kaliumchlorid	KCl
Silberchlorid	AgCl
Magnesiumchlorid	$MgCl_2$
Calciumchlorid	$CaCl_2$
Bariumchlorid	$BaCl_2$
Kupferchlorid	$CuCl_2$
Eisenchlorid	$FeCl_2$
Aluminiumchlorid	$AlCl_3$

AUFGABEN

1. Stelle Eigenschaften (Farbe, Löslichkeit in Wasser, Schmelztemperatur, elektrische Leitfähigkeit für feste Stoffe, wässrige Lösungen und Schmelzen) von Natrium-, Kalium-, Magnesium-, Zink- und Kupferchlorid in einer Tabelle zusammen! Gib die Formeln für diese Stoffe an! Welche Aussagen lassen sich aus diesen Formeln ableiten?

SALZARTIGE STOFFE

Lösen von Metallchloriden in Wasser. Aus weißen, kristallinen Metallchloriden bilden sich mit Wasser farblose Lösungen (Experiment 4). Die Metallchloridlösungen leiten den elektrischen Strom (Experiment 2, S. 76). Beim Lösen von Kaliumchlorid in Wasser sinkt die Temperatur (Experiment 5). Das Absinken der Temperatur beim Lösen einiger Metallchloride nutzt man zur Herstellung von Kältemischungen.

Beim Lösen von Metallchloriden in Wasser findet eine Umordnung der Teilchen statt. Die Wassermoleküle lagern sich zunächst an den Oberflächen der Salzkristalle an und überwinden die Kräfte, die die Ionen zusammenhalten. Der Vorgang wiederholt sich, bis die Salzkristalle vollständig abgebaut sind (Abb. 1).

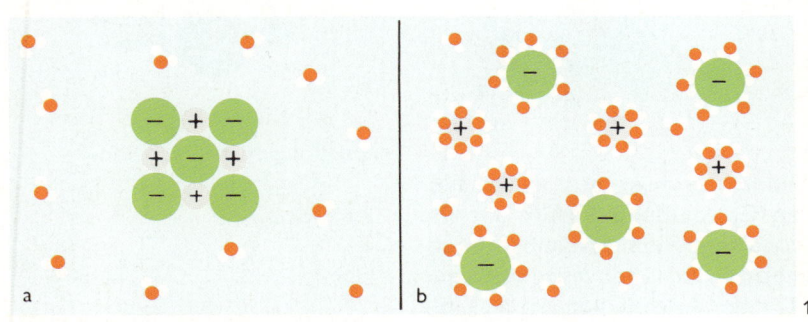

Experiment 4
Kleine Proben von Natriumchlorid, Kaliumchlorid und Magnesiumchlorid werden in Reagenzgläsern mit etwas Wasser versetzt und geschüttelt.

Experiment 5
In 40 ml Wasser werden unter ständigem Rühren etwa 15 g Kaliumchlorid gelöst. Die Temperaturen der Flüssigkeiten werden vor und nach dem Experiment gemessen.

Experiment 6
Gib 10 g Natriumchlorid in ein Becherglas mit 25 ml Wasser und stelle die Lösung in das Tiefkühlfach eines Kühlschrankes!
Gefriert die Lösung?

Experiment 7
Vorsicht! Silbernitrat ist ätzend!
Gib jeweils einige Tropfen verdünnte Silbernitratlösung in eine Natriumchloridlösung und eine Kaliumchloridlösung! Beobachte die Farbänderung und die Löslichkeit der Stoffe!

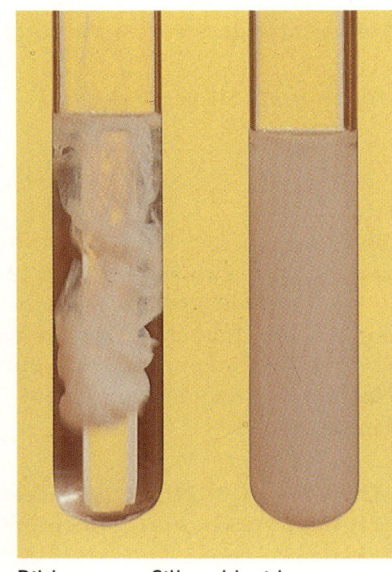

Umordnung der Teilchen beim Lösen von Natriumchlorid in Wasser
a) Natriumchlorid im Wasser, b) Natriumchloridlösung

In der Natriumchloridlösung sind die einzelnen Ionen von Wassermolekülen umgeben. Das Lösen von Natriumchlorid in Wasser kann in einer Wortgleichung erfasst werden.

Natriumchlorid + Wasser ⟶ Natriumchloridlösung.

In der Reaktionsgleichung wird meist auf die Angabe des Wassers auf beiden Seiten der Gleichung verzichtet.

$NaCl \longrightarrow Na^+ + Cl^-$

Nachweis von Chlorid-Ionen. Alle wässrigen Metallchloridlösungen enthalten Metall-Ionen und Chlorid-Ionen. Durch charakteristische Reaktionen können Teilchen in einer Lösung nachgewiesen werden.

Versetzt man eine Natriumchloridlösung mit einigen Tropfen Silbernitratlösung, bildet sich ein weißer, schwer löslicher Stoff, der auf den Boden der Flüssigkeit sinkt (Abb. 2). Es entsteht ein **Niederschlag** von Silberchlorid (Experiment 7). Auch andere Metallchloridlösungen reagieren mit Silbernitratlösung zu Silberchlorid (Experiment 7).

In der Reaktionsgleichung für den Nachweis der Chlorid-Ionen werden nur die Ionen erfasst, die zum Niederschlag in der Lösung führen.

$Ag^+ + Cl^- \longrightarrow AgCl$

Bildung von Silberchlorid

Einige Metallhydroxide

Verwendung einiger Metallhydroxide. Wichtige Metallhydroxide sind **Calciumhydroxid** (Ätzkalk), **Natriumhydroxid** (Ätznatron) und **Kaliumhydroxid** (Ätzkali). Diese Stoffe werden in großen Mengen hergestellt und vielseitig verwendet. Calciumhydroxid, auch Kalkhydrat genannt, ist im Bauwesen zur Herstellung von Kalkmörtel erforderlich (↗ S. 139). In der Landwirtschaft dient es als Düngemittel. Natriumhydroxid wird für die Herstellung von Seifen (↗ S. 193), Feinwaschmittel, Kunstseide, Papier und Zellstoff benötigt. Auch in bestimmten Haushaltchemikalien sind Natrium- und Kaliumhydroxid enthalten, zum Beispiel in Abbeizpasten zum Entfernen alter Farbanstriche und in Erzeugnissen zum Reinigen von Abflussrohren (Abb. 3).

Vielseitig werden auch die Lösungen von Metallhydroxiden in Wasser verwendet. Die wässrige Lösung von Calciumhydroxid, sogenanntes Kalkwasser, benötigt man hauptsächlich bei der Herstellung von Zucker aus Rüben. Die Lösungen von Natriumhydroxid und Kaliumhydroxid in Wasser heißen Natronlauge beziehungsweise Kalilauge. Sie sind wichtige Industriereinigungsmittel und dienen zum Waschen von Flaschen. Mit ihnen lassen sich Speise- und Fettreste gut entfernen.

Umgang mit einigen Metallhydroxiden und deren Lösungen. Natrium- und Kaliumhydroxid sind weiße, kristalline Stoffe, die sich in Wasser leicht lösen. Wässrige Metallhydroxidlösungen bezeichnet man als **Laugen**. Je nach dem Anteil des gelösten Hydroxids unterscheidet man zwischen *konzentrierten* und *verdünnten* Laugen. Dabei gibt man die Masse des gelösten Hydroxids an, die in 100 g Lauge enthalten ist. Der **Massenanteil** wird in Prozent angegeben. So enthält eine 5%ige Natronlauge 5 g Natriumhydroxid in 100 g Natronlauge (Abb. 1, S. 80). Natrium- und Kaliumhydroxid sowie deren wässrige Lösungen mit einem Hydroxidanteil von über 2 % gehören zu den ätzenden Stoffen und müssen besonders gekennzeichnet werden (Abb. 4). Haare, Schafwolle und Vogelfedern werden durch konzentrierte Natronlauge zerstört (Experiment 8).

Verhalten beim Umgang mit Metallhydroxiden

1. Fasse festes Natrium-, Kalium- und Calciumhydroxid nicht mit den Händen an!
2. Schütze die Augen beim Experimentieren durch Aufsetzen einer Schutzbrille! Verätzungen können zu Sehschäden führen!
3. Achte beim Experimentieren mit Natronlauge, Kalilauge und Kalkwasser darauf, dass keine Tropfen der Flüssigkeiten auf die Haut oder die Kleidung gelangen!
   Trage eine Schürze!
4. Entferne verschüttete Hydroxidlösungen sofort mit einem Wischtuch und reichlich Wasser!
5. Bei Hautverätzungen durch Hydroxide gründlich mit Wasser spülen, gegebenenfalls einen Arzt aufsuchen!

EINIGE METALLHYDROXIDE

Erzeugnisse, zu deren Herstellung Natriumhydroxid verwendet wird

Hinweise zum Umgang mit einem Abflussreiniger

Experiment 8
Vorsicht! Schutzbrille tragen!
Kleine Proben Haare, Schafwolle oder Vogelfedern werden mit konzentrierter Natronlauge versetzt und bis zum Sieden erhitzt.

AUFGABEN

1. Warum gefriert Mineralwasser im Tiefkühlfach?
2. Warum bildet Silbernitratlösung in destilliertem Wasser keinen Niederschlag?
3. Was muss ein Maurer tun, wenn ihm Kalkmörtel ins Auge gespritzt ist?

SALZARTIGE STOFFE

Bau von einigen Metallhydroxiden. Natriumhydroxid, Kaliumhydroxid, Calciumhydroxid und Bariumhydroxid sind feste, kristalline Stoffe, die sich mehr oder weniger gut in Wasser lösen. Sie sind wie Natriumchlorid aus Ionen aufgebaut und gehören zu den **salzartigen Stoffen.** Diese Metallhydroxide bestehen aus positiv elektrisch geladenen Metall-Ionen und aus einfach negativ elektrisch geladenen **Hydroxid-Ionen.** Hydroxid-Ionen sind aus den Elementen Sauerstoff und Wasserstoff zusammengesetzt und haben das chemische Zeichen **OH⁻**.

Im Natriumhydroxid liegen Natrium-Ionen und Hydroxid-Ionen im Zahlenverhältnis 1:1 vor. Die Formel für Natriumhydroxid lautet **NaOH**. Sie kennzeichnet den Stoff Natriumhydroxid und eine Baueinheit des Stoffes Natriumhydroxid.

Im Calciumhydroxid liegen Calcium- und Hydroxid-Ionen im Zahlenverhältnis 1:2 vor. Das wird durch die Formel **Ca(OH)$_2$** angegeben. Die Verhältniszahl für die Hydroxid-Ionen ist die tief gestellte Zahl hinter der Klammer. Die Formel Ca(OH)$_2$ wird wie folgt gelesen: „C a, O H in Klammern, zweimal".

Metallhydroxide		Ionen der Metallhydroxide	
Name	Formel	Name	Chemisches Zeichen
Natrium-hydroxid	NaOH	Natrium-Ion Hydroxid-Ion	Na⁺ OH⁻
Kalium-hydroxid	KOH	Kalium-Ion Hydroxid-Ion	K⁺ OH⁻
Calcium-hydroxid	Ca(OH)$_2$	Calcium-Ion Hydroxid-Ion	Ca²⁺ OH⁻

Einige Metallhydroxide sind aus Metall-Ionen und Hydroxid-Ionen aufgebaut und gehören zu den salzartigen Stoffen (Ionensubstanzen).
Hydroxid-Ionen OH⁻ sind zusammengesetzte Ionen, die negativ elektrisch geladen sind.

Reaktion einiger Metallhydroxide mit Wasser. Gibt man Natriumhydroxid in Wasser, so löst es sich auf. Bei dieser Reaktion erwärmt sich die Lösung (Experiment 9). Es bildet sich Natriumhydroxidlösung. Die Lösung leitet den elektrischen Strom (Experiment 10), da in ihr bewegliche Natrium-Ionen und Hydroxid-Ionen als Ladungsträger vorhanden sind.

NaOH ⟶ Na⁺ + OH⁻

Calciumhydroxid löst sich nur teilweise in Wasser (Experiment 11). Die meisten Metallhydroxide sind in Wasser praktisch nicht löslich.

Einige Metallhydroxide	+	Wasser	⟶	Metallhydroxid-lösungen (Laugen)

Experiment 9
Vorsicht! Schutzbrille tragen!
Natriumhydroxid wird unter ständigem Umrühren in Wasser aufgelöst. Die Temperaturen werden zu Beginn und am Ende des Experiments gemessen.

Experiment 10
Verdünnte Natronlauge wird auf elektrische Leitfähigkeit geprüft.

Experiment 11
Vorsicht! Schutzbrille tragen!
Calciumhydroxid wird unter ständigem Umrühren in Wasser gelöst. Anschließend wird die Aufschlämmung filtriert.

Experiment 12
Vorsicht! Schutzbrille tragen!
Prüfe destilliertes Wasser sowie Lösungen von Natriumchlorid, Natriumhydroxid und Calciumhydroxid in Wasser mit Lackmuslösung!

Experiment 13
Vorsicht! Schutzbrille tragen!
Ein kleines, entrindetes Stück Natrium wird mit einer Pinzette auf Wasser in eine Glasschale gegeben. Die entstandene Lösung wird mit einem Indikator geprüft.

Natriumhydroxidlösung
(Natronlauge)
verdünnt
$w \approx 1\%$
NaOH

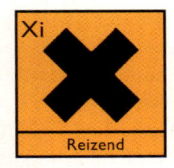

Xi
Reizend

Kennzeichnung einer Flasche mit verdünnter Natronlauge

Alkalische (basische) Lösungen. Der Farbstoff Lackmus färbt sich in Metallhydroxidlösungen blau (Experiment 12). Solche Stoffe, die sich in Lösungen charakteristisch färben, heißen **Indikatoren** (lateinisch: indicare = anzeigen). Die Farbänderungen können bei einzelnen Indikatoren unterschiedlich sein (Tabelle).

Flüssigkeit	Destilliertes Wasser	Wässrige Lösungen von		
		NaCl	NaOH	Ca(OH)$_2$
Farbe der Flüssigkeit mit Lackmus	violett	violett	blau	blau
Farbe der Flüssigkeit mit Universalindikator	grün	grün	blau	blau

Wie Experiment 12 zeigt, wird die Blaufärbung des Indikators durch die in den Flüssigkeiten vorhandenen Hydroxid-Ionen bewirkt. Man kann also sagen: Der Indikator Lackmus zeigt durch seine Blaufärbung das Vorhandensein von Hydroxid-Ionen an.
Alle Lösungen, die Hydroxid-Ionen enthalten und bei Indikatoren eine charakteristische Farbänderung hervorrufen, bezeichnet man als **alkalische (basische) Lösungen**. Neben Metallhydroxidlösungen gibt es auch noch andere wässrige Lösungen, die alkalisch (basisch) reagieren.
Oft ist es erforderlich, mithilfe von Indikatoren alkalische (basische) Lösungen nachzuweisen. Solche Nachweise sind bei der Kontrolle von Industrieabwässern und bei Bodenuntersuchungen erforderlich (↗ S. 101).

> **Alkalische (basische) Lösungen sind wässrige Lösungen, die Hydroxid-Ionen enthalten und bei Indikatoren eine Farbänderung bewirken.**
> **Die Indikatoren zeigen durch ihre Farbänderung das Vorhandensein von Hydroxid-Ionen an. Sie dienen zum Nachweis alkalischer (basischer) Lösungen.**

Reaktion einiger Metalle mit Wasser. Das unedle Metall Natrium reagiert sehr heftig mit Wasser (Experiment 13). Es entsteht Natriumhydroxidlösung (Natronlauge), die mit einem Indikator nachgewiesen werden kann. Außerdem bildet sich ein brennbares Gas, der Wasserstoff (↗ S. 222).

$$2\,Na + 2\,H_2O \longrightarrow 2\,Na^+ + 2\,OH^- + H_2$$

Auch Magnesium und Calcium reagieren mit Wasser. Dabei bildet sich Magnesium- bzw. Calciumhydroxidlösung. Außerdem entsteht Wasserstoff, der als brennbares Gas nachweisbar ist (Experimente 14 und 15).

> **Unedle Metalle, wie Natrium, Magnesium und Calcium, bilden mit Wasser Metallhydroxidlösungen und Wasserstoff.**

EINIGE METALLHYDROXIDE

Experiment 14
Ein Stück blank geschliffenes Magnesiumband wird in ein Reagenzglas mit etwas Wasser gegeben und erwärmt. Nach kurzer Zeit wird die Lösung mit einem Indikator geprüft.

Experiment 15
Ein kleines Stück Calcium wird in Wasser gegeben, das entstehende Gas aufgefangen und auf Brennbarkeit geprüft. Die entstandene Lösung wird filtriert und mit einem Indikator geprüft.

AUFGABEN

1. Nickel-Cadmium-Akkumulatoren (↗ S. 249) sind mit 20%iger Kalilauge gefüllt. Warum muss man mit solchen Akkumulatoren, wenn das Gehäuse geplatzt ist, vorsichtig umgehen? Welche Masse Kaliumhydroxid ist in einem Liter dieser Kalilauge enthalten?
2. Überlege, ob eine Natriumhydroxidschmelze den elektrischen Strom leitet! Begründe!
3. Welche Aussagen können den Formeln LiOH, Mg(OH)$_2$, Ba(OH)$_2$ und Al(OH)$_3$ entnommen werden? Gib die Namen der Stoffe an!
4. Entwickle die Reaktionsgleichung für das Lösen von Calciumhydroxid und Bariumhydroxid in Wasser!
5. Warum verändern Indikatoren in destilliertem Wasser ihre Farbe nicht?
6. Wie lässt sich nachweisen, dass beim Experiment 15 Wasserstoff entsteht? Schlage eine Experimentieranordnung vor!

SALZARTIGE STOFFE

Einige Metalloxide

Bau und Eigenschaften von einigen Metalloxiden. Fast alle Metalle reagieren mit Sauerstoff zu Metalloxiden (↗ S. 27). Von den Metalloxiden sind Magnesiumoxid (↗ S. 52) und Calciumoxid (↗ S. 139) mit Metallchloriden wie Natriumchlorid vergleichbar. Diese Metalloxide sind auch aus Ionen aufgebaut.
So besteht Magnesiumoxid aus zweifach positiv elektrisch geladenen Magnesium-Ionen Mg^{2+} und zweifach negativ elektrisch geladenen **Oxid-Ionen O^{2-}**, die regelmäßig räumlich angeordnet sind (Abb. 1). Auch Calciumoxid ist aus entgegengesetzt elektrisch geladenen Ionen aufgebaut (Tabelle).
Magnesiumoxid und Calciumoxid gehören aufgrund ihres Baus zu den salzartigen Stoffen (Ionensubstanzen). Sie haben auch typi-

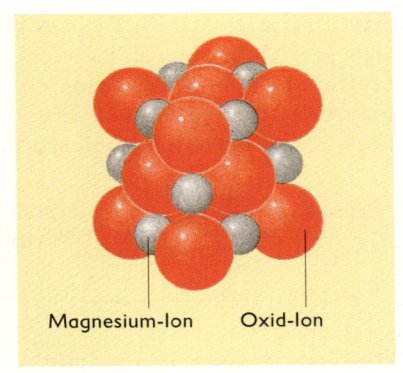

1 Modell der Anordnung der Ionen im Magnesiumoxid
Magnesium-Ion — Oxid-Ion

Metalloxide		Ionen der Metalloxide	
Name	Formel	Name	Chemisches Zeichen
Calciumoxid	CaO	Calcium-Ion Oxid-Ion	Ca^{2+} O^{2-}
Magnesiumoxid	MgO	Magnesium-Ion Oxid-Ion	Mg^{2+} O^{2-}

Eigenschaften von	Magnesiumoxid	Calciumoxid
Farbe:	weiß	weiß
Schmelztemperatur:	2640 °C	2572 °C
Siedetemperatur:	2800 °C	2850 °C
Löslichkeit in Wasser:	gering	gering

sche Eigenschaften salzartiger Stoffe. Die meisten Metalloxide (↗ S. 52) sind nicht aus Ionen aufgebaut und gehören deshalb auch nicht zu den salzartigen Stoffen.

> **Magnesiumoxid und Calciumoxid sind aus positiv elektrisch geladenen Metall-Ionen und negativ elektrisch geladenen Oxid-Ionen aufgebaut. Sie gehören zu den salzartigen Stoffen (Ionensubstanzen).**

Reaktionen einiger Metalloxide mit Wasser. Einige Metalloxide lösen sich wie andere salzartige Stoffe in Wasser (Experiment 16). Calcium- und Magnesiumoxid bilden mit Wasser milchig-trübe Aufschlämmungen. Sie lösen sich nur langsam und nicht vollständig in Wasser. Die Bildung alkalischer Lösungen kann mit Universalindikator nachgewiesen werden. In diesen Lösungen befinden sich Metall-Ionen und Hydroxid-Ionen.

$$MgO + H_2O \longrightarrow Mg^{2+} + 2\ OH^-$$
Magnesiumhydroxidlösung

Zinkoxid reagiert nicht mit Wasser. Magnesiumoxid dient als Mittel gegen Übersäuerung des Magens und zur Herstellung von feuerfesten Laborgeräten (Abb. 2). Calciumoxid (Branntkalk) ist ein wichtiger Rohstoff zur Herstellung von Kalkmörtel (↗ S. 139).

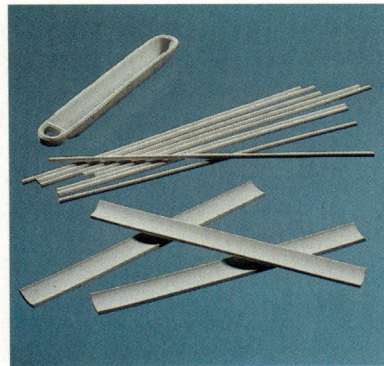

2 Laborgeräte aus Magnesiumoxid

> **Magnesiumoxid und Calciumoxid bilden mit Wasser Metallhydroxidlösungen (Laugen).**

Experiment 16
Vorsicht! Schutzbrille tragen!
Zu je einer Probe von Calciumoxid, Magnesiumoxid und Zinkoxid wird Wasser gegeben. Nach leichtem Erwärmen der Stoffgemische wird filtriert. Die Filtrate werden mit Universalindikator geprüft.

EINIGE METALLOXIDE
IM ÜBERBLICK

AUFGABEN

1. Gib die Namen der Stoffe und die Zusammensetzung aus den Elementen für folgende Formeln an: $MgCl_2$, $Mg(OH)_2$, MgO, ZnO, Fe_2O_3, $CuCl_2$, H_2O, CO_2, SO_2, $Ca(OH)_2$!
2. Gib die Formel für Natriumchlorid, Kaliumhydroxid und Magnesiumoxid an! Beschreibe den Bau dieser Stoffe unter Angabe der Teilchen!
3. Erläutere die elektrische Leitfähigkeit von Natriumhydroxidlösung, destilliertem Wasser und Kaliumchloridlösung!
4. Warum müssen in Freibädern alle Personen beim Herannahen eines Gewitters das Wasser verlassen?
5. Zwei unbekannte wässrige Lösungen färben den Universalindikator blau. Was kann man daraus schließen?
6. Welche Experimente eignen sich zum Unterscheiden von a) Zuckerlösung, b) Kochsalzlösung und c) Kalkwasser?
7. Nenne typische Eigenschaften für salzartige Stoffe!
8. Erläutere den Zusammenhang zwischen Eigenschaften und Verwendung eines Metallhydroxids und eines Metalloxids!
9. Welcher Unterschied besteht zwischen einem Sauerstoffatom, einem Sauerstoffmolekül und einem Oxid-Ion?

Im Überblick

Salzartige Stoffe	Stoffe, die aus positiv elektrisch geladenen Metall-Ionen und negativ elektrisch geladenen Ionen aufgebaut sind. Sie werden auch als **Ionensubstanzen** bezeichnet. Zu den salzartigen Stoffen gehören einige Metallchloride, Metallhydroxide und Metalloxide.
Einige Metallchloride	Stoffe, die aus positiv elektrisch geladenen Metall-Ionen und negativ elektrisch geladenen Chlorid-Ionen aufgebaut sind.
Einige Metallhydroxide	Stoffe, die aus positiv elektrisch geladenen Metall-Ionen und negativ elektrisch geladenen Hydroxid-Ionen aufgebaut sind.

Bildung von Metallhydroxidlösungen				
Metallhydroxid $Ca(OH)_2$	+ Wasser	⟶	Metallhydroxidlösung $Ca^{2+} + 2\,OH^-$	
Unedles Metall Ca	+ Wasser + $2\,H_2O$	⟶	Metallhydroxidlösung $Ca^{2+} + 2\,OH^-$	+ Wasserstoff + H_2
Metalloxid CaO	+ Wasser + H_2O	⟶	Metallhydroxidlösung $Ca^{2+} + 2\,OH^-$	

Einige Metalloxide	Stoffe, die aus positiv elektrisch geladenen Metall-Ionen und negativ elektrisch geladenen Oxid-Ionen aufgebaut sind.
Nachweis von Ionen	

Nachzuweisendes Ion	Nachweismittel	Erscheinung
Chlorid-Ion Cl^-	Silbernitratlösung	weißer Niederschlag von Silberchlorid
Hydroxid-Ion OH^-	Lackmus, Universalindikator	Indikator färbt sich blau.

CHEMISCHE BINDUNG

10

Chemische Bindung

Kochsalz, Zucker, Wasserstoff, Kupfer und Eiweiß – welch verschiedenartige Stoffe – sind alle aus Teilchen weniger Elemente aufgebaut!
Wie halten die Teilchen als „Bausteine" in diesen Stoffen zusammen?

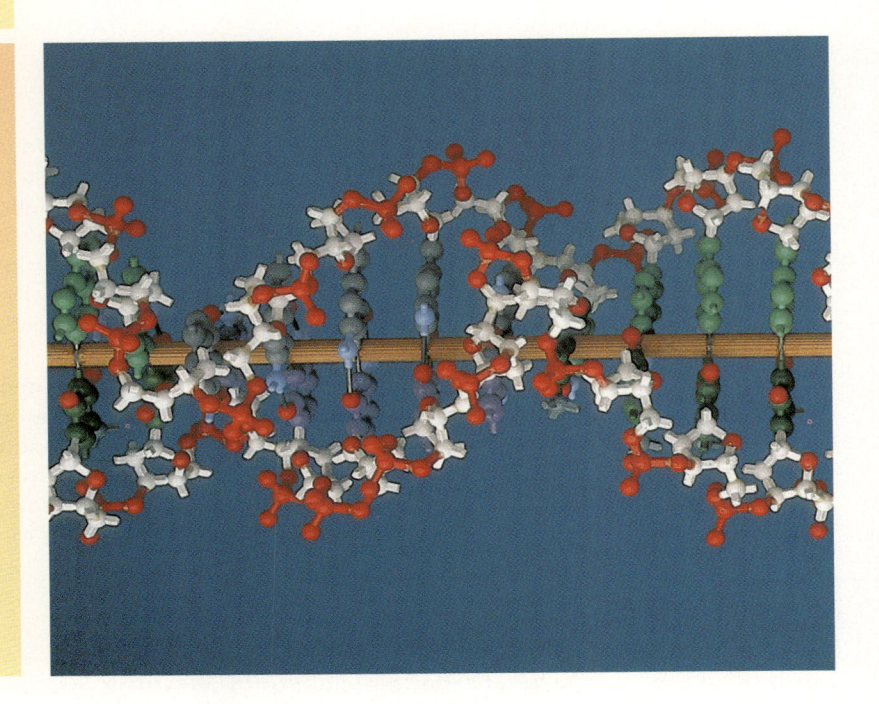

Ionenbindung

Zusammenhalt von Atomen oder Ionen in Stoffen. Die ungeheure Vielzahl von mehr als 6 Millionen verschiedenartigen Stoffen haben Chemiker untersucht, beschrieben und entwickelt. Die gesamte uns umgebende „Stoffwelt" besteht aus weniger als 100 Elementen, aus deren Atomen oder Ionen alle Stoffe aufgebaut sind.
Die **chemische Bindung** kennzeichnet den Zusammenhalt dieser Atome oder Ionen in den Stoffen. Erst wenn man weiß, welche Teilchen in einem Stoff vorliegen, wie sie gebunden und angeordnet sind, kennt man den Bau des Stoffes und kann viele seiner Eigenschaften erklären.
Verdienste bei der Aufklärung des Baus von Stoffen, der chemischen Bindung zwischen ihren Teilchen, haben so berühmte Wissenschaftler wie der amerikanische Chemiker *Linus Pauling* (Abb. 1). Weil der Bau von vielen Vitaminen, Hormonen und anderen kompliziert aufgebauten Naturstoffen inzwischen bekannt ist, sind sie synthetisch herstellbar.

Linus Pauling wurde 1901 in Portland (USA) geboren. Von 1917 bis 1925 studierte er Chemie. Jahrzehntelang arbeitete er als Professor für Chemie im California Institute of Technology in Pasadena. Herausragende Leistungen gelangen ihm bei der Erforschung der chemischen Bindung und der Struktur der Eiweiße. 1954 erhielt er den Nobelpreis für Chemie und 1962 den Friedensnobelpreis.

Ionenbindung bei salzartigen Stoffen. Die glasklaren, das Licht brechenden, würfelförmigen Kristalle des Natriumchlorids (Abb. 2) bestehen aus einer riesengroßen Anzahl von positiv elektrisch geladenen Natrium-Ionen und negativ elektrisch geladenen Chlorid-Ionen, die sich gegenseitig anziehen (Abb. 3 und 4). Mit jeweils einer Achterschale als Außenschale weisen beide Ionenarten eine stabile Elektronenanordnung auf (Abb. 5). Der Zusammenhalt der im Kristall regelmäßig angeordneten Ionen wird durch die elektrostatischen Anziehungskräfte zwischen den Ionen mit entgegengesetzter elektrischer Ladung bewirkt. Dieser

84

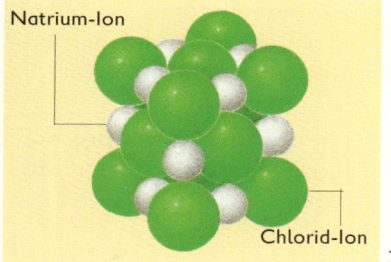

IONENBINDUNG METALLBINDUNG

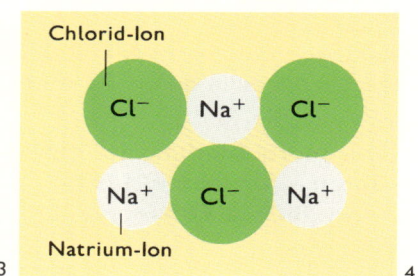

Zusammenhalt wird **Ionenbindung** genannt. Er bestimmt den Bau von salzartigen Stoffen, so auch von Kaliumchlorid, Natriumhydroxid und Magnesiumoxid.

Die Ionenbindung ist eine Art der chemischen Bindung, die durch Anziehungskräfte zwischen elektrisch entgegengesetzt geladenen Ionen bewirkt wird.

Eigenschaften salzartiger Stoffe. Feste, aus Ionen aufgebaute Stoffe haben im allgemeinen hohe Schmelztemperaturen. Sie lösen sich meist in Wasser. Durch chemische Reaktion mit Wasser wird beim Lösen der Stoffe die Ionenbindung aufgespalten. Die Ionen werden frei beweglich. Sie sind der Grund, dass wässrige Lösungen salzartiger Stoffe elektrischen Strom leiten.

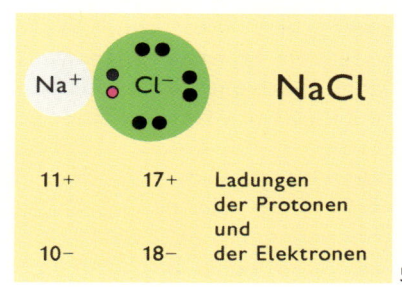

Metallbindung

Metallbindung – Bau von Metallen. Metalle sind meist fest und kristallin, auch wenn solche Metallkristalle nicht immer mit bloßem Auge sichtbar sind.
Die in der Werkstoffprüfung angewendete Mikrofotografie zeigt Kristalle, aus denen sich das Metall zusammensetzt (Abb. 6).
Die Annahme, Metalle seien aus Atomen aufgebaut, muss genauer betrachtet werden (Abb. 7). Metallatome haben nur wenige Außenelektronen, die verhältnismäßig schwach vom Rest des Atoms, dem **Atomrumpf**, festgehalten werden. Sie sind relativ leicht verschiebbar und zwischen den Atomrümpfen nahezu frei beweglich (Abb. 8). Alle diese beweglichen Außenelektronen nennt man **Elektronengas**, denn vergleichbar einer sich ausbreitenden Gaswolke umhüllen die Elektronen die Atomrümpfe. Die Außenelektronen sind nicht mehr an bestimmte Atome gebunden.

AUFGABEN

1. Beschreibe den Bau von Kaliumchlorid!
2. Bestimme die Art, die Ladung und das Zahlenverhältnis der Ionen in den Stoffen Calciumchlorid, Calciumhydroxid und Calciumoxid!
3. Warum gibt es bei salzartigen Stoffen keine Elemente?

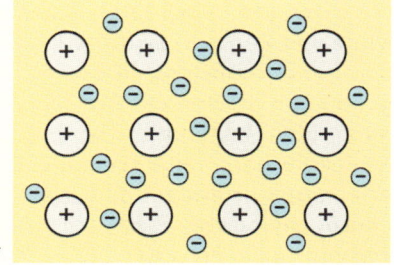

CHEMISCHE BINDUNG

Durch das Elektronengas werden die Metallatome zu positiv elektrisch geladenen Metall-Ionen. Diese sind mit den beweglichen Elektronen durch die **Metallbindung** verbunden.

Die Metallbindung ist eine Art chemischer Bindung, die durch Anziehungskräfte zwischen Metall-Ionen und beweglichen Elektronen bewirkt wird.

Eigenschaften von Metallen. Eine glänzende Oberfläche, Verformbarkeit sowie gute Wärme- und elektrische Leitfähigkeit gelten als typische Eigenschaften der Metalle. Mit den beweglichen Elektronen als Ladungsträgern ist die gute elektrische Leitfähigkeit von Metallen zu erklären. Auch die Verformbarkeit der Metalle durch Biegen, Walzen und Hämmern wird mit diesen Vorstellungen über den Bau der Metalle verständlich. Bei der Verformung gleiten die Metall-Ionen aneinander vorbei. Es kommt jedoch nicht zur Abstoßung der gleichgeladenen, positiven Ionen, denn durch das negativ geladene Elektronengas wird deren Ladung ausgeglichen. Der Zusammenhalt im Metall bleibt erhalten. So lässt sich Gold (Abb. 1) zu hauchdünnen Folien (Blattgold) auswalzen und zu feinen Drähten (Filigrandraht) verarbeiten.

Atombindung

Atombindung – Bau gasförmiger und fester Nichtmetalle. Anders als die Metalle sind die gasförmigen Nichtmetalle, wie Wasserstoff (Abb. 2), Sauerstoff, Stickstoff und auch das gelbgrüne, giftige Chlor (Abb. 4) aus Molekülen aufgebaut, in denen jeweils zwei Atome miteinander verbunden sind (Abb. 5). Der Zusammenhalt in den Molekülen wird durch die zwischen den Atomen bestehende **Atombindung** bewirkt (Abb. 2 und Abb. 6).

H:H oder H–H H_2

Auch bei festen Nichtmetallen, zum Beispiel in den schwarz glänzenden Kristallen des Iods, den gelben des Schwefels und im Kohlenstoff, der in der Natur als Diamant vorkommt, sind Atome durch Atombindung aneinander gebunden. Iod besteht ebenfalls aus zweiatomigen Molekülen, beim Schwefel sind es achtatomige Moleküle (Abb. 3) und die Kohlenstoffatome des Diamanten bilden gar ein einziges „Riesenmolekül" (↗ S. 132). Obgleich in den genannten Stoffen die Art der „Bausteine" und die chemische Bindung übereinstimmen, bedingt die unterschiedliche Größe der Moleküle ganz unterschiedliche Eigenschaften der Stoffe.
Wie halten neutrale Atome zusammen?
Diese chemische Bindung zwischen zwei Atomen im Molekül kommt durch ein oder mehrere **gemeinsame Elektronenpaare**

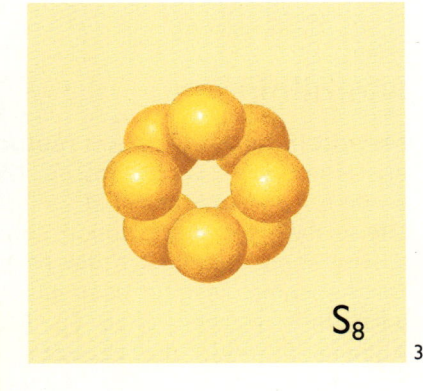

S_8

AUFGABEN

1. Suche im Periodensystem bekannte Metalle! Gib jeweils die Anzahl der Außenelektronen ihrer Atome an!
2. Beschreibe die Bindung im Kohlenstoffdioxidmolekül!
3. Wodurch unterscheiden sich Wasserstoffatom, Heliumatom und Wasserstoffmolekül?

METALLBINDUNG
ATOMBINDUNG
IM ÜBERBLICK

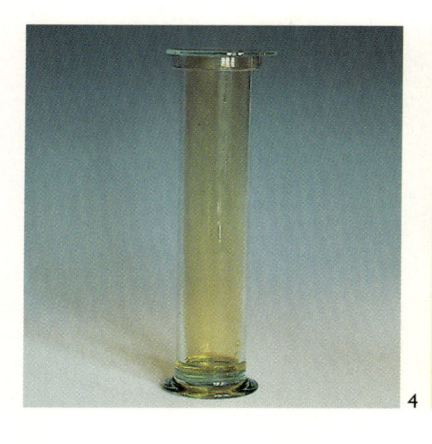

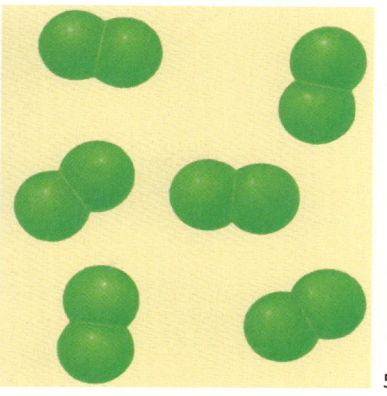

zustande. Die Atomhüllen neutraler Atome durchdringen einander. Von den Atomen gemeinsam beanspruchte Elektronen führen zu einer stabilen Elektronenanordnung (Achterschale, Abb. 6; Ausnahme Wasserstoff: Zweierschale, Abb. 2) für jedes Atom.

Die Atombindung ist eine Art der chemischen Bindung, die durch gemeinsame Elektronenpaare zwischen Atomen bewirkt wird.

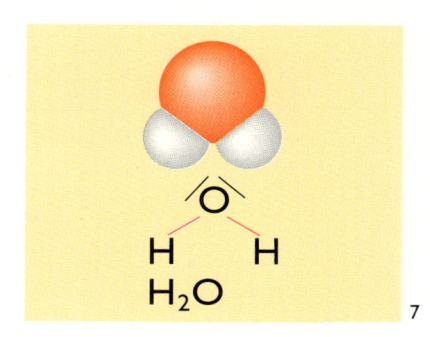

Atombindungen bei anderen Molekülsubstanzen. Wasser (Abb. 7), Kohlenstoffdioxid, Schwefeldioxid, Zucker und Alkohol gehören zu Stoffen, die aus kleinen oder größeren Molekülen aufgebaut sind. In ihnen halten ebenfalls Atome durch Atombindung zusammen. Auch zwischen verschiedenartigen Atomen können gemeinsame Elektronenpaare ausgebildet werden.
Zwischen den Molekülen wirken oft zusätzliche Anziehungskräfte, die bei flüssigen und festen Stoffen ausgeprägt sein können.

Im Überblick

Welche chemische Bindung?	Ionenbindung	Metallbindung	Atombindung
Wodurch wird die chemische Bindung bewirkt?	Anziehung zwischen entgegengesetzt elektrisch geladenen Ionen	Anziehung zwischen positiv elektrisch geladenen Metall-Ionen und beweglichen Elektronen	Gemeinsame Elektronenpaare
Welche Teilchen sind gebunden?	Ionen	Ionen, Elektronen	Atome

SAURE LÖSUNGEN

Saure Lösungen

Zitronensaft ist sehr sauer. Auch in anderen Früchten sind sauer schmeckende Stoffe. Saure Lösungen sind für Lebensprozesse, im Haushalt und in der Industrie bedeutsam. Wie erkennt man saure Lösungen? Welche Stoffe enthalten diese Lösungen? Wie entstehen sie?

Saure Lösungen im Alltag

Beispiele für saure Lösungen. Sauer schmeckende Früchte und Flüssigkeiten (Abb. 1) kennen die Menschen schon seit Jahrtausenden. So wird Essig zum Würzen und Konservieren von Nahrungsmitteln verwendet. Er wurde früher und wird zum Teil auch heute noch durch Gären von Wein oder Obstsäften hergestellt (↗ S. 182). In den Säften mancher Früchte befinden sich sogenannte Fruchtsäuren. Am bekanntesten ist Citronensäure, die im reinen Zustand ein fester Stoff ist und im Zitronensaft gelöst vorliegt. Auch das Vitamin C bildet mit Wasser eine saure Lösung, die allerdings beim Einwirken von Sauerstoff der Luft nicht lange beständig ist. Ameisen sondern aus Drüsen zu ihrer Verteidigung eine saure Lösung ab, die Ameisensäure genannt wird. Molkereiprodukte, wie Jogurt, Quark, Käse, enthalten Milchsäure, die durch biochemische Vorgänge entsteht. Haushaltchemikalien, wie sie zum Entkalken von Kaffeemaschinen oder Waschmaschinen verwendet werden, sind häufig auch saure Lösungen.

Der Magensaft des Menschen ist ebenfalls eine saure Lösung. Er enthält Salzsäure. Salzsäure tötet mit der Nahrung aufgenommene Bakterien ab und ist Voraussetzung für die Wirksamkeit des Pepsins bei der Eiweißverdauung. Überschüssige Salzsäure ruft Sodbrennen hervor.

Sauer schmeckende Nahrungsmittel

Experiment 1
Prüfe Essig, Obstsäfte, saure Milch und Speichel beim Lutschen von Fruchtbonbons mit blauem Lackmuspapier!

Nachweis von sauren Lösungen. Für den Nachweis eignen sich **Indikatoren** wie Lackmus (Experiment 1). Bei diesen Stoffen bewirken saure Lösungen eine charakteristische Farbänderung (Abb. 2). Ursprünglich gewann man solche Stoffe aus Pflanzen. Lackmus ist ein Farbstoff aus einer Gebirgsflechte. Auch Farbstoffe aus Rotkohl, Roten Beten oder Blüten besitzen die Eigenschaft, bei Zugabe saurer Lösungen die Farbe zu ändern (Experiment 2). Diese Eigenschaft nutzt man beim Zubereiten von Rotkohl aus. Durch etwas Essig und mitgekochte saure Äpfel färbt sich die Gemüsebeilage besonders rot.

Unbekannte Lösungen können stark saure Lösungen sein (Experiment 3). Sie dürfen nur mit einem Indikator geprüft werden. Geschmacksproben können zu gesundheitlichen Schäden führen.

Die Farbänderung der Indikatoren bewirken Wasserstoff-Ionen, die in sauren Lösungen vorliegen. Das **Wasserstoff-Ion** ist – wie das Natrium-Ion – ein einfach elektrisch positiv geladenes Teilchen, das sich vom Wasserstoffatom herleiten lässt. Sein chemisches Zeichen lautet **H^+**. Wasserstoff-Ionen lösen an den Geschmacksrezeptoren der Zunge einen Reiz aus, der als saurer Geschmack empfunden wird.

SAURE LÖSUNGEN IM ALLTAG

Farbe von Lackmuslösung in destilliertem Wasser (links), in Essigsäure (rechts)

Saure Lösungen sind wässrige Lösungen, die Wasserstoff-Ionen enthalten. Sie färben Indikatoren charakteristisch und sind dadurch nachweisbar.

Umgang mit sauren Lösungen im Haushalt. Im Haushalt verwendete saure Lösungen sind nach Art und Menge des gelösten Stoffes als harmlos oder Vorsicht gebietend einzuordnen. So hat normaler Speiseessig mit etwa 5 % Essigsäure keine gesundheitsschädigende Wirkung. Dagegen wirkt Essigessenz mit 25 bis 80 % Essigsäure ätzend. Das trifft auch für manche Haushaltchemikalien zu (Abb. 3). Deshalb sind angegebene Vorsichtsmaßnahmen unbedingt einzuhalten (Abb. 4).

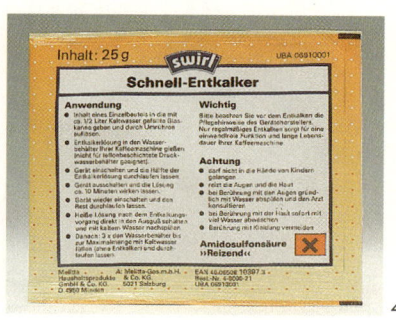

Im Haushalt werden saure Lösungen von Haushaltchemikalien entsorgt, indem man sie mit viel Wasser verdünnt und erst dann in den Abfluss gibt.

Experiment 2
Durch Kochen klein geschnittener Rotkohlblätter wird eine Farbstofflösung gewonnen, die anschließend jeweils mit einigen Tropfen Essig, verdünnter Salzsäure und verdünnter Natriumhydroxidlösung versetzt wird.

Experiment 3
Vorsicht! Versetze verdünnte Salzsäure mit einigen Tropfen Lackmuslösung!

Regeln für den Umgang mit stark sauren Lösungen im Haushalt

Gummihandschuhe benutzen!
Augen vor Spritzern schützen!
Verschüttete Chemikalien mit viel Wasser aufnehmen!

AUFGABEN

1. Prüfe Haushaltchemikalien, wie Glasreinigungsmittel, Entkalkungsmittel, mit Lackmuspapier! Beschreibe die Beobachtung!
2. Lies die Beschriftung auf einer handelsüblichen Essigflasche für den Haushalt! Welche Angaben lassen sich entnehmen?
3. Wie kann bei einer unbekannten Flüssigkeit festgestellt werden, ob es sich um eine saure oder alkalische Lösung handelt?
4. Warum darf man nicht durch Geschmacksprobe prüfen, ob eine unbekannte Flüssigkeit eine saure Lösung ist?

SAURE LÖSUNGEN

Lösen von Chlorwasserstoff in Wasser

Chlorwasserstoff. Chlorwasserstoff ist aus Molekülen aufgebaut (Abb. 1). In jedem Molekül ist ein Wasserstoffatom mit einem Chloratom durch ein gemeinsames Elektronenpaar verbunden. Er entsteht durch Reaktion von Wasserstoff mit Chlor (↗ S. 108). Beim unkontrollierten Verbrennen von PVC-haltigen Kunststoffabfällen bildet sich ebenfalls Chlorwasserstoff als gefährlicher Luftschadstoff.

Experiment 4
Die Löslichkeit von Chlorwasserstoff in Wasser wird untersucht.

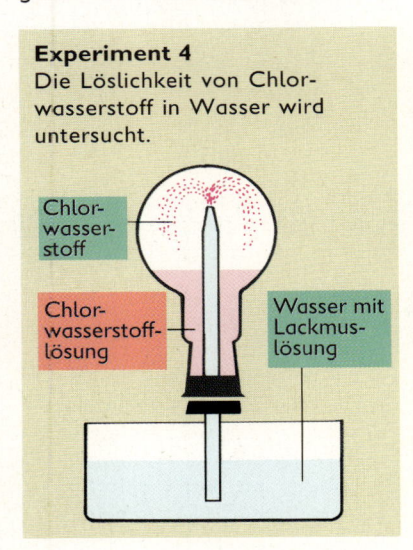

Experiment 5
Chlorwasserstoff wird auf feuchte Watte an einem Thermometer aufgeleitet.

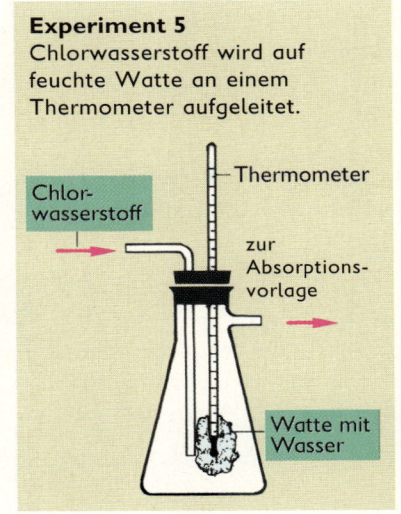

Eigenschaften von Chlorwasserstoff

Gas; Siedetemperatur: −85 °C
stechender Geruch
Löslichkeit: 450 l Gas
in 1 l Wasser bei 20 °C

HCl

1

Experiment 6
Vorsicht! Setze wässriger Chlorwasserstofflösung einige Tropfen Silbernitratlösung zu!

Experiment 7
Die elektrische Leitfähigkeit verdünnter Salzsäure wird geprüft.

Reaktion von Chlorwasserstoff mit Wasser. Wässrige Chlorwasserstofflösung färbt Lackmuslösung rot. In der Lösung liegen demnach Wasserstoff-Ionen vor (Experiment 4). Mit Silbernitratlösung können in der Chlorwasserstofflösung Chlorid-Ionen nachgewiesen werden (Experiment 6). Gleichzeitig verläuft der Lösevorgang unter starker Wärmeabgabe (Experiment 5). Aus diesen Beobachtungen kann man schlussfolgern:

> Beim Lösen von Chlorwasserstoff in Wasser findet eine chemische Reaktion statt. Chlorwasserstoffmoleküle reagieren mit Wassermolekülen zu Wasserstoff-Ionen und Chlorid-Ionen.

Vereinfacht kann man für diese chemische Reaktion formulieren:
$HCl \longrightarrow H^+ + Cl^-$.

Die Wasserstoff-Ionen existieren nicht frei in der Lösung. Sie verbinden sich mit Wassermolekülen. Die Chlorid-Ionen werden auch von Wassermolekülen umhüllt.
Die wässrige Chlorwasserstofflösung ist eine **saure Lösung**, die bei Indikatoren die charakteristische Farbänderung bewirkt. Man bezeichnet sie als **Salzsäure**. Aufgrund der Ionen, die beim Lösen von Chlorwasserstoff aus Molekülen entstehen, leitet sie den elektrischen Strom (Experiment 7).

AUFGABEN

1. Wie lautet die Elektronenformel für Chlorwasserstoff? Erläutere die chemische Bindung im Chlorwasserstoffmolekül!
2. Warum ist das Lösen von Chlorwasserstoff in Wasser eine chemische Reaktion?
3. Begründe die Rotfärbung von Lackmus durch Salzsäure!
4. Warum leitet Salzsäure den elektrischen Strom?
5. Erläutere die Unterschiede
   a) Wasserstoff-Ion und Wasserstoffatom,
   b) Chlorid-Ion und Chloratom!
6. Warum leitet man mit Chlorwasserstoff beladene Abgase in Wasser ein?

LÖSEN
VON CHLORWASSERSTOFF
SAURER REGEN

Aus der Welt der Chemie

Luftverunreinigungen, wie Chlorwasserstoff, Schwefeldioxid und Stickstoffoxide, lösen sich in geringem Maße im Regenwasser. Es entstehen saure Lösungen. Daher kommt die Bezeichnung **saurer Regen**. Aus Chlorwasserstoff, Schwefeldioxid und Stickstoffoxiden bilden sich durch Luftfeuchtigkeit und den Einfluss von Sauerstoff im Niederschlagswasser Salzsäure, schweflige Säure, Schwefelsäure und Salpetersäure. Das führt zur Bodenversauerung, wodurch den Pflanzen Nährstoffe entzogen und wurzelschädigende Stoffe als eine Ursache für das Waldsterben frei werden (Abb. 4). Saurer Regen zerstört auch Bau- und Kunstwerke aus Sandstein und Marmor (Abb. 5). Eine natürliche Quelle für Schwefeldioxid sind Vulkane, die davon jährlich etwa 10 bis 20 Mill. Tonnen ausstoßen. Stickstoffoxide entstehen bei Gewitter durch hohe Temperaturen im Blitzkanal (Abb. 2). Weitaus wichtiger sind die Luftverunreinigungen, die der Mensch verursacht. So entstehen Schwefeldioxid und Stickstoffoxide beim Verbrennen von Kohlen und Erdölprodukten (Abb. 3). Abgasreinigungsanlagen, Umstellung des Hausbrands von Kohle auf Erdgas, richtige Vergasereinstellung, Fahren mit Richtgeschwindigkeit sind wichtige Maßnahmen zum Eindämmen der Schadwirkung durch sauren Regen.

SAURE LÖSUNGEN

Säuren

Wässrige Säurelösungen. Außer Chlorwasserstoff bilden noch andere Stoffe mit Wasser saure Lösungen. Zu ihnen gehören **Schwefelsäure, Salpetersäure und Phosphorsäure**, aber auch die in Pflanzen vorkommende Kleesäure (Oxalsäure; Abb. 1) und Citronensäure. In ihren wässrigen Lösungen liegen **Wasserstoff-Ionen** vor. Sie färben Lackmus rot (Experiment 8 und 9). Neben diesen Ionen sind in den Lösungen noch **Säurerest-Ionen** vorhanden.

1 Uhrglasschale mit Kleesäure

Säure		Ionen in der wässrigen Säurelösung			
Name	Formel	Wasserstoff-Ion		Säurerest-Ion	
Chlorwasserstoff	HCl	H^+		Cl^-	Chlorid-Ion
Schwefelsäure	H_2SO_4	H^+		SO_4^{2-}	Sulfat-Ion
Salpetersäure	HNO_3	H^+		NO_3^-	Nitrat-Ion
Phosphorsäure	H_3PO_4	H^+		PO_4^{3-}	Phosphat-Ion

Experiment 8
Vorsicht! Prüfe wässrige Lösungen von Salpetersäure, Schwefelsäure und Phosphorsäure mit blauem Lackmuspapier!

Experiment 9
Lege einige Citronensäurekristalle a) auf trockenes, b) auf angefeuchtetes blaues Lackmuspapier!

Im Alltag werden die wässrigen Säurelösungen auch einfach als **Säuren** bezeichnet. So sagt man für „Schwefelsäurelösung" kurz „Schwefelsäure".

Die wässrigen Lösungen von Säuren enthalten Wasserstoff-Ionen und Säurerest-Ionen.

Salzsäure. Früher nannte man sie „Salzgeistlösung" (spiritus sali). Aus Steinsalz wurde mit Vitriolöl (Schwefelsäure) der „Salzgeist" HCl ausgetrieben und in Wasser gelöst. Heute wird Salzsäure aus Chlor, Wasserstoff und Wasser hergestellt (↗ S. 108). Salzsäure wird zum Ätzen von Metallen, Entfernen von Kessel- und Wasserstein, als Bestandteil von Lötwasser (Abb. 2), zum Entfernen von Metalloxidschichten und zur Beseitigung von Mörtelresten an Mauerwerk verwendet (Abb. 3).

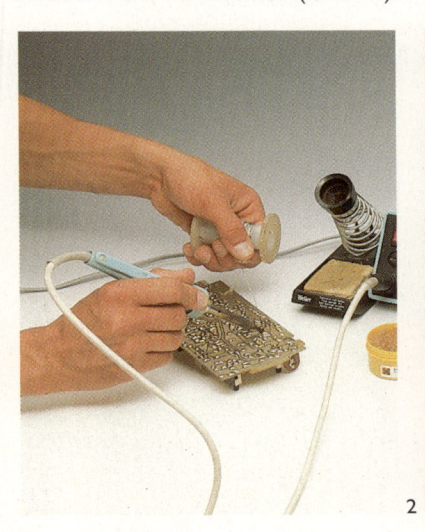

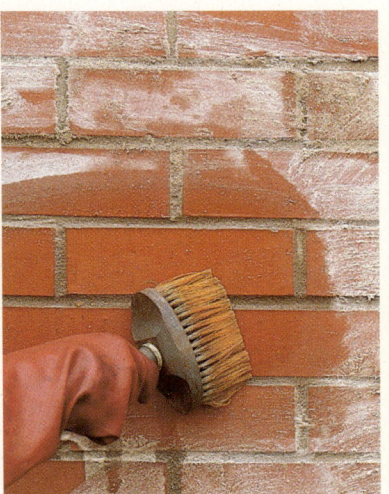

Geschichte des Säurebegriffs

Boyle (1663):
Säuren sind Stoffe, die u. a. Pflanzenfarbstoffe verfärben.

Lavoisier (1781):
Säuren sind Stoffe, die einen „sauer machenden Stoff", den Sauerstoff, enthalten.

Liebig (1838):
Säuren sind Wasserstoffverbindungen, in denen Wasserstoff durch Metall ersetzbar ist.

Arrhenius (1883):
Säuren sind Verbindungen, die in Wasser unter Bildung von Wasserstoff-Ionen zerfallen.

Brönsted (1923):
Säuren sind Teilchen, die bei einer Reaktion Wasserstoff-Ionen (Protonen) an andere Teilchen abgeben.

SÄUREN

Schwefelsäure. Sie kommt in der Natur im Magensaft bestimmter Schneckenarten und im sauren Regen vor. Ihre Wichtigkeit für die Wirtschaft ist daran zu erkennen, dass sie in annähernd 25 Verbraucherbereichen benötigt wird.
Schwefelsäure wird verwendet zur Herstellung von Phosphatdüngemitteln (Superphosphat), Kunstseide, Arzneimitteln, Farbstoffen, Waschmitteln, als Beizmittel für Metalle, Akkusäure, Trockenmittel und als Raffinationsmittel für Erdöl und gebrauchte Mineralöle (Altöl).

Salpetersäure. Der Name Salpeter geht auf salzartige Ausblühungen an Steinen oder Felsen zurück (lateinisch: sal petrae = Felsensalz). Daraus stellte man früher Salpetersäure her. Sie kann Stoffe, wie Holzwolle oder Stroh, entzünden. Salpetersäure wird in braunen Flaschen aufbewahrt, weil Licht sie zersetzt. Salpetersäure wird verwendet zur Herstellung von Stickstoffdüngemitteln, Farbstoffen, Explosivstoffen (Dynamit, Schießbaumwolle, Trinitrotuluol – TNT; Abb. 5), als Ätzmittel für Metalle (Entrosten, Reliefätzen) und als Oxidationsmittel für Raketentreibstoffe.

Bei der industriellen Verarbeitung von Schwefelsäure fällt häufig verdünnte und verunreinigte Schwefelsäure, so genannte Dünnsäure, an. Lange Zeit wurde sie im Meer aus Spezialschiffen „verklappt". Diese Entsorgungsart schadete der Tier- und Pflanzenwelt des Meeres. Die chemische Forschung hat ein Spaltverfahren entwickelt, bei dem Dünnsäure bei 1000 °C in Schwefeldioxid, Wasser und Sauerstoff zerlegt wird. Das Schwefeldioxid wird wieder zur Schwefelsäuregewinnung eingesetzt.

AUFGABEN

1. Wie wirken a) Natronlauge und b) Salzsäure auf Indikatoren? Worauf ist diese Wirkung zurückzuführen?
2. Vergleiche die Anzahl der Wasserstoffatome in einem Molekül a) Salpetersäure b) Schwefelsäure, c) Phosphorsäure mit der Anzahl der elektrischen Ladungen des entsprechenden Säurerest-Ions!
3. Magensaft enthält etwa 0,3 % Chlorwasserstoff.
   Welche Masse Chlorwasserstoff ist in der täglich abgesonderten Menge von 1500 g Magensaft gelöst?
4. Vergleiche verschiedene Säurerest-Ionen hinsichtlich ihrer Zusammensetzung und ihrer elektrischen Ladung!
5. Warum hilft Wassertrinken gegen Sodbrennen?
6. Welche Ionen entstehen bei der Reaktion von Wassermolekülen mit Schwefelsäuremolekülen? Gib die Reaktionsgleichung an!
7. Konzentrierte Salpetersäure kann zum Verbrennen von Raketentreibstoff verwendet werden. Welchen Stoff muss sie dabei abgeben? Wie kann man sie deshalb bezeichnen?

SAURE LÖSUNGEN

Schweflige Säure aus Schwefeldioxid. Wird Schwefeldioxid in Wasser gelöst, dann reagiert eine geringe Menge mit Wasser zu schwefliger Säure H_2SO_3 (Experiment 10). Sie existiert jedoch nicht in reiner Form, sondern nur als wässrige Lösung, in der Wasserstoff-Ionen und **Sulfit-Ionen** vorliegen. Aus natürlichen Quellen und von Abgasen stammendes Schwefeldioxid reagiert in gleicher Weise mit Wassertropfen in der Luft.

$$SO_2 + H_2O \longrightarrow H_2SO_3$$
$$H_2SO_3 \longrightarrow 2 H^+ + SO_3^{2-}$$

Schweflige Säure ist im sauren Regen enthalten. Sie kann durch Luftsauerstoff teilweise zu Schwefelsäure reagieren.
Eine Lösung von schwefliger Säure wirkt bleichend, desinfizierend und konservierend. „Ausgeschwefelte" Weinfässer werden anschließend mit Wein gefüllt, wobei sich etwas Schwefeldioxid im Wein löst und zu dessen Konservierung beiträgt. Die Menge gelösten Schwefeldioxids ist gesetzlich vorgeschrieben.

Oxide von Nichtmetallen reagieren mit Wasser zu Säurelösungen.

Phosphorsäure. Sie bildet in reiner Form farblose Kristalle mit einer Schmelztemperatur von 42,4 °C. Handelsübliche konzentrierte Phosphorsäurelösung ist eine sirupartige Flüssigkeit. Phosphorsäure entsteht bei der Reaktion von Phosphorpentoxid mit Wasser (Experiment 11).
Technische Bedeutung besitzt Phosphorsäure unter anderem als Bestandteil von Rostumwandlern (Experiment 12). Dabei reagiert Phosphorsäure mit der teilweise korrodierten Metalloberfläche unter Bildung einer Phosphatschicht, die als Haftgrund für nachfolgend aufgetragene Farbe dient (Abb. 1 und 2). Phosphorsäure wird verwendet zur Herstellung von Phosphatdüngemitteln, Arzneimitteln, Insektiziden, Porzellankitt, Emaillen, als Färbereihilfsstoff, Rostumwandler, Phosphatiermittel für Metalle und als Zusatz von Brause- und Backpulver sowie Limonaden.

Experiment 10
Vorsicht! Schwefel wird verbrannt und das entstehende Gas in Wasser gelöst. Danach wird Lackmuslösung zugegeben.

Experiment 11
Roter Phosphor wird in einem mit Sauerstoff gefüllten Rundkolben verbrannt. Anschließend wird das Reaktionsprodukt in destilliertem Wasser gelöst. Die wässrige Lösung wird mit Indikatorlösung versetzt sowie auf elektrische Leitfähigkeit geprüft.

Experiment 12
Gib einige Tropfen Rostumwandler auf Lackmuspapier oder in etwas Lackmuslösung!

Experiment 13
Vorsicht! Holz, Zucker und verschiedene Textilgewebe werden mit konzentrierter Schwefelsäure betropft.

Experiment 14
Vorsicht! Konzentrierte Schwefelsäure wird langsam unter Umrühren in Wasser gegossen. Die Temperatur des Wassers und der entstandenen Lösung werden gemessen.

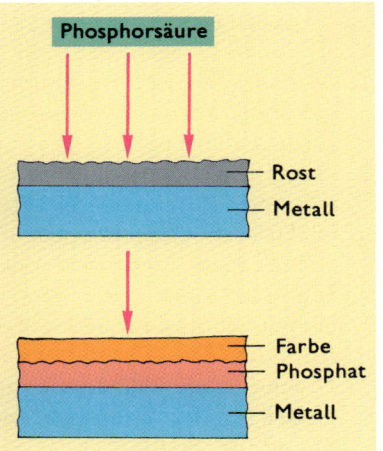

Umgang mit Säuren

Säurelösungen als gefährliche Stoffe. Die wässrigen Lösungen der meisten Säuren sind giftig, wirken ätzend und zerstören viele Materialien. Deshalb gehören sie zu den Gefahrstoffen. Konzentrierte Schwefelsäure zersetzt Holz, Zucker und textiles Gewebe (Experiment 13). Für den Umgang mit solchen Stoffen gelten gesetzliche Bestimmungen (Abb. 3).

Beim Arbeiten mit den meisten Säuren und deren Lösungen sind vor allem Augen, Hände und Kleidung zu schützen und keine Dämpfe einzuatmen.

Verdünnte und **konzentrierte Säuren** werden nach dem Massenanteil gelöster Säure in Gefahrstoffe mit Reizwirkung oder mit Ätzwirkung eingeteilt. Der Massenanteil wird in Prozent angegeben.

Säurelösung		Einstufung als Gefahrstoffe	
Name	Formel	Xi, reizend	C, ätzend
Salzsäure	HCl	10 ··· 25 %	> 25 %
Salpetersäure	HNO_3		> 5 %
Schwefelsäure	H_2SO_4	5 ··· 15 %	> 15 %
Phosphorsäure	H_3PO_4	10 ··· 25 %	> 25 %
Essigsäure	CH_3COOH	10 ··· 25 %	> 25 %

Havarie-Einsatz im Chemiebetrieb

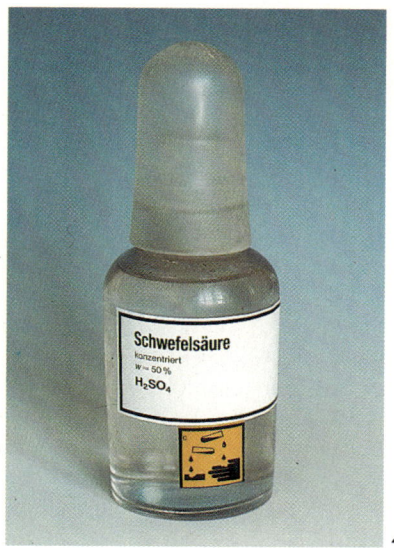

Aufbewahrungsgefäße für Säurelösungen sind entsprechend zu kennzeichnen (Abb. 4). Es ist verboten, Säurelösungen in Flaschen und Gefäße für Nahrungs- und Genußmittel abzufüllen, um schwere Unfälle zu vermeiden. Beim **Verdünnen konzentrierter Säuren** erwärmen sich die Lösungen meist sehr stark. Deshalb ist stets unter Umrühren konzentrierte Säure in das Wasser zu gießen, sonst kann durch Überhitzen Säure herausspritzen oder das Glas zerspringen (Experiment 14).

Merke: Erst das Wasser, dann die Säure – sonst geschieht das Ungeheure!

AUFGABEN

1. Welche Teilchen liegen vor und nach der Reaktion von Schwefeldioxid mit Wasser vor?
2. Warum leitet eine Lösung von Schwefeldioxid in Wasser den elektrischen Strom?
3. Entwickle die Reaktionsgleichung für die Bildung von Phosphoräure aus Phosphorpentoxid und Wasser!
4. Welche Ionen liegen in einer wässrigen Phosphorsäurelösung vor?
5. Welche Angaben muss ein Etikett für eine Säureflasche mit einer kleinen Menge Salzsäure (Massenanteil 12,5 %) enthalten?
6. Salzsäurereste können erst nach Verdünnen mit viel Wasser in den Abfluss gegeben werden. Warum?
7. Warum sind beim Arbeiten mit Rostumwandler bestimmte Vorsichtsmaßnahmen zu beachten?

SAURE LÖSUNGEN

Reaktionen von Säurelösungen

Einwirken von Säurelösung auf Metalle. Verschiedene Metalle, wie Magnesium, Zink und Eisen, reagieren mit verdünnten Säurelösungen (Experiment 15). Metalle, die mit verdünnten Säurelösungen reagieren, werden als **unedle Metalle** bezeichnet. Bei der Reaktion entstehen eine Salzlösung und Wasserstoff. So reagieren Zink und Salzsäure zu Zinkchloridlösung und Wasserstoff.

$$Zn + 2\ HCl \longrightarrow ZnCl_2 + H_2$$

Das Zinkchlorid liegt in der Lösung als Zink-Ionen und Chlorid-Ionen vor. Erst beim Eindampfen entsteht das Salz Zinkchlorid.

Verdünnte Säurelösungen reagieren mit unedlen Metallen unter Bildung einer Salzlösung und Wasserstoff.

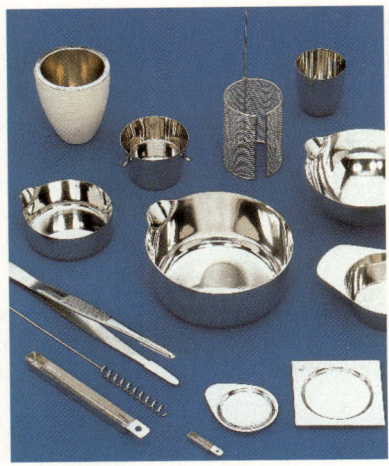

Laborgeräte aus Platin

Experiment 15
Zink wird mit verdünnter Salzsäure versetzt. Der entstehende Wasserstoff wird nachgewiesen

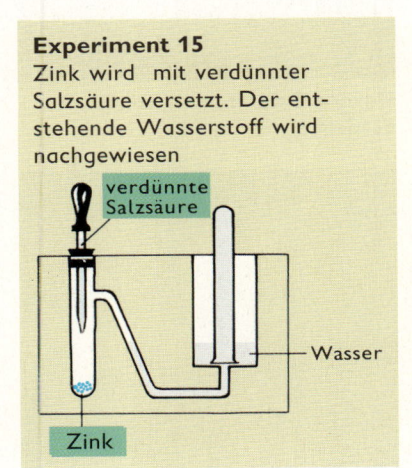

Experiment 16
Ein Zink- und ein Kupferblech werden in verdünnte Schwefelsäure gestellt.

Experiment 17
Vorsicht! Versetze Kupferoxidpulver mit verdünnter Salzsäure und erwärme vorsichtig! Filtriere die wieder erkaltete Lösung und lasse das Wasser verdunsten!

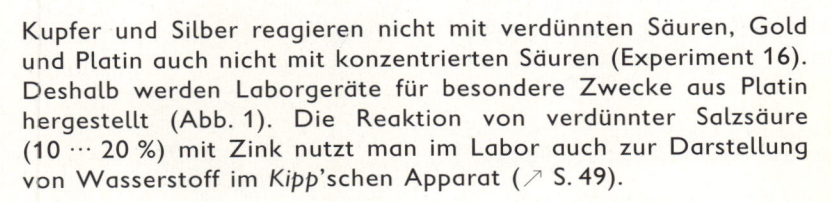

Kupfer und Silber reagieren nicht mit verdünnten Säuren, Gold und Platin auch nicht mit konzentrierten Säuren (Experiment 16). Deshalb werden Laborgeräte für besondere Zwecke aus Platin hergestellt (Abb. 1). Die Reaktion von verdünnter Salzsäure (10 ··· 20 %) mit Zink nutzt man im Labor auch zur Darstellung von Wasserstoff im *Kipp*'schen Apparat (↗ S. 49).

Einwirken von Säurelösung auf Metalloxide. Verdünnte Salzsäure reagiert nicht mit Kupfer, jedoch mit Kupferoxid (Experiment 17). Dabei entsteht eine Kupferchloridlösung und Wasser (Abb. 2). Ihre Farbe hängt davon ab, wie verdünnt die Lösung ist.

$$CuO + 2\ HCl \longrightarrow CuCl_2 + H_2O$$

In der Lösung sind außer Wassermolekülen Kupfer-Ionen und Chlorid-Ionen enthalten. Durch Eindampfen oder Verdunsten des Wassers erhält man das Salz Kupferchlorid.

Verdünnte Säurelösungen reagieren mit Metalloxiden unter Bildung von Salzlösungen und Wasser.

Oxidiertes Kupferblech in einer Säurelösung

Was ist Scheidewasser und Königswasser?

Die Alchemisten nannten konzentrierte Salpetersäure *Scheidewasser*. Sie schieden damit vor allem aus Gold-Silber-Legierungen das Gold ab. Das Silber ging in Lösung. Eine Mischung aus konzentrierter Salz- und Salpetersäure nannten sie *Königswasser*. Hierin lösen sich auch Gold und Platin. Bei diesen Reaktionen entsteht jedoch kein Wasserstoff als Reaktionsprodukt.

REAKTIONEN VON SÄURELÖSUNGEN IM ÜBERBLICK

AUFGABEN

1. Gib für die Reaktion von Zink mit Salzsäure die Teilchen der Ausgangsstoffe und der Reaktionsprodukte an! Begründe, dass sich bei der Reaktion Teilchen verändern!
2. Gib die Gleichung für die Reaktion von Magnesium mit verdünnter Salpetersäure an!
3. Beschreibe anhand der abgebildeten Küvette die physikalischen Vorgänge beim Auffangen des Wasserstoffs (↗ S. 96)!
4. Das Salz Eisenchlorid $FeCl_3$ soll dargestellt werden. Wie könnte vorgegangen werden? Entwickle auch Reaktionsgleichungen!
5. Durch Unvorsichtigkeit ist Akkusäure auf unlackiertes Stahlblech einer Autokarosse gelangt. Warum ist die Säure sofort mit viel Wasser abzuspülen?
6. Beschreibe das Verhalten folgender Stoffe a) Calciumhydroxid, b) Schwefelsäure, c) Natriumchlorid, d) Schwefeldioxid, e) Chlorwasserstoff beim Lösen in Wasser! Wie wirken die Lösungen auf Lackmus?
7. Begründe, dass das Lösen von a) Chlorwasserstoff, b) Schwefeldioxid in Wasser eine chemische Reaktion ist!
8. Abwasser einer Firma mit Metallbeizerei enthält Eisen-Ionen, Sulfat-Ionen, Wasserstoff-Ionen. Wie ist das Vorliegen dieser Ionen zu erklären?
9. Oxidiertes, schwarzfarbenes Kupferblech wird blank durch Eintauchen in warme, verdünnte Salpetersäure und anschließendes Abspülen. Erkläre diesen Vorgang!

Im Überblick

Darstellung von Säurelösungen

Säurelösungen	Salzsäure	Schweflige Säure
Ausgangsstoffe	Chlorwasserstoff und Wasser	Schwefeldioxid und Wasser
Vereinfachte Reaktionsgleichung	$HCl \longrightarrow H^+ + Cl^-$	$SO_2 + H_2O \longrightarrow H_2SO_3$ $H_2SO_3 \longrightarrow 2\,H^+ + SO_3^{2-}$
Ionen in der Säurelösung	Wasserstoff-Ion H^+ Säurerest-Ion Cl^-	Wasserstoff-Ion H^+ Säurerest-Ion SO_3^{2-}

Reaktionen verdünnter Säurelösungen

Reaktionspartner		Beispiele	Bedeutung
Verdünnte Säurelösungen	Indikator	blauer Lackmusfarbstoff $+ H^+ \longrightarrow$ roter Lackmusfarbstoff	Erkennen des Vorliegens von sauren Lösungen (H^+)
	Unedles Metall	$Zn + H_2SO_4 \longrightarrow ZnSO_4 + H_2$ $Mg + 2\,HNO_3 \longrightarrow Mg(NO_3)_2 + H_2$	Darstellung von Wasserstoff und Darstellung von Salzlösungen
	Metalloxid	$CuO + 2\,HNO_3 \longrightarrow Cu(NO_3)_2 + H_2O$ $Fe_2O_3 + 6\,HCl \longrightarrow 2\,FeCl_3 + 3\,H_2O$	Oberflächenbehandlung von Metallen und Darstellung von Salzlösungen

12

Neutrale Lösungen – Neutralisation

Heidelbeersträucher wachsen auf sehr saurem Boden, Rosskastanien auf schwach saurem bis schwach alkalischem Boden. Kann man bei sauren und alkalischen Lösungen Abstufungen feststellen?

Saure, alkalische und neutrale Lösung

Neutrale Lösung. Natriumchloridlösung ändert bei Zugabe von Lackmuslösung nicht deren Farbe. Sie ist weder eine saure noch eine alkalische, sondern eine **neutrale Lösung** (Experiment 1).

In neutralen Lösungen sind weder Wasserstoff-Ionen noch Hydroxid-Ionen mit einem Indikator nachweisbar.

*p*H-Wert. Er ist eine Zahlenangabe zur genaueren Kennzeichnung saurer, alkalischer und neutraler Lösungen. **Universalindikatoren** (Abb. 1) zeigen durch unterschiedliche Farbänderungen den *p***H-Wert** einer Lösung an (Experimente 2 bis 4). Der *p*H-Wert kann auch mit einem *p*H-Meter gemessen werden (Abb. 2).

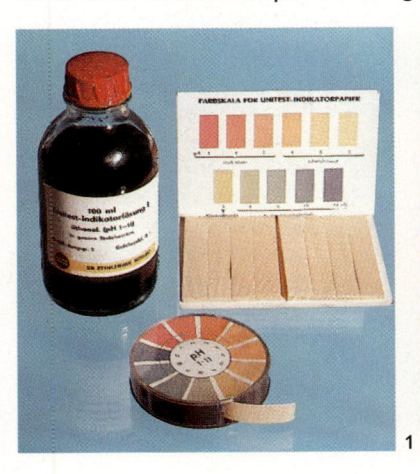

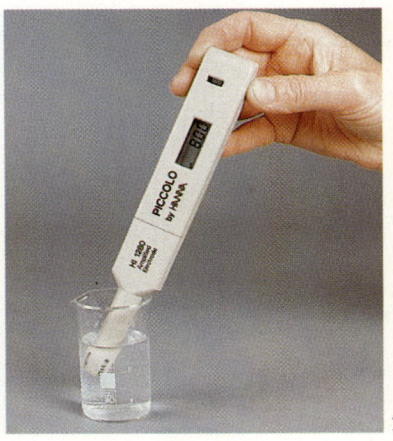

Experiment 1
Prüfe wässrige Lösungen von Natriumchlorid, Natriumhydroxid und Chlorwasserstoff (Salzsäure) mit Lackmuspapier!

Experiment 2
Prüfe Mineralwasser, Seifenlösung, Milch, Obstsaft, Rostumwandler und Fensterputzmittel mit Universalindikator!

Experiment 3
Schüttele jeweils zwei verschiedene Bodenproben einige Zeit mit destilliertem Wasser, filtriere danach und ermittle in den Filtraten den *p*H-Wert!

Experiment 4
Regenwasser wird in einem Becherglas gesammelt und der *p*H-Wert mit einem Universalindikator oder einem *p*H-Meter festgestellt.

SAURE, ALKALISCHE UND NEUTRALE LÖSUNGEN

Die Größe des pH-Wertes ist abhängig von der Anzahl der Wasserstoff-Ionen oder Hydroxid-Ionen in einem bestimmten Volumen einer Lösung. Betrachtet man ein konstantes Volumen einer sauren Lösung, so gilt, dass mit wachsender Anzahl Wasserstoff-Ionen in diesem Volumen der pH-Wert kleiner wird. Das bedeutet: Die Lösung wird stärker sauer.

In einer alkalischen Lösung wird mit steigender Anzahl Hydroxid-Ionen der pH-Wert größer und damit die Lösung stärker alkalisch.

pH-Wert	0 1 2	3 4 5 6	7	8 9 10	11 12 13 14
Eigenschaft der Lösung	stark sauer	schwach sauer	neutral	schwach alkalisch	stark alkalisch
Ionen	Hydronium-Ionen H_3O^+			Hydroxid-Ionen OH^-	

Der pH-Wert kennzeichnet alkalische, saure und neutrale Lösungen. Neutrale Lösungen besitzen den pH-Wert 7.

Für viele Vorgänge in Natur und Technik ist der pH-Wert von Bedeutung. Gutes Pflanzenwachstum benötigt Boden mit bestimmten pH-Werten: Roggen von 5 bis 6; Weizen von 6,5 bis 7,8 (Abb. 5); Zuckerrüben von 7 bis 8. In Sümpfen und Hochmooren (Abb. 6) besitzt Bodenwasser pH-Werte bis 3,5. Hier existieren nur besonders angepasste Organismen. Die Fäulnisprozesse sind eingeschränkt. Deshalb findet man im Moor auch häufig gut erhaltene Pflanzen- und Tierreste.

Bei Krankheiten kann sich der pH-Wert von Körperflüssigkeiten verändern. Beim gesunden Menschen besitzt Blut einen pH-Wert von 7,4, Magensaft von 0,9 bis 1,5, Speichel von 6 bis 8. Der pH-Wert ist auch entscheidend für die Qualität von Lebensmitteln. So wird der Geschmack von Käse besonders durch Temperatur und pH-Wert beim Reifeprozess beeinflusst. Im Wasser von Aquarien ist für einen pH-Wert von 6,7 bis 7,5 zu sorgen (Abb. 3). Sonst kann bei den Fischen „Säure-" oder „Laugenkrankheit" auftreten. In Flüsse eingeleitete Industrieabwässer sind nur bei pH-Werten zwischen 5 und 9 umweltverträglich (Abb. 4).

AUFGABEN

1. Wie ändert sich der pH-Wert von Milch, wenn sie sauer wird?
2. Warum müssen Waschmittellösungen für Wolle den pH-Wert 7 haben?
3. Nenne Beispiele für die Bedeutung des pH-Wertes!
4. Die gesunde Haut des Menschen besitzt einen Säureschutzmantel, der unter anderem vor bakteriellen Einflüssen schützt. Manche Waschlotion trägt die Aufschrift „pH-neutral". Wie ist das zu verstehen?
5. Welche pH-Werte sind unter a) Rosskastanien, b) Heidelbeeren zu erwarten?

NEUTRALE LÖSUNGEN – NEUTRALISATION

Neutralisation

Reaktion von Salzsäure mit Natriumhydroxidlösung. Wird ein bestimmtes Volumen Salzsäure mit einem bestimmten Volumen Natriumhydroxidlösung versetzt, so entsteht aus der sauren und aus der alkalischen Lösung eine neutrale Lösung (Experiment 5). Gleichzeitig wird dabei Wärme abgegeben (Experiment 6) Solche chemischen Reaktionen bezeichnet man als **Neutralisation.**

Experiment 5
Vorsicht! Gib zu verdünnter Salzsäure Universalindikator und tropfenweise verdünnte Natriumhydroxidlösung!

Experiment 6
Je 100 ml verdünnte Salzsäure und Natriumhydroxidlösung mit gleicher Ausgangstemperatur werden zusammengegeben. Die Temperatur der entstandenen Lösung wird gemessen (Abb. 1).

Experiment 7
Ein geringes Volumen der bei Experiment 6 entstandenen Lösung wird eingedampft.

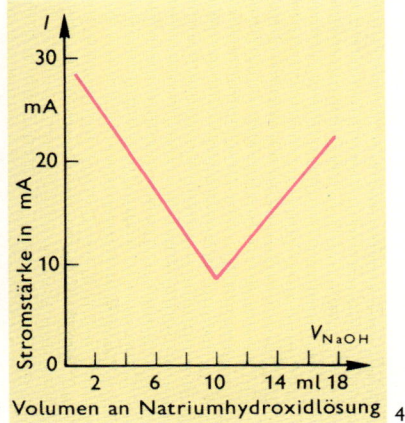

Die entstandene neutrale Lösung ist Natriumchloridlösung. Aus ihr scheidet sich beim Eindampfen festes Natriumchlorid ab (Experiment 7).

NaOH + HCl ⟶ NaCl + H_2O;   exotherm

Nach der Neutralisation sind in der Natriumchloridlösung mit einem Indikator weder Wasserstoff- noch Hydroxid-Ionen nachweisbar. Die Erklärung dafür ist die Bildung von Wassermolekülen. Durch die Bildung von Wassermolekülen (Abb. 2) nimmt die Anzahl der Ionen und damit die elektrische Leitfähigkeit der Lösung ab (Abb. 3 und 4).

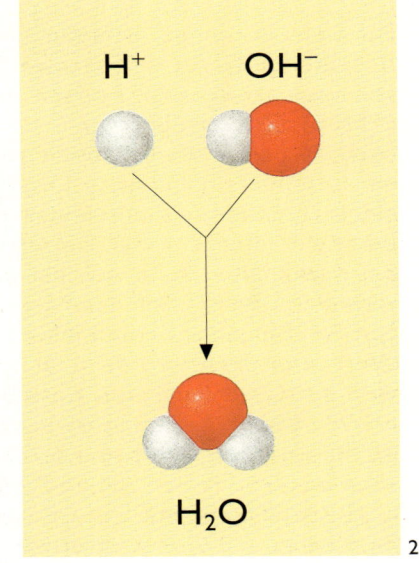

Die Neutralisation ist die chemische Reaktion zwischen einer sauren und einer alkalischen Lösung. Sie ist exotherm.
Bei der Neutralisation reagieren Wasserstoff-Ionen mit Hydroxid-Ionen zu Wassermolekülen.
H^+ + OH^- ⟶ H_2O

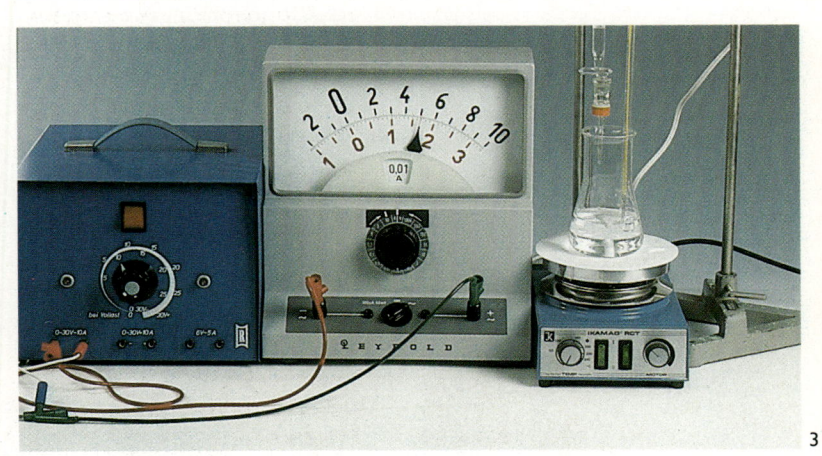

Bedeutung der Neutralisation. Saure und alkalische Industrieabwässer werden in Neutralisationsanlagen so aufbereitet, dass ihr pH-Wert zwischen 6,0 und 6,5 liegt, um Abwasseranlagen und Flüsse möglichst nicht zu schädigen (Abb. 5). Neutralisationsmittel sind häufig Schwefel- oder Salzsäure sowie Natronlauge oder Kalkmilch.

Bei der Rauchgasentschwefelung durch „Laugenwäsche" wird die saure Lösung, die aus Schwefeldioxid im Rauchgas und Wasser entsteht, durch kalkhaltige alkalische Lösungen neutralisiert und mit Luftsauerstoff zu Gips umgesetzt.

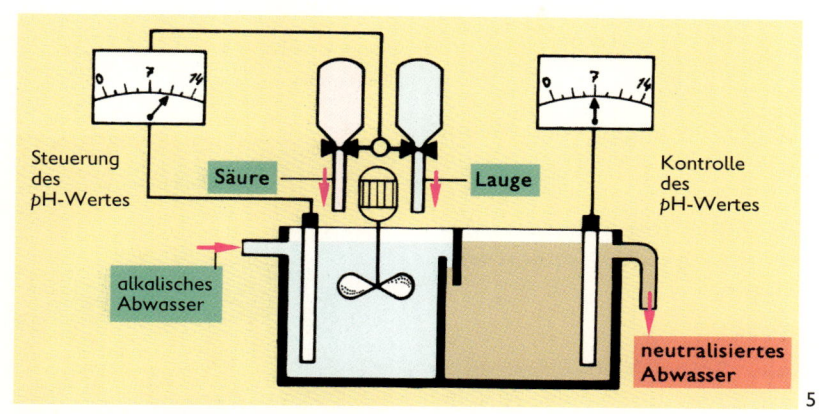

Schema einer Neutralisationsanlage für Industrieabwässer mit automatischer pH-Wert-Regelung

Der pH-Wert im Boden sinkt in einer Vegetationsperiode unter anderem durch Säuren aus Pflanzenwurzeln und saure Niederschläge. Diese Bodenversauerung schränkt bei Nutzpflanzen die Aufnahme wichtiger Mineralsalze ein. Kalkdünger neutralisieren die sauren Bodenbestandteile und stellen wieder günstige pH-Werte ein (Abb. 7).

Bei der Wiederaufarbeitung von Altöl werden darin enthaltene saure und alkalische Stoffe neutralisiert.

Medikamente gegen überschüssige Magensäure enthalten unter anderem Aluminiumhydroxid $Al(OH)_3$ und Magnesiumhydroxid $Mg(OH)_2$ als Neutralisationsmittel (Abb. 6).

NEUTRALISATION

AUFGABEN

1. Nenne die Ionen, die in Salzsäure und in Natriumhydroxidlösung vorliegen!
2. Worauf ist die Färbung von Universalindikator in Salzsäure und in Natriumhydroxidlösung zurückzuführen?
3. Was ist bei Experiment 5 zu beobachten, wenn ein zu großes Volumen Natriumhydroxid zugetropft wird!
4. Welche Reaktion findet statt, wenn zu Natriumhydroxidlösung Salpetersäure gegeben wird?
5. Die Neutralisation ist eine chemische Reaktion. Leite die Aussage aus Experimentbeobachtungen ab!
6. In einem Betrieb fällt beim Metallätzen salpetersäurehaltiges Abwasser an. Es wird mit Kalkwasser $Ca(OH)_2$ behandelt. Warum? Welcher Vorgang spielt sich ab?
7. Beschreibe die Arbeitsweise einer Neutralisationsanlage für Abwässer anhand der Abbildung 5!
8. Erläutere die Notwendigkeit der Kalkdüngung auf Ackerböden!
9. Beschreibe die Reaktion beim Behandeln überschüssiger Magensäure mit Medikamenten, die Magnesiumhydroxid und Aluminiumhydroxid enthalten! Gib die Reaktionsgleichungen an!
10. Warum nimmt beim Neutralisieren einer sauren oder alkalischen Lösung die elektrische Leitfähigkeit ab?
11. Beim Erwärmen von Wasser zerfallen Wassermoleküle in Wasserstoff- und Hydroxid-Ionen. Ist erhitztes Wasser sauer, alkalisch oder neutral?

NEUTRALE LÖSUNGEN – NEUTRALISATION

Produkte von Reaktionen mit Säurelösungen

Darstellung von Salzlösungen. Säurelösungen können sowohl mit unedlen Metallen, mit Metalloxiden als auch Metallhydroxidlösungen reagieren. Dabei entstehen **Salzlösungen**. So kann Magnesiumchloridlösung auf verschiedene Weise dargestellt werden:

$2 HCl + Mg \longrightarrow MgCl_2 + H_2$
$2 HCl + Mg(OH)_2 \longrightarrow MgCl_2 + 2 H_2O$
$2 HCl + MgO \longrightarrow MgCl_2 + H_2O$

Durch Eindampfen der Magnesiumchloridlösungen wird Magnesiumchlorid als Salz erhalten (Experiment 8).

> Bei der Reaktion von Säurelösungen mit unedlen Metallen, mit Metalloxiden und Metallhydroxidlösungen entstehen unter anderem Salzlösungen.

Zusammensetzung und Namen der Salze. Viele Salze setzen sich aus Metall-Ionen und Säurerest-Ionen zusammen. Aus den Namen dieser Ionen werden die **Namen der Salze** gebildet.

Salz	Metall-Ion	Säurerest-Ion
Bariumnitrat	Barium-Ion	Nitrat-Ion
$Ba(NO_3)_2$	Ba^{2+}	NO_3^-

In der Natur sind auch schöne Kristalle zu finden, die sich aus Metall- und Säurerest-Ionen zusammensetzen. Apatitkristalle bestehen aus Calcium- und Phosphat-Ionen, Türkis (Abb. 1) aus Kupfer-, Aluminium- und Phosphat-Ionen. Es gibt auch Salze, an deren Bau keine Metall-Ionen beteiligt sind (↗ S. 124).

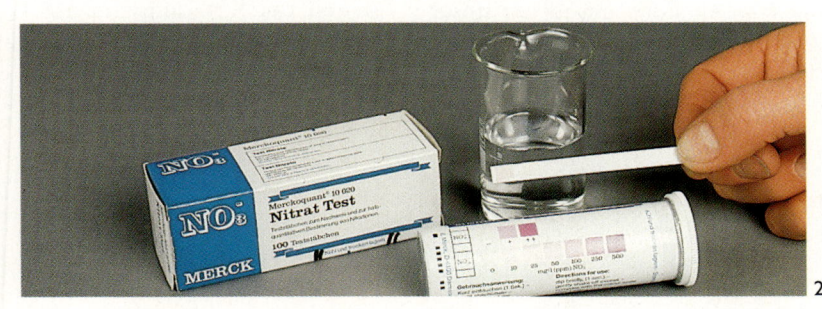

Nachweis von Säurerest-Ionen. Einige Säurerest-Ionen verbinden sich mit Metall-Ionen zu schwer löslichen Salzen. Sie fallen aus Lösungen als **Niederschlag** aus. Diese Eigenschaft wird zum Nachweis von Säurerest-Ionen, zum Beispiel Chlorid-, Sulfat- und Phosphat-Ionen, genutzt (Experiment 9). Manche Säurerest-Ionen, zum Beispiel Nitrat-Ionen, können auch durch Farbreaktionen an Teststreifen nachgewiesen werden (Abb. 2).

Experiment 8
Zu Magnesium, Magnesiumoxid und Magnesiumhydroxid wird Wasser und anschließend Salzsäure gegeben. Dann wird eingedampft.

Experiment 9
Gib zu einer Natriumchlorid- und zu einer Natriumphosphatlösung einige Tropfen Silbernitratlösung!

AUFGABEN

1. Nenne Möglichkeiten zur Darstellung von Zinksulfat!
2. Benenne folgende Salze: $Mg(NO_3)_2$, $BaSO_4$, $AlCl_3$, $CuSO_4$, $Ca_3(PO_4)_2$, $AgNO_3$!
3. In Entsorgungsbehältern werden saure und alkalische Lösungen gemischt. Begründe!
4. Cola-Getränk enthält Phosphorsäure. Welchen pH-Wert-Bereich müsste es besitzen? Prüfe mit Indikator!
5. Vergleiche Natriumchloridlösung, Natriumhydroxidlösung und Salzsäure hinsichtlich a) vorliegender Teilchen, b) Eigenschaften und c) Möglichkeiten zur Darstellung!
6. Erkläre die Erscheinung, dass im Regenwasser u. a. Wasserstoff-Ionen, Sulfat-Ionen und Nitrat-Ionen nachweisbar sind!

SALZLÖSUNGEN IM ÜBERBLICK

Im Überblick

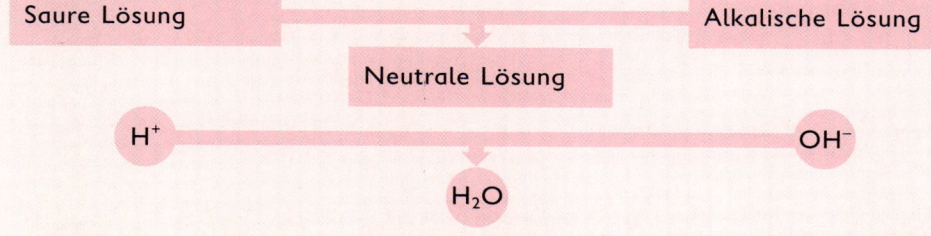

Saure Lösungen

Darstellung

Chlorwasserstoff reagiert mit Wasser.
$HCl \longrightarrow H^+ + Cl^-$
Schwefeldioxid reagiert mit Wasser.
$SO_2 + H_2O \longrightarrow 2\,H^+ + SO_3^{2-}$

Ionen in sauren Lösungen

Wasserstoff-Ionen	Säurerest-Ionen
H^+	Cl^- Chlorid-Ion
	NO_3^- Nitrat-Ion
	SO_4^{2-} Sulfat-Ion
	PO_4^{3-} Phosphat-Ion

Nachweis von Wasserstoff-Ionen

Indikator	Lackmus	rot
	Universalindikator	$pH < 7$
pH-Meter		

Alkalische Lösungen

Darstellung

Natriumhydroxid reagiert mit Wasser.
$NaOH \longrightarrow Na^+ + OH^-$
Calciumoxid reagiert mit Wasser.
$CaO + H_2O \longrightarrow Ca^{2+} + 2\,OH^-$

Ionen in alkalischen Lösungen

Metall-Ionen		Hydroxid-Ionen
Na^+	Natrium-Ion	OH^-
K^+	Kalium-Ion	
Ca^{2+}	Calcium-Ion	
Ba^{2+}	Barium-Ion	

Nachweis von Hydroxid-Ionen

Indikator	Lackmus	blau
	Universalindikator	$pH > 7$
pH-Meter		

Neutralisation

Saure Lösung + Alkalische Lösung → Neutrale Lösung

$H^+ + OH^- \longrightarrow H_2O$

Darstellung von Salzlösungen

Säurelösung

Ausgangsstoffe	Unedles Metall	Metallhydroxidlösung	Metalloxid
Reaktionsprodukte	Salzlösung	Salzlösung	Salzlösung
	Wasserstoff	Wasser	Wasser

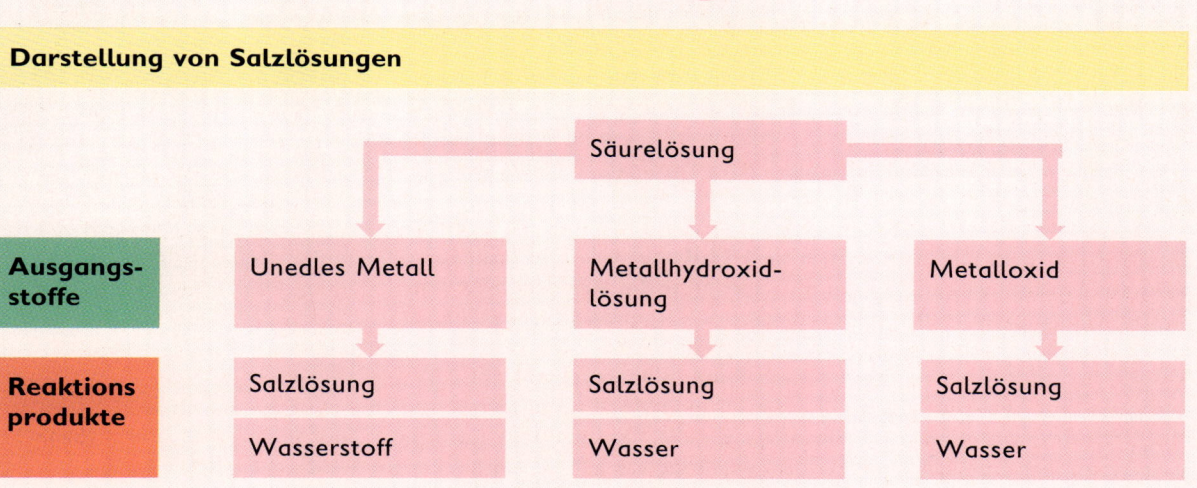

13 Halogene

Halogenscheinwerfer ermöglichen mehr Sicherheit im Auto, denn Fahrbahnen werden gut ausgeleuchtet. Halogenstrahler rücken einen wertvollen Kunstgegenstand im Museum ins rechte Licht. Halogene und Lichttechnik? Was sind Halogene für Stoffe?

Elemente der VII. Hauptgruppe

Ein Blick ins Periodensystem der Elemente. Fluor, Chlor, Brom und Iod sind Elemente der VII. Hauptgruppe des Periodensystems. Zusammen werden sie als **Halogene** bezeichnet. Diese Bezeichnung deutet darauf hin, dass diese in der Natur nur in ihren Verbindungen vorkommenden nichtmetallischen Stoffe (Abb. 1) bei chemischen Reaktionen Salze bilden (griechisch: hals = Salz; gennan = bilden) können. Außer dem bekannten Salz Natriumchlorid gibt es viele salzartige Stoffe, in denen die Elemente Chlor, Brom oder Iod chemisch gebunden sind. Als Stoffe sind die Halogene aus zweiatomigen Molekülen aufgebaut.

Gemeinsamkeiten und Unterschiede im Atombau. In den Atomen der Halogene nimmt die Anzahl der Elektronen in der Reihenfolge Fluor, Chlor, Brom, Iod zu. Mit 7 Außenelektronen fehlt den **Halogenatomen** ein Elektron, um die besonders stabile Elektronenanordnung eines Elektronenoktetts zu erreichen. Die **Halogenid-Ionen** dagegen weisen mit jeweils einem Elektron mehr als die entsprechenden Atome diese stabile Elektronenanordnung auf.

Bedeutung und Eigenschaften von Halogenen. Die Halogene sind sehr giftige, ätzend wirkende Gefahrstoffe. Andererseits enthalten Medikamente zur Behandlung und Diagnose verschiedener Erkrankungen Verbindungen der Halogene (Abb. 2).
Ungiftige, unbrennbare Fluor-Chlor-Kohlenwasserstoffe (FCKW) schienen gut geeignet als Treibgase in Spraydosen, als Löse- und Kühlmittel, bis entdeckt wurde, dass sie die Ozonschicht gefährlich verändern und Umweltschäden verursachen (↗ S. 156).

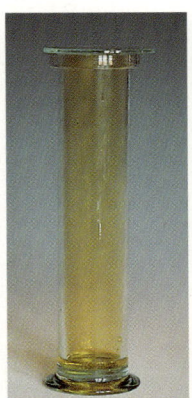

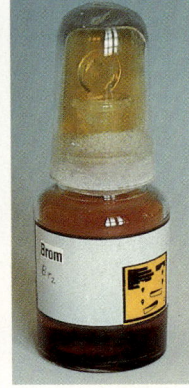

1 Chlor (oben links), Brom (oben rechts), Iod (unten)

ELEMENTE
DER VII. HAUPTGRUPPE

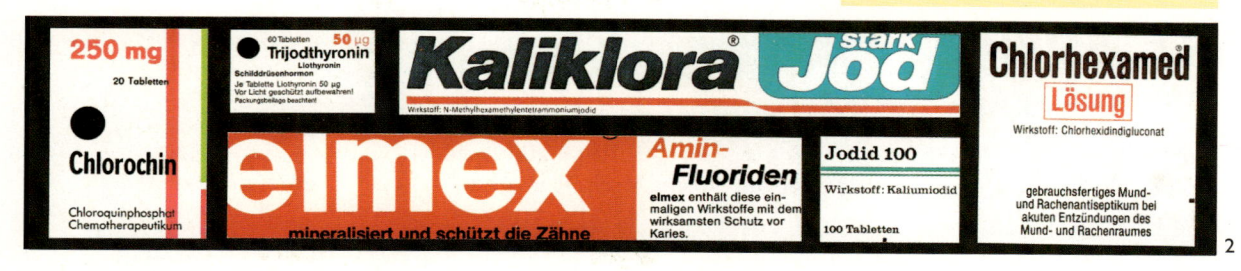

Fluor. Fluorhaltige Verbindungen bei der Trinkwasseraufbereitung und als Zusatz zu Zahncremes wirken dem Befall durch Karies besonders bei Kindern und Jugendlichen entgegen. Zum Aufbau des Knochenskeletts benötigt der Mensch täglich 1 ⋯ 2 mg Fluorid.

Chlor. Das grüngelbe Gas (griechisch: chloros = grün) hat einen stechenden Geruch (Experiment 1). Es löst sich gut in Wasser, die wässrige Lösung heißt Chlorwasser.
Chlor (Abb. 1) ist stark giftig, reizt die Schleimhäute und schädigt die Atmungsorgane (Abb. 3). Bereits ein Anteil von 2,5 mg Chlor je Liter Luft wirkt tödlich. Beim Arbeiten mit Chlor in der Industrie und in Laboratorien sind deshalb die Richtlinien über den Umgang mit Gefahrstoffen besonders sorgfältig zu beachten. Im I. Weltkrieg hatte der Einsatz von Chlor als Kampfgas verheerende gesundheitliche Folgen für Tausende von Soldaten. Weltweit werden gegenwärtig jährlich etwa 33 Millionen Tonnen Chlor hergestellt und zu Polyvinylchlorid (PVC), anderen Kunststoffen und Lösungsmitteln verarbeitet. Auch das für die Elektronik unentbehrliche, hochreine Silicium wird unter Verwendung von Chlor gewonnen. Besonders in jüngster Zeit sollen umfangreiche Untersuchungen zur Giftigkeit chlorhaltiger Produkte sicherstellen, dass nur solche eingesetzt werden, die sich als umweltverträglich erweisen.

Brom. Die dunkelrotbraune Flüssigkeit von erstickendem, unangenehmen (griechisch: bromos = stinkend) Geruch, verflüchtigt sich leicht und entwickelt rotbraune Dämpfe. Brom (Abb. 1) ist giftig, ätzt die Schleimhäute und ruft auf der Haut schmerzhafte, schlecht heilende Wunden hervor. Brom ist im Wasser löslich, es entsteht das braune Bromwasser.
In der Medizin haben Verbindungen von Brom Bedeutung als Beruhigungsmittel. Halogenlampen enthalten wie normale Glühlampen eine Edelgasfüllung, aber zusätzlich etwas Brom oder Iod. Werden bei üblichen Glühlampen nur ungefähr 5 % der aufgewendeten elektrischen Energie als Licht abgestrahlt, beträgt die Lichtausbeute bei Halogenlampen etwa das Vierfache.

Iod. Die grauschwarz glänzenden Kristalle (Abb. 1) gehen beim Erwärmen in blauvioletten (griechisch: ioeides = veilchenfarbig) Dampf über. Ioddämpfe sind giftig und rufen Entzündungen der Nasen- und Augenschleimhaut hervor. Das Element Iod ist aber unentbehrlicher Bestandteil des menschlichen und tierischen Körpers. Mangel an Iod im Körper führt zu Schilddrüsenerkrankungen.

Experiment 1
Vorsicht! In einem Gasentwickler lässt man konzentrierte Salzsäure auf Kaliumpermanganat tropfen. Das entstehende Gas wird im abgedeckten Standzylinder aufgefangen, weiteres in Wasser gelöst und mit Natriumhydroxidlösung umgesetzt.

Schulklasse im Bad vergiftet
Opfer eines „Versehens", so das Bäderamt der Stadt Leipzig, wurden gestern 16 Schüler und fünf Erwachsene in der Schwimmhalle Südost. Mit Verdacht auf Chlorgasvergiftung wurde die Schulklasse, deren Lehrer und das Personal des Bades in Krankenhäuser gebracht.
Nach Angaben des Abteilungsleiters Bäder hatte gegen acht Uhr ein Mitarbeiter des Bades mit einer Chlorbleichlauge die Toilettenbecken gereinigt. Währenddessen habe der Bademeister mit einer Säure die Schwimmhalle geputzt. In der Kanalisation trafen die beiden Chemikalien aufeinander, reagierten und bildeten das giftige Chlorgas.

AUFGABEN

1. Am Namen mancher Orte ist zu erkennen, dass Salzabbau, Salzgewinnung oder Handel mit Salz für diese Orte geschichtliche Bedeutung hatte. Im Namen taucht die Silbe „hal" auf. Nenne solche Orte in deutschsprachigen Ländern!
2. Gib Protonen- und Elektronenanzahl für die Halogenatome an!

HALOGENE

Chemische Reaktionen von Halogenen mit Metallen

Halogene – die „Salzbildner". Die chemische Ähnlichkeit der Halogene zeigt sich am deutlichsten an ihrem Verhalten gegenüber Metallen.
Chlor reagiert unter intensiver Feuererscheinung mit Natrium (Experiment 2).

$$2\,Na + Cl_2 \longrightarrow 2\,NaCl; \quad \text{exotherm}$$

Aluminiumchlorid ist das Reaktionsprodukt der chemischen Reaktion von Aluminium mit Chlor (Experiment 3).

$$2\,Al + 3\,Cl_2 \longrightarrow 2\,AlCl_3; \quad \text{exotherm}$$

Ähnlich wie das Chlor verhalten sich auch Brom und Iod gegenüber Aluminium. Die Bildung der Reaktionsprodukte Aluminiumbromid und Aluminiumiodid ist ebenfalls mit deutlich beobachtbaren Wärme- und Lichterscheinungen verbunden.

$$2\,Al + 3\,Br_2 \longrightarrow 2\,AlBr_3; \quad 2\,Al + 3\,I_2 \longrightarrow 2\,AlI_3$$

Wie Chlor reagieren Brom und Iod zum Beispiel auch mit Natrium, Eisen oder Magnesium direkt unter Bildung von **Bromiden** beziehungsweise **Iodiden**. Die festen, kristallinen Reaktionsprodukte, die Halogenide, sind salzartige Stoffe.

> **Halogene reagieren mit den meisten Metallen direkt unter Bildung von Halogeniden.**

Teilchenveränderungen bei chemischen Reaktionen. Bei der Reaktion von Natrium mit Chlor bilden sich aus den Atomen des Natriums und aus den Molekülen des Chlors Natrium-Ionen und Chlorid-Ionen. Dabei werden von den Teilchen Elektronen aufgenommen bzw. abgegeben (Abb. 1). Die Teilchen ordnen sich nicht nur um, sondern verändern sich auch.

$$Na \xrightarrow{\text{Elektronenabgabe}} Na^+ + e^-$$

$$Cl + e^- \xrightarrow{\text{Elektronenaufnahme}} Cl^-$$

$$2\,Na + Cl_2 \longrightarrow 2\,NaCl$$
(Elektronenabgabe / Elektronenaufnahme)

Bei dieser Reaktion findet durch die gleichzeitige Abgabe und Aufnahme von Elektronen ein **Elektronenübergang** statt.

> **Bei der chemischen Reaktion eines Metalls mit einem Halogen findet zwischen den Teilchen der reagierenden Stoffe ein Elektronenübergang statt.**

Experiment 2
Vorsicht! Abzug! Schutzbrille!
Ein kleines Stück Natrium wird in einem Standzylinder mit Chlor zur Reaktion gebracht.

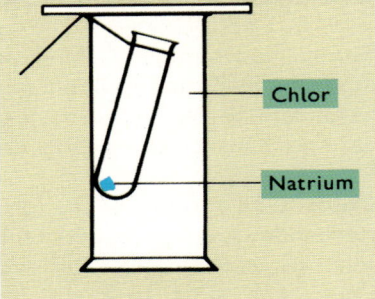

Experiment 3
Vorsicht! Abzug! Schutzbrille!
In ein trockenes, mit Chlor gefülltes großes Reagenzglas werden Stücke von Aluminiumfolie gegeben. Danach ist das Reagenzglas mit einem Wattebausch zu verschließen und am Boden kräftig zu erhitzen. Beim Aufglühen des Aluminiums wird das Reagenzglas aus der Flamme genommen.

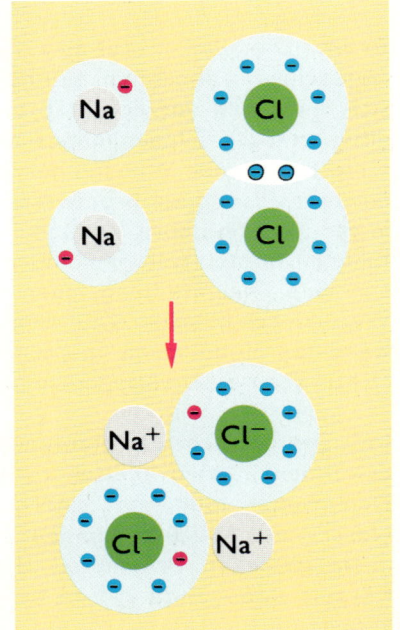

Halogenide

Löslichkeit. Halogenide sind meist leicht in Wasser löslich. In den wässrigen Lösungen liegen Halogenid-Ionen und Metall-Ionen vor. Die gute Löslichkeit von Natriumchlorid, Kaliumchlorid und Kaliumbromid in Wasser wird im Salzbergbau ausgenutzt (↗ S. 74). Um Natriumchlorid als Speisesalz und Kaliumchlorid als Düngesalz zu verwenden, ist deren gute Löslichkeit in Wasser eine Voraussetzung (Abb. 2).
Blei- und Silberhalogenide sind dagegen schwer bis sehr schwer in Wasser löslich. Diese Schwerlöslichkeit von Silberchlorid, Silberbromid und Silberiodid ermöglicht das Nachweisen von Halogenid-Ionen oder von Silber-Ionen.

Nachweis von Halogenid-Ionen. Beim Versetzen einer Lösung, die Halogenid-Ionen enthält, mit einer Silbernitratlösung, bilden sich verschiedenfarbige Silberhalogenide als **Niederschläge** in der Lösung. Diese charakteristischen Niederschläge dienen zum Nachweisen von Chlorid-, Bromid- und Iodid-Ionen.

REAKTIONEN MIT METALLEN — HALOGENIDE

Löslichkeit einiger Halogenide in Wasser bei 20 °C

Formel	Gramm Halogenid in 100 g Wasser
NaCl	35,85
KCl	34,35
KBr	65,6
KI	144,5
$PbCl_2$	0,97
AgCl	0,0002
AgBr	0,0001
AgI	0,000002

Nach-zuweisendes Ion	Nachweis-mittel	Erscheinung: Niederschlagsbildung	Reaktionsgleichung in Ionenschreibweise
Chlorid-Ion Cl^-	Silbernitratlösung	weißes Silberchlorid	$Ag^+ + Cl^- \longrightarrow AgCl$
Bromid-Ion Br^-	Silbernitratlösung	hellgelbes Silberbromid	$Ag^+ + Br^- \longrightarrow AgBr$
Iodid-Ion I^-	Silbernitratlösung	tiefgelbes Silberiodid	$Ag^+ + I^- \longrightarrow AgI$

Bei der Herstellung von Filmen und Fotopapieren wird fein verteiltes, lichtempfindliches Silberbromid durch die Reaktion in die fotografische Schicht gebracht, die sich bei Filmen auf durchsichtigem Trägermaterial befindet.

Der seltsame Salzfelsen des Wadi el-Melah in Algerien gibt Geologen Rätsel auf. Er besteht aus Steinsalz (Natriumchlorid) und müsste wegen der großen Löslichkeit des Salzes längst abgetragen sein.

➤ AUFGABEN

1. Wie könnte aus Zinkpulver und Bromwasser festes Zinkbromid dargestellt werden?
2. Welche Stoffe leiten den elektrischen Strom: festes Magnesiumchlorid, Natriumbromidlösung, flüssiges Brom?
3. Welche Vorsichtsmaßnahmen trifft der Chemielehrer beim Arbeiten mit Chlor und Brom im Unterricht?
4. Silberbromid wird durch Licht in Silber und Brom zersetzt.
   Entwickle die Reaktionsgleichung!
   Wo hat diese Reaktion praktische Bedeutung?
5. In der Probe eines Industrieabwassers fällt beim Prüfen mit Silbernitratlösung ein weißlicher Niederschlag aus.
   Erläutere diese Erscheinung!
6. Erläutere die Stoff- und Energieumwandlung sowie die Veränderung der Teilchen bei der chemischen Reaktion von Magnesium mit Iod!
7. Wie kann man Silber-Ionen in Lösungen nachweisen?
8. Gib an, wie die Art und die Anzahl der elektrischen Ladungen für Chlorid-, Bromid- und Iodid-Ionen zu ermitteln sind!

HALOGENE

Chemische Reaktionen von Halogenen mit Wasserstoff

Bildung von Halogenwasserstoffen. In der chemischen Industrie fallen die Gase Chlor und Wasserstoff in relativ großen Mengen an. Bei der Herstellung von Natronlauge entstehen beide Gase gleichzeitig. Diese beiden Gase können unter Flammenerscheinung miteinander lebhaft zu gasförmigem Chlorwasserstoff reagieren (Experiment 4).

$$H_2 + Cl_2 \longrightarrow 2\ HCl; \quad \text{exotherm}$$

Ein Gemisch von Wasserstoff und Chlor im Volumenverhältnis 1 : 1 ist ein explosibles Gasgemisch, „Chlorknallgas" genannt. Auch Brom und Iod reagieren mit Wasserstoff.

$$H_2 + Br_2 \longrightarrow 2\ HBr; \qquad H_2 + I_2 \longrightarrow 2\ HI$$

Diese Reaktionen verlaufen nicht so heftig wie die Chlorwasserstoffsynthese. Mit Bromwasserstoff und Iodwasserstoff entstehen bei den beiden Reaktionen **Halogenwasserstoffe**.
Zweiatomige Halogenwasserstoffmoleküle entstehen bei der chemischen Reaktion aus Wasserstoffmolekülen und Halogenmolekülen. Im Halogenwasserstoffmolekül ist jeweils ein Wasserstoffatom an ein Halogenatom durch Atombindung gebunden.

Bau und Eigenschaften von Halogenwasserstoffen. In ihrem Bau und folglich auch in ihren Eigenschaften sind sich die Halogenwasserstoffe sehr ähnlich.

Stoffe	Chlorwasserstoff HCl Bromwasserstoff HBr Iodwasserstoff HI
Aggregatzustand	gasförmig
Farbe	farblos
Geruch	stechend
Dichte im Vergleich zu Luft	größer
Löslichkeit in Wasser	leicht löslich
Art der Teilchen	zweiatomige Moleküle
Chemische Bindung in den Molekülen	Atombindung
Anziehung zwischen den Molekülen	gering

Den Halogenwasserstoffen gemeinsam ist auch, dass sie beim Lösen in Wasser saure Lösungen bilden. Durch chemische Reaktion der Halogenwasserstoffe mit Wasser liegen in den wässrigen Lösungen Wasserstoff-Ionen und Halogenid-Ionen vor. Diese Lösungen zeigen elektrische Leitfähigkeit. Die einfach positiv elektrisch geladenen Wasserstoff-Ionen sind mit einem Indikator, die einfach negativ elektrisch geladenen Halogenid-Ionen sind mit Silber-Ionen nachweisbar. Die bekannte Salzsäure (↗ S. 92), die Bromwasserstoffsäure und die Iodwasserstoffsäure sind die sauren Lösungen der entsprechenden gasförmigen Halogenwasserstoffe.

Experiment 4
Vorsicht! Abzug! Schutzbrille!
Eine Wasserstoffflamme ist in einen mit Chlor gefüllten Standzylinder einzuführen.

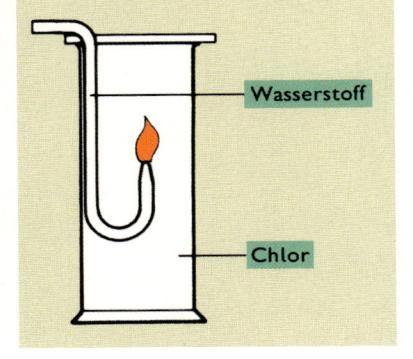

AUFGABEN

1. Beschreibe den Bau des Bromwasserstoffmoleküls!
2. Drei Reagenzgläser enthalten jeweils verdünnte Schwefelsäure, die wässrige Lösung von Chlorwasserstoff und Natriumchloridlösung. Wie ist herauszufinden, welche Lösung sich in welchem Reagenzglas befindet?
3. Welcher Unterschied besteht zwischen Bromwasser, Bromwasserstoffsäure und Bromwasserstoff?
4. Stelle Gemeinsamkeiten und Unterschiede im Bau der Halogenatome fest!
5. Vergleiche die Halogene hinsichtlich ihrer Dichte und ihres Aggregatzustandes!
6. Beim Einwirken von konzentrierter Schwefelsäure auf festes Natriumchlorid entsteht ein farbloses, stechend riechendes Gas. Um welches Gas handelt es sich?

Im Überblick

REAKTIONEN MIT WASSERSTOFF IM ÜBERBLICK

Halogene – eine Elementgruppe im Periodensystem

Name	Fluor	Chlor	Brom	Iod
Schmelztemperatur	−220 °C	−101 °C	−7 °C	114 °C
Siedetemperatur	−188 °C	−35 °C	58 °C	183 °C
Farbe bei 0 °C	schwach grünlich	grüngelb	dunkelrotbraun	grauschwarz glänzend
Farbe im Gaszustand	schwach grünlich	grüngelb	dunkelrotbraun	blauviolett

Die Elemente der VII. Hauptgruppe ähneln sich

im Bau ihrer Atome

Halogenatome haben 7 Außenelektronen (Abb. 1).
In Verbindungen liegen die Elemente meist in Form einfach negativ elektrisch geladener Ionen vor (Abb. 2).

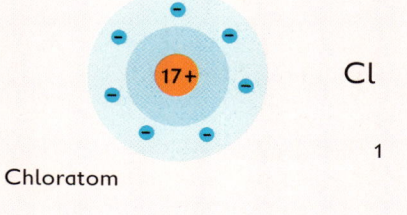

im Bau der zugehörigen Stoffe (Abb. 3)

Name	Fluor	Chlor	Brom	Iod
Formel	F_2	Cl_2	Br_2	I_2
Formel in Elektronenschreibweise	:F̈−F̈:	:C̈l−C̈l:	:B̈r−B̈r:	:Ï−Ï:
Art der Teilchen in den Stoffen	Moleküle, zwischen denen schwache Anziehungskräfte wirken			
Chemische Bindung	Atombindung			

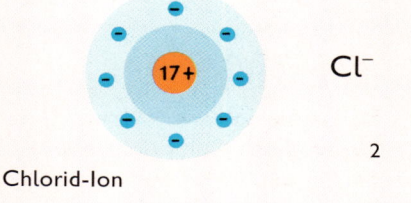

in den Reaktionen dieser Stoffe

Metall + **Halogen** ⟶ **Halogenid**

exotherm

Viele Metalle reagieren heftig unter Freisetzen von Wärme mit Halogenen. Die Reaktionsprodukte sind Halogenide, meist salzartige Stoffe (Abb. 4).
Bei diesen chemischen Reaktionen entstehen aus Atomen in den Ausgangsstoffen durch Elektronenübergang Ionen im Reaktionsprodukt.

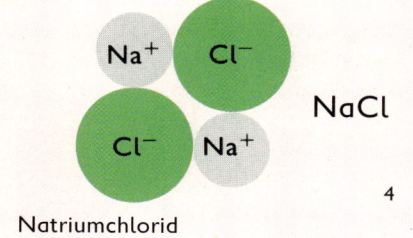

Wasserstoff + **Halogen** ⟶ **Halogenwasserstoff**

Halogenwasserstoffe sind aus zweiatomigen Molekülen (Abb. 5) aufgebaute Stoffe (Molekülsubstanzen). Sie lösen sich gut in Wasser unter Bildung saurer Lösungen.

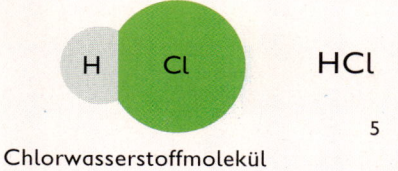

1 Chloratom — Cl

2 Chlorid-Ion — Cl^-

3 Chlormolekül — Cl_2

4 Natriumchlorid — NaCl

5 Chlorwasserstoffmolekül — HCl

SCHWEFEL UND SCHWEFELVERBINDUNGEN

14 Schwefel und Schwefelverbindungen

In Deutschland werden jährlich etwa 4,5 Millionen Tonnen Schwefelsäure hergestellt. Welche Rohstoffe werden dazu benötigt?
Wie kann man bei der Herstellung die Umwelt möglichst wenig belasten?

Schwefel

Modifikationen. Schwefelkristalle, die natürlich vorkommen, haben eine rhombische Form (Abb. 1). Der **rhombische Schwefel** besteht aus ringförmigen S_8-Molekülen (↗ S. 54). Aus einer Schwefelschmelze kristallisieren bei 119 °C hellgelbe, nadelförmige Kristalle des **monoklinen Schwefels** aus, die ebenfalls aus S_8-Molekülen bestehen (Abb. 2). Unterhalb von 95,6 °C werden die nadelförmigen Kristalle langsam trübe, weil sie sich in viele kleine rhombische Kristalle umwandeln. Rhombischer Schwefel ist also unterhalb 95,6 °C, monokliner Schwefel oberhalb 95,6 °C beständig. Es handelt sich um zwei Erscheinungsformen des Schwefels, die man als **Modifikationen** bezeichnet. Sie unterscheiden sich nicht nur in der Kristallform, sondern auch in den Eigenschaften wie Dichte oder Schmelztemperatur. Gießt man eine siedende Schwefelschmelze in kaltes Wasser, so bildet sich **plastischer Schwefel** (Abb. 3), der gummiähnliche Eigenschaften hat (Experiment 1).

Experiment 1
Fülle ein Reagenzglas zu einem Drittel mit Schwefelpulver und erwärme es über der Brennerflamme!
Beobachte die auftretenden Farbveränderungen und prüfe durch Schütteln des Reagenzglases von Zeit zu Zeit die Viskosität der Schmelze!
Gieße die siedende Schmelze in einen Becher mit Wasser!
Nimm den Schwefel aus dem Becher heraus und untersuche seine Festigkeit (Abb. 3).

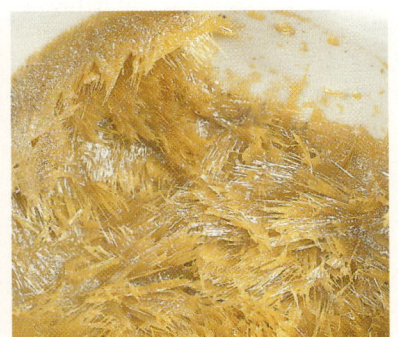

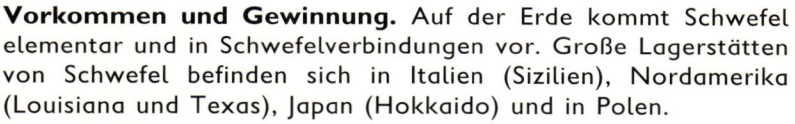

SCHWEFEL

Vorkommen und Gewinnung. Auf der Erde kommt Schwefel elementar und in Schwefelverbindungen vor. Große Lagerstätten von Schwefel befinden sich in Italien (Sizilien), Nordamerika (Louisiana und Texas), Japan (Hokkaido) und in Polen.
Der Schwefel wird entweder im Tagebau gewonnen (Abb. 4) oder in großer Tiefe aus schwefelhaltigem Gestein herausgeschmolzen und mit Pressluft an die Erdoberfläche gedrückt.
Häufig in der Natur vorkommende Schwefelverbindungen sind **Metallsulfide** (sulfidische Erze), wie Eisenkies (Schwefelkies, Pyrit) FeS_2 (Abb. 5), Kupferkies $CuFeS_2$, Kupferglanz Cu_2S, Bleiglanz PbS, Zinkblende ZnS (Abb. 6), und **Sulfate**, wie Calciumsulfat (Gips, Anhydrit) $CaSO_4$ (Abb. 7), Magnesiumsulfat (Bittersalz, Kieserit) $MgSO_4$ und Bariumsulfat (Schwerspat, Baryt) $BaSO_4$.
Pflanzliche und tierische Organismen enthalten ebenfalls Schwefel. Er ist hier ein Bestandteil von Eiweißen.

Verwendung. Schwefel wird zum Vulkanisieren von Kautschuk, zum Beispiel in der Reifenindustrie, benötigt (↗ S. 212). Er ist Ausgangsstoff zur Herstellung von Schwefeldioxid, Schwefeltrioxid, Schwefelsäure, Sulfaten und einer großen Anzahl organischer Schwefelverbindungen.
Ein kleiner Teil Schwefel wird zu pharmazeutischen Präparaten und zu kosmetischen Erzeugnissen verarbeitet.
Das früher verwendete Schießpulver („Schwarzpulver") enthielt neben Holzkohle und Kaliumnitrat Schwefel.

> **Schwefel kann mehrere Modifikationen bilden. Modifikationen sind unterschiedliche Erscheinungsformen eines Elements.**

AUFGABEN

1. Ermittle Eigenschaften des rhombischen und monoklinen Schwefels!
2. Berechne den prozentualen Schwefelanteil von Pyrit und Anhydrit!
3. Erkläre, warum Kohle und Erdöl Schwefel enthalten!
4. Warum werden Erdgas und Erdöl entschwefelt?

SCHWEFEL UND SCHWEFELVERBINDUNGEN

Sulfide und Schwefelwasserstoff

Sulfide. Schwefel reagiert mit vielen Metallen zu **Sulfiden** (Experiment 2).

$Fe + S \longrightarrow FeS$; exotherm
$2\,Cu + S \longrightarrow Cu_2S$; exotherm

Schwermetallsulfide kommen in der Natur als sulfidische Erze vor (↗ S. 111). Sie sind in Wasser sehr schwer löslich.

Schwefelwasserstoff. Einige Metallsulfide reagieren mit Säurelösungen unter Bildung von Schwefelwasserstoff (Experiment 3).

$FeS + 2\,HCl \longrightarrow H_2S + FeCl_2$

Schwefelwasserstoff ist ein farbloses, in Wasser lösliches Gas (Experiment 3). Es ist aus Molekülen aufgebaut (Abb. 1). Schwefelwasserstoff hat einen unangenehmen Geruch und ist sehr giftig.
Er bildet sich bei der Fäulnis von Eiweißen – typischer Geruch faulender Eier –, kann aber auch direkt aus den Elementen dargestellt werden.

$H_2 + S \longrightarrow H_2S$; exotherm

Die wässrige Lösung von Schwefelwasserstoff reagiert sauer; sie wird als Schwefelwasserstoffsäure bezeichnet (Experiment 3).

$H_2S \rightleftharpoons 2\,H^+ + S^{2-}$

Das Säurerest-Ion heißt Sulfid-Ion, die Salze der Schwefelwasserstoffsäure sind die **Sulfide**.
Werden Lösungen, die Schwermetall-Ionen enthalten, mit sulfidhaltigen Lösungen versetzt, so fallen Niederschläge von Schwermetallsulfiden aus, die oft farbig sind (Experiment 4, Abb. 2).

$Cd^{2+} + S^{2-} \longrightarrow CdS$ (gelb)
$2\,Sb^{3+} + 3\,S^{2-} \longrightarrow Sb_2S_3$ (orangerot)
$Pb^{2+} + S^{2-} \longrightarrow PbS$ (schwarz)

Die Reaktion mit Blei-Ionen wird zum Nachweis von Sulfid-Ionen und von Schwefelwasserstoff genutzt (Experiment 5).

Experiment 2
Fülle ein Gemisch aus Eisen- und Schwefelpulver beziehungsweise Kupfer- und Schwefelpulver in ein senkrecht eingespanntes Reagenzglas! Erwärme das Ende eines Eisendrahtes bis zum Glühen und stoße es in das Gemisch!

Experiment 3
Unter einem Abzug wird Salzsäure auf Eisensulfid getropft und das entstehende Gas durch Wasser geleitet.
Die wässrige Lösung von Schwefelwasserstoff wird mit Universal-Indikator geprüft.

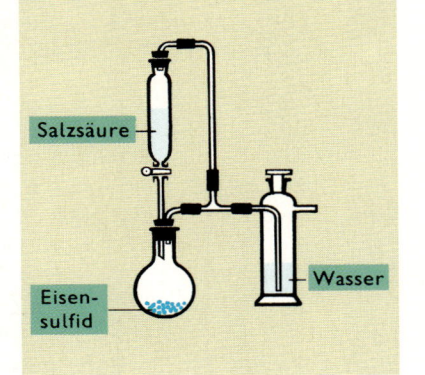

Experiment 4
Vorsicht! Abzug! Lösungen eines Cadmium-, eines Antimon- und eines Bleisalzes werden in Kelchgläsern mit Schwefelwasserstoffsäure versetzt.

Experiment 5
Vorsicht! Eine Sulfid-Ionen enthaltende Lösung wird auf einen Papierstreifen, der mit Bleisalzlösung präpariert wurde, getropft.

Schwefelwasserstoff ist ein unangenehm riechendes, sehr giftiges Gas. Seine wässrige Lösung reagiert mit Schwermetallsalzlösungen zu schwer löslichen Sulfid-Niederschlägen.

Schwefeldioxid

Bildung. Schwefeldioxid (↗ S. 56) wird in großen Mengen zur Herstellung von Schwefelsäure benötigt. Es kann auf verschiedene Weise hergestellt werden.
Schwefeldioxid bildet sich durch **Verbrennen von Schwefel** an der Luft oder in reinem Sauerstoff (Abb. 1).

$S + O_2 \longrightarrow SO_2$; exotherm

Schwefeldioxid kann auch aus Metallsulfiden hergestellt werden (Experiment 6).

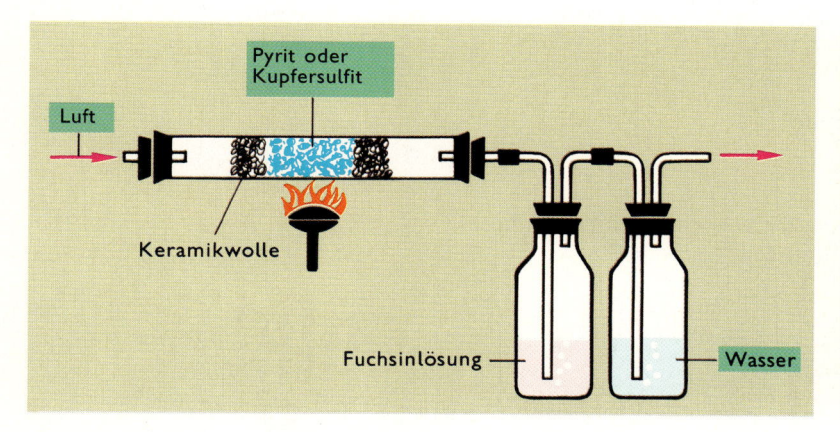

Viele Metallsulfide reagieren beim Erhitzen mit dem Sauerstoff der Luft. Dabei entstehen als Reaktionsprodukte Metalloxide und Schwefeldioxid.

$4 FeS_2 + 11 O_2 \longrightarrow 8 SO_2 + 2 Fe_2O_3$; exotherm
$2 Cu_2S + 3 O_2 \longrightarrow 2 SO_2 + 2 Cu_2O$; exotherm

In der Industrie werden diese chemischen Reaktionen als **Rösten sulfidischer Erze** bezeichnet.
Die beim Rösten entstehenden Metalloxide können zu Metallen, zum Beispiel Eisen, Kupfer oder Zink, verhüttet werden. Schwefeldioxid kann auch aus Sulfaten, zum Beispiel Calciumsulfat, durch Reaktion mit Kohlenstoff hergestellt werden.

$2 CaSO_4 + C \longrightarrow 2 SO_2 + 2 CaO + CO_2$; endotherm

Die endotherme, energieaufwendige Reaktion wird durch Zusatzstoffe wirtschaftlich, weil als Nebenprodukt Zement entsteht. Nach diesem Verfahren kann Calciumsulfat (Gips), das bei der Phosphorsäureherstellung oder bei der Entschwefelung von Rauchgasen als Abprodukt anfällt, verwendet werden.

Schwefeldioxid kann aus Schwefel oder aus Metallsulfiden hergestellt werden.

Schwefeldioxid als Luftschadstoff. Bei der Verbrennung von Kohle und Erdöl entsteht Schwefeldioxid, das neben Stickstoffoxiden den „sauren Regen" bildet (↗ S. 55, S. 91 und S. 255).

SULFIDE UND SCHWEFELWASSERSTOFF SCHWEFELDIOXID

AUFGABEN

1. Beim Einleiten von Schwefelwasserstoff in Kupfersulfatlösung fällt ein schwarzer Niederschlag aus. Erläutere diese Erscheinung! Nutze die chemische Zeichensprache!

Experiment 6
Eisensulfid (Pyrit) oder Kupfersulfid wird im Luftstrom in einem Verbrennungsrohr erhitzt. Das Reaktionsprodukt wird durch zwei Gaswaschflaschen geleitet, von denen die erste Fuchsinlösung und die zweite Wasser enthält.
Nach Beendigung des Experiments ist der Inhalt der zweiten Gaswaschflasche mit Universalindikator zu prüfen.

2. Erläutere anhand der Reaktionsgleichungen die Stoff- und Energieumwandlung beim Rösten von Pyrit beziehungsweise Kupfersulfid!

3. Beim Einleiten von Schwefeldioxid in Wasser entsteht eine saure Lösung. Deute diese Erscheinung! Entwickle eine Reaktionsgleichung!

4. Ermittle die Zusammensetzung von Erdgas, Erdöl, Steinkohle und Braunkohle! Vergleiche den Schwefelgehalt!

5. Begründe, weshalb schwefeldioxidhaltige Niederschläge als „saurer Regen" bezeichnet werden!

6. Bei der Verbrennung von 80 Mill. t Rohbraunkohle entstehen etwa 1 Mill. t Schwefeldioxid. Berechne den prozentualen Schwefelgehalt der Braunkohle!

SCHWEFEL UND SCHWEFELVERBINDUNGEN

Schwefeltrioxid

Eigenschaften und Bau. Unterhalb 17 °C ist **Schwefeltrioxid** ein weißer, fester Stoff (Abb. 1), bei höheren Temperaturen dagegen ein farbloses, stark ätzend wirkendes und stechend riechendes, giftiges Gas. Es besteht aus Molekülen (Abb. 2). An der Luft bildet Schwefeltrioxid dichte, weiße Nebel (Abb. 3).

Stoffe	Schwefeltrioxid	Schwefeldioxid
Farbe	farblos	farblos
Geruch	stechend	stechend
Löslichkeit in Wasser	löslich	leicht löslich
Schmelztemperatur	17 °C	−76 °C
Siedetemperatur	45 °C	−10 °C
Dichte	1,93 g/cm³	2,926 g/l

Bildung. Schwefeltrioxid kann aus Schwefeldioxid durch katalytische Oxidation hergestellt werden (Experiment 7).

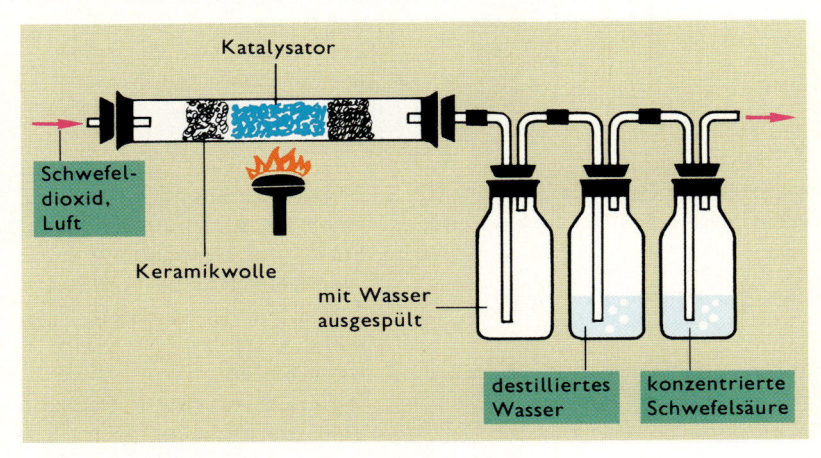

Experiment 7
Schwefeldioxid und Luft werden über einen erhitzten Katalysator geleitet. Das Reaktionsprodukt durchströmt drei Gaswaschflaschen.
Aus der zweiten Gaswaschflasche wird ein Teil der Lösung entnommen und mit Universal-Indikator untersucht. Zu einem weiteren Teil der Lösung werden einige Tropfen Bariumchloridlösung gegeben, der verdünnte Salzsäure zugefügt wurde.

$$2\,SO_2 + O_2 \rightleftarrows 2\,SO_3\,;\quad \text{exotherm}$$

In der ersten Gaswaschflasche (Experiment 7) bildet sich ein dichter, weißer Nebel, der auf die Bildung von Schwefeltrioxid hinweist. In der zweiten Gaswaschflasche ist etwas weniger Nebel vorhanden. Ein Teil des Schwefeltrioxids hat mit dem Wasser zu Schwefelsäure reagiert.

$$SO_3 + H_2O \longrightarrow H_2SO_4$$

Die Lösung ist sauer. Mit Barium-Ionen können Sulfat-Ionen nachgewiesen werden (Experiment 7).
In der dritten Gaswaschflasche ist kein weißer Schwefeltrioxidnebel mehr zu beobachten. Schwefeltrioxid reagiert mit konzentrierter Schwefelsäure zu Dischwefelsäure $H_2S_2O_7$.

Schwefeltrioxid wird durch katalytische Oxidation von Schwefeldioxid dargestellt.

SCHWEFELTRIOXID
BEDEUTUNG
DER SCHWEFELSÄURE

Bedeutung der Schwefelsäure

Schwefelsäure und chemische Produktion. Schwefelsäure ist für die Wirtschaft eines Landes von herausragender Bedeutung, da eine ungeheure Vielzahl von Erzeugnissen unter Verwendung von Schwefelsäure hergestellt werden. In der Welt beträgt die Jahresproduktion an Schwefelsäure weit über 100 Mill. t (↗ S. 110).
Die stürmische Entwicklung der chemischen Industrie im 19. Jahrhundert war unter anderem dadurch möglich, dass ausreichend Schwefelsäure produziert werden konnte. Damals wurde Schwefelsäure mitunter sehr anschaulich als „Blut der Chemie" bezeichnet.

Eigenschaften und Verwendung. Die Eigenschaften von verdünnter und konzentrierter Schwefelsäure unterscheiden sich erheblich voneinander. Die konzentrierte Schwefelsäure wirkt ähnlich der konzentrierten Salpetersäure (↗ S. 126) oxidierend. In der Tabelle sind einige Eigenschaften von Schwefelsäure (↗ S. 92) und darauf beruhende Möglichkeiten ihrer Verwendung zusammengestellt.

4

Schwefelsäure	
Eigenschaften	Verwendung
hygroskopisch (konzentrierte Säure)	Trockenmittel für Gase, Flüssigkeiten und feste Stoffe
Wirkung als Katalysator	Herstellung von Estern, Herstellung von Polyamidfasern
wasserabspaltende Wirkung (konzentrierte Säure)	Herstellung von Sprengstoffen, Herstellung von Farbstoffen, Herstellung von Arzneimitteln und Kosmetika
elektrische Leitfähigkeit (verdünnte Säure)	Elektrolytische Raffination von Kupfer, „Akkusäure" in Kraftfahrzeugakkumulatoren
chemische Reaktion mit unedlen Metallen, Metalloxiden, Metallhydroxiden und Ammoniak	Herstellung von Chemikalien (Sulfate); Beizen von Metallteilen (Entrosten, Abb. 4); Herstellen von Düngemitteln (Ammoniumsulfat)
chemische Reaktion mit wasserunlöslichem Calciumphosphat („Aufschluss")	Herstellen von Düngemitteln (Superphosphat), Herstellen von Phosphorsäure
chemische Reaktion mit wasserunlöslichem Calciumfluorid	Herstellen von Fluorverbindungen
chemische Reaktion mit Alkoholen (Veresterung)	Herstellen von Waschmitteln

AUFGABEN

1. Vergleiche die Eigenschaften von Schwefeltrioxid und Schwefeldioxid!
2. Interpretiere die Reaktionsgleichung zur Oxidation von Schwefeldioxid unter stofflichen, energetischen und teilchenmäßigen Gesichtspunkten!
3. Erläutere den Nachweis von Sulfat-Ionen mit Barium-Ionen!
4. Warum löst man Schwefeltrioxid statt in Wasser in konzentrierter Schwefelsäure?
5. Stelle aus Wirtschaftsstatistiken eine Übersicht über die Schwefelsäureproduktion in verschiedenen Ländern der Erde zusammen!
6. Erläutere und begründe den Spruch: „Erst das Wasser, dann die Säure – sonst geschieht das Ungeheure!"!
7. Erkläre, warum Kleidungsstücke und Schuhe, die mit verdünnter Schwefelsäure besprizt wurden, erst nach Stunden oder Tagen Schäden aufweisen!

SCHWEFEL UND SCHWEFELVERBINDUNGEN

Herstellung von Schwefelsäure

Grundlagen. Für die Herstellung von Schwefelsäure sind drei chemische Reaktionen erforderlich: Die Bildung von Schwefeldioxid aus schwefelhaltigen Stoffen (↗ S. 113), die Bildung von Schwefeltrioxid aus Schwefeldioxid (↗ S. 114) und die Bildung von Schwefelsäure aus Schwefeltrioxid (↗ S. 114).
Die Bildung von Schwefeltrioxid hat für die Wirtschaftlichkeit des technischen Verfahrens besondere Bedeutung.
Die Oxidation von Schwefeldioxid zu Schwefeltrioxid ist eine umkehrbare chemische Reaktion.

$$2\,SO_2 + O_2 \rightleftarrows 2\,SO_3\,;\quad \text{exotherm}$$

Schwefeldioxid und Sauerstoff werden nicht vollständig umgesetzt. Der Anteil des gebildeten Schwefeltrioxids wird durch die Reaktionsbedingungen beeinflusst.
Eine Änderung der **Temperatur** hat eine Änderung der Zusammensetzung des Gemisches aus Schwefeldioxid, Sauerstoff und Schwefeltrioxid zur Folge (Abb. 1).
Je niedriger die Temperatur, desto mehr Schwefeltrioxid wird gebildet.
Weil chemische Reaktionen bei niedrigen Temperaturen nur langsam ablaufen, muss ein **Katalysator** eingesetzt werden. Er beschleunigt zwar die umkehrbare Reaktion, hat aber keinen Einfluss auf die Zusammensetzung des Gasgemisches (Abb. 2).
Wird bei der umkehrbaren chemischen Reaktion von Schwefeldioxid mit Sauerstoff zu Schwefeltrioxid das Volumenverhältnis von Schwefeldioxid zu Sauerstoff verändert, ändert sich auch der Anteil an Schwefeltrioxid im Gasgemisch (Abb. 1).
Eine Erhöhung des Volumenanteils Sauerstoff im Ausgangsgasgemisch führt zu verstärkter Bildung von Schwefeltrioxid.

> **Die umkehrbare Reaktion von Schwefeldioxid und Sauerstoff zu Schwefeltrioxid hängt von der Temperatur und vom Volumenverhältnis der Ausgangsstoffe ab.**
> **Ein Katalysator verkürzt die Reaktionszeit.**

Technische Durchführung. Der größte Teil Schwefelsäure wird durch katalytische Oxidation von Schwefeldioxid mit Sauerstoff der Luft zu Schwefeltrioxid nach dem **Kontaktverfahren** und anschließendem Lösen des Schwefeltrioxids in Schwefelsäure hergestellt. In der Technik heißt ein fester Katalysator Kontakt.
Die Reaktion von Schwefeldioxid zu Schwefeltrioxid wird bei 420 °C mit einem Vanadiumoxid-Katalysator durchgeführt. Unterhalb 420 °C ist die Wirksamkeit des Katalysators zu gering. Luft wird als billiger Ausgangsstoff im Überschuss verwendet. Günstig ist ein Volumenverhältnis der Ausgangsstoffe von

$$V_{SO_2} : V_{O_2} = 1 : 1{,}1\;.$$

Das Gasgemisch hat etwa folgende Zusammensetzung:
7 % Schwefeldioxid, 10 % Sauerstoff, 83 % Stickstoff.

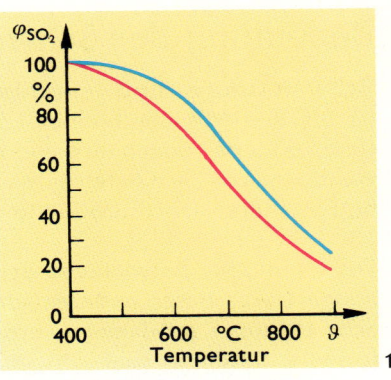

Abb. 1: Volumenanteil umgesetztes Schwefeldioxid φ_{SO_2} im Gasgemisch aus Schwefeldioxid/Sauerstoff/Schwefeltrioxid, gemessen bei unterschiedlichen Temperaturen, unterschiedlicher Zusammensetzung des Ausgangsgemisches und konstantem Druck von 1 bar
rote Kurve:
66,7 % SO_2 und 33,3 % O_2 im Ausgangsgemisch
blaue Kurve:
33,3 % SO_2 und 66,7 % O_2 im Ausgangsgemisch

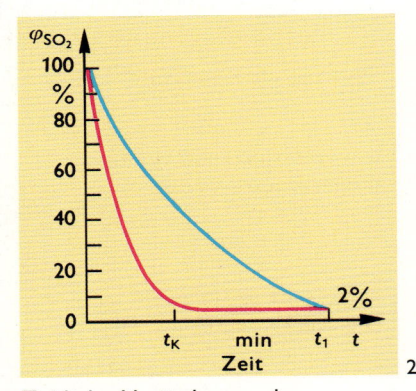

Abb. 2: Zeitliche Veränderung des Volumenanteils an eingesetztem Schwefeldioxid φ_{SO_2} bei konstanter Temperatur mit und ohne Katalysator
rote Kurve: mit Katalysator
blaue Kurve: ohne Katalysator

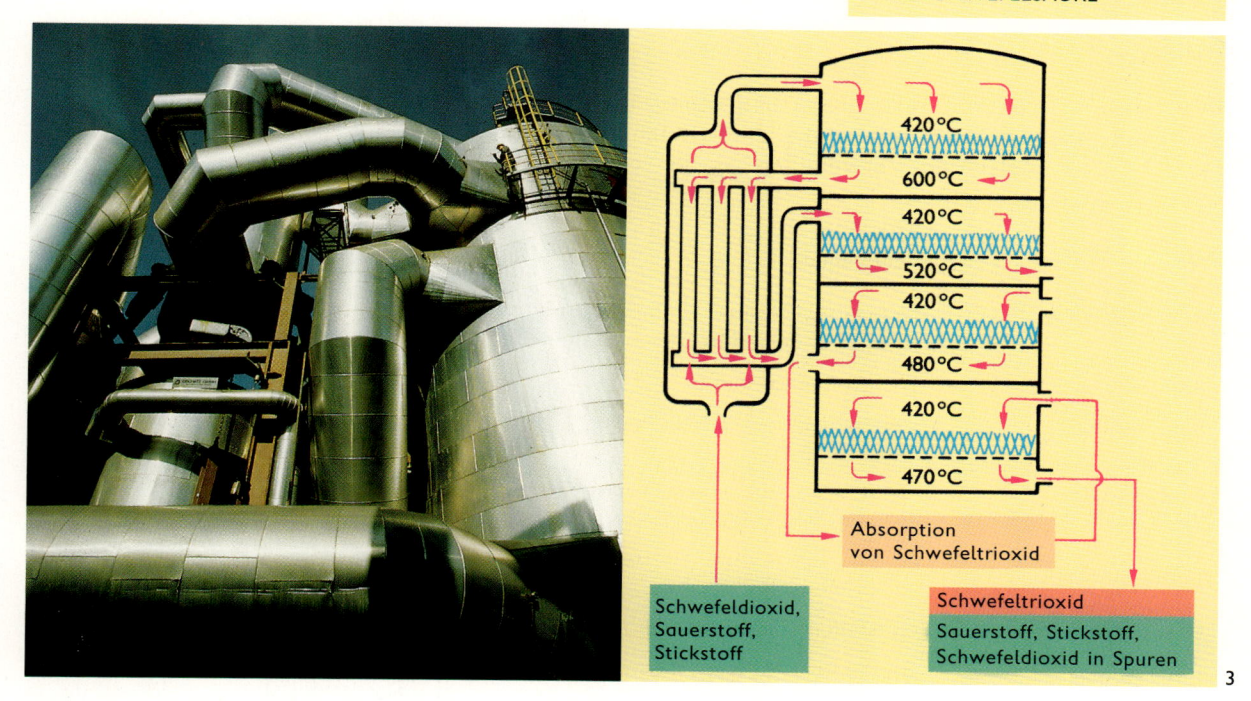

HERSTELLUNG VON SCHWEFELSÄURE

Bilddiagramm der Kontaktanlage mit Temperaturen: 420 °C, 600 °C, 420 °C, 520 °C, 420 °C, 480 °C, 420 °C, 470 °C. Absorption von Schwefeltrioxid. Eingang: Schwefeldioxid, Sauerstoff, Stickstoff. Ausgang: Schwefeltrioxid, Sauerstoff, Stickstoff, Schwefeldioxid in Spuren.

Es wird bei einem Druck von 1 bar gearbeitet.
Unter den angegebenen Bedingungen reagieren etwa 99,5 % des eingesetzten Schwefeldioxids zu Schwefeltrioxid.
Die Reaktion von Schwefeldioxid zu Schwefeltrioxid wird in **Kontaktanlagen** durchgeführt. Eine Kontaktanlage (Abb. 3) besteht aus einem Reaktionsapparat, dem Kontaktapparat, und mehreren **Wärmeaustauschern**.
Der Aufbau einer Kontaktanlage ist durch die Wärmeaustauscher recht kompliziert. Sie sind jedoch erforderlich, damit durch Wärmeaustausch die günstige Temperatur von 420 °C eingehalten werden kann. In der Abbildung 3 ist zur besseren Übersichtlichkeit nur ein Wärmeaustauscher dargestellt.
Die Zwischenabsorption von Schwefeltrioxid ermöglicht eine höhere Ausbeute (Doppelkontaktverfahren). So wird eine gute Ausnutzung der eingesetzten Rohstoffe und eine geringe Umweltbelastung durch Abgase (Schwefeldioxid) gewährleistet.
Moderne Kontaktanlagen haben eine Tagesleistung von bis zu 100 t Schwefeltrioxid.
Aus dem Kontaktapparat wird das Gasgemisch, das aus Schwefeltrioxid, Sauerstoff, Stickstoff und wenig Schwefeldioxid besteht, in säurefeste **Rieseltürme** eingeleitet. Dort wird Schwefeltrioxid durch entgegenrieselnde Schwefelsäure aus dem Gasgemisch absorbiert. Es bildet sich in einer umkehrbaren Reaktion Dischwefelsäure $H_2S_2O_7$.

$$SO_3 + H_2SO_4 \rightleftarrows H_2S_2O_7$$

Dischwefelsäure reagiert mit Wasser (oder mit verdünnter Schwefelsäure) wieder zu Schwefelsäure.

$$H_2S_2O_7 + H_2O \longrightarrow 2\,H_2SO_4$$

AUFGABEN

1. Nenne Vor- und Nachteile von zwei Verfahren zur Herstellung von Schwefeldioxid!
2. Vergleiche die Massen Schwefeldioxid, die sich
   a) aus 1 t Schwefel,
   b) aus 1 t Kupfersulfid
   herstellen lassen (vollständiger Stoffumsatz wird vorausgesetzt)!
3. Erläutere die Eigenschaften eines Katalysators! Woraus ergibt sich sein ökonomischer Nutzen in der Technik?
4. Begründe die Bedingungen für das Schwefelsäure-Kontaktverfahren: 420 °C, Luftüberschuss, Verwendung eines Kontakts!
5. Überlege, warum in den Wärmeaustauschern einer Kontaktanlage das kältere Gas stets dem wärmeren Gas entgegenströmt!

SCHWEFEL UND SCHWEFELVERBINDUNGEN

Sulfate

Verwendung. Sulfate haben große Bedeutung für die Industrie, das Handwerk, das Gewerbe und die Landwirtschaft eines Landes (Abb. 1). Ihre vielseitige Verwendung beruht auf ihren unterschiedlichen Eigenschaften.

Name	Verwendung
Aluminiumsulfat	Gerben von Häuten („Weißgerberei"), Hilfsmittel beim Färben von Stoffen
Ammoniumsulfat	Stickstoffdüngemittel
Bariumsulfat	Herstellung von Farben, Papierherstellung
Calciumsulfat	Herstellung von Schwefelsäure und Zement, Baustoff (Gips; Abb. 2)
Chromiumsulfat	Gerben von Häuten (Herstellung von „Chromleder")
Eisensulfat	Herstellen von Tinten, Färberei
Kaliumsulfat	Bestandteil von Kalidüngemitteln
Kupfersulfat	Herstellung galvanischer Kupferüberzüge; kristallwasserfreies Salz zum Nachweis von Wasser
Natriumsulfat	Herstellung von Glas, Farbstoffen, Textilien, Papier

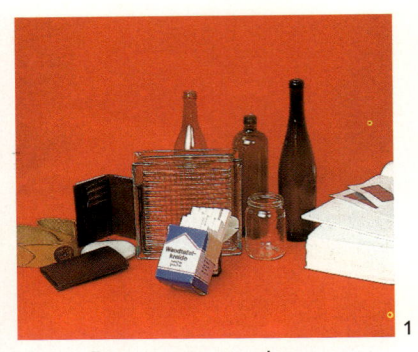

1 Einige Erzeugnisse, zu deren Herstellung Sulfate verwendet worden sind

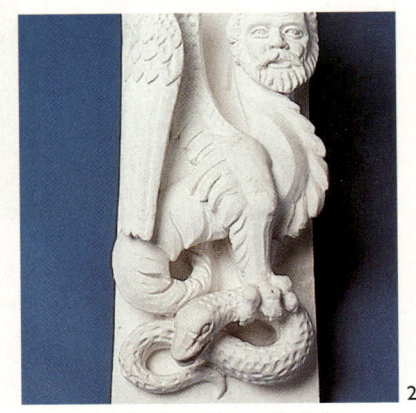

2 Gipsmodell (Calciumsulfat) für Steinmetzarbeiten

Nachweis von Sulfat-Ionen. Das Vorhandensein von Sulfat-Ionen in unbekannten Stoffproben kann neben anderen Ionen experimentell ermittelt werden (Experiment 8).

Experiment 8
Weise in unbekannten Stoffproben folgende Ionen nach:
Sulfat-Ionen, Carbonat-Ionen und Chlorid-Ionen!

Durchführung
1. Wie können Sulfat- (↗ S. 114), Carbonat- (↗ S. 137) und Chlorid-Ionen (↗ S. 107) nachgewiesen werden?
2. Plane die Reihenfolge der Arbeitsschritte!
3. Entwirf eine Tabelle zur Erfassung der Experimentergebnisse und der abzuleitenden Schlussfolgerungen!
4. Lasse den Plan vom Lehrer bestätigen und untersuche die unbekannten Stoffproben!

Auswertung
1. Notiere in der Tabelle die Beobachtungen und Schlussfolgerungen!
2. Entwickle für die positiv ausgefallenen Nachweise die Reaktionsgleichungen in Ionenschreibweise!
3. Fertige ein Protokoll an!

AUFGABEN

1. Ermittle die Formeln der Sulfate, die in der Tabelle angegeben sind!
2. Suche nach Möglichkeiten, Bariumsulfat darzustellen!
3. Stelle Düngemittel zusammen!
4. Weshalb ist Schwefel zur Herstellung von Schwefelsäure besonders geeignet?
5. Wenn Salze (Sulfate, Carbonate, Chloride) mit Salzsäure übergossen werden, kann man die Carbonate sofort erkennen! Begründe!
6. Erläutere die Bedeutung von Sulfaten für das Leben der Menschen!

Im Überblick

SULFATE IM ÜBERBLICK

Vom Schwefel zu Schwefelverbindungen

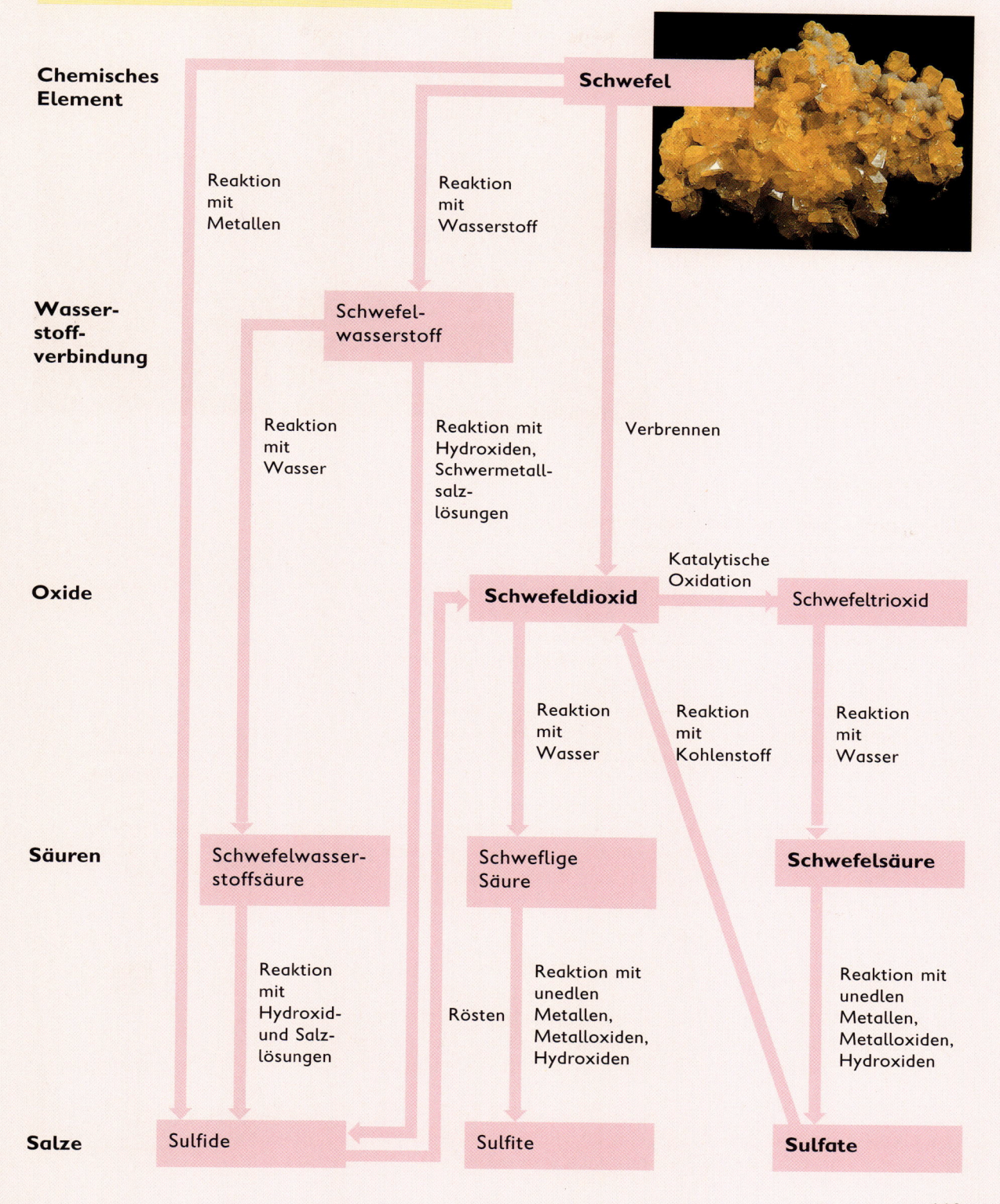

Chemisches Element → **Schwefel**

- Reaktion mit Metallen
- Reaktion mit Wasserstoff

Wasserstoffverbindung: **Schwefelwasserstoff**

- Reaktion mit Wasser
- Reaktion mit Hydroxiden, Schwermetallsalzlösungen
- Verbrennen

Oxide: **Schwefeldioxid** → (Katalytische Oxidation) → **Schwefeltrioxid**

- Reaktion mit Wasser
- Reaktion mit Kohlenstoff
- Reaktion mit Wasser

Säuren: **Schwefelwasserstoffsäure**, **Schweflige Säure**, **Schwefelsäure**

- Reaktion mit Hydroxid- und Salzlösungen
- Rösten
- Reaktion mit unedlen Metallen, Metalloxiden, Hydroxiden
- Reaktion mit unedlen Metallen, Metalloxiden, Hydroxiden

Salze: **Sulfide**, **Sulfite**, **Sulfate**

119

15 Stickstoffverbindungen

STICKSTOFF-VERBINDUNGEN

Stickstoff ist Bestandteil von Ammoniak, Salpetersäure und Eiweißen. Die Industrie produziert jährlich über 100 Millionen Tonnen Stickstoffdüngemittel und nutzt dazu Stickstoff aus der Luft.
Wie gelangt dieser in Stickstoffdüngemittel?

Ammoniak

Vorkommen und Verwendung. Im Pferdestall riecht es intensiv nach **Ammoniak**. Beim Stoffwechsel der Pferde und der Zersetzung von Eiweißen entsteht Ammoniak. Daher kommt Ammoniak in Spuren in der Luft vor. Ammoniak ist auch Bestandteil der Atmosphären der großen Planeten unseres Sonnensystems. Im Haushalt werden Fensterputzmittel verwendet, in denen Ammoniak (Salmiakgeist) in verdünnter Form enthalten ist. Wichtige Stoffe, wie Salpetersäure, Stickstoffdüngemittel, Sprengstoffe, Arzneimittel und Farbstoffe, werden aus Ammoniak über Zwischenprodukte hergestellt. In Kälteanlagen von Kunsteisbahnen und Kühlhäusern dient flüssiges Ammoniak als Kältemittel.

Eigenschaften. Ammoniak NH_3 ist ein stechend riechendes Gas, das aus Molekülen besteht (Abb. 1). Ammoniak ist gesundheitsschädigend. Die Dichte von Ammoniak ist mit 0,77 g/l geringer als die der Luft. Ammoniak lässt sich durch Anwendung von Druck verflüssigen. Es verbrennt zu Stickstoff und Wasser.

$4\ NH_3 + 3\ O_2 \longrightarrow 2\ N_2 + 6\ H_2O;$ exotherm

Ammoniak löst sich sehr gut in Wasser (Experiment 1). Die Löslichkeit bei 20 °C beträgt 750 l Ammoniak je Liter Wasser. Die handelsübliche Ammoniaklösung hat einen Massenanteil von 25 % Ammoniak. Sie färbt Universalindikator blau. Beim Lösen reagieren Ammoniak und Wasser miteinander (Experiment 1).

$NH_3 + H_2O \rightleftarrows NH_4^+ + OH^-$

Die Blaufärbung des Indikators zeigt an, dass in der Ammoniaklösung ein Überschuss an Hydroxid-Ionen vorhanden ist.

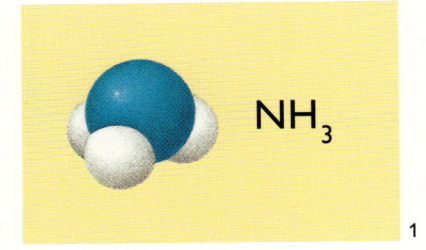

1 NH_3

Experiment 1
Die Löslichkeit von Ammoniak in Wasser wird untersucht.

Ammoniak

Wasser, Universalindikator

Außer den negativ elektrisch geladenen Hydroxid-Ionen sind noch positiv elektrisch geladene **Ammonium-Ionen** (Abb. 2) entstanden. Aus Ammoniakmolekülen und Wassermolekülen bilden sich Ammonium-Ionen und Hydroxid-Ionen. Diese chemische Reaktion ist umkehrbar.

$$H-\overset{H}{\underset{H}{N}}-H + \overset{H}{O}-H \rightleftharpoons \left[H-\overset{H}{\underset{H}{N}}-H\right]^+ + OH^-$$

AMMONIAK

NH$_4^+$

2

Bildung von Ammoniak. Stickstoff und Wasserstoff reagieren in Anwesenheit eines Katalysators zu Ammoniak (Experiment 2).

$N_2 + 3 H_2 \rightleftharpoons 2 NH_3$;   exotherm

Diese chemische Reaktion ist umkehrbar. Im Gasgemisch liegen Stickstoff, Wasserstoff und Ammoniak nebeneinander vor. Die Volumenanteile an Ammoniak im Gasgemisch sind von Temperatur und Druck abhängig und durch diese zu beeinflussen.

Temperatur in °C	Druck in MPa				
	0,1	10	30	60	100
200	15,3	81,5	89,9	95,4	98,3
300	2,18	52,0	71,0	84,2	92,6
400	0,44	25,1	42,0	65,2	79,8
500	0,13	10,6	26,4	42,2	57,5
600	0,05	4,5	13,8	23,1	31,4
700	0,02	2,2	7,3	12,6	12,9

Volumenanteile von Ammoniak in Prozent

Experiment 2
Stickstoff und Wasserstoff werden über einen erhitzten Katalysator geleitet.

Katalysator

Indikatorlösung

Stickstoff-Wasserstoff-Gemisch

Eine realtiv niedrige Temperatur begünstigt die exotherme Ammoniakbildung. Bei niedriger Temperatur läuft die Bildung von Ammoniak jedoch sehr langsam ab. Durch den Einsatz von Katalysatoren kann diese umkehrbare Reaktion beschleunigt werden. Die Bildung von Ammoniak ist mit einer Volumenabnahme auf die Hälft des Ausgangsvolumens verbunden (Abb. 3). Deshalb wird die Bildung von Ammoniak durch die Anwendung von hohem Druck gefördert.

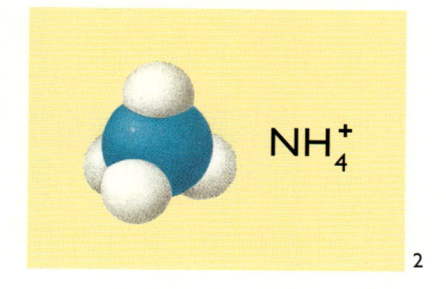

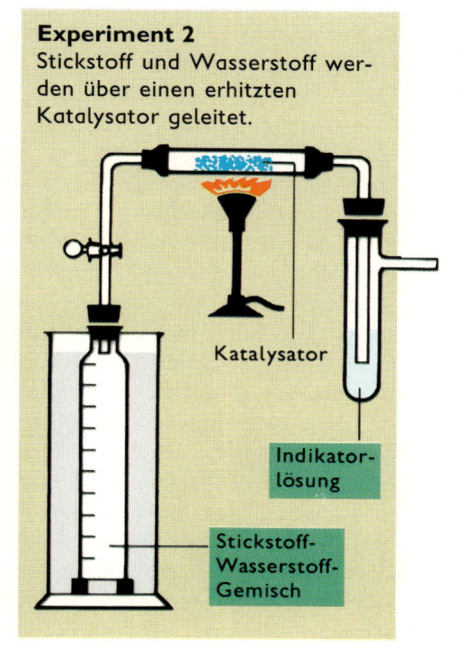

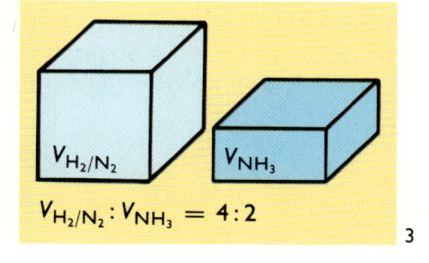

V_{H_2/N_2} V_{NH_3}

$V_{H_2/N_2} : V_{NH_3} = 4 : 2$

3

➤ AUFGABEN

1. Ammoniak soll man durch Luftverdrängung „trocken" im Rundkolben mit der Öffnung nach unten aufgefangen. Gib Gründe an!
2. Erläutere den Unterschied zwischen flüssigem Ammoniak und wässriger Ammoniaklösung!
3. Interpretiere die Reaktionsgleichung für die Verbrennung von Ammoniak
a) stofflich und b) teilchenmäßig!
4. Vergleiche den Bau eines Ammoniakmoleküls mit einem Ammonium-Ion! Gib die Art der chemischen Bindung und die Ladung an!
5. Interpretiere die chemische Reaktion von Stickstoff und Wasserstoff a) als umkehrbare Reaktion und b) energetisch!
6. Leite Aussagen über die Abhängigkeit der Ammoniakbildung von a) Temperatur und b) Druck ab!

STICKSTOFF-VERBINDUNGEN

Herstellung von Ammoniak

Entwicklung des Verfahrens zur Ammoniakherstellung. Gegen Ende des vorigen Jahrhundert war absehbar, dass sich die Salpeterlagerstätten in Chile erschöpfen würden. Salpeter, Natriumnitrat, war Stickstoffdüngemittel und Rohstoff zur Sprengstoffherstellung. Das Problem, Stickstoffverbindungen aus dem Stickstoff der Luft herzustellen, musste technisch gelöst werden. Die norwegischen Wissenschaftler *Birkeland* und *Eyde* stellten Stickstoffmonooxid aus der Luft mithilfe des Lichtbogens her. Den deutschen Wissenschaftlern *Rothe*, *Frank* und *Caro* gelang die Herstellung von Kalkstickstoff aus Calciumcarbid und Stickstoff. Die Ammoniaksynthese wurde durch die Arbeiten der deutschen Chemiker *Fritz Haber* (Abb. 1), *Carl Bosch* (Abb. 2) und *Alwin Mittasch* (Abb. 3) ermöglicht.

Fritz Haber erarbeitete die physikalisch-chemischen Grundlagen der Ammoniaksynthese, für die er 1918 den Nobelpreis für Chemie erhielt. *Carl Bosch*, *Alwin Mittasch* und andere Mitarbeiter der Badischen Anilin- und Sodafabrik in Ludwigshafen konstruierten und erprobten die technischen Anlagen für die Ammoniaksynthese. Für seine wissenschaftlich-technischen Leistungen auf dem Gebiet der Hochdrucktechnologie wurde *Carl Bosch* 1931 der Nobelpreis verliehen. In aufwendigen Untersuchungen fand *Alwin Mittasch* einen geeigneten Katalysator für die technische Ammoniaksynthese.

Nach 5 Jahren Forschungs- und Entwicklungsarbeiten nahm 1913 in Ludwigshafen die erste großtechnische Anlage die Produktion von Ammoniak nach dem **Haber-Bosch-Verfahren** auf (Abb. 4). Trotz weiterer Fortschritte bei der technischen Entwicklung der Ammoniaksynthese muss dafür im Unterschied zur bakteriellen Stickstoffbindung viel Energie bereitgestellt werden.

Technische Durchführung. Ausgangsstoffe für die Herstellung von Ammoniak sind Stickstoff und Wasserstoff im Volumenverhältnis 1 : 3. Stickstoff wird aus der Luft nach dem *Linde*-Verfah-

Fritz Haber
1868 bis 1934

Carl Bosch
1874 bis 1940

Alwin Mittasch
1869 bis 1950

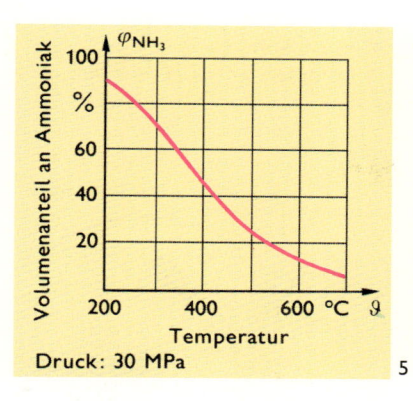

HERSTELLUNG VON AMMONIAK

Abb. 5 Druck: 30 MPa

Abb. 6 Stickstoff, Wasserstoff – Kühler – Abscheider – Reaktionsapparat – Ammoniak

Abb. 7 Stickstoff, Wasserstoff – Reaktormantel – Katalysator (Kontakt) – Wärmeaustauscher – Ammoniak, Stickstoff, Wasserstoff

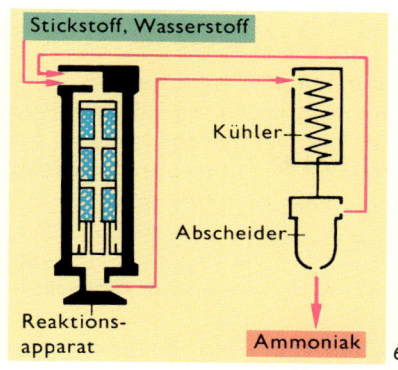

ren (↗ S. 34) gewonnen. Der Wasserstoff kann aus Erdgas, Erdöl oder Kohle hergestellt werden.

Der bei der Ammoniaksynthese verwendete eisenoxidhaltige Mischkatalysator ist erst bei Temperaturen von 450 ··· 550 °C voll wirksam. Um bei dieser Temperatur noch wirtschaftlich vertretbare Anteile an Ammoniak im Gasgemisch zu erhalten, werden Drücke von 25 ··· 35 MPa angewendet (Abb. 5, Tab. S. 121).

Das kalte Synthesegas tritt unter hohem Druck oben in den Kontaktapparat (Abb. 7) ein und strömt nach unten durch **Wärmeaustauscher**. Dort wird das Synthesegas im **Gegenstrom** vorgewärmt und danach durch Katalysatorenschichten geleitet. An den Katalysatoren erfolgt die exotherme Ammoniaksynthese. Das Gasgemisch aus Wasserstoff, Stickstoff und Ammoniak nimmt die Reaktionswärme auf; die Temperatur steigt an. Das heiße Gasgemisch gibt dann im Wärmeaustauscher seine Wärme an das entgegenströmende kalte Synthesegas ab. Das aus dem Kontaktapparat ausströmende Gasgemisch besteht zu etwa vier Fünfteln aus noch nicht umgesetztem Stickstoff und Wasserstoff. Ammoniak wird durch Verflüssigung aus dem Gasgemisch entfernt. Stickstoff und Wasserstoff werden mit frischem Synthesegas angereichert und im **Kreislauf** dem Kontaktapparat erneut zugeführt (Abb. 6).

Die Ammoniaksynthese wird in einem Kontaktapparat bei 450 ··· 550 °C und 25 ··· 35 MPa durchgeführt.

Technische Arbeitsweisen. Aus ökonomischen Gründen werden bei der Herstellung von Ammoniak die **kontinuierliche Arbeitsweise** und der Wärmeaustausch im Gegenstrom angewendet. Durch die Nutzung des Kreislaufprinzips gelingt es, Stickstoff und Wasserstoff nahezu verlustlos zu Ammoniak umzusetzen.

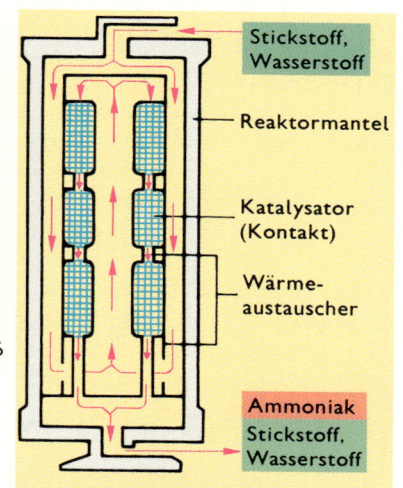

Kontaktapparat (Abb. 7)
Durchmesser: 2 m
Höhe: 60 m
Masse: 200 t
Form: zylindrisch
Leistung je Tag: 1700 t
Material: Chrom-Molybdän-Stahl

AUFGABEN

1. Ermittle anhand der Tabelle auf Seite 121 die Volumenanteile an Ammoniak bei steigenden Temperaturen und a) 0,1 MPa, b) 30 MPa sowie c) einer Temperatur von 500 °C und steigendem Druck!
2. Beschreibe den Bau des Kontaktapparates!
3. Warum kann der Druck bei der Ammoniaksynthese nicht beliebig erhöht werden?
4. Erläutere die technischen Arbeitsweisen bei der Ammoniaksynthese!

STICKSTOFF-VERBINDUNGEN

Ammoniumverbindungen

Eigenschaften. Ammoniumverbindungen sind meist weiße, kristalline Substanzen. Sie lösen sich sehr gut in Wasser. Beim Lösen von einigen Ammoniumsalzen sinkt die Temperatur. Wirkt auf eine Ammoniumverbindung konzentrierte Natriumhydroxidlösung ein, so bildet sich gasförmiges Ammoniak (Experiment 3).

$$NH_4Cl + NaOH \longrightarrow NH_3 + NaCl + H_2O$$

Diese chemische Reaktion wird zum **Nachweis von Ammonium-Ionen** in festen Stoffen genutzt.
Ammoniumchlorid entsteht als weißer Rauch bei der umkehrbaren chemischen Reaktion von Ammoniak mit Chlorwasserstoff.

$$NH_3 + HCl \rightleftharpoons NH_4Cl; \text{ exotherm}$$

Ammoniumchlorid wird durch Erhitzen in Ammoniak und Chlorwasserstoff zersetzt. Die Bildung von Ammoniumchlorid dient als **Nachweis von Ammoniak** beziehungsweise Chlorwasserstoff.

Experiment 3
Tropfe konzentrierte Natriumhydroxidlösung auf eine Ammoniumverbindung!
Prüfe den Geruch!

Nachweis von	Nachweismittel	Erscheinung
Ammonium-Ion NH_4^+	konzentrierte Natriumhydroxidlösung	Es entsteht gasförmiges Ammoniak. Universalindikatorpapier färbt sich blau.
Ammoniak NH_3	Chlorwasserstoff	Es entsteht ein weißer Rauch von Ammoniumchlorid.
Chlorwasserstoff HCl	Ammoniak	

Heiße Lötkolbenspitzen werden auf Lötstein aus Ammoniumchlorid gerieben. Bei der thermischen Zersetzung entsteht Chlorwasserstoff, der die schwarze Kupferoxidschicht auf dem Lötkolben beseitigt.

Verwendung. Ammoniumverbindungen brauchen zum Beispiel die Landwirtschaft, der Bergbau und die Industrie.

Namen	Formel	Verwendung
Ammoniumchlorid	NH_4Cl	in Gemischen als Stickstoffdüngemittel, als Bestandteil von Kältemischungen, als Lötstein (Abb. 1), als Elektrolyt in Trockenzellen
Ammoniumnitrat	NH_4NO_3	als Stickstoffdüngemittel, Sicherheitssprengstoff im Bergbau, zur Herstellung von Kältemischungen und Lachgas N_2O
Ammoniumsulfat	$(NH_4)_2SO_4$	als Bestandteil von Düngemitteln, Flammschutzmitteln und Kältemischungen
Diammoniumhydrogenphosphat	$(NH_4)_2HPO_4$	als Bestandteil einiger Mehrnährstoffdüngemittel, als Imprägnier- und Flammschutzmittel für Holz
Ammoniumcarbonat	$(NH_4)_2CO_3$	als Hilfsmittel in der Wollwäscherei, als Beize beim Textilfärben, in Feuerlöschern
Ammoniumhydrogencarbonat	NH_4HCO_3	im Gemisch mit anderen Stoffen als Hirschhornsalz (Treibmittel für einige Backwaren)

AMMONIUMVERBINDUNGEN
OXIDE DES STICKSTOFFS

Oxide des Stickstoffs

Bildung und Verwendung. Bei Blitzschlag (Abb. 2), im Lichtbogen, in häuslichen und industriellen Feuerungsanlagen und in Kraftfahrzeugmotoren entsteht **Stickstoffmonooxid** bei hohen Temperaturen aus Stickstoff und Sauerstoff.

$N_2 + O_2 \longrightarrow 2\,NO$;   endotherm

Stickstoffmonooxid wird an der Luft zu **Stickstoffdioxid** oxidiert.

$2\,NO + O_2 \longrightarrow 2\,NO_2$;   exotherm

Gasgemische aus Stickstoffoxiden werden als **nitrose Gase NO_x** bezeichnet. Sie sind starke Atemgifte. Stickstoffmonooxid und Stickstoffdioxid werden zur Herstellung von Salpetersäure verwendet. Distickstoffmonooxid (Lachgas) N_2O wird als Treibgas für Sahnepatronen verwendet.

Bau und Eigenschaften. Bereits beim Einatmen geringer Volumen von Stickstoffmonooxid und Stickstoffdioxid treten Reizungen und Schädigungen der Atemorgane auf.

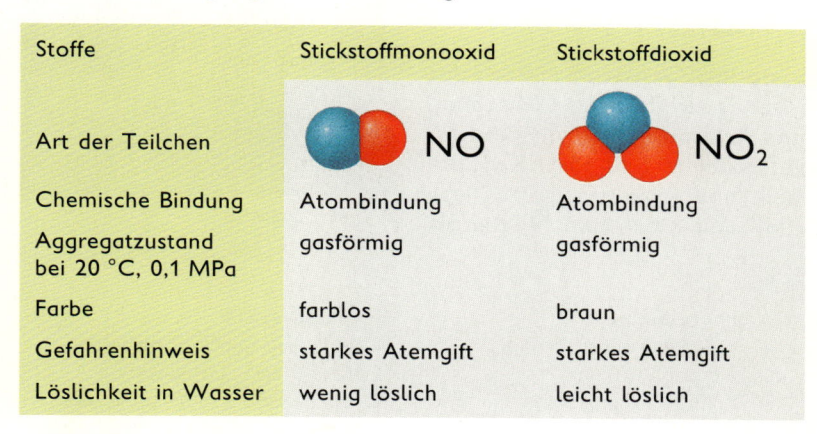

Stoffe	Stickstoffmonooxid	Stickstoffdioxid
Art der Teilchen	NO	NO_2
Chemische Bindung	Atombindung	Atombindung
Aggregatzustand bei 20 °C, 0,1 MPa	gasförmig	gasförmig
Farbe	farblos	braun
Gefahrenhinweis	starkes Atemgift	starkes Atemgift
Löslichkeit in Wasser	wenig löslich	leicht löslich

Stickstoffmonooxid und Stickstoffdioxid sind starke Atemgifte.

Stickstoffoxide als Luftschadstoffe. Nach neueren Erkenntnissen verursachen Stickstoffoxide zu mehr als 50 % den Abbau von Ozon in der Stratosphäre. Ozon absorbiert schädliches UV-Licht. In der Atmosphäre reagieren die Stickstoffoxide mit anderen Stoffen der Luft unter Bildung von saurem Regen und bei intensiver Sonneneinstrahlung zu fotochemischem Smog. Darin enthaltene Stoffe schädigen Organismen und Umwelt. Hauptquellen der **Stickstoffoxid-Emission** sind Kraftfahrzeuge und Feuerungsanlagen. Senkt man die Verbrennungstemperatur, so entstehen weniger Stickstoffoxide. Die Stickstoffoxide in Rauchgasen werden in De-NO_x-Anlagen durch Reaktion mit Ammoniak in Stickstoff und Wasser umgewandelt (Abb. 3). Bei Kraftfahrzeugen mit Dreiwegekatalysator werden die Stickstoffoxide zu Stickstoff reduziert und Kohlenstoffverbindungen oxidiert (↗ S. 240).

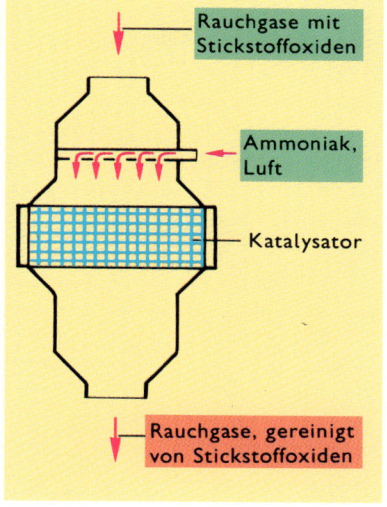

AUFGABEN

1. Erläutere die Temperaturerniedrigung beim Lösen von Ammoniumchlorid!
2. Interpretiere die Reaktion von Ammoniumchlorid mit Natriumhydroxidlösung!
3. Erläutere die Wirkung der Stickstoffoxide auf die Umwelt und Maßnahmen zur Senkung der NO_x-Emission!

STICKSTOFF-VERBINDUNGEN

Salpetersäure

Bildung. Ausgangsstoffe für die Bildung der Salpetersäure nach dem *Ostwald*-Verfahren sind Ammoniak, Luftsauerstoff und Wasser. Ammoniak wird an Platin-Rhodium-Netzen katalytisch durch Luftsauerstoff zu Stickstoffmonooxid und Wasser oxidiert (Abb. 1). Das Stickstoffmonooxid reagiert mit Luftsauerstoff zu Stickstoffdioxid, das in Wasser eingeleitet wird.

$$4 NO_2 + 2 H_2O + O_2 \longrightarrow 4 HNO_3$$

Stickstoffdioxid bildet mit Wasser und Sauerstoff Salpetersäure. Die Grundlagen für die katalytische Oxidation von Ammoniak wurden von dem deutschen Chemiker *Wilhelm Ostwald* erarbeitet. Er erhielt 1909 den Nobelpreis für Chemie (Abb. 2).

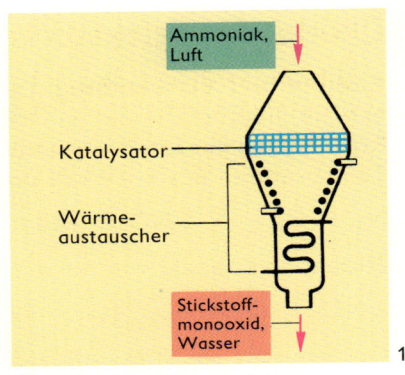

Eigenschaften. Konzentrierte Salpetersäure reagiert mit Metallen unter Bildung brauner nitroser Gase NO_x und Nitratlösungen. Bei der chemischen Reaktion von halbkonzentrierter Salpetersäure mit Kupfer entsteht neben Kupfernitratlösung vorwiegend Stickstoffmonooxid (Experiment 4).

$$3 Cu + 8 HNO_3 \longrightarrow 3 Cu(NO_3)_2 + 4 H_2O + 2 NO$$

Konzentrierte Salpetersäure ist ein starkes Oxidationsmittel, das auch Kohlenstoff, Schwefel und Phosphor oxidiert. Eine Mischung aus konzentrierter Salpetersäure und Salzsäure wird als Königswasser bezeichnet, das selbst Gold oxidiert und löst. Konzentrierte Salpetersäure zerstört Eiweiße und färbt sie gelb. Diese Reaktion heißt Xanthoproteinreaktion und dient zum **Nachweis von Eiweißen**.

Schema eines Ammoniakverbrennungsofens

Wilhelm Ostwald (1853 bis 1932)

Eigenschaften	Konzentrierte Salpetersäure	Verdünnte Salpetersäure
Farbe, Geruch	gelb, stickig	farblos, geruchlos
Dichte in g/cm³	1,4	1,04
Massenanteil in %	65	12
Gefahrenhinweise	giftig, ätzend	ätzend
Reaktion mit	Silber, Kupfer und unedlen Metallen, Metalloxiden und Hydroxidlösungen. Gold und Platin reagieren nicht.	unedlen Metallen, vielen Metalloxiden, Hydroxidlösungen und Ammoniakwasser unter Bildung von Nitratlösungen.

Experiment 4
Tropfe auf Kupfer 2 ml halbkonzentrierte Salpetersäure! Drücke nach 2 min Luft in die Apparatur!

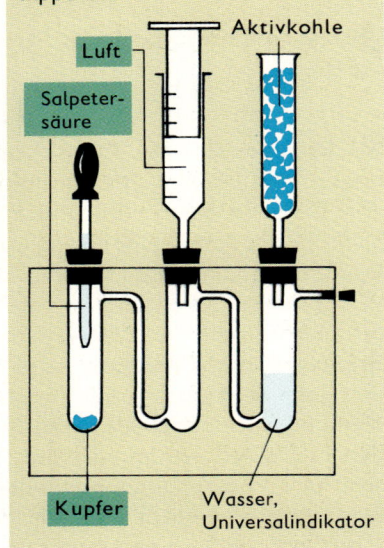

Verwendung. Etwa zwei Drittel der hergestellten Salpetersäure werden zu Düngemitteln verarbeitet. Rund 20 % benötigt die Produktion von Sprengstoffen. Salpetersäure dient zur Herstellung organischer stickstoffhaltiger Verbindungen, die als Lösungsmittel, Arzneimittel und Farbstoffe vielseitig Verwendung finden. Bei der Metallbearbeitung wird Salpetersäure zum Beizen und Ätzen von Metalloberflächen verwendet.

SALPETERSÄURE
NITRATE – DÜNGEMITTEL

Nitrate – Düngemittel

Eigenschaften. Nitrate sind salzartige Ionensubstanzen. Alle Nitrate lösen sich leicht in Wasser. Zum Nachweis von Nitrat-Ionen nutzt man Farbänderungen von Indikatorpapier. Einige Nitrate geben beim Erhitzen Sauerstoff ab. Sie sind gute Oxidationsmittel, zum Beispiel in Feuerwerkskörpern.

$$2\,NaNO_3 \longrightarrow 2\,NaNO_2 + O_2; \quad \text{endotherm}$$

Bei der thermischen Zersetzung von Natriumnitrat entstehen Sauerstoff und Natriumnitrit, ein Bestandteil von Pökelsalzen.

Verwendung als Düngemittel. Nitrate werden im großen Umfang zur Deckung des Stickstoffbedarfs der Pflanzen eingesetzt.

Namen der Düngemittel	Formeln der wirksamen Stickstoffverbindung	Ionen	Wirkungsweise
Kalkammonsalpeter	NH_4NO_3	NH_4^+, NO_3^-, Ca^{2+}	schnell, anhaltend
Kalisalpeter	KNO_3	K^+, NO_3^-	schnell
Ammoniumsulfat	$(NH_4)_2SO_4$	NH_4^+	schnell, anhaltend
Harnstoff	$H_2N-CO-NH_2$	–	schnell, anhaltend
Mischdünger	NH_4NO_3	NH_4^+, NO_3^-, K^+, Ca^{2+}, PO_4^{3-}	schnell, anhaltend

Die Düngung mit Mineralsalzen wurde durch *Justus von Liebig* begründet (Abb. 3). Seine Arbeiten über „Die Chemie in ihrer Anwendung auf Agrikultur und Physiologie" führten ihn zu der Erkenntnis, „... dass der Boden in vollem Maße wieder erhalten muss, was ihm genommen wird. ... Es wird die Zeit kommen, wo man den Acker, wo man jede Pflanze, die man erziehen will, mit dem ihr zukommenden Dünger versieht, den man in chemischen Fabriken bereitet."

In den letzten Jahren wurden in Mitteleuropa im Durchschnitt 120 kg Stickstoff je Hektar an Düngemitteln ausgebracht. Um schädliche Überdüngungen zu vermeiden und aus Kostengründen sollte der Düngemitteleinsatz überlegt und sparsam erfolgen. Für Wasserschutzgebiete besteht Düngeverbot.

Nitrate als Schadstoffe. Die Pflanzen nutzen den Stickstoff aus Düngemitteln nur zu einem Anteil von 35 ··· 60 %. Der ungenutzte Stickstoff wird in Form von Nitrat-Ionen aus dem Boden gewaschen. Auch mit den kommunalen Abwässern gelangen Nitrat-Ionen in die Gewässer. In Oberflächengewässern begünstigt ein hoher Nitratgehalt das Pflanzenwachstum. Solche Gewässer sind eutrophiert (Abb. 4). Bei einem hohen Nitratgehalt im Trinkwasser können Säuglinge an Blausucht erkranken. Nach EG-Norm sind mehr als 50 mg Nitrat je Liter Trinkwasser unzulässig.

Justus von Liebig (1803 bis 1873) hat große Verdienste um die Entwicklung der Chemie. Er bildete in seinem Laboratorium an der Universität Gießen (↗ S. 7) erstmals systematisch Chemiker aus.

AUFGABEN

1. Erläutere die Bildung der Salpetersäure!
2. Erkläre die Effekte, die beim Experiment 4 zu beobachten sind!
3. Ermittle Namen und Formeln von 6 Nitraten!
4. Erläutere die Wirkungen von Nitratdüngemitteln!

STICKSTOFF-VERBINDUNGEN

Aus der Welt der Chemie

Kreislauf des Stickstoffs in der Natur

Die Lufthülle der Erde enthält etwa $3,9 \cdot 10^9$ Mill. Tonnen Stickstoff, vor allem in molekularer Form. Von dieser Masse wird ständig ein Teil im Boden, in Gewässern und in technisch hergestellten Stickstoffverbindungen gebunden. Andere Prozesse gleichen diese „Verluste" aber im wesentlichen aus.

Im Boden befinden sich $0,2 \cdot 10^{12}$ Mill. Tonnen Stickstoff, in Gewässern $23 \cdot 10^6$ Mill. Tonnen. Diese Masse ist in Form von Nitrat- und Ammonium-Ionen sowie organischen Verbindungen chemisch gebunden. Ursache dafür sind die Lebenstätigkeit von Knöllchenbakterien und anderen Mikroorganismen, Düngung, Abwässer, saurer Regen, Ausscheidungen der Tiere und tote Organismen. Die Pflanzen nehmen aus dem Boden und den Gewässern Nitrat- und Ammonium-Ionen auf und bilden damit Eiweiße und andere stickstoffhaltige Verbindungen. Sie dienen Menschen und Tieren als Nährstoffe und werden zum Aufbau körpereigener Stickstoffverbindungen verwertet. Die lebenden und abgestorbenen Organismen enthalten etwa $0,9 \cdot 10^6$ Mill. Tonnen Stickstoff. Die stickstoffhaltigen Ausscheidungen und die Körper der toten Organismen werden durch Pilze und Bakterien zersetzt. Dabei entstehen Nitrat-Ionen, außerdem bilden sich Distickstoffmonooxid und molekularer Stickstoff, die in die Luft entweichen.

- Stickstoffabgabe
- Stickstoff
- Bindung des Stickstoffs
- Konsumenten
- Verdauung
- Saurer Regen
- Produzenten
- Stickstoffdüngung
- Denitrifikation
- Knöllchenbakterien
- Assimilation von Ammoniak und Nitrat-Ionen
- Zersetzung von organischen Stickstoffverbindungen
- Bakterien Pilze Destruenten

AUS DER WELT DER CHEMIE
IM ÜBERBLICK

AUFGABEN

1. a) Stelle die Namen von Stickstoffverbindungen zusammen, die in der Luft, im Boden, in Gewässern und Organismen vorkommen!
   b) Gib die Bedeutung dieser Stoffe an!
2. Belege die Bedeutung der Organismen für die Umwandlung von Stickstoffverbindungen!
3. Vergleiche die Bildung von Ammoniak mit der Bildung von Salpetersäure hinsichtlich der Ausgangsstoffe und der Produkte!
4. Berechne das Volumen an Ammoniak, das im Normzustand zur Herstellung von 1 t Salpetersäure eingesetzt wird! ($n_{NH_3} : n_{HNO_3} = 1 : 1$).
5. Erörtere den Kreislauf des Stickstoffs in der Natur (↗ Abb., S. 128).
6. Wie kann nachgewiesen werden, dass Kalkammonsalpeter Ammonium-Ionen, Nitrat-Ionen und Carbonat-Ionen enthält?
7. Erörtere am Beispiel der Überdüngung landwirtschaftlicher Nutzflächen mit Stickstoffdüngemitteln und der Stickstoffoxidemissionen den schädigenden Einfluss menschlicher Tätigkeit auf die natürliche Umwelt!
Nenne Möglichkeiten zum Schutz der Umwelt vor Wasser- und Luftschadstoffen!

Im Überblick

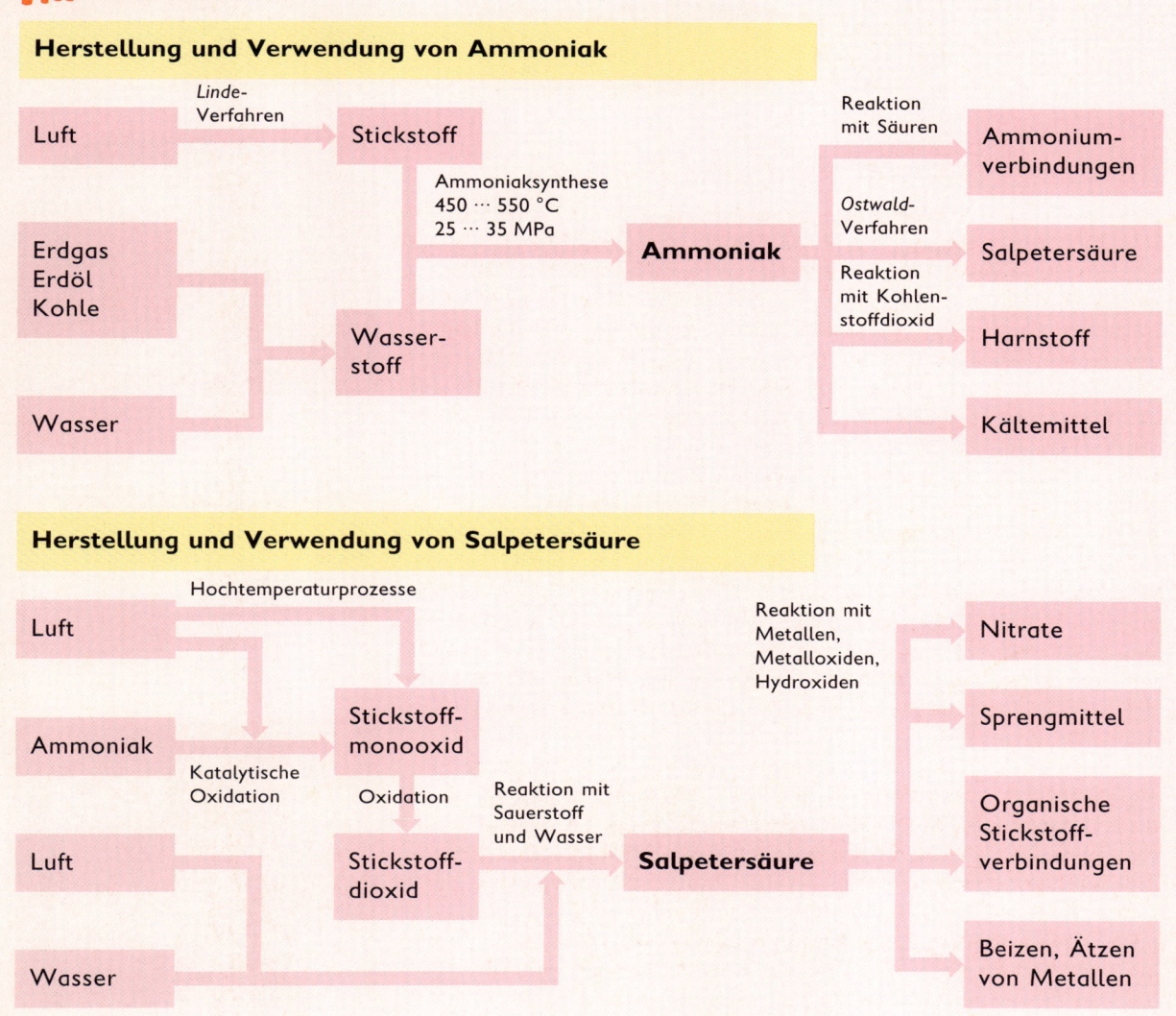

Herstellung und Verwendung von Ammoniak

Luft —(Linde-Verfahren)→ Stickstoff
Erdgas, Erdöl, Kohle + Wasser → Wasserstoff
Stickstoff + Wasserstoff —(Ammoniaksynthese 450···550 °C, 25···35 MPa)→ **Ammoniak**

Ammoniak:
- Reaktion mit Säuren → Ammoniumverbindungen
- Ostwald-Verfahren → Salpetersäure
- Reaktion mit Kohlenstoffdioxid → Harnstoff
- → Kältemittel

Herstellung und Verwendung von Salpetersäure

Luft —(Hochtemperaturprozesse)→ Stickstoffmonooxid
Ammoniak + Luft —(Katalytische Oxidation)→ Stickstoffmonooxid
Stickstoffmonooxid —(Oxidation)→ Stickstoffdioxid
Stickstoffdioxid + Wasser —(Reaktion mit Sauerstoff und Wasser)→ **Salpetersäure**

Salpetersäure:
- Reaktion mit Metallen, Metalloxiden, Hydroxiden → Nitrate
- → Sprengmittel
- → Organische Stickstoffverbindungen
- → Beizen, Ätzen von Metallen

KOHLENSTOFF UND SILICIUM

16

Kohlenstoff und Silicium

Kohlenstoff C und Silicium Si sind Elemente der IV. Hauptgruppe des Periodensystems. Kohlenstoff ist Bestandteil vieler in der Natur vorkommender Stoffe wie Kohle, Erdöl, Erdgas und Kalkstein. Aus Kohlefasermaterial werden moderne Rennmaschinen gefertigt.

Kohlen – Energieträger und Rohstoff

Entstehung, Vorkommen, Zusammensetzung von Kohle. Aus dem Holz versunkener Wälder ist Kohle durch Inkohlung entstanden (Abb. 1). Die Stoffumwandlung erfolgte unter Luftabschluss bei hohem Druck und unter Einfluss der Erdwärme. Im Verlaufe von vielen Millionen Jahren bildeten sich Anthrazit, Steinkohle, Braunkohle und Torf. Je weiter die Inkohlung fortgeschritten ist, umso größer ist der Massenanteil Kohlenstoff des Produktes. Andere Bestandteile der Kohle sind vor allem Sauerstoff, Wasserstoff, Stickstoff und Schwefel.

Steinkohle (Abb. 2) wird fast ausschließlich unter Tage abgebaut (Abb. 3), zum Beispiel im Ruhrgebiet und im Saarland.

Braunkohle hingegen fördert man im Tagebau (Abb. 4). Westlich von Köln, im Raum Halle–Leipzig und in der Lausitz bestimmen mächtige Kohlegruben mit großen Abbaugeräten das Bild der Landschaft. Über den Kohleflözen lagern oft hohe Erdschichten, die mithilfe von riesigen Schaufelradbaggern abgetragen werden müssen. So entstehen große Gruben. Nach dem Abbau der Braunkohle muss die Landschaft unter hohem Kostenaufwand rekultiviert werden.

Verwendung von Kohle. Kohle dient als Brennstoff und damit als Energieträger. In Großfeuerungsanlagen bei Heiz- und Wärmekraftwerken sowie in den Haushalten wird Kohle als Wärmelieferant eingesetzt. Dabei entstehen Luftschadstoffe, wenn nicht durch Einbau teurer Anlagen zur Entstaubung, Entschwefelung und Entstickung für die Luftreinhaltung gesorgt wird. Sparsamer Umgang mit Energie und Einsatz umweltfreundlicherer Energiequellen führen dazu, dass die Luft weniger belastet wird.

Fossiles Weichtier in Kohle

Stoff	Kohlenstoff Massenanteil in %
Holz	50
Torf	56
Braunkohle	60 ··· 70
Steinkohle	80 ··· 90
Anthrazit	über 90

Kohle ist auch chemischer Rohstoff. Durch Verfahren der **Kohleveredlung** wird Kohle in Kohlewertstoffe umgewandelt. Es ist Vergeudung von Rohstoffen, wenn Kohle nur als Brennstoff verwendet wird.

Verfahren der Kohleveredlung	Ausgangsstoffe	Reaktionsprodukte	Verwendung der Produkte
Entgasung	Kohle	Koks	Brennstoff; Reduktionsmittel
		Teer	Ausgangsstoff zur Herstellung von Farbstoffen, Arzneimitteln und anderen Stoffen
		Gase	Heizgas
Vergasung	Kohle, Luft und Wasserdampf	Mischgas	Heiz- und Synthesegas

Kohle ist wie Erdgas und Erdöl ein wertvoller Bodenschatz. Sie dient als Energieträger und Rohstoff.

Reiner Kohlenstoff – Diamant und Graphit

Reiner Kohlenstoff tritt in der Natur in zwei Erscheinungsformen auf: Diamant und Graphit.

Eigenschaften und Verwendung von Diamant und Graphit.
Diamant (griechisch: adamas = unbezwingbar) ist einer der härtesten Stoffe (Abb. 5). Er ist farblos. Geschliffene Naturdiamanten, die man Brillanten (französisch: brillant = glänzend) nennt, glänzen intensiv und funkeln prächtig.
Graphit (griechisch: graphein = schreiben) ist sehr weich und fühlt sich fettig an. Er ist blättrig-schuppig (Abb. 6) und lässt sich leicht spalten. Graphit leitet wie Metalle den elektrischen Strom (↗ Experiment 1, S. 132).
Diamant und Graphit verbrennen in reinem Sauerstoff und bilden dabei Kohlenstoffdioxid.

KOHLEN
DIAMANT UND GRAPHIT

AUFGABEN

1. Welche lebensnotwendigen Stoffe enthalten das Element Kohlenstoff?
2. Wieso kann man sogar im Trinkwasser Kohlenstoff nachweisen?
3. Welche Auswirkungen hat der Einsatz fossiler Brennstoffe bei der Erzeugung von Wärme?
4. Warum ist der Heizwert (gemessen in kJ/kg) von Steinkohle (ca. 30000 kJ/kg) größer als der von Braunkohle (ca. 10000 ⋯ 15000 kJ/kg)?
5. Welche Eigenschaft muss das Mischgas besitzen, wenn dieses Vergasungsprodukt als Heizgas dient?
6. Was bedeutet die Bezeichnung Synthesegas?
7. Erläutere den Einsatz von Koks als Reduktionsmittel!

KOHLENSTOFF UND SILICIUM

Eigenschaft	Diamant	Graphit
Aussehen	farblos, durchsichtig, stark lichtbrechend	grauschwarz, undurchsichtig, mattglänzend, blättrig-schuppig
Härte	sehr hart, kaum spaltbar	sehr weich, leicht spaltbar
Dichte	3,5 g/cm³	2,3 g/cm³
Verhalten im elektrischen Feld	keine elektrische Leitfähigkeit	gute elektrische Leitfähigkeit (Experiment 1)
Verwendung	Schmucksteine (Abb. 3); Besatz in Bohr-, Schneid- und Schleifwerkzeugen (Abb. 4)	Einsatz als Schmier- und Korrosionsschutzmittel; Bestandteil von Bleistiftminen; Material für Elektroden und Schleifkontakte für Elektromotoren; Material für Kernreaktoren

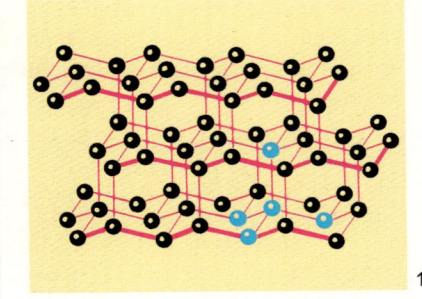

Anordnung der Kohlenstoffatome im Diamant

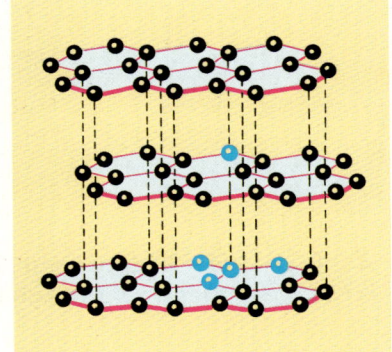

Anordnung der Kohlenstoffatome im Graphit

Experiment 1
Ein Graphitstab wird auf elektrische Leitfähigkeit geprüft.

Bau von Diamant und Graphit. Im **Diamant** ist jedes Kohlenstoffatom von vier anderen Kohlenstoffatomen im gleichen Abstand umgeben (Abb. 1). Die Atome sind untereinander durch Atombindungen verbunden. Dieser Zusammenhalt der Kohlenstoffatome ist der Grund für die große Härte von Diamant und seine Eigenschaft, den elektrischen Strom nicht zu leiten. Da eine Vielzahl von Kohlenstoffatomen durch Atombindungen verbunden ist, spricht man bei einer solchen Atomanordnung von „Riesenmolekülen".

Im **Graphit** liegen die Kohlenstoffatome, zu regelmäßigen Sechsecken geordnet, schichtweise übereinander (Abb. 2). Zwischen den Schichten wirken nur schwache Anziehungskräfte. Die Schichten sind so gegeneinander leicht verschiebbar. Das ist der Grund für die leichte Spaltbarkeit und die Schmierwirkung des Graphits. Da nur jeweils drei von vier Außenelektronen jedes Kohlenstoffatoms in gemeinsamen Elektronenpaaren angeordnet sind, bleibt jeweils ein Außenelektron beweglich. Dadurch ist die gute elektrische Leitfähigkeit des Graphits bedingt. Auch im Graphit liegen „Riesenmoleküle" vor. Diamant und Graphit gehören zu den **polymeren Stoffen** (griechisch: poly = viel; meros = Teil). Ein polymerer Stoff ist ein Stoff, bei dem die Atome durch Atombindungen zu Riesenmolekülen verbunden sind. Ruß ähnelt in seinem Bau dem Graphit.

> Diamant und Graphit haben verschiedene Eigenschaften, weil sie sich in ihrem Bau durch unterschiedliche Anordnung der Kohlenstoffatome unterscheiden.

AUFGABEN

1. Erläutere den Zusammenhang zwischen einigen Eigenschaften und Verwendungen von Diamant und Graphit!
2. Vergleiche Art, Zusammenhalt und Anordnung der Atome in Diamant und Graphit!
3. Erkläre die große Härte von Diamant und die leichte Spaltbarkeit des Graphits!
4. Warum leitet Graphit den elektrischen Strom und Diamant nicht?

KOHLENSTOFF –
DIAMANT UND GRAPHIT

Aus der Welt der Chemie

Diamant und Silicium – wertvoll und praktisch

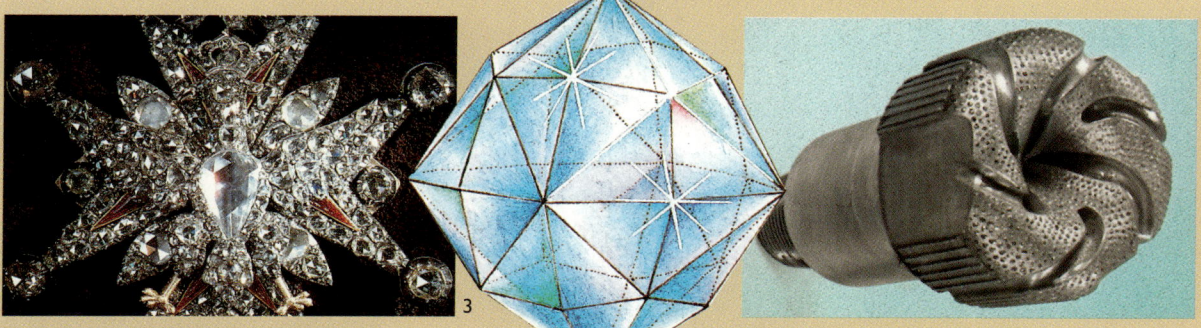

Historischer Brillantschmuck

Bohrkrone mit Diamanten

Diamant besteht aus reinem Kohlenstoff. In geschliffener Form und in Gold oder Silber gefasst dient er als Brillantschmuck. Der abgebildete Schmuck stammt von einem sächsischen Hofjuwelier aus dem 18. Jahrhundert und gehört zu einer wertvollen Sammlung, die im Grünen Gewölbe in Dresden ausgestellt ist. Rohdiamanten hat man zuerst in Südafrika gefunden. Der größte, der jemals gefunden wurde, ist der Cullinan, benannt nach dem Minenbesitzer. Er hat eine Masse von 3106 Karat (1 Karat = 0,2 g).

Silicium ist am Aufbau der Erdrinde mit einem Massenanteil von 28 % beteiligt. Hochreines Silicium wird kostenaufwendig aus Quarzsand hergestellt. Für die Ausnutzung der Halbleiter-Eigenschaften dieser Elementsubstanz benötigt man ideal gebaute Kristalle mit vollkommen regelmäßiger Anordnung der Atome. Diese Einkristalle sind das Grundmaterial für die Mikroelektronik und Solartechnik. Bauelemente jedes Taschenrechners und Computers sind die Chips (englisch: chip = Schnitzel, Splitter). Der Speicherinhalt des abgebildeten Siliciumchips entspricht dem Inhalt eines Taschenbuches. Solarzellen dienen der Energieversorgung in den verschiedensten Geräten. Für Fotowiderstände, Fotodioden, Leuchtdioden zum Bau von Belichtungsmessern, automatischer Kameras oder von Helligkeitssensoren bei Lichtschranken und Dämmerungsschaltern wird hochreines Silicium verwendet.

KOHLENSTOFF UND SILICIUM

Oxide des Kohlenstoffs

Kohlenstoffmonooxid CO und **Kohlenstoffdioxid CO$_2$** sind gasförmige Stoffe, die aus Molekülen bestehen. Sie haben gemeinsame und unterschiedliche Eigenschaften.

Eigenschaft	Kohlenstoffmonooxid	Kohlenstoffdioxid
Aggregatzustand bei 20 °C	gasförmig	gasförmig
Farbe	farblos	farblos
Geruch	geruchlos	geruchlos
Wirkung auf den Organismus	giftig	erstickend
Dichte im Vergleich zur Dichte der Luft	kleiner	größer (Experiment 2)
Brennbarkeit	brennbar	nicht brennbar (Experiment 2)

Experiment 2
Eine brennende Kerze in einem Standzylinder wird mit Kohlenstoffdioxid übergossen.

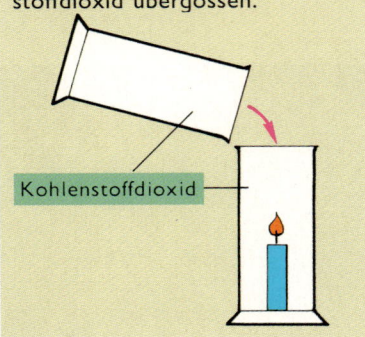

Kohlenstoffdioxid CO$_2$ entsteht beim Verbrennen von Kohlenstoff (↗ S. 54).

$$C + O_2 \longrightarrow CO_2 ; \quad \text{exotherm}$$

Diese chemische Reaktion liegt der Verbrennung fossiler Brennstoffe (Kohle, Erdöl, Erdgas) zugrunde. In vulkanischen Gebieten strömt Kohlenstoffdioxid aus der Erde. Auch in Mineralquellen ist es enthalten. Bei vielen biochemischen Prozessen, zum Beispiel der Atmung und der alkoholischen Gärung (↗ S. 172), tritt dieses Gas auf.
Kohlenstoffdioxid im festen Aggregatzustand nennt man „Trockeneis". Das feste Kohlenstoffdioxid verdampft leicht und kühlt dabei die Umgebung stark ab. Deshalb wird es als Kühlmittel verwendet (Abb. 1). Auch als Feuerlöschmittel (↗ S. 67) wird Kohlenstoffdioxid eingesetzt (Abb. 2).

Kohlenstoffmonooxid CO bildet sich bei der Reaktion von Kohlenstoffdioxid mit Kohlenstoff (↗ Experiment 10, S. 60).

$$CO_2 + C \longrightarrow 2\,CO ; \quad \text{endotherm}$$

Es entsteht auch bei der unvollständigen Verbrennung infolge unzureichender Luftzufuhr, zum Beispiel beim Anheizen eines Kohleofens. Kohlenstoffmonooxid ist Bestandteil des Stadtgases und der Abgase in Kraftfahrzeugmotoren.
Kohlenstoffmonooxid verbrennt mit blauer Flamme zu Kohlenstoffdioxid.

$$2\,CO + O_2 \longrightarrow 2\,CO_2 ; \quad \text{exotherm}$$

Man nutzt diese Eigenschaft beim Einsatz als Heizgas. Aber auch der Abgasreinigung am Katalysator (Kat) eines modernen PKW (↗ S. 35) liegt diese Reaktion zugrunde.

1

2 Handfeuerlöscher, mit Kohlenstoffdioxid gefüllt

OXIDE DES KOHLENSTOFFS
KOHLENSÄURE
UND CARBONATE

Kohlensäure und Carbonate

Bildung und Zerfall von Kohlensäure. Beim Einleiten von Kohlenstoffdioxid in Wasser löst sich das Gas. Es entsteht eine saure Lösung (Experiment 3). Bei der Reaktion bildet sich **Kohlensäure H_2CO_3**.

$$CO_2 + H_2O \longrightarrow H_2CO_3$$

Die saure Lösung enthält Wasserstoff-Ionen H^+ und **Carbonat-Ionen CO_3^{2-}**.

$$H_2CO_3 \longrightarrow 2\,H^+ + CO_3^{2-}$$

Carbonat-Ionen sind Säurerest-Ionen, die zweifach negativ elektrisch geladen sind. Kohlensäure ist im Mineralwasser, „Selters" und anderen Getränken enthalten. Sie zerfällt leicht in Kohlenstoffdioxid und Wasser (Abb. 3 und Experiment 4).

$$H_2CO_3 \longrightarrow CO_2 + H_2O$$

Bedeutung der Kohlensäure. Kohlenstoffdioxid aus der Atmosphäre wird vom Regenwasser aufgenommen. Die entstehende Kohlensäure greift kalkhaltiges Gestein an und bewirkt so Verwitterungsvorgänge. Sie fördert auch das Rosten von Eisen. Auch andere Metalle verändern sich unter dem Einfluss von Kohlensäure. Kupferdächer überziehen sich im Laufe der Zeit mit einer grünen Schicht, die Patina genannt wird (↗ S. 26).

Carbonate – Salze der Kohlensäure. Die Salze der Kohlensäure heißen **Carbonate**. Einige Carbonate lösen sich leicht in Wasser: Natriumcarbonat (Soda) Na_2CO_3 und Kaliumcarbonat (Pottasche) K_2CO_3. Schwer löslich in Wasser sind die meisten Carbonate, z. B. Magnesiumcarbonat $MgCO_3$, Calciumcarbonat $CaCO_3$ und Bariumcarbonat $BaCO_3$.

Kohlensäure entsteht bei der Reaktion von Kohlenstoffdioxid mit Wasser. Die Salze der Kohlensäure heißen Carbonate.

Experiment 3
Prüfe eine Lösung von Kohlenstoffdioxid in Wasser mit einem Indikator!

Experiment 4
Öffne eine Flasche mit Mineralwasser! Erwärme abgestandenes Mineralwasser in einem Becherglas!

AUFGABEN

1. Begründe die Vorschrift in Kraftfahrzeughallen: „Beim Laufen der Motoren Türen auf!"!
2. Beschreibe eine Möglichkeit, wie man in Räumen überprüfen kann, ob Erstickungsgefahr besteht?
3. 0,5 Liter Kohlenstoffmonooxid in einem Kubikmeter Luft sind für den Menschen tödlich. Was weißt du über die Giftwirkung dieses Gases im Organismus?
4. Erläutere die Aussage der folgenden Reaktionsgleichung
 $C + O_2 \longrightarrow CO_2$;   exotherm!
5. Warum lässt sich Kohlenstoffdioxid von einem Standzylinder in einen anderen Standzylinder umgießen?
6. Was weißt du über den sogenannten Treibhauseffekt?
7. Warum lässt sich Kohlenstoffdioxid als Feuerlöschmittel einsetzen?
8. Begründe die Notwendigkeit, Kraftfahrzeuge aller 2 Jahre einem Abgastest zu unterziehen!
9. Entwickle eine Reaktionsgleichung für die Wirkung von Kohlenstoffmonooxid als Reduktionsmittel beim Hochofenprozess!

KOHLENSTOFF UND SILICIUM

Calciumcarbonat

Vorkommen und Bedeutung. Reines **Calciumcarbonat** $CaCO_3$ kommt in der Natur als Calcit vor (Abb. 1). Kalkstein ist reines oder mit Ton vermengtes Calciumcarbonat, zum Beispiel die Vorkommen im Harz (Abb. 2). Gebirge wie die Kalkalpen, der Jura und die Schwäbische Alb bestehen aus Kalkstein. Auch Korallenriffe sind Kalkstein. Kreide, beispielsweise der Kreidefelsen auf der Insel Rügen (Abb. 3), ist Calciumcarbonat, das sich aus den Gehäusen von Schnecken, Muscheln und anderen Kleinlebewesen gebildet hat. Marmor ist Calciumcarbonat, das durch Zusammenpressen von Sedimenten entstanden ist. In großen Steinbrüchen baut man Marmor in Italien ab (Abb. 4).

Kalkstein und Marmor dienen als Baustoffe (↗ S. 139). Kalkstein ist Rohstoff für die Zement- und Glasherstellung. Er wird auch als Düngemittel eingesetzt. Bei der Metallherstellung verwendet man Kalkstein als Zuschlagstoff (↗ S. 61).

Calcit aus St. Andreasberg

Bildung von Calciumcarbonat – Nachweis von Kohlenstoffdioxid. Calciumcarbonat entsteht beim Einleiten von Kohlenstoffdioxid in Calciumhydroxidlösung (Kalkwasser; Abb. 5).

$Ca(OH)_2 + CO_2 \longrightarrow CaCO_3 + H_2O$

Eine milchige Trübung beziehungsweise die Bildung eines weißen Niederschlages zeigt an, dass Calciumcarbonat in Wasser schwer löslich ist. Die Reaktion dient als **Nachweis für Kohlenstoffdioxid** (Experiment 5).

Reaktion der Carbonate mit Säure – Nachweis von Carbonat. Calciumcarbonat reagiert mit Säure, zum Beispiel verdünnter Salzsäure. Es bilden sich Calciumchlorid und Kohlensäure; die Kohlensäure zerfällt sofort in Kohlenstoffdioxid und Wasser.

$CaCO_3 + 2\ HCl \longrightarrow CaCl_2 + CO_2 + H_2O$

Auch andere Carbonate reagieren mit vielen Säuren auf die gleiche Weise.

$CO_3^{2-} + 2\ H^+ \longrightarrow CO_2 + H_2O$

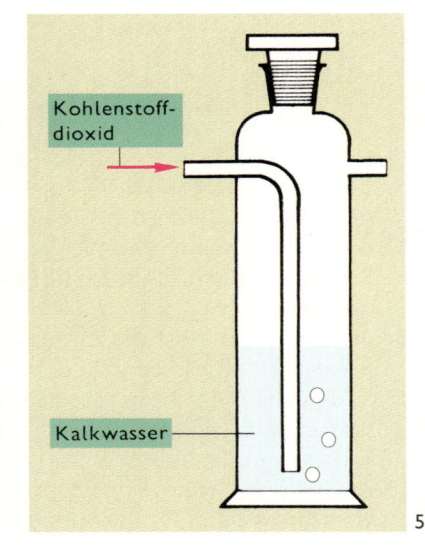

Stets bildet sich dabei unter anderem Kohlenstoffdioxid, das nachgewiesen werden kann (Experiment 6).
Die Reaktion der Carbonate mit Säure dient zum **Nachweisen von Carbonaten** in festen Stoffen. Man prüft die feste Stoffprobe, indem man sie mit Säure versetzt und das sich bildende Gas in Kalk- oder Barytwasser einleitet.
Praktische Bedeutung hat diese Reaktion für das **Entkalken** von Geräten im Haushalt. Durch Auskochen mit Essig oder speziellen Entkalkungsmitteln werden Kalkablagerungen aufgelöst. Auch zur Darstellung von Kohlenstoffdioxid für Laborzwecke wird diese Reaktion genutzt.
Die Zersetzung von Carbonaten durch Säure spielt auch eine Rolle beim Einsatz von Back- und Brausepulvern. Diese Stoffe bestehen aus einem Gemisch eines Carbonats mit fester Citronensäure. Bei Zugabe von Wasser setzt die Reaktion ein. Auch physiologisch hat diese Reaktion Bedeutung. Sodbrennen, das durch einen Überschuss an Magensäure verursacht wird, lässt sich durch Einnahme eines carbonathaltigen Hausmittels, dem „Natron", beseitigen.

> Carbonate reagieren mit Säuren unter Bildung von Kohlenstoffdioxid. Durch chemische Reaktion des Kohlenstoffdioxids mit Calciumhydroxid (oder Bariumhydroxid) bildet sich Calciumcarbonat (bzw. Bariumcarbonat). Die Reaktionen dienen zum Nachweis von Carbonaten in festen Stoffen.

CALCIUMCARBONAT

Experiment 5
Weise nach, dass Kohlenstoffdioxid a) in der Atemluft, b) in den Abgasen beim Verbrennen einer Kerze (oder von Brennspiritus) enthalten ist!

Experiment 6
Untersuche die Einwirkung von Säure auf Carbonate! Prüfe das gasförmige Reaktionsprodukt mit Calciumhydroxid- oder Bariumhydroxidlösung! Schütze Augen und Hände!

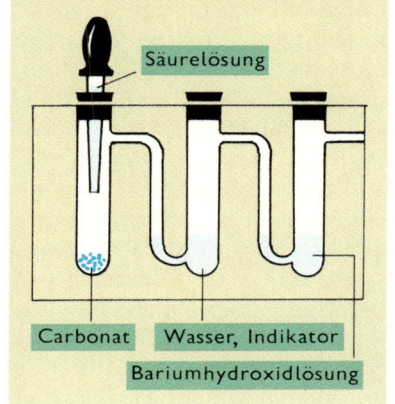

Nachweis von	Nachweismittel	Erscheinungen	Reaktionsgleichung
Kohlenstoffdioxid	Calciumhydroxidlösung (Kalkwasser)	weiße Trübung (Niederschlag)	$Ca(OH)_2 + CO_2 \longrightarrow CaCO_3 + H_2O$
Carbonat in festen Stoffen	Salzsäure, anschließend Calciumhydroxidlösung (Kalkwasser)	Gasentwicklung weißer Niederschlag	$CO_3^{2-} + 2\,H^+ \longrightarrow CO_2 + H_2O$ $Ca(OH)_2 + CO_2 \longrightarrow CaCO_3 + H_2O$

AUFGABEN

1. Wo befinden sich Lagerstätten von Kalkstein, Kreide und Marmor?
2. Anstelle von Kalkwasser kann auch Barytwasser (Bariumhydroxidlösung) zum Nachweis von Kohlenstoffdioxid verwendet werden. Entwickle dazu die Reaktionsgleichung!
3. „Selterswasser" wird mit Calciumhydroxidlösung versetzt. Äußere eine Vermutung über die zu erwartende Erscheinung!
4. Beschreibe die chemische Reaktion, die beim Einwirken von verdünnter Schwefelsäure auf Natriumcarbonat stattfindet! Entwickle die Reaktionsgleichung!
5. Wie kann man Kalkstein von anderem Gestein unterscheiden?
6. Bei verschiedenen Bodenproben ist die Gasentwicklung bei der Reaktion mit Säure unterschiedlich stark. Erkläre das!

KOHLENSTOFF UND SILICIUM

Hartes und weiches Wasser

Carbonate und Wasser. Calcium- und Magnesiumcarbonat sind in Wasser schwer löslich. Sie lösen sich aber in kohlenstoffdioxidhaltigem Wasser, weil dieses als Kohlensäure wirkt. In der Natur löst sich ein Teil Calciumcarbonat, wenn zum Beispiel kohlenstoffdioxidhaltiges Regenwasser oder Sickerwasser auf Kalkstein in der Erde trifft. Im Gestein bilden sich allmählich tiefe Furchen oder Höhlen. Beim Verdunsten des Wassers entweicht Kohlenstoffdioxid; schwer lösliches Calciumcarbonat scheidet sich ab. So entstehen Tropfsteinhöhlen (Abb. 1).

Wasserhärte. Durch die Wasserhärte wird der Gesamtanteil an gelösten Calcium- und Magnesiumverbindungen angegeben. Man spricht von **hartem Wasser,** wenn das Wasser einen großen Massenanteil dieser Stoffe enthält. Orte in Gebieten mit Kalksteinvorkommen, zum Beispiel Jena, Tübingen und Würzburg, haben sehr hartes Wasser. In kalkarmer Umgebung tritt **weiches Wasser** auf, das einen geringen Massenanteil an Magnesium- und Calciumverbindungen enthält.
Ein Maß für die Wasserhärte ist der Grad deutscher Härte (abgekürzt °dH). Mittels Teststreifen lässt sich die Wasserhärte bestimmen. Hartes Wasser erkennt man auch bei Zugabe von Seifenlösung (Experiment 7). Zuerst scheidet sich dabei ein schwer löslicher Stoff ab, der an einer Trübung des Wassers erkennbar ist. Erst danach bildet sich der Schaum. Die Wasserhärte ist bedeutsam für das Dosieren von Waschmitteln (↗ S. 195).
Erhitzt man hartes Wasser, so setzt sich im Gefäß eine feste Schicht Calciumcarbonat ab, die **Kesselstein** genannt wird. Kesselstein tritt zum Beispiel im Wasserkessel, am Tauchsieder, im Durchlauferhitzer, im Kaffeeautomaten und in der Waschmaschine auf. In Rohrleitungen (Abb. 2) kann die Bildung von Kesselstein zu Verstopfungen führen. In Geräten und Rohrleitungen kommt es zu hohen Wärmeverlusten, weil Kesselstein ein schlechter Wärmeleiter ist.

> **Hartes Wasser ist Wasser, in welchem relativ viel Calcium- und Magnesium-Ionen enthalten sind. Beim Erhitzen von hartem Wasser bilden sich Ablagerungen von festem Calciumcarbonat (Kesselstein).**

Hartes Wasser lässt sich enthärten. Das geschieht durch **Ionenaustauscher**. Es sind harzartige organische Stoffe (↗ S. 195), die zum Beispiel Natrium-Ionen locker gebunden enthalten. Wird Wasser mit dem Ionenaustauscher in Berührung gebracht, so ersetzen die Calcium- und Magnesium-Ionen des harten Wassers die im Austauscherharz locker gebundenen Natrium-Ionen. Das durchgelaufene Wasser enthält dann weniger Calcium- und Magnesium-Ionen. Ionenaustauscher können regeneriert werden. Das Austauscherharz in Granulat- oder Pulverform befindet sich im Enthärtungsbehälter. Solche Wasserenthärtungsanlagen werden in Wohngebieten mit hartem Wasser installiert.

Härtebereich des Wassers	Härtegrad in °dH
weich	0 ⋯ 7
mittelhart	7 ⋯ 14
hart	14 ⋯ 21
sehr hart	über 21

Experiment 7
Schüttle in einem Reagenzglas jeweils destilliertes Wasser, Regenwasser und Trinkwasser (Leitungswasser) mit einigen Tropfen einer Seifenlösung! Beobachte und vergleiche!

HARTES UND WEICHES WASSER
KALK UND ZEMENT

Kalk und Zement – wichtige Baustoffe

Vom Kalkstein zum abgebundenen Kalkmörtel. Calciumcarbonat wird **durch thermische Zersetzung** in Calciumoxid und Kohlenstoffdioxid umgewandelt.

$$CaCO_3 \longrightarrow CaO + CO_2 \text{ ; endotherm}$$

Diese chemische Reaktion ist die Grundlage für das **Kalkbrennen** (Abb. 3). Branntkalk ist Ausgangsstoff für die Herstellung wichtiger Baustoffe wie Kalkmörtel und Zement.
Kalkmörtel enthält Calciumhydroxid $Ca(OH)_2$. Man nennt diesen Bestandteil auch Kalkhydrat oder Löschkalk, weil er beim **Löschen von Branntkalk** entsteht. „Löschen" ist hier die Reaktion von Calciumoxid mit Wasser.

$$CaO + H_2O \longrightarrow Ca(OH)_2 \text{ ; exotherm}$$

Kalkmörtel ist das verstreichbare Gemisch aus Löschkalk, Sand und Wasser. Er dient beim Mauern als Bindemittel zwischen den Ziegeln und zum Putzen von Wänden (↗ S. 140, Abb. 2).
Beim **Abbinden des Kalkmörtels** nimmt das Calciumhydroxid aus der Luft Kohlenstoffdioxid auf und reagiert zu Calciumcarbonat und Wasser.

$$Ca(OH)_2 + CO_2 \longrightarrow CaCO_3 + H_2O \text{ ; exotherm}$$

Das Calciumcarbonat verkittet Sand und Bausteine miteinander.

Zement – Zementmörtel – Beton. Der Baustoff **Zement** besteht vor allem aus Silicaten (↗ S. 141). Er wird bei hohen Temperaturen aus einem Gemisch von Kalkstein und Ton hergestellt. **Zementmörtel** ist eine Mischung von Zement, Sand und Wasser. Ersetzt man den Sand durch groben Kies, Steinsplitt oder Schotter, so erhält man **Beton**. Die Einlagerung von Stahlstäben oder Stahldrahtgeflechten erhöht die Zugfestigkeit des Betons. Dieser Stahlbeton ist Baustoff für Großbauten wie Hochhäuser, Brücken (↗ S. 140, Abb. 1) und Staudämme.
Zementmörtel und Beton binden durch Wasser ab. Baumörtel für den Hausbau ist ein Gemisch aus Zement, Kalk, Sand und Wasser.

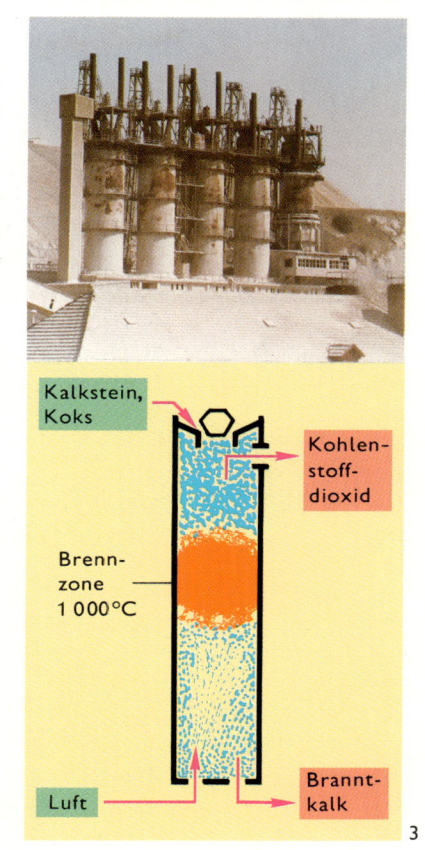

3 Der Kalkschachtofen hat einen zylinderförmigen Schacht. Darin zersetzt sich bei 1000 °C Kalkstein (Calciumcarbonat) zu Branntkalk (Calciumoxid) und Kohlenstoffdioxid. Die Verbrennung von Koks liefert die erforderliche Wärme. Der Wärmeaustausch erfolgt im Gegenstrom.

AUFGABEN

1. Ist destilliertes Wasser „hart" oder „weich"? Erläutere!
2. Ilmenau, Hildesheim und Celle liegen in einer kalkarmen Umgebung. Welche Qualität weist wohl das dort geförderte Brunnenwasser aus, wenn man es nach seiner Wasserhärte beurteilt?
3. Welche nachteilige Wirkung bringt große Wasserhärte mit sich?
4. Wie kann man kalkhaltige Ablagerungen an einem Tauchsieder entfernen?
5. Warum sind frisch verputzte Räume feucht?
6. Warum müssen beim Umgang mit Löschkalk Augen und Hände geschützt werden?
7. Vergleiche die Zersetzung von Calciumcarbonat bei Hitzeeinwirkung mit der von Calciumcarbonat bei Einwirkung von Säure!
8. Kalkmörtel heißt auch Luftmörtel, Zementmörtel auch Wassermörtel. Warum wohl?
9. Warum ist es zweckmäßig, dem Kalkmörtel etwas Zement zuzusetzen?
10. Worin besteht der Unterschied zwischen dem „Brennen" (z. B. von Kalkstein) und dem „Verbrennen" (z. B. von Kohle)?

KOHLENSTOFF UND SILICIUM

Wichtige Baustoffe	Kalkmörtel	Zement Zementmörtel	Beton
Hauptbestandteil	Calciumhydroxid	Silicate	Silicate
Herstellung	Brennen von Kalkstein und Löschen von Branntkalk; Mischen mit Sand und Wasser	Brennen von Kalkstein und Ton; Mischen mit Sand und Wasser	Mischen von Zement mit Kies, Sand und Wasser
Verwendung	Bindemittel für Mauersteine; Außenputz	Bindemittel und Baustoff	Baustoff (Stahl- und Spannbeton)
Abbinden	Aufnahme von Kohlenstoffdioxid der Luft; Abgabe von Wasser	Aufnahme von Wasser	Aufnahme von Wasser

Glas und Keramik

Sand – Ausgangsstoff für Glas und Keramik. Sand enthält Quarz. Quarz ist **Siliciumdioxid SiO_2**. Kristallines Siliciumdioxid kommt in der Natur als Bergkristall vor (Abb. 3). Kristallklar und farbig sind zum Beispiel Rosenquarz (rosa), Citrin (gelb) und Amethyst (violett). Sie sind Material für Schmucksteine. Nicht kristallines Siliciumdioxid besitzt glasartige Eigenschaften. In der Natur kommt es als Achat (Abb. 4), Opal, Jaspis und Onyx vor. Diese Materialien werden ebenfalls zu Schmuck verarbeitet. Siliciumdioxid ist diamantartig aufgebaut. Es besteht aus „Riesenmolekülen" und ist somit ein polymerer Stoff. Wird Siliciumdioxid bei sehr hohen Temperaturen geschmolzen und schnell abgekühlt, so bleibt die Kristallisation aus. Es entsteht **Glas**.

Eigenschaften von Glas. Glas ist ein fester, durchsichtiger, nicht kristalliner Stoff ohne bestimmte Schmelztemperatur. Beim Erhitzen wird es vorübergehend zäh und dickflüssig und geht allmählich vom festen in den flüssigen Aggregatzustand über. Glas ist sehr beständig gegenüber Chemikalien. Es lässt sich schleifen, polieren, einfärben und beschichten. Nach dem Erweichen in der Hitze kann man es biegen (Experiment 8), ziehen, blasen, walzen und pressen. Glas kann wieder eingeschmolzen und erneut verarbeitet werden (Recycling).

KALK UND ZEMENT
GLAS UND KERAMIK

Experiment 8
Erwärme in der Flamme eines Brenners ein Stück Glasrohr unter Drehen und biege es vorsichtig! Schütze dabei Augen und Hände! Es besteht die Gefahr, dass das Glasrohr bricht und splittert!

5

6

Bis zu 25 % Blei enthält Blei-„Kristallglas". Es besitzt eine sehr hohe Lichtbrechung. Man verwendet es als geschliffenes Schmuckglas für Schalen und Trinkgläser.

Herstellung und Verwendung von Glas. In Schmelzöfen werden feiner Quarzsand SiO_2, Kalkstein $CaCO_3$, Soda Na_2CO_3 oder Pottasche K_2CO_3 sowie Scherbenglas bei etwa 1400 °C zusammengeschmolzen. Es bilden sich **Silicate**. Silicate sind Stoffe, die die Elemente Silicium und Sauerstoff sowie mindestens ein weiteres Element (z. B. Natrium, Kalium, Calcium, Aluminium) enthalten. Die Glasschmelze wird schnell auf 1200 ⋯ 900 °C abgekühlt. Anschließend erfolgt die Formgebung.
Glas gehört zu den ältesten Werkstoffen. Heute dient es als Baumaterial (z. B. Fensterglas, Glasbausteine, Abb. 5), als Isolierstoff (z. B. Glaswolle zur Wärmedämmung), zur Herstellung von Gebrauchsgegenständen, Laborgeräten und optischen Erzeugnissen. Glas wird auch kunstvoll verarbeitet (Abb. 6).

Glasarten. Normalglas ist ein Gemisch aus Natrium- und Calciumsilicat. Es hat einen Erweichungsbereich um 700 °C und zerspringt leicht bei raschem Temperaturwechsel. Man verarbeitet es zu Flaschen und Konservengläsern sowie Fensterscheiben. Bei Zugabe von Metalloxiden zur Glasschmelze entstehen farbige Gläser, zum Beispiel grüne und braune Gläser durch unterschiedliche Eisenoxide, blaue Gläser durch Cobaltoxid und rote Gläser durch ein Kupferoxid.
Borosilicatglas enthält Bor. Dieses Glas besitzt größere mechanische Festigkeit und Beständigkeit gegenüber Temperaturveränderungen als Normalglas. Man stellt aus ihm Laborgeräte, feuerfestes Haushaltsgeschirr, Glühlampen und Glasampullen her.
Spezialgläser enthalten andere Zusätze. Bariumverbindungen führen zu leicht schmelzbaren und stark lichtbrechenden Gläsern. Verbindungen mit Beryllium, Lanthanium, Niobium, Tantal und Germanium verändern optische Eigenschaften des Glases. Auch Bleiverbindungen dienen zur Herstellung von optischem Glas für Linsen und Prismen. Durch Eisenoxid blaugrün gefärbte Gläser absorbieren ultrarote Strahlung; deshalb setzt man solche Gläser zum Wärmeschutz bei Schweißer- und Sonnenbrillen ein. Germaniumoxid verändert die optischen Eigenschaften des Glases so, dass es als Lichtwellenleiter verwendet werden kann (Abb. 7).

7

Auf einem Faserpaar dieses Lichtwellenleiterkabels können zugleich 7680 Telefongespräche übertragen werden.

Hauptbestandteil vieler Gläser ist das Natrium-Calcium-Silicat. Zusätze in der Glasschmelze bedingen spezifische Eigenschaften der Glassorten. Dadurch werden verschiedenartige Verwendungen ermöglicht.

AUFGABEN

1. Nenne Beispiele für die Nutzung der verschiedenen Verarbeitungsmöglichkeiten von Glas!
2. Welche Bedeutung hat Glas-Recycling?
3. Wie kommt der Name Blei-„Kristallglas" zustande? Welcher Trugschluss könnte aus dieser Bezeichnung gezogen werden?
4. Erläutere die Bedeutung von Glas und Keramik!

KOHLENSTOFF UND SILICIUM

Aus Spezialglas stellt man Autoglas her. Beim Einscheiben-Sicherheitsglas bilden sich bei Schlageinwirkung viele stumpfkantige Glaskrümel mit geringer Verletzungsgefahr. Frontscheiben am PKW sind aus Verbund-Sicherheitsglas. Sie bestehen aus je zwei Einzelscheiben, zwischen denen eine reißfeste Kunststoffschicht liegt. Beim Zerbersten entsteht ein spinnennetzförmiges Bruchbild (Abb. 1). An der verformbaren Zwischenfolie haften die Glassplitter. Dadurch verringert sich das Verletzungsrisiko.

Keramik und keramische Werkstoffe. Rohstoffe für keramische Erzeugnisse sind Ton und Lehm. **Ton** besteht aus Aluminiumsilicaten; **Lehm** ist ein Gemisch aus Ton, Sand und Kalkstein. Besonders reiner Ton ist **Porzellanerde** (Kaolin). Durch Erhitzen auf Temperaturen über 1000 °C („Brennen") wird aus den Rohstoffen **Keramik** hergestellt. Keramik ist ein Werkstoff, der aus Silicaten besteht und sowohl glasartig als auch kristallin ist. Keramische Erzeugnisse sind zum Beispiel Töpferwaren (Abb. 2), Ziegel, Steinzeug, zum Beispiel Keramikrohre zur Abwasserkanalisation (Abb. 3), aber auch Porzellan. Eine besondere Form ist Glaskeramik, die man beispielsweise zu Herdplatten für Küchenherde (Abb. 4) verarbeitet und als Material für Prothesen zum Knochenersatz (Gelenke) einsetzt.

Ton und Lehm bestehen wie die aus diesen Rohstoffen hergestellte Keramik aus Silicaten.

Andere spezielle Keramik dient dem Wärmeschutz. An der Außenwand der amerikanischen Raumfähren (Abb. 5) bilden Tausende Keramikkacheln einen Hitzeschild. Dieser schützt so den Spaceshuttle vor dem Verglühen, wenn er aus dem Weltraum wieder in die Erdatmosphäre eintaucht.

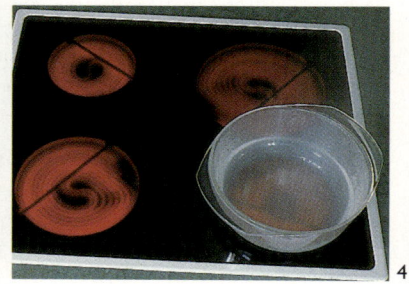

> **AUFGABEN**

1. Vergleiche Bau, Eigenschaften und Verwendung von Diamant und Graphit!
2. Vergleiche Art, Zusammenhalt und Anordnung der Teilchen in Diamant und Natriumchlorid!
3. Wie weist man nach, dass ein fester Stoff Carbonat enthält?
4. Welche Bedeutung hat Calciumcarbonat?
5. Erläutere die Bezeichnungen Branntkalk, Löschkalk und Kalk!
   Was ist unter „Kalkbrennen" zu verstehen?
6. Wodurch unterscheiden sich Branntkalk und Zement?
7. Vergleiche Zusammensetzung und Eigenschaften von Kalk- und Zementmörtel!
8. Beschreibe das Verhalten von Calciumcarbonat gegenüber Wasser, verdünnter Salzsäure und bei Einwirkung von Wärme!
9. Nenne gemeinsame und unterschiedliche Eigenschaften von Kohlenstoffmonooxid und Kohlenstoffdioxid!
10. Wie weist man Kohlenstoffdioxid nach?
11. Welche Eigenschaften hat Kohlensäure?
12. Wie verhält sich Kohlensäure gegenüber Wasser, was geschieht beim Erwärmen?
13. Welche Bedeutung hat die Reaktion zur Bildung von Kohlenstoffmonooxid aus Kohlenstoffdioxid?
14. Wie könnte man in einem Gasgemisch Kohlenstoffmonooxid nachweisen?

GLAS UND KERAMIK IM ÜBERBLICK

Im Überblick

Kohlenstoff Erscheinungsformen: Diamant und Graphit.
Beide unterscheiden sich in ihrem Bau durch verschiedene Anordnung der Kohlenstoffatome.

Verbindungen des Kohlenstoffs

Kohlenstoffdioxid CO_2

$CO_2 + H_2O \longrightarrow H_2CO_3$ $CO_2 + C \longrightarrow 2\,CO$

Kohlensäure H_2CO_3

Kohlenstoffmonooxid CO

$CO_2 + Ca(OH)_2 \longrightarrow CaCO_3 + H_2O$

Calciumcarbonat $CaCO_3$
Marmor, Kalkstein, Kreide

Kalkbrennen: $CaCO_3 \longrightarrow CaO + CO_2$

Abbinden von Kalkmörtel:
$Ca(OH)_2 + CO_2 \longrightarrow CaCO_3 + H_2O$

Calciumoxid CaO

Kalklöschen: $CaO + H_2O \longrightarrow Ca(OH)_2$

Calciumhydroxid $Ca(OH)_2$

ORGANISCHE CHEMIE

17

Organische Chemie

Gegenwärtig sind mehr als 6 000 000 organische Stoffe, dagegen nur 100 000 anorganische Stoffe bekannt. Viele organische Stoffe kommen nicht in der Natur vor, sondern werden synthetisch hergestellt, wie Arzneimittel, Waschmittel, Kunststoffe und Kraftstoffe.

Der Begriff „Organische Chemie"

Bis in das 19. Jahrhundert trennten die Chemiker den Bereich der lebenden Natur (Tiere und Pflanzen) streng vom Bereich der nicht lebenden Natur (Minerale). Sie teilten die Stoffe in organische und anorganische Stoffe ein. Man glaubte, dass die organischen Stoffe nur von lebenden Organismen durch die Wirkung einer geheimnisvollen, übernatürlichen „Lebenskraft" (vis vitalis) erzeugt werden könnten. Der Bereich der Chemie, der sich mit organischen Stoffen beschäftigte, erhielt vom schwedischen Chemiker *Berzelius* die Bezeichnung **„Organische Chemie"**. Kaum 20 Jahre nach dieser Einteilung der Chemie durch *Berzelius* gelang im Jahre 1824 dem deutschen Chemiker *Friedrich Wöhler* (Abb. 1) erstmals die Herstellung eines organischen Stoffes, der Oxalsäure. Verbindungen der Oxalsäure kommen in Sauerklee, Rhabarber und Äpfeln vor. *Wöhler* konnte 1828 auch den Harnstoff, ein Stoffwechselprodukt des tierischen und menschlichen Organismus, synthetisch darstellen. Damit waren die Auffassungen vom Wirken einer „Lebenskraft" grundsätzlich widerlegt. Seitdem wurden viele Tausende von organischen Synthesen in der ganzen Welt durchgeführt.

Trotzdem hält man heute noch an der einmal vorgenommenen Zweiteilung der Chemie fest. Es zeigte sich nämlich, dass organische Stoffe ausschließlich **Kohlenstoffverbindungen** sind, mit Ausnahme der Oxide des Kohlenstoffes (↗ S. 134), der Kohlensäure und der Carbonate (↗ S. 135).

Die organische Chemie ist die Chemie der Kohlenstoffverbindungen.

Friedrich Wöhler (1800 bis 1882) war Professor für Chemie in Berlin, Kassel und Göttingen. An seinen Freund und Lehrer *Berzelius* schrieb er:

„... ich kann sozusagen mein chemisches Wasser nicht halten und muss Ihnen sagen, dass ich Harnstoff machen kann, ohne dazu Nieren oder überhaupt ein Tier, sei es Mensch oder Hund, nötig zu haben ..."

Eigenschaften und Vielfalt organischer Verbindungen

Einige Eigenschaften. Organische Verbindungen bestehen aus Molekülen. Da der Zusammenhalt von Molekülen relativ gering ist, haben organische Verbindungen meistens niedrigere Schmelz- und Siedetemperaturen als anorganische Verbindungen. Viele organische Verbindungen besitzen einen charakteristischen Geruch und sind wenig wärmebeständig.
Weitere charakteristische Eigenschaften zeigen Untersuchungen von bekannten organischen Verbindungen aus dem Alltag.

Stoff	Verhalten beim Erhitzen	Löslichkeit in Wasser	Löslichkeit in Tetrachlormethan
Traubenzucker	schmilzt, verkohlt	sehr gut	—
Vanillin	schmilzt, verkohlt	—	sehr gut
Kokosfett	verflüssigt sich, Dämpfe brennbar	—	sehr gut
Essigsäure	Dämpfe brennbar	in jedem Verhältnis mischbar	in jedem Verhältnis mischbar
Polystyrol	schmilzt, verkohlt, Dämpfe brennbar	—	quillt auf, kaum löslich

Zusammensetzung. Wie Analysen von organischen Verbindungen zeigen, sind an ihrem Aufbau nur wenige Elemente beteiligt. Neben dem stets nachzuweisenden Element Kohlenstoff sind vor allem die Elemente Wasserstoff, Sauerstoff und Stickstoff, seltener Schwefel, Phosphor oder Halogene enthalten (Experimente 1, 2, 3).

Verknüpfungsmöglichkeiten von Kohlenstoffatomen. Aus der Stellung des Elements Kohlenstoff im Periodensystem (Abb. 2) folgt, dass jedes Kohlenstoffatom in der Lage ist, mit weiteren Elektronen von Atomen Elektronenpaare zu bilden. Um eine Edelgasschale (Oktett) zu erreichen, müssen 4 Atombindungen ausgebildet werden. Man sagt, das Kohlenstoffatom ist **vierbindig**. Die Kohlenstoffatome verfügen über die besondere Eigenschaft, sich durch Atombindung miteinander zu verbinden und eine praktisch unbegrenzte Anzahl von ketten- oder ringförmigen Kohlenstoffverbindungen zu bilden.

kettenförmig   ringförmig

EIGENSCHAFTEN UND VIELFALT ORGANISCHER VERBINDUNGEN

Experiment 1
Erhitze jeweils erst vorsichtig, dann kräftiger im Reagenzglas Zucker, Mehl und Puddingpulver! Deute die Veränderungen!

Experiment 2
Weise nach, dass beim Verbrennen von Alkohol Kohlenstoffdioxid und Wasser entstehen! Begründe!

Experiment 3
Zu einer Spatelspitze Harnstoff werden etwa 2 ml Natronlauge (50%ig) gegeben; dann wird vorsichtig erhitzt!
Die aufsteigenden Dämpfe werden auf Geruch und mit feuchtem Indikatorpapier geprüft!

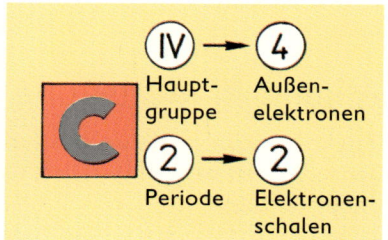

C — IV → 4 Hauptgruppe → Außenelektronen
2 → 2 Periode → Elektronenschalen

AUFGABEN

1. Erläutere die Entwicklung des Begriffs „Organische Chemie"!
2. Warum verbreiten die organischen Stoffe Benzin und Chloroform im Gegensatz zu Kochsalz einen starken Geruch?
3. Nenne einen Vorgang, an dem zu erkennen ist, dass Fleisch und Milch Kohlenstoffverbindungen enthalten!
4. Warum ist die Bildung von Kohlenstoff-Ionen erschwert?
5. Warum gibt es mehr Kohlenstoffverbindungen als andere Verbindungen?

18 Alkane

Ob man Benzin als Kraftstoff oder Butan als Feuerzeuggas verwendet, die Wohnung mit Erdgas oder Flüssiggas beheizt oder eine Paraffinkerze abbrennt, stets handelt es sich hierbei um Stoffe, die nur aus den Elementen Kohlenstoff und Wasserstoff bestehen. Solche Verbindungen bezeichnet man als Kohlenwasserstoffe.

Alkane in Natur und Technik

Vorkommen und Verwendung von Methan. Methan entsteht überall dort, wo abgestorbene tierische und pflanzliche Reste unter Luftabschluss von Bakterien zersetzt werden. In Sümpfen oder am Grund verschmutzter Gewässer bildet sich **Sumpfgas**, ein Gemisch aus Methan und Kohlenstoffdioxid (Experiment 1). Im Hochsommer kann es zur Entzündung dieses Gases kommen, sodass man nachts kleine Flämmchen über dem Moor sehen kann (Irrlichter).

Bei der Abwasserreinigung fällt in den Kläranlagen Schlamm an, bei dessen Zersetzung **Klär- und Faulgas** entsteht, das bis zu 75 % Methan enthält.

Heute wird durch gezielte bakterielle Fäulnis von pflanzlichem Material (z. B. aus Mist, Gülle, Klärschlamm, organischem Müll) **Biogas** gewonnen. Biogas besteht vorwiegend aus Methan (etwa 60 %) und Kohlenstoffdioxid (etwa 35 %). Außerdem enthält es noch Wasserstoff, Stickstoff und Schwefelwasserstoff. Biogas hat einen hohen Heizwert. Die Gewinnung von Biogas kann dazu beitragen, dass wertvolle Rohstoffe eingespart und Umweltschäden vermindert werden.

Methan ist der Hauptbestandteil des **Erdgases** (85 ⋯ 95 %), das im Haushalt zum Kochen und zur Beheizung von Wohnungen eingesetzt wird.

Auch das sich in den Klüften von Steinkohlenlagern sammelnde **Grubengas** enthält hauptsächlich Methan. Bei unzureichender Belüftung der Bergwerksstollen entstehen explosive Methan-Luft-Gemische, die als „Schlagende Wetter" schwere Zerstörungen verursachen. Bereits ein Kurzschluss in der elektrischen Leitung kann das Methan-Luft-Gemisch zünden (Tabelle).

Experiment 1
Untersuche die Entstehung von Methan! Lasse die Versuchsapparatur einige Tage stehen! Öffne danach den Quetschhahn und prüfe mit einem brennenden Holzspan!

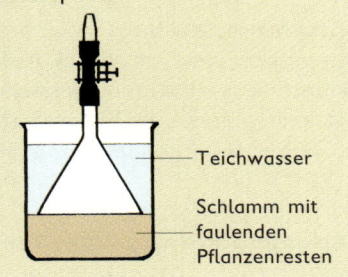

Explosionsgrenzen

Methananteil in der Luft	Erscheinung bei Entzündung
φ = 5 ⋯ 15 % Methan	explodiert heftig
φ > 15 % Methan	brennt ruhig
φ < 5 % Methan	nicht entzündbar

Eigenschaften des Methans. Methan ist ein farbloses Gas. Während Erdgas, Biogas und Sumpfgas aufgrund von Begleitstoffen einen typischen Geruch aufweisen, ist reines Methan geruchlos. Es ist in Wasser fast unlöslich und kann unter Wasser aufgefangen werden. Methan bildet mit Luft explosive Gemische (Experiment 2). Bei seiner vollständigen Verbrennung entstehen Kohlenstoffdioxid und Wasser (Experiment 3).

Struktur des Methanmoleküls. Methan ist die einfachste organische Verbindung mit der Formel CH_4, aus der hervorgeht, dass ein Methanmolekül aus einem Kohlenstoffatom und vier Wasserstoffatomen besteht. Die Wasserstoffatome sind mit dem Kohlenstoffatom jeweils durch eine Atombindung verbunden. Die Atombindungen im Methanmolekül liegen nicht in einer Ebene, sondern sind räumlich nach den Eckpunkten eines regulären Tetraeders gerichtet (Abb. 1a). Das Methanmolekül kann durch das Kugel-Stab-Modell (Abb. 1b) oder das Kalotten-Modell (Abb. 1c) veranschaulicht werden.

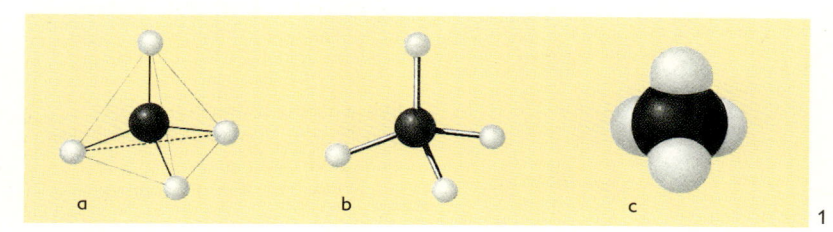

Stellt man sich das Modell des Methanmoleküls (Abb. 1b) als Projektion in die Ebene vor, so ergibt sich die **Strukturformel** (Abb. 2). Jedes gemeinsame Elektronenpaar ist hier durch einen Strich dargestellt worden. Strukturformeln können für Moleküle entwickelt werden, in denen Atombindungen bestehen. Im Unterschied zu den Strukturformeln bezeichnet man Formeln wie CH_4 als **Summenformeln** (Abb. 2).

Weitere Alkane. Propan und **Butan** kommen neben Methan in geringem Anteil im Erdgas vor und fallen bei der Benzinherstellung an. Man gewinnt sie auch durch Verarbeitung von Erdöl. Sie sind wichtige Energieträger mit hohem Heizwert. Propan und Butan lassen sich durch Druck leicht verflüssigen und kommen in Stahlflaschen oder Kartuschen in den Handel (Abb. 1, ↗ S. 148). Sie werden auch als Flüssiggase bezeichnet und im Haushalt und beim Camping als Heizgase verwendet.

Hexan ist ein Bestandteil von Vergaserkraftstoffen. Es hat die Formel C_6H_{14}. Hexan ist bei 20 °C eine farblose Flüssigkeit mit deutlichem Benzingeruch. Hexan ist brennbar, aber nicht mit Wasser mischbar.

Hauptbestandteil der meisten technisch verwendeten Wachse ist **Paraffin**, ein Gemisch zahlreicher fester Alkane (↗ Tabelle, S. 149). Sie werden heute vor allem aus Erdöl gewonnen und unterscheiden sich je nach Kettenlänge der Moleküle in der Härte und der Schmelztemperatur. Aus Paraffin können Kerzen hergestellt werden.

ALKANE IN NATUR UND TECHNIK

Experiment 2
Vorsicht! In einem starkwandigen Standzylinder (höchstens 200 ml) wird ein Methan-Luft-Gemisch gezündet.

Experiment 3
Verbrenne Methan! Beobachte die Flamme! Halte über die Flamme ein trockenes Becherglas! Was beweist die Beobachtung?

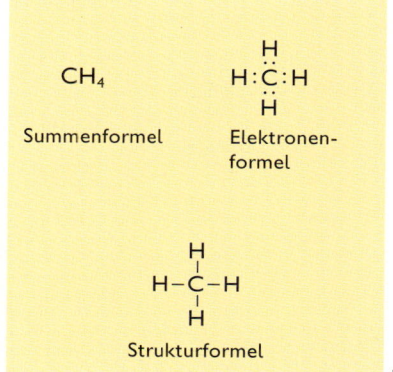

AUFGABEN

1. Wie kann die Behauptung, dass aus Faulschlamm Methan entweicht, experimentell bewiesen werden?
2. Welche Stoffe entstehen bei der Verbrennung von Propan und Butan?
3. Fertige aus verschiedenfarbigen Plastilinkugeln ein Modell des Methanmoleküls an!
4. Stelle die Strukturformeln für Flüssiggase auf!
5. Nenne Sicherheitsbestimmungen beim Umgang mit Erdgas!

ALKANE

Homologe Reihe der Alkane

Formeln und Namen der Alkane. Da Kohlenstoffatome untereinander Atombindungen ausbilden können, gibt es neben dem Methan noch Kohlenwasserstoffe, deren Moleküle mehr als ein Kohlenstoffatom enthalten (Tabelle).

Name	Summen-formel	Strukturformel	Molekülmodell
Methan	CH_4	H–C(H)(H)–H	
Ethan	C_2H_6	H–C(H)(H)–C(H)(H)–H	
Propan	C_3H_8	H–C(H)(H)–C(H)(H)–C(H)(H)–H	
Butan	C_4H_{10}	H–C(H)(H)–C(H)(H)–C(H)(H)–C(H)(H)–H	

Die Kohlenstoffketten sind in den Propan- und Butanmolekülen zickzackförmig gewinkelt, da auch hier die Atombindungen nach den Eckpunkten des Tetraeders gerichtet sind.

Die Kohlenstoffatome in den Molekülen von Ethan, Propan und Butan bilden Ketten (Tabelle). Diese Stoffe gehören zu den **kettenförmigen Kohlenwasserstoffen**. Aus Abbildung 2 ist zu erkennen, dass jedes Kohlenstoffatom mit benachbarten Kohlenstoffatomen jeweils durch ein gemeinsames Elektronenpaar verbunden ist. Solche Atombindungen werden als **Einfachbindungen** bezeichnet. Kohlenwasserstoffe, bei denen die Kohlenstoffatome jeweils nur durch eine Einfachbindung verknüpft sind, heißen **Alkane**.

In den Molekülen der Alkane sind alle Kohlenstoffatome mit der jeweils größtmöglichen Anzahl an Wasserstoffatomen verbunden. Man sagt, sie sind gesättigt. Alkane gehören damit zu den **gesättigten Kohlenwasserstoffen**.

Die *Namen der Alkane* werden aus einem Wortstamm und der Endung „-an" gebildet. Der Wortstamm gibt die Anzahl der Kohlenstoffatome im Molekül an. Die Wortstämme von Verbindungen mit fünf oder mehr Kohlenstoffatomen im Molekül leiten sich von griechischen oder lateinischen Zahlwörtern ab. Ein Vergleich der Strukturformeln von Kohlenwasserstoffmolekülen in der Tabelle zeigt, dass sie sich jeweils um eine CH_2-Gruppe unterscheiden. Eine solche Reihe organischer Verbindungen, bei denen sich die Moleküle aufeinander folgender Glieder jeweils um eine CH_2-Gruppe unterscheiden, bezeichnet man als **homologe Reihe** (griechisch: homologos = übereinstimmen).

Die allgemeine Summenformel der Alkane lautet C_nH_{2n+2}.

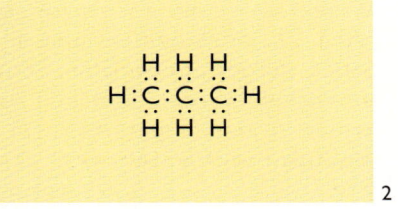

Elektronenformel vom Propanmolekül

Wortstamm	Anzahl der Kohlenstoffatome in der Kette
Meth	1
Eth	2
Prop	3
But	4
Pent	5
Hex	6
Hept	7
Okt	8
Non	9
Dek	10

HOMOLOGE REIHE DER ALKANE

Eigenschaften der Alkane. Innerhalb der homologen Reihe zeigen die Alkane eine gesetzmäßige Abstufung ihrer Eigenschaften (Experiment 4, Tabelle).

Experiment 4
Vorsicht! Schutzbrille!
Siedetemperaturen von flüssigen Alkanen werden ermittelt. Vergleiche mit der Tabelle!

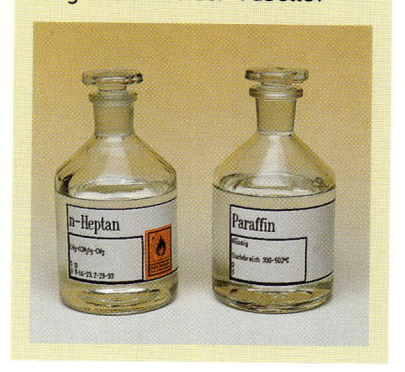

Name	Summen-formel	Schmelz-temperatur in °C	Siede-temperatur in °C	Aggregat-zustand bei 20 °C
Methan	CH_4	−182,5	−161,5	gasförmig
Ethan	C_2H_6	−183,5	−88,6	
Propan	C_3H_8	−187,1	−42,2	
Butan	C_4H_{10}	−138,3	−0,5	
Pentan	C_5H_{12}	−129,7	+36,0	flüssig
Hexan	C_6H_{14}	−94,3	+68,7	
Heptan	C_7H_{16}	−90,5	+98,4	
Octan	C_8H_{18}	−56,8	+125,7	
Nonan	C_9H_{20}	−53,7	+150,7	
Decan	$C_{10}H_{22}$	−29,7	+174,0	
⋮	⋮		⋮	
Pentadecan	$C_{15}H_{32}$	+10,0	+268,0	
Hexadecan	$C_{16}H_{34}$	+18,1	+280,0	
Heptadecan	$C_{17}H_{36}$	+22,0	+303,0	fest
⋮	⋮		⋮	
Eicosan	$C_{20}H_{42}$	+36,4	+345,1	

Mit zunehmender Kettenlänge der Moleküle steigen die Siede- und auch meistens die Schmelztemperaturen der Alkane an. Das ist darauf zurückzuführen, dass schwache Anziehungskräfte zwischen den unpolaren Molekülen der Alkane wirken. Sie heißen *Van-der-Waals*-Kräfte (Abb. 3). Diese Kräfte müssen beim Schmelzen und Sieden eines Stoffes durch Energiezufuhr überwunden werden. Die Stärke der *Van-der-Waals*-Kräfte hängt von der Oberfläche und damit von der Größe der Moleküle ab.

geringe *Van-der-Waals*-Kräfte

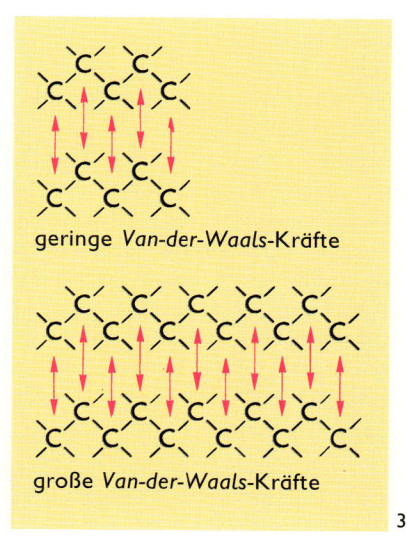

große *Van-der-Waals*-Kräfte

> Unter einer homologen Reihe versteht man eine Gruppe von ähnlichen organischen Verbindungen. In dieser Reihe unterscheiden sich die Moleküle von zwei aufeinanderfolgenden Verbindungen jeweils durch eine **CH₂-Gruppe**.

3

➤ AUFGABEN

1. Beschreibe den Bau des Propan- und Butanmoleküls anhand der Strukturformeln und der Molekülmodelle!
2. Begründe die Zuordnung der Alkane zu den gesättigten Kohlenwasserstoffen!
3. Warum haben Alkane bei Zimmertemperatur unterschiedliche Aggregatzustände?
4. Stelle die Strukturformeln folgender Alkane auf und benenne sie: C_7H_{16}, $C_{10}H_{22}$, C_5H_{12}!
5. Nenne die Summenformeln von Alkanen mit 11, 19 und 24 Kohlenstoffatomen!
6. Begründe, dass es richtig ist, bei den Alkanen von einer homologen Reihe zu sprechen!

ALKANE

Gasförmige und feste Alkane sind in reinem Zustand geruchlos. Flüssige Alkane haben benzinähnlichen Geruch.
Kurzkettige Alkane (C_5 bis C_{10}) sind dünnflüssig, Schmieröl (C_{12} bis C_{18}) ist zähflüssig. Die Zähflüssigkeit, auch **Viskosität** genannt, nimmt mit wachsender Kettenlänge der Moleküle zu.
Alkane leiten den elektrischen Strom nicht (Experiment 5). Sie enthalten keine Ladungsträger, sondern nur ungeladene Moleküle.
Die Flammtemperaturen nehmen bei Alkanen mit steigender Siedetemperatur und Kettenlänge zu. Flüssige Alkane (C_5 bis C_8) lassen sich bereits unterhalb der Zimmertemperatur entzünden. Es sind deshalb äußerst feuergefährliche Stoffe. Höhere Alkane entflammen dagegen erst über 45 °C (Experiment 6).
Alkane sind mit Wasser nicht mischbar. Sie sind **hydrophob** (wasserabstoßend). Untereinander sind Alkane aber in jedem Verhältnis mischbar (Experiment 7). Dieses unterschiedliche Lösungsverhalten beruht darauf, dass die Wassermoleküle polar sind (Dipole), die Alkanmoleküle dagegen unpolar (Abb. 1).
Die Dipolmoleküle des Wassers ziehen sich untereinander stark an. Die *Van-der-Waals*-Kräfte zwischen den Alkanmolekülen sind dagegen vergleichsweise gering.
Es gilt die Regel: Ähnliches löst sich in Ähnlichem.
Alkane sind im Gegensatz zu Wasser gute Lösungsmittel für Fette, Öle und Harze. Sie sind **lipophil** (fettfreundlich; Experiment 8).

Verhalten beim Umgang mit brennbaren Gasen und Flüssigkeiten. Mit brennbaren Gasen und Flüssigkeiten ist mit größter Vorsicht und Sorgfalt umzugehen. Beim Wahrnehmen von Gasgeruch sind bestimmte Hinweise zu beachten (↗ S. 68). Beim Umgang mit brennbaren Flüssigkeiten darf kein offenes Feuer in der Nähe sein. Funkenbildung ist zu verhindern. Nach Beendigung der Arbeiten sind Behälter mit brennbaren Stoffen sofort zu verschließen und vom Arbeitsort zu entfernen. Mit feuergefährlichen Flüssigkeiten getränkte Lappen dürfen niemals ins Feuer geworfen werden. Brennbare Stoffe sind nur in dicht schließenden und entsprechend gekennzeichneten Behältern aufzubewahren.

Verhalten beim Umgang mit Propangasanlagen

1. Der Standort ist so zu wählen, dass sie keiner Wärmestrahlung ausgesetzt sind. Die Temperatur der Flaschen darf 40 °C nicht überschreiten.
2. Die Aufstellung ist verboten: in Räumen, die Schlafzwecken dienen, in Kellerräumen, in der Nähe von Kellerfenstern und Schächten, in Garagen.
3. Die Schlauchanschlüsse am Druckregler und am Gerät müssen mit Schlauchschellen oder Schlauchband gesichert sein.
4. Bei Außerbetriebsetzung der Gasgeräte ist zuerst das Flaschenventil zu schließen.

Experiment 5
Prüfe Pentan, Hexan und Petroleumbenzin auf elektrische Leitfähigkeit!

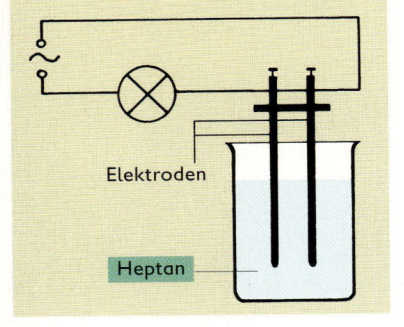

Elektroden
Heptan

Experiment 6
Versuche, jeweils 2 ml Hexan und Paraffinöl in einer Porzellanschale mit einem langen brennenden Holzspan zu entzünden! Beschreibe die Flammenfarbe!

Experiment 7
Prüfe im Reagenzglas die Mischbarkeit von Hexan und Octan, von Hexan und Wasser, von Paraffinöl und Octan und von Paraffinöl und Wasser!

Experiment 8
Prüfe die Löslichkeit von Speiseöl und Schmalz in Wasser und in Octan!

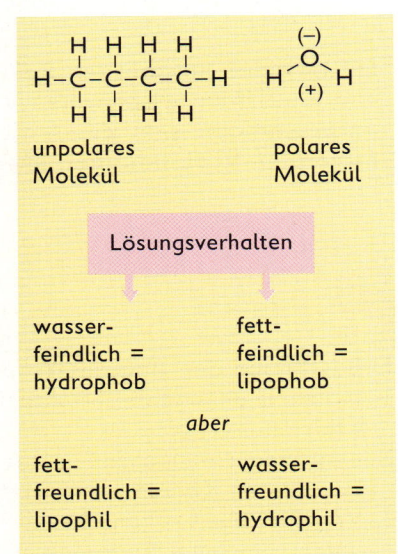

unpolares Molekül — polares Molekül

Lösungsverhalten

wasserfeindlich = hydrophob — fettfeindlich = lipophob

aber

fettfreundlich = lipophil — wasserfreundlich = hydrophil

1

Reaktionen der Alkane

Verhalten gegenüber einigen Chemikalien. Eine wichtige Eigenschaft der Alkane ist ihr reaktionsträges Verhalten (Experiment 9). Sie zeigen gegenüber Säuren, Laugen und unedlen Metallen keine Reaktion. Mit starken Oxidationsmitteln reagieren sie langsam. Alle Alkane wurden deshalb früher auch als **Paraffine** (lateinisch: parum = wenig; affinis = zugeneigt; „wenig reaktionsfähig") bezeichnet.

Verbrennung. Alle Alkane sind brennbar (Experiment 6), als Gemisch mit Luft oder Sauerstoff häufig sogar explosiv (Experiment 2). Bei vollständiger Verbrennung entstehen Kohlenstoffdioxid und Wasser. Dabei wird Wärme abgegeben.

$CH_4 + 2 O_2 \longrightarrow CO_2 + 2 H_2O$; exotherm
$2 C_6H_{14} + 19 O_2 \longrightarrow 12 CO_2 + 14 H_2O$; exotherm

Ist nicht genügend Sauerstoff vorhanden, kommt es zur unvollständigen Verbrennung, wobei neben Wasser das giftige Kohlenstoffmonooxid oder reiner Kohlenstoff als Ruß entstehen.

$2 C_6H_{14} + 13 O_2 \longrightarrow 12 CO + 14 H_2O$

Bei der Verbrennung verschiedener Alkane an der Luft nehmen mit steigendem Kohlenstoffgehalt des Alkans die Helligkeit der Flamme und die Rußbildung zu, was auf die unvollständige Verbrennung zurückzuführen ist (Abb. 2).

Substitutionsreaktion. Wenn man bei Zimmertemperatur auf ein Alkan ein Halogen einwirken lässt, ist keine Reaktion zu beobachten. Bei Zufuhr von Wärme oder unter Einwirkung von Licht reagieren jedoch Hexan und Brom miteinander (Experiment 10). Unter Bildung eines stechend riechenden, farblosen Gases tritt eine Entfärbung des Stoffgemisches ein (Abb. 3).

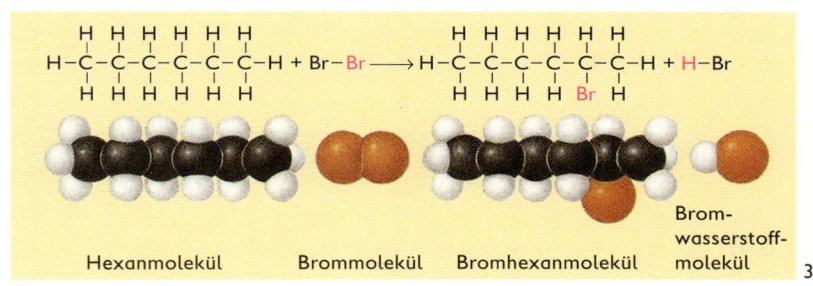

Hexanmolekül + Brommolekül ⟶ Bromhexanmolekül + Bromwasserstoffmolekül

Bei dieser Reaktion wird ein Wasserstoffatom eines Hexanmoleküls gegen ein Bromatom eines Brommoleküls ausgetauscht. Die Reaktion wird als **Substitution** (lateinisch: substituere = ersetzen, austauschen) bezeichnet.

> **Die Substitution ist eine chemische Reaktion, bei der zwischen den Molekülen der Ausgangsstoffe Atome ausgetauscht werden.**

**HOMOLOGE REIHE
REAKTIONEN
DER ALKANE**

Experiment 9
Gib nacheinander einige Tropfen verdünnte Schwefelsäure, verdünnte Natronlauge, Kaliumpermanganatlösung sowie eine Spatelspitze Eisenpulver in je ein Reagenzglas mit Hexan und schüttle!

Experiment 10
Vorsicht! Abzug! Das sich in einem verschlossenen Gefäß befindende braune Gemisch von Hexan und Brom wird intensiv belichtet. Nach einiger Zeit wird angefeuchtetes Indikatorpapier in das Gefäß gehalten.

AUFGABEN

1. Welche Beobachtungen sind zu erwarten bei Zugabe von
   a) Wasser zu Kochsalz,
   b) Pentan zu Kochsalz,
   c) Nonan zu Hexan?
   Begründe!
2. Womit kann man einen Ölfleck aus der Kleidung entfernen?
3. Wie muss man sich bei Gasgeruch verhalten?
4. Nenne Nachteile einer unvollständigen Verbrennung!
5. Warum können reaktionsfähige Metalle wie Natrium in Petroleum (Alkangemische) aufbewahrt werden?
6. Beschreibe die Reaktion von Ethan mit Brom!
7. Entwickle die Reaktionsgleichung für die Reaktion von Methan mit Chlor!

ALKANE

Isomerie bei Alkanen

Isomere des Butans. Bei gesättigten Kohlenwasserstoffen mit mehr als 3 Kohlenstoffatomen im Molekül ergeben sich unterschiedliche Verknüpfungsmöglichkeiten für die Kohlenstoffatome. So lassen sich für die Summenformel C_4H_{10} zwei verschiedene Molekülstrukturen angeben und es existieren 2 Butansorten: das **Normalbutan** und das **Isobutan** (Abb. 1).

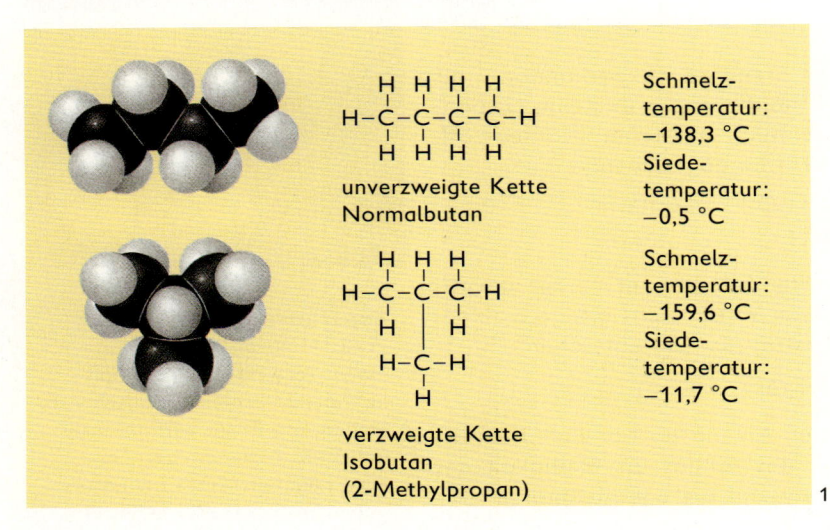

unverzweigte Kette
Normalbutan
Schmelztemperatur: −138,3 °C
Siedetemperatur: −0,5 °C

verzweigte Kette
Isobutan
(2-Methylpropan)
Schmelztemperatur: −159,6 °C
Siedetemperatur: −11,7 °C

Beide Verbindungen enthalten Kohlenstoffatome im Molekül in kettenförmiger Anordnung. In den Molekülen beider Verbindungen liegen Einfachbindungen zwischen den Kohlenstoffatomen vor. In der unverzweigten Kette ist jedes Kohlenstoffatom mit mindestens zwei Wasserstoffatomen verbunden. In der verzweigten Kette ist dagegen ein Kohlenstoffatom mit nur einem Wasserstoffatom verbunden. Beide Verbindungen entsprechen der allgemeinen Formel C_nH_{2n+2}, sind also Alkane. Sie haben bei gleicher Summenformel unterschiedliche Molekülstruktur. Solche Verbindungen bezeichnet man als **Isomere** (griechisch: isos = gleich; meros = Teil).

Die isomeren Verbindungen unterscheiden sich in ihren Eigenschaften, was auf die verschiedenen Strukturen ihrer Moleküle zurückzuführen ist (Abb. 2).

> **Das Auftreten von Verbindungen, deren Moleküle bei gleicher Summenformel unterschiedliche Strukturformeln besitzen, bezeichnet man als Isomerie. Die betreffenden Verbindungen heißen Isomere.**

Namen von Isomeren. Alkane mit unverzweigten Molekülketten heißen **Normalalkane** (n-Alkane), mit verzweigten Molekülketten **Isoalkane** (i-Alkane) (Abb. 1). Da die Anzahl der Isomeren mit wachsender Kettenlänge der Alkanmoleküle schnell ansteigt, wurden zur eindeutigen Benennung der Verbindungen international gültige **Nomenklaturregeln** aufgestellt:

Isomere mit fünf Kohlenstoffatomen im Molekül

Strukturformeln

Pentan

2-Methylbutan

2,2-Dimethylpropan

Vereinfachte Strukturformeln

$CH_3-CH_2-CH_2-CH_2-CH_3$
Pentan

$CH_3-CH_2-CH-CH_3$
         $|$
        CH_3
2-Methylbutan

         CH_3
          $|$
CH_3-C-CH_3
          $|$
         CH_3
2,2-Dimethylpropan

1. Die längste Kohlenstoffkette (Hauptkette) im Molekül wird ermittelt. Die Anzahl ihrer Kohlenstoffatome ergibt den **Stammnamen** der Verbindung.
2. Die **Seitenketten** werden als Alkylreste benannt. Ihre Namen werden vor den Stammnamen gesetzt.
3. Die **Anzahl der** jeweils gleichen **Alkylreste** wird mit griechischen Zahlwörtern benannt und vor die Namen der Alkylreste gesetzt.
4. Die **Position einer Seitenkette** wird durch die Nummer des Kohlenstoffatoms, an dem die Verzweigung erfolgt, bezeichnet. Die Zahl wird dem Namen der Seitenkette vorangestellt. Die Nummerierung beginnt an der Seite der Hauptkette, an der zuerst ein Alkylrest sitzt.

ISOMERIE BEI ALKANEN

Kohlenwasserstoff	Anzahl der Isomere
C_4H_{10}	2
C_5H_{12}	3
C_6H_{14}	5
C_7H_{16}	9
⋮	
$C_{20}H_{42}$	366 319
⋮	
$C_{40}H_{82}$	62 491 178 805 831

Strukturformel	$\overset{1}{CH_3}-\overset{2}{CH}-\overset{3}{CH_2}-\overset{4}{CH}-\overset{5}{CH_3}$ $\quad\quad\quad\; |\quad\quad\quad\quad\; |$ $\quad\quad\quad CH_3 \quad\quad\quad CH_3$		
Stellung des Alkylrestes (4)	Anzahl der Alkylreste (3)	Name des Alkylrestes (2)	Stammname der Verbindung (1)
2,4	Di	methyl	pentan
	2,4-Dimethylpentan		

Isooctanmolekül 3

Namen von Alkylresten. Wird von einem Alkanmolekül ein Wasserstoffatom entfernt, erhält man den **Alkylrest „R"**. Die Endung **„an"** im Namen des Alkans wird durch **„yl"** ersetzt.

Formel	CH_3-	C_2H_5-	C_3H_7-	C_4H_9-	$R-$
Name	Methyl-	Ethyl-	Propyl-	Butyl-	Alkyl

Die Octanzahl. Das „Klopfen" von Benzinmotoren ist ein Zeichen für eine ungleichmäßige Verbrennung des Benzin-Luft-Gemisches im Zylinder. Der Motor verbraucht so mehr Benzin und hat eine geringere Leistung. Um das Klopfen zu verhindern, macht man das Benzin durch Zusätze klopffester. Als Maß für die Klopffestigkeit des Benzins dient die **Octanzahl OZ**.
Der Begriff Octanzahl ist vom Kohlenwasserstoff 2,2,4-Trimethylpentan (Isooctan) abgeleitet (Abb. 3). **Isooctan** ist besonders klopffest und zündträge. Ihm wird die Octanzahl 100 zugeordnet. Das besonders zündfreudige, stark klopfende n-Heptan hat die Octanzahl 0 erhalten. Die Octanzahl eines Kraftstoffes gibt an, wie viel Prozent Isooctan im Gemisch mit n-Heptan die gleiche Klopffestigkeit ergeben.
OZ 95 bedeutet: Es liegt ein Kraftstoff vor, dessen Zündverhalten und Klopffestigkeit dem eines Gemisches aus 95 % Isooctan und 5 % n-Heptan entspricht. Welchen Kraftstoff ein Auto benötigt, legt der Autohersteller fest. Superbenzin (OZ 98) ist klopffester als Normalbenzin (OZ 91).

AUFGABEN

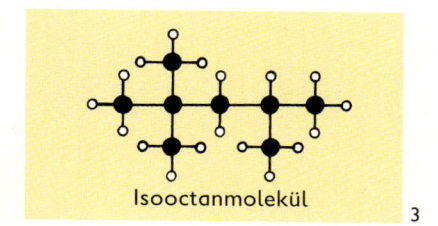

1. Nenne Gemeinsamkeiten und Unterschiede bei Isomeren!
2. Warum kann es keine Propanisomere geben?
3. Versuche die Strukturformeln aller 5 Isomere des Hexans zu finden! Bestimme ihre Namen!
4. Entwickle die Strukturformeln für 3-Ethyl-4-methylheptan! Nenne die Summenformel und das n-Alkan!
5. Was bedeutet OZ 92?
6. Erläutere die Aussage: „Benzin ist klopffest!"
7. Warum ist zündträges Benzin für einen Motor geeigneter als zündfreudiges?

153

ALKANE

Halogenalkane

Bildung von Halogenalkanen. Durch Substitution (↗ S. 151) gebildete Stoffe werden als Abkömmlinge oder **Derivate** (lateinisch: derivare = ableiten) des Ausgangsstoffes bezeichnet. Chlormethan ist ein Chlorderivat des Methans (Abb. 1).

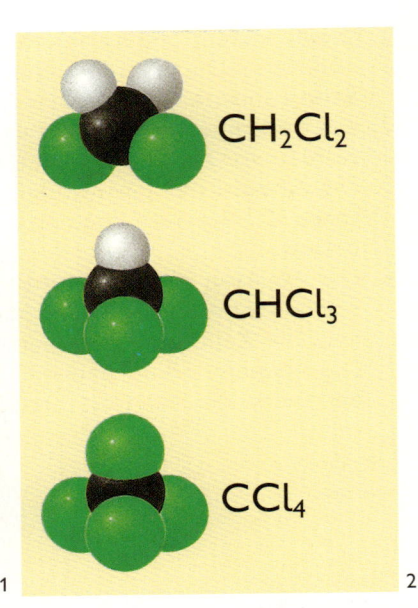

Methan + Chlor → Chlormethan + Chlorwasserstoff

CH_2Cl_2

$CHCl_3$

CCl_4

Die Reaktion zwischen Methan und Chlor kann auch zur Bildung anderer Chlorderivate des Methans führen. Dabei wird zunächst ein Wasserstoffatom im Chlormethanmolekül durch ein Chloratom ersetzt, sodass Dichlormethan entsteht. Durch weitere Reaktionen wird Dichlormethan zu Trichlormethan und schließlich zu Tetrachlormethan umgewandelt (Abb. 2).

$CH_3Cl + Cl-Cl \longrightarrow CH_2Cl_2 + H-Cl$
$CH_2Cl_2 + Cl-Cl \longrightarrow CHCl_3 + H-Cl$
$CHCl_3 + Cl-Cl \longrightarrow CCl_4 + H-Cl$

Bei allen vier Reaktionen wird durch Energieeinwirkung die Atombindung im Chlormolekül gelöst. Die entstehenden Chloratome sind sehr reaktionsfähig und führen stufenweise zur Auflösung der Atombindungen zwischen den 4 Wasserstoffatomen und dem Kohlenstoffatom im Methanmolekül. Es entstehen also Gemische verschiedener Halogenderivate des Methans.
Auch mit anderen Halogenen (Brom, Iod, Fluor) verlaufen Substitutionsreaktionen. Jedes Wasserstoffatom eines Alkanmoleküls kann durch ein Halogenatom ersetzt werden. Es gibt deshalb eine Vielzahl von Halogenderivaten der Alkane, die kurz **Halogenalkane** genannt werden (Abb. 3).

Nachweis. Organische Halogenverbindungen lassen sich mit der *Beilstein*-Probe nachweisen (Abb. 4). Hält man eine kleine Menge eines Halogenalkans auf einem ausgeglühten Kupferblech in die nicht leuchtende Flamme, so wird diese deutlich grün gefärbt. Diese Grünfärbung tritt immer auf, wenn in den so geprüften organischen Verbindungen Halogenatome gebunden sind (Experiment 11).

Eigenschaften. Halogenalkane haben andere Eigenschaften als die Alkane, aus denen sie entstanden sind. So haben sie höhere Siedetemperaturen (Tabelle, S. 155) und größere Dichten.

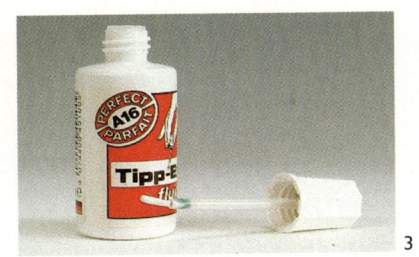

Tipp-Ex enthält Halogenalkane

Experiment 11
Gib jeweils eine kleine Menge von Haarspray und Alleskleber auf erkaltetes, ausgeglühtes Kupferblech! Halte die Kupferbleche in die nicht leuchtende Brennerflamme.

Friedrich Beilstein (1838 bis 1906) wurde in St. Petersburg geboren. Ab 1853 studierte er Chemie in Heidelberg, München und Göttingen, wo er 1858 promovierte. Er schuf das „Handbuch der organischen Chemie". Es ist als „Beilsteins Handbuch" in neuer Auflage bis heute in Gebrauch.
Beilstein ist Urheber der *Beilstein*-Probe.

Ursache sind die stärker wirkenden Anziehungskräfte zwischen den Molekülen der Halogenalkane als zwischen denen der Alkane. Halogenalkane sind ineinander und in Alkanen löslich. Sie sind gute Lösungsmittel für Fette. Je mehr Wasserstoffatome in Alkanmolekülen durch Halogenatome ersetzt sind, umso schlechter ist die Brennbarkeit des Halogenalkans. Vollständig substituierte Alkane sind nicht brennbar.

Die meisten Halogenalkane sind sehr giftig. Halogenalkanreste müssen deshalb in dafür bereitgestellten Behältern gesammelt (Abb. 5) und ordnungsgemäß beseitigt oder wieder aufbereitet werden, da es sonst zur Vergiftung des Grund- und Trinkwassers kommen kann.

Verwendung. Halogenalkane werden in Industrie und Technik vielseitig verwendet.

Name (Trivial- bzw. Handelsname)	Strukturformel	Verwendung
Chlormethan (Methylchlorid)	H–C(H)(H)–Cl	Bei Synthesen zur Einführung von Methylgruppen in organische Verbindungen (Methylierungsmittel)
Dichlormethan (Methylenchlorid)	H–C(Cl)(H)–Cl	Lösungsmittel für Lacke und Polyvinylchlorid, Extraktionsmittel
Trichlormethan (Chloroform)	H–C(Cl)(Cl)–Cl	Lösungsmittel für Fette und Harze; Entfetten von Metallteilen; früher wichtiges Narkosemittel (vermutlich Krebs erregend)
Tetrachlormethan (Tetrachlorkohlenstoff, „Tetra")	Cl–C(Cl)(Cl)–Cl	Gutes lipophiles Lösungsmittel; früher Fleckenreinigungsmittel (Krebs erregend)
Triiodmethan (Iodoform)	H–C(I)(I)–I	Antiseptikum (Wundbehandlung), Desinfektionsmittel
Dichlordifluormethan (ein Frigen)	F–C(Cl)(F)–Cl	Kältemittel in Kühlschränken; früher Treibgas in Spraydosen; Verschäumungsmittel (schädigt Ozonschicht)
Bromtrifluormethan (ein Halon)	F–C(F)(F)–Br	Feuerlöschmittel (schädigt Ozonschicht)
Chlorethan (Ethylchlorid)	H–C(H)(H)–C(H)(H)–Cl	Zur lokalen Betäubung „Vereisung"; Ausgangsstoff für Benzinzusatz

HALOGENALKANE

Name	Smt. °C	Sdt. °C
Methan	−182,5	−161,5
Trichlormethan	− 63,5	60,7
Tetrachlormethan	− 22,9	76,7
Ethan	−183,5	− 88,6
Chlorethan	−136,4	12,3

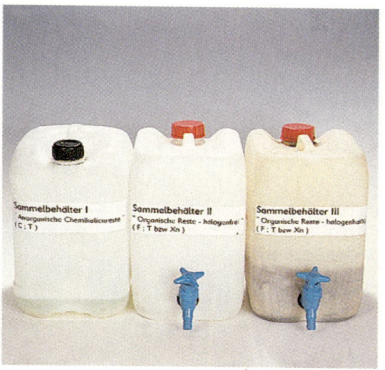

5

AUFGABEN

1. Erläutere anhand der Bildung von Chlorderivaten des Methans den Begriff Substitution!
2. Begründe, warum es viele Halogenalkane gibt!
3. Entwickle die Reaktionsgleichungen für die Bildung von Chlorethan und von Tribrommethan!
4. Wie kann man überprüfen, ob im Fleckenwasser Halogenalkane enthalten sind?
5. Warum haben Halogenalkane andere Eigenschaften als die entsprechenden Alkane?
6. Nenne einige für Halogenalkane typische Verwendungsmöglichkeiten!
7. Nenne nicht brennbare Halogenalkane! Wozu können diese Stoffe verwendet werden?

ALKANE

Aus der Welt der Chemie

FCKW contra Ozonschicht

Aufgrund einer Reihe von vorteilhaften Eigenschaften wie unbrennbar, reaktionsträge, vielfach ungiftig, werden halogenierte Kohlenwasserstoffe im Haushalt, in der Industrie und Technik vielseitig verwendet. Besonders zu erwähnen sind **Halone** als wirksame Feuerlöschmittel, Lösungsmittel für Fette und Öle. **Freone** und **Frigene** als Treibgase in Spraydosen, als Dämmgase in Kunststoffen und als Kältemittel in Kühlschränken, Gefriertruhen und Klimaanlagen.

Seit einigen Jahren weiß man aber, dass FCKW eine ernste Gefahr für die Umwelt darstellen, da sie an der zunehmenden Zerstörung der Ozonschicht beteiligt sind.

Ozon O_3 „filtert" die für das Leben auf der Erde schädlichen UV-Strahlen aus dem Sonnenlicht und wirkt deshalb als „optischer Schutzschild" für die Erde. Als Folge einer Schwächung der Ozonschicht würde die Ultravioletteinstrahlung auf die Erde zu stark werden, was zu Schäden bei Pflanzen und Tieren und zum Ansteigen von Hautkrebserkrankungen beim Menschen führen könnte. Es werden deshalb große Anstrengungen unternommen, die FCKW durch andere Stoffe zu ersetzen bzw. eingesetzte wiederzugewinnen.

Nach den Rechtsvorschriften in der EU dürfen seit 1995 vollhalogenierte („harte") FCKW weder hergestellt noch verbraucht werden.

AUS DER WELT DER CHEMIE IM ÜBERBLICK

AUFGABEN

1. Was bedeutet der „Blaue Umweltengel" auf bestimmten Verpackungen von Produkten?
2. Kann mit der Rückgewinnung von Fluorchlorkohlenwasserstoffen das Ozonproblem gelöst werden? Begründe!
3. Die Ozonschicht muss unbedingt erhalten bleiben. Zeige an Beispielen, wie jeder Einzelne dazu beitragen kann!
4. Leite aus den folgenden Strukturformeln die Summenformeln und die Namen der Halogenalkane ab!

```
  Br H Cl H          F H Cl
  |  | |  |          | | |
H-C--C-C--C-H    H-C-C-C-H
  |  | |  |          | | |
  H  H Cl H          F F H
```

5. Nenne Kohlenwasserstoffe, die zur Energieerzeugung verwendet werden!
6. Erläutere folgende Reaktionsgleichungen:
$2\,C_2H_6 + 7\,O_2 \longrightarrow 4\,CO_2 + 6\,H_2O$,
$C_2H_6 + F_2 \longrightarrow C_2H_5F + HF$!
7. Warum verbrennt Eicosan mit stark rußender Flamme?
8. Welche Stoffe entstehen bei der unvollständigen Verbrennung von Alkanen?
9. Woran kann man erkennen, dass Heptan mit Brom reagiert?
Stelle die Reaktionsgleichung auf! Kennzeichne die Reaktionsart!
10. Erläutere den Begriff „homologe Reihe"!
11. Stelle die Reaktionsgleichung für die Bildung von Chlorethan auf!

Im Überblick

Alkane Organische Verbindungen, die nur aus Kohlenstoff und Wasserstoff bestehen und deren Kohlenstoffatome durch eine einfache Atombindung miteinander verbunden sind.

Isomere Verbindungen, deren Moleküle bei gleicher Summenformel unterschiedliche Strukturformeln haben.

Alkane

Unverzweigte Alkane z. B. Butan

```
  H H H H
  | | | |
H-C-C-C-C-H
  | | | |
  H H H H
```

Verzweigte Alkane z. B. 2-Methylpropan

```
    H   H   H
    |   |   |
  H-C———C———C-H
    |   |   |
    H H-C-H H
        |
        H
```

Chemische Reaktionen der Alkane

Vollständige Verbrennung: z. B. $CH_4 + 2\,O_2 \longrightarrow CO_2 + 2\,H_2O$

Unvollständige Verbrennung:
z. B. $2\,C_6H_{14} + 13\,O_2 \longrightarrow 12\,CO + 14\,H_2O$

Substitution: Reaktion, bei der zwischen den Molekülen der Ausgangsstoffe Atome ausgetauscht werden.

```
    H                    H
    |                    |
  H-C-H + Cl-Cl ——> H-C-Cl + H-Cl
    |                    |
    H                    H
```

ALKENE UND ALKINE

19
Alkene und Alkine

Alkene und Alkine gehören zu den Kohlenwasserstoffen, da sie nur aus Kohlenstoff und Wasserstoff zusammengesetzt sind. Ethin, der einfachste Vertreter der Alkine, wurde früher in Carbidlampen zur Beleuchtung verwendet. Wie ist das möglich?

Alkene

Ethen (Ethylen). Ethen ist bei 20 °C ein farbloses, leicht süßlich riechendes Gas. In Wasser ist es fast unlöslich. Ethen brennt mit rußender Flamme (Experiment 1). Ethen-Luft-Gemische sind explosiv.

Ethen ist wie Ethan auch ein Kohlenwasserstoff. Das Ethenmolekül enthält aber zwei Wasserstoffatome weniger als das Ethanmolekül. Ethen hat die Summenformel C_2H_4. Im Ethenmolekül sind an jedes Kohlenstoffatom nur zwei Wasserstoffatome gebunden. Der Zusammenhalt der beiden Kohlenstoffatome wird durch zwei gemeinsame Elektronenpaare bewirkt (Abb. 1). Im Ethenmolekül liegt zwischen den beiden Kohlenstoffatomen eine **Doppelbindung** vor. Gemeinsamkeiten und Unterschiede zwischen Ethen und Ethan sind am Molekülbau besonders gut zu erkennen (Abb. 2).

Ethen wird vor allem zur Herstellung von Kunststoffen, Lösungsmitteln (Tabelle), Klebstoffen und Medikamenten verwendet. In Reifekellern für Obst wird der Luft Ethen zugemischt, um das Nachreifen bei der Lagerung zu fördern.

Die Doppelbindung ist eine Atombindung, die durch zwei gemeinsame Elektronenpaare zwischen zwei Atomen bewirkt wird.

Experiment 1
Vorsicht! Ethen wird im Standzylinder verbrannt und die Verbrennungsprodukte werden identifiziert!

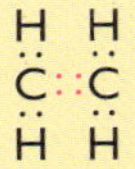

C_2H_4	H H C::C H H
Summenformel	Elektronenformel

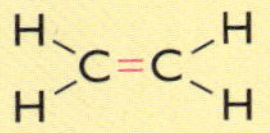

H₂C=CH₂ Strukturformel

Ethen (Abb. 2)

Reinigungssymbol	Lösungsmittel
(P)	Vorsicht geboten! Tetrachlorethen möglich

Homologe Reihe der Alkene. Neben dem Ethen gibt es Kohlenwasserstoffe mit mehr als zwei Kohlenstoffatomen im Molekül, die ebenfalls eine Doppelbindung zwischen zwei Kohlenstoffatomen aufweisen (Tabelle).

Name	Summenformel	Strukturformel
Ethen	C_2H_4	$H_2C=CH_2$
Propen	C_3H_6	$H_2C=CH-CH_3$
Buten	C_4H_8	$H_2C=CH-CH_2-CH_3$
Penten	C_5H_{10}	$H_2C=CH-CH_2-CH_2-CH_3$

Alle diese Verbindungen gehören zur Stoffklasse der **Alkene**. Bei den Alkenen besitzt jedes Molekül zwei Wasserstoffatome weniger als das entsprechende Alkanmolekül. Das charakteristische Strukturmerkmal der Alkene ist eine Doppelbindung. Die Alkene bilden wie die Alkane eine homologe Reihe. Die aufeinander folgenden Glieder in der homologen Reihe unterscheiden sich jeweils durch eine CH_2-Gruppe (Tabelle). Die allgemeine Summenformel der Alkene lautet demnach C_nH_{2n}. Die Alkene gehören zu den **ungesättigten Kohlenwasserstoffen**, da ihre Moleküle weniger Wasserstoffatome enthalten, als sie aufgrund der möglichen Elektronenpaarbindungen aufnehmen könnten.

Die Alkene haben im wesentlichen die gleichen physikalischen Eigenschaften wie die Alkane. So steigen zum Beispiel die Siede- und Schmelztemperaturen in Abhängigkeit von der Molekülgröße (Tabelle). Alkene sind in Wasser unlöslich, lösen sich aber gut in unpolaren Lösungsmitteln.

Die **Namen der Alkene** werden von denen der Alkane abgeleitet. An die Stelle der Endsilbe -an bei den Alkanen tritt die **Endsilbe -en**. Bei Alkenen mit mehr als drei Kohlenstoffatomen im Molekül wird die Stellung der Doppelbindung im systematischen Namen mit angegeben.

$\overset{1}{C}H_2=\overset{2}{C}H-\overset{3}{C}H_2-\overset{4}{C}H_2-\overset{5}{C}H_2-\overset{6}{C}H_3$ Hex-1-en

$\overset{1}{C}H_3-\overset{2}{C}H=\overset{3}{C}H-\overset{4}{C}H_2-\overset{5}{C}H_2-\overset{6}{C}H_3$ Hex-2-en

ALKENE

Name	Siedetemperatur °C
Ethen	−103,7
Propen	− 47,4
Buten	− 6,3
Penten	+ 30,0
Hexen	+ 63,4
Hepten	+ 93,1
Octen	+122,5

Name	Schmelztemperatur °C
Hexadecen	+ 4,0
Heptadecen	+ 10,7
Octadecen	+ 18,0

AUFGABEN

1. Vergleiche den Bau der Moleküle von Ethan und Ethen!
2. Beschreibe die Einfachbindung im Vergleich zur Doppelbindung am Beispiel der Moleküle von Ethan und Ethen!
3. Entwickle die Reaktionsgleichung für die vollständige Verbrennung von Ethen!
4. Bilde den Namen des folgenden Alkens: $CH_3-CH=CH-CH_3$!
5. Welchen Aggregatzustand haben Alkene bei 20 °C?
6. Begründe, dass Alkene eine homologe Reihe bilden!
7. Stelle die verkürzten Strukturformeln von Pent-2-en und Oct-4-en auf!
8. Nenne Unterschiede zwischen gesättigten und ungesättigten Kohlenwasserstoffen!
9. Stelle die verkürzten Strukturformeln für Propan und Propen auf und vergleiche!

ALKENE UND ALKINE

Reaktionen der Alkene

Additionsreaktion. Wenn man Bromdampf mit Ethen mischt (Experiment 2), verschwindet die Farbe des Broms sehr schnell. Die beiden Gase bilden ein farbloses Reaktionsprodukt, das 1,2-Dibromethan. Auch beim Einleiten von Ethen in Bromwasser verschwindet die braune Färbung nach kurzer Zeit. Es erfolgt die gleiche chemische Reaktion (Abb. 1).

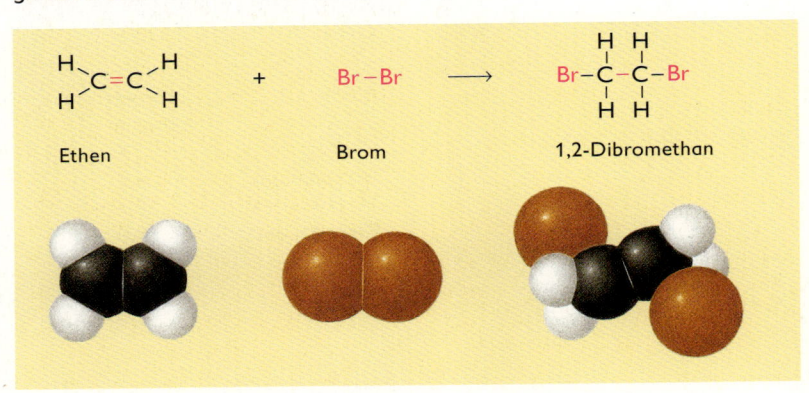

$$H_2C=CH_2 + Br-Br \longrightarrow Br-CH_2-CH_2-Br$$

Ethen — Brom — 1,2-Dibromethan

Da sich bei dieser Reaktion kein zweites Reaktionsprodukt bildet, müssen sich Ethenmoleküle und Brommoleküle direkt miteinander verbunden haben. Das ist möglich, weil in Ethenmolekülen eine Doppelbindung vorhanden ist. Bei der Reaktion geht die Doppelbindung zwischen den Kohlenstoffatomen in eine Einfachbindung über. Dadurch kann an jedes Kohlenstoffatom im Ethenmolekül jeweils ein Bromatom angelagert werden. Allgemein bezeichnet man die Anlagerung von Atomen oder Atomgruppen an Moleküle mit Doppelbindungen als **Addition**.
Die Entfärbung einer wässrigen Bromlösung gelingt mit allen ungesättigten Kohlenwasserstoffen. Deshalb wird diese chemische Reaktion zum **Nachweis** für ungesättigte Kohlenwasserstoffe genutzt (Experiment 3).
Die Alkene können nicht nur Brom, sondern auch andere Halogene (z. B. Chlor) oder Halogenwasserstoffe (z. B. Chlorwasserstoff) addieren. Dabei verläuft die Reaktion jeweils in gleicher Weise wie mit Brom (Abb. 2).

Die Addition ist eine chemische Reaktion, bei der sich jeweils zwei Moleküle der Ausgangsstoffe zu einem Molekül des Reaktionsproduktes vereinigen.

Die Addition von Wasserstoff heißt **Hydrierung**. Durch Hydrierung kann ein Alken in ein Alkan umgewandelt werden.

$$H_2C=CH_2 + H_2 \xrightarrow{\text{Katalysator}} H_3C-CH_3; \text{ exotherm}$$

Ethen — Wasserstoff — Ethan

Experiment 2
Vorsicht! Abzug! Ethen wird mit Bromdampf gemischt oder mit wässriger Bromlösung versetzt und geschüttelt.

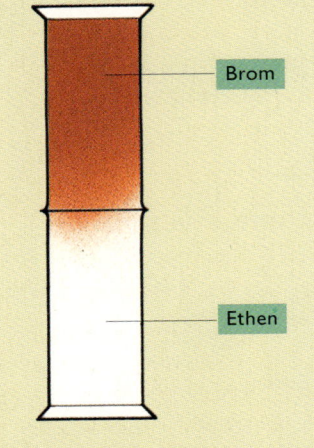

Experiment 3
Vorsicht! Abzug!
Prüfe, ob Petroleumbenzin ungesättigte Kohlenwasserstoffe enthält! Gib zu 10 Tropfen Petroleumbenzin 3 Tropfen wässrige Bromlösung und schüttle!

Alkene
Propen

$$H_2C=CH-CH_3$$

Addition
Chlor Cl_2 Chlorwasserstoff HCl

Halogenalkane
1,2-Dichlorpropan

$$Cl-CH_2-CHCl-CH_3$$

2-Chlorpropan

$$H_3C-CHCl-CH_3$$

Polymerisation. Ethenmoleküle können nicht nur mit Molekülen anderer Stoffe reagieren. Mithilfe geeigneter Katalysatoren können Ethenmoleküle auch miteinander reagieren. Dabei brechen die Doppelbindungen der Ethenmoleküle auf und es entsteht ein Alkan mit sehr langkettigen Molekülen, in denen die Kohlenstoffatome durch Atombindungen (Einfachbindungen) miteinander verbunden sind. Da die neue Verbindung aus vielen Ethenmolekülen entstanden ist, wird sie **Polyethen** oder **Polyethylen PE** genannt (griechisch: poly = viel).

Die Länge der entstehenden Molekülketten richtet sich nach den Reaktionsbedingungen und dem angewandten Verfahren. Solche langkettigen Moleküle werden auch Riesenmoleküle oder **Makromoleküle** (griechisch: makros = lang, groß) genannt. Polyethylen ist ein wichtiger Kunststoff (Abb. 3). Die fortlaufende Addition von vielen Einzelmolekülen mit Doppelbindung zu sehr großen Molekülen wird als **Polymerisation** bezeichnet (↗ S. 209).

Bildung von Alkenen. Durch Abspaltung von Wasserstoffatomen aus Molekülen von Alkanen können unter Verwendung von Katalysatoren Alkene hergestellt werden (Abb. 4). Diese chemische Reaktion wird als **Dehydrierung** bezeichnet.

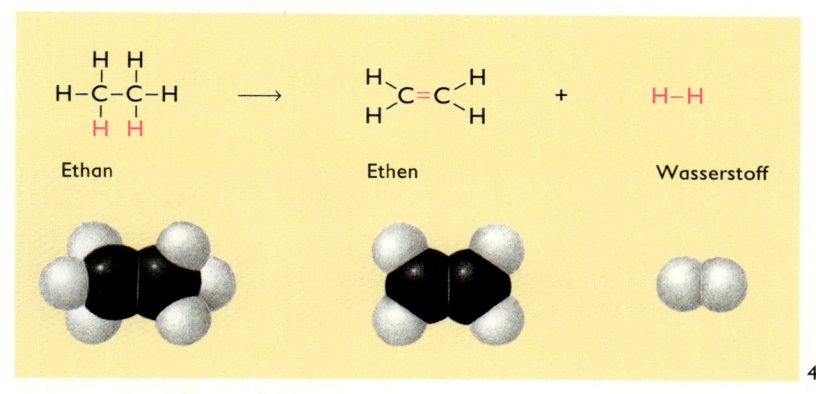

Die Dehydrierung ist die Umkehrung der Hydrierung. Auch Brom- oder Chloratome können aus den Molekülen von Halogenalkanen wieder abgespalten werden (Experiment 4). Chemische Reaktionen, bei denen aus Molekülen Atome abgespalten werden, bezeichnet man als **Eliminierungen**.

> **Die Eliminierung ist eine chemische Reaktion, bei der aus jeweils einem Molekül des Ausgangsstoffes zwei Atome oder Atomgruppen abgespalten werden.**

REAKTIONEN DER ALKENE

Mülltonnen aus Polyethylen

Experiment 4
Bromethan wird über kräftig erhitzte Glaswolle geleitet. Die entstehenden Gase werden mit Universalindikator und mit Silbernitratlösung geprüft.

AUFGABEN

1. Welche Verbindung entsteht bei der Reaktion zwischen Ethen und Chlorwasserstoff? Stelle die Reaktionsgleichung auf!
2. Beschreibe Additions- und Eliminierungsreaktion am Beispiel der Hydrierung und Dehydrierung als entgegengesetzt ablaufende chemische Reaktionen!
3. Was versteht man unter Polymerisation?
4. Entwickle die Reaktionsgleichung für die
   a) Hydrierung von But-1-en.
   b) Addition von Brom an Propen!
   Benenne die Reaktionsprodukte!
5. Erläutere am Beispiel den Nachweis von ungesättigten Kohlenwasserstoffen!

ALKENE UND ALKINE

Alkine

Ethin (Acetylen). Im Ethinmolekül ist nur ein Wasserstoffatom an jedes Kohlenstoffatom gebunden. Der Zusammenhalt der beiden Kohlenstoffatome wird durch drei gemeinsame Elektronenpaare bewirkt (Abb. 1).
Im Ethinmolekül liegt zwischen den beiden Kohlenstoffatomen eine **Dreifachbindung** vor. Die Doppelbindung und die Dreifachbindung werden auch als **Mehrfachbindung** bezeichnet.

> **Die Dreifachbindung ist eine Atombindung, die durch drei gemeinsame Elektronenpaare zwischen zwei Atomen bewirkt wird.**

H–C≡C–H
Ethin

1

Ethin ist ein farbloses Gas, das rein fast geruchlos ist. Technisch hergestelltes Ethin riecht dagegen durch Verunreinigungen unangenehm. Es brennt an der Luft mit stark rußender Flamme (Experiment 5). Gemische von Ethin mit Luft oder Sauerstoff sind hochexplosiv. Zur Aufbewahrung wird das Gas in Stahlflaschen mit gelbem Anstrich in Aceton (↗ S. 180) unter geringem Druck gelöst. Acetylen wird in der Anlagentechnik als Brenngas zum Gasschweißen und Brennschneiden verwendet. Bei einer Mischung von Acetylen mit Sauerstoff im Verhältnis von 1:1,1 (bis 1,5) und der Verbrennung dieses Gemisches im Schweißbrenner werden Temperaturen über 3000 °C erreicht (Abb. 2). Acetylen ist Ausgangsstoff für die Herstellung von Polyvinylchlorid (↗ S. 209), Synthesekautschuk (↗ S. 212), Kunstfasern (↗ S. 213) und weiteren wichtigen Produkten.
Ethin kann aus Erdgas, Erdöl (↗ S. 120), aber auch aus Kalk (↗ S. 139) und Kohle hergestellt werden. Dazu gewinnt man zunächst aus Kalk Calciumoxid und aus Kohle Koks. Aus diesen beiden Produkten wird mithilfe von elektrischem Strom Calciumcarbid hergestellt. Aus Calciumcarbid und Wasser wird dann Ethin gewonnen (Experiment 6).

$CaC_2 + 2\,H_2O \longrightarrow Ca(OH)_2 + H–C≡C–H$;   exotherm

Homologe Reihe der Alkine. Auch die Alkine bilden wie die Alkene eine homologe Reihe (↗ S. 159). Als charakteristisches Merkmal der Alkine enthalten die Moleküle eine Dreifachbindung zwischen zwei Kohlenstoffatomen. Ihre allgemeine Summenformel ist C_nH_{2n-2}. Die **Namen der Alkine** setzen sich aus dem Wortstamm und der **Endsilbe -in** zusammen.

C_2H_2 Ethin C_3H_4 Propin C_4H_6 Butin

Reaktionen der Alkine. Aufgrund der Dreifachbindung in den Molekülen der Alkine sind Additionsreaktionen möglich. So kann Brom addiert werden. Diese chemische Reaktion wird zum **Nachweis** der Dreifachbindung genutzt (Experiment 7).
Alkine können auch Wasserstoff oder Halogenwasserstoffe addieren. Von technischer Bedeutung ist die Bildung von Chlorethen (Vinylchlorid), aus dem der Kunststoff Polyvinylchlorid (↗ S. 209) hergestellt werden kann.

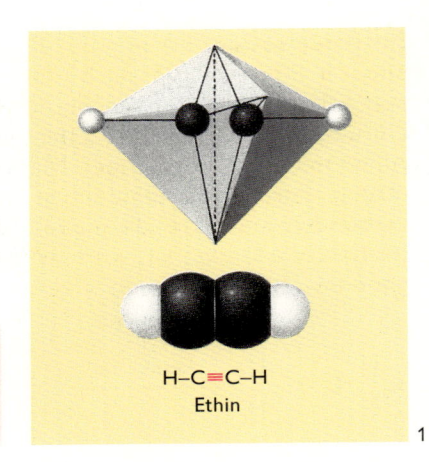

Experiment 5
Vorsicht! Schutzscheibe!
Ethin wird mit einem brennenden Holzspan entzündet.
Die Flamme ist zu beobachten und zu beschreiben!

Experiment 6
Vorsicht! Abzug! Versetze ein linsengroßes Stück Calciumcarbid tropfenweise mit Wasser!
Fange das entstehende Gas pneumatisch auf!
Prüfe es mit Bromwasser!

Experiment 7
Vorsicht! Abzug! Hexin wird als ungesättigter Kohlenwasserstoff mit Mehrfachbindung im Molekül nachgewiesen!

Beim Stahlschneiden wird das Eisen erst auf Weißglut erhitzt und dann mit reinem Sauerstoff verbrannt. Beim Gasschweißen wird dagegen mit einem Überschuss an Acetylen gearbeitet.

AUFGABEN

ALKINE IM ÜBERBLICK

1. Die Acetylenflamme rußt bei der Verbrennung an der Luft. Sie rußt dagegen nicht bei der Verbrennung in Sauerstoff. Erkläre!
2. Entwickle für die Addition von Brom und Wasserstoff an Ethin die Reaktionsgleichung! Benenne die beteiligten Stoffe!
3. Entwickle die Strukturformeln und die verkürzten Strukturformeln für die ersten sechs Vertreter der homologen Reihe der Alkine!
4. Vergleiche die Struktur der Moleküle von Ethan, Ethen und Ethin!
5. Begründe die Zuordnung von Propan, Propen und Propin zu verschiedenen Stoffklassen organischer Stoffe!
6. Welche Eigenschaften der Alkene sind auf die Struktur ihrer Moleküle zurückzuführen?
7. Warum sind Ethen und Vinylchlorid zur Polymerisation geeignet?

Im Überblick

Kohlenwasserstoffe

- Gesättigte kettenförmige Kohlenwasserstoffe
  - Alkane C_nH_{2n+2}
    z. B. Ethan C_2H_6
- Ungesättigte kettenförmige Kohlenwasserstoffe
  - Alkene C_nH_{2n}
    z. B. Ethen C_2H_4
  - Alkine C_nH_{2n-2}
    z. B. Ethin C_2H_2

Strukturmerkmale der Moleküle und Reaktionen der Kohlenwasserstoffe

Kohlenwasserstoff	Strukturmerkmal der Moleküle	Chemische Reaktion	Reaktionsgleichung für eine chemische Reaktion
Alkan	Einfachbindung	Substitution	$CH_3-CH_3 + Cl_2 \rightarrow CH_3-CH_2Cl + HCl$
		Eliminierung	$CH_3-CH_3 \rightarrow CH_2=CH_2 + H_2$
Alken	Doppelbindung	Addition	$CH_2=CH_2 + H_2 \rightarrow CH_3-CH_3$
Alkin	Dreifachbindung	Addition	$CH\equiv CH + H_2 \rightarrow CH_2=CH_2$

Substitution — Austausch von Atomen zwischen den Molekülen der Ausgangsstoffe

Eliminierung — Abspaltung von mindestens zwei Atomen aus je einem Molekül des Ausgangsstoffes

Addition — Vereinigung von jeweils zwei Molekülen der Ausgangsstoffe zu einem Molekül des Reaktionsprodukts

Umwandlung von Kohlenwasserstoffen

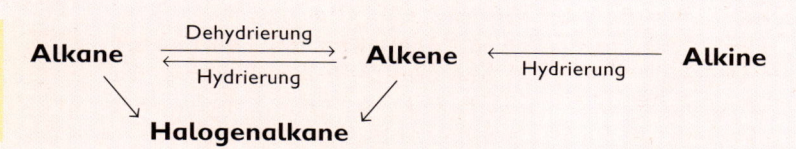

Alkane $\underset{\text{Hydrierung}}{\overset{\text{Dehydrierung}}{\rightleftarrows}}$ Alkene $\overset{\text{Hydrierung}}{\leftarrow}$ Alkine

↓ ↓

Halogenalkane

20 Ringförmige Kohlenwasserstoffe

RINGFÖRMIGE KOHLENWASSERSTOFFE

In einer scherzhaften Darstellung sind die Strukturvorstellungen *Kekulès* vom Benzol wiedergegeben: sechs Affen, die sich mal so und mal so anfassen. Welche Strukturen sind zu erkennen?

Cycloalkane und Cycloalkene

Cycloalkane. Eines der wichtigsten Cycloalkane ist **Cyclohexan**, ein Bestandteil des Benzins. Cyclohexan ist eine farblose Flüssigkeit, die in ihren Eigenschaften stark den kettenförmigen Alkanen ähnelt.

Cycloalkene. Wie bei den kettenförmigen Alkenmolekülen gibt es auch ringförmige Moleküle mit Doppelbindungen, die sich in ihren Eigenschaften ähneln. Lässt man zum Beispiel auf **Cyclohexen** Bromwasser tropfen, so beobachtet man eine sofortige Entfärbung. Brom und Cyclohexen reagieren in einer Additionsreaktion zu 1,2-Dibromcyclohexan.

Cyclohexan

C_6H_{12}

Cyclohexen

C_6H_{10}

Aromatische Kohlenwasserstoffe

Benzol. Benzol wurde 1825 von *Michael Faraday* bei der Destillation von Steinkohlenteer entdeckt. Benzol ist ein wichtiger Grundstoff der chemischen Industrie, der für die Herstellung von Farbstoffen, Kunststoffen und Medikamenten benötigt wird. Es ist ein typisches organisches Lösungsmittel. Benzol wird auch dem Benzin zugesetzt, um die Klopffestigkeit zu erhöhen.

Eigenschaften. Benzol ist eine giftige, farblose Flüssigkeit mit charakteristischem aromatischem Geruch. Es ist nicht mit Wasser mischbar, aber in Alkohol, Ether und Aceton löslich. Benzol lässt sich leicht entzünden und brennt mit stark rußender Flamme. Da Benzol giftig ist und Krebs erregend wirkt, ist beim Umgang mit diesem Stoff größte Vorsicht geboten (Abb. 1).

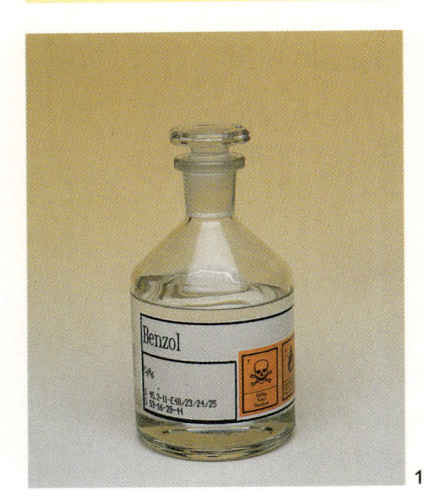

AROMATISCHE KOHLENWASSERSTOFFE

Struktur des Benzolmoleküls. Benzol ist der einfachste aromatische Kohlenwasserstoff mit der Summenformel C_6H_6. Erst 40 Jahre nach der Entdeckung des Benzols fand der deutsche Chemiker *August Kekulè* (Abb. 2) zwei mögliche Strukturformeln („*Kekulè*-Formeln"), die sich voneinander nur in der jeweiligen Elektronenanordnung unterscheiden (Abb. 3b). Diese Vorstellung von der Molekülstruktur des Benzols ist in den vergangenen Jahrzehnten weiterentwickelt worden (Abb. 3a). Heute weiß man, dass im Benzolmolekül die Kohlenstoff- und Wasserstoffatome jeweils nur mit Einfachbindungen verbunden sind. Die sechs übrigen Elektronen sind frei beweglich und bilden ein **Elektronensextett** (Abb. 3c). Diese Elektronenanordnung ist typisch für Moleküle aromatischer Kohlenwasserstoffe.

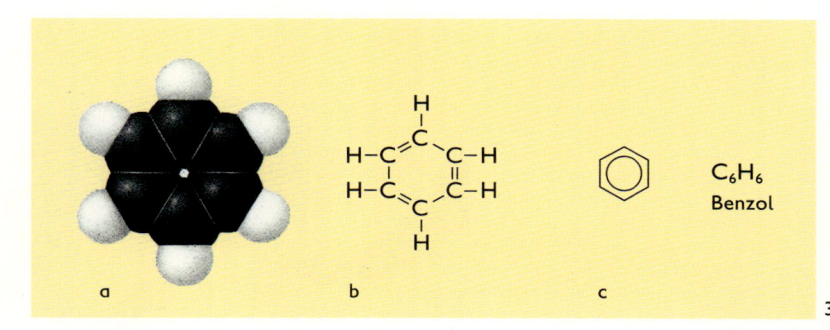

August Kekulè von Stradonitz (1829 bis 1896) war Professor an der Universität in Bonn.

Die besondere Struktur der Moleküle hat Auswirkungen auf die Reaktionen des Benzols. Typisch sind Substitutionen (Experimente 1 und 2). Benzol und Verbindungen, die sich auf die Grundstruktur des Benzolmoleküls zurückführen lassen, gehören zu den **aromatischen Verbindungen** (lateinisch: aroma = Wohlgeruch), auch **Aromaten** genannt.

Einige aromatische Verbindungen. Toluol dient in der chemischen Industrie als Lösungsmittel und zur Herstellung von Farb- und Sprengstoffen. Das Toluolmolekül enthält eine Methylgruppe $-CH_3$.

$C_6H_5-CH_3$ Toluol

Anilin ist ein wichtiger Ausgangsstoff für die Herstellung von Arzneimitteln, Kunststoffen und Farben. Das Anilinmolekül enthält eine Aminogruppe $-NH_2$.

$C_6H_5-NH_2$ Anilin

Naphthalin wurde früher zur Herstellung von Mottenkugeln verwendet. Heute dient es als Ausgangsstoff für Farbstoffe und Arzneimittel. Die Moleküle des Naphthalins sind aus zwei Ringen aufgebaut. Von den 10 Kohlenstoffatomen des Naphthalinmoleküls sind 10 Elektronen über beide Ringe verteilt.

$C_{10}H_8$ Naphthalin

Experiment 1
Vorsicht! Abzug!
Etwas Toluol wird mit der doppelten Menge Bromwasser versetzt und geschüttelt.

Experiment 2
Vorsicht! Abzug!
Toluol wird in einem Reagenzglas mit Eisenfeilspänen und etwas Brom vermischt und erwärmt.

AUFGABEN

1. Warum können Benzolbrände nicht mit Wasser gelöscht werden?
2. Begründe, dass es sich bei der chemischen Reaktion von Toluol mit Brom unter Bildung von Bromwasserstoff um eine Substitutionsreaktion handelt!
3. Durch welche Reaktion kann man Benzol von Hexen leicht unterscheiden?
4. Im Xylol sind zwei Wasserstoffatome durch Methylgruppen ersetzt. Stelle die Strukturformel auf!
5. Nenne wichtige Gefahren, die beim Umgang mit Benzol drohen!

RINGFÖRMIGE KOHLENWASSERSTOFFE

Aus der Welt der Chemie

Globale Verbreitung

Insektizid

Langzeitwirkung von Aromaten

DDT (**D**ichlor-**D**iphenyl-**T**richlorethan) gehört zu den wirksamsten Insektiziden. Es ist ein Kontaktgift, d. h. Fliegen, Mücken, Käfer, Schmetterlinge, Raupen und Larven werden bei Berührung mit diesem Gift getötet. DDT ist auf der ganzen Welt zu finden, da es wie die meisten Halogenkohlenwasserstoffe in der Natur kaum abgebaut wird. Es reichert sich im Körperfett und in der Nahrungskette an. Wenn auf diese Weise eine bestimmte Menge erreicht ist, können gesundheitliche Schäden auftreten. Die Anwendung von DDT wurde deshalb in einigen Ländern eingeschränkt oder verboten; in Deutschland bereits seit 1972.

Ein heute noch häufig verwendetes Insektizid ist das **Lindan** (Hexachlorcyclohexan), das im Boden und im Körper schneller abgebaut wird. Lebensmittelüberwachungen verhindern größere Anreicherungen.

Dioxin oder **TCDD** (**Te**tra**c**hlor**d**ibenzo**d**ioxin), bekannt als „Sevesogift", ist eine der giftigsten Substanzen. Schon 0,005 g können Menschen töten. Dioxin, ein Nebenprodukt der chemischen Industrie, ist fast wasserunlöslich, haftet aber an Bodenteilchen und kann so durch Wind verbreitet werden. Als fettlösliche Substanz kann es in die Nahrungskette gelangen. Die Bildung von Dioxin ist daher unbedingt zu verhindern.

AUS DER WELT DER CHEMIE IM ÜBERBLICK

AUFGABEN

1. Erläutere den Begriff aromatische Verbindung!
2. Wie kann man Kohlenstoff und Wasserstoff als Bestandteile des Benzols nachweisen?
3. Nenne mindestens zwei Verbindungen, die mit dem Benzol verwandt sind! Stelle die Strukturformeln für die Verbindungen auf!
4. Für welche Produkte bilden aromatische Verbindungen die Ausgangsstoffe?
5. Zeige am Beispiel der chemischen Reaktion von Toluol mit Chlor, dass aus diesen Ausgangsstoffen durch Substitution verschiedene Reaktionsprodukte entstehen können!
6. Welche Wirkung hat das Insektizid DDT?
7. Erläutere an einem Beispiel die Strukturmerkmale von Kohlenwasserstoffmolekülen!
8. Warum sind bei Alkanen Additionen nicht möglich?
9. Erläutere an je einem Beispiel Substitution, Eliminierung und Addition!
10. Begründe die Aussage, dass zwischen der Struktur der Moleküle und den Eigenschaften des Stoffes ein Zusammenhang besteht!
11. Warum sollten Landwirte und auch Hobbygärtner äußerst sparsam und sorgfältig mit Pflanzenschutzmitteln umgehen?

Im Überblick

Aromatische Verbindungen

Strukturmerkmal:	mindestens ein Benzolring (Elektronensextett)
Typische Reaktion:	Substitution
Eigenschaften:	aromatischer Geruch, meist giftige, Krebs erregende, farblose, hydrophobe Flüssigkeiten
Verwendung:	Herstellung von Lösungsmitteln, Riechstoffen, Farbstoffen, Kunststoffen, Pharmazeutika, Sprengstoffen, Pflanzenschutzmitteln

Die **Einteilung der Kohlenwasserstoffe** erfolgt nach der Struktur ihrer Moleküle.

Kohlenwasserstoffe
- **Kettenförmige Kohlenwasserstoffe**
  - **Gesättigte Kohlenwasserstoffe**
    - **Alkane** z. B. Hexan
  - **Ungesättigte Kohlenwasserstoffe**
    - **Alkene** z. B. Hexen
    - **Alkine** z. B. Hexin
- **Ringförmige Kohlenwasserstoffe**
  - **Gesättigte Kohlenwasserstoffe** z. B. Cyclohexan
  - **Ungesättigte Kohlenwasserstoffe** z. B. Cyclohexen
  - **Aromatische Kohlenwasserstoffe** z. B. Benzol

Die systematischen Namen kennzeichnen die Anzahl der Kohlenstoffatome sowie ihre Stellung, Anzahl und Art der Mehrfachbindungen in den Molekülen organischer Stoffe.

Die Umwandlung von Kohlenwasserstoffen in andere organische Stoffe ist durch Additionen, Eliminierungen oder Substitutionen möglich.

ERDÖL UND ERDGAS

21
Erdöl und Erdgas

Industriell wird Erdöl erst seit 120 Jahren genutzt. Die Erschließung und Förderung von Erdöl- und Erdgasvorkommen unter dem Meeresspiegel ist besonders aufwendig. Wie werden aus Erdöl Kohlenwasserstoffe?

Vom Erdöl zum Produkt der chemischen Industrie

Entstehung, Lagerstätten, Förderung und Transport. Wie Kohle sind auch **Erdöl** und **Erdgas** aus organischen Stoffen (Plankton) entstanden (Abb. 1). Die Orte der Entstehung waren insbesondere abgeschlossene Meeresteile, Lagunen und Buchten, wo das Wasser wenig Sauerstoff enthielt. Das entstandene Erdöl und Erdgas sammelte sich in porösen Sedimentgesteinen, die von undurchlässigen Schichten umgeben waren (Abb. 2).

Auf der Suche nach Erdöl und Erdgas müssen die Bohrungen bis in die Lagerstätten vorgetrieben werden. Das Erdöl kann dann durch den in der Lagerstätte herrschenden Druck ohne technische Hilfsmittel an die Erdoberfläche gelangen oder es muss heraufgepumpt werden.

Die größten Erdöl- und Erdgasvorkommen befinden sich im Mittleren Osten, in Nordamerika, in Sibirien und in China. Bei gleichbleibender Förderung werden diese heute bekannten Weltvorräte in absehbarer Zeit erschöpft sein. Deshalb müssen alternative Energie- und Rohstoffquellen erschlossen werden.

Die meisten Erdöl- und Erdgasquellen sind weit von den Verbraucherländern entfernt. Das frisch geförderte Rohöl wird am Ort in großen Tanks gespeichert. Der Transport von Erdöl und Erdgas erfolgt über Rohrleitungen (Pipelines) zu Erdölraffinerien oder zu Verladehäfen. Vor dem Transport wird das Rohöl entgast (von gelöstem Erdgas befreit), entwässert und, wegen der Korrosionsgefahr für die Transportmittel, auch entsalzt. Erdgas kann bei tiefen Temperaturen verflüssigt und so auch in Spezialschiffen transportiert werden.

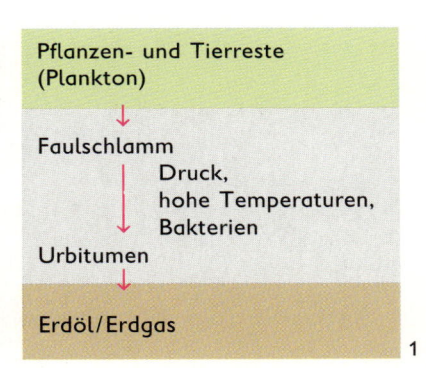

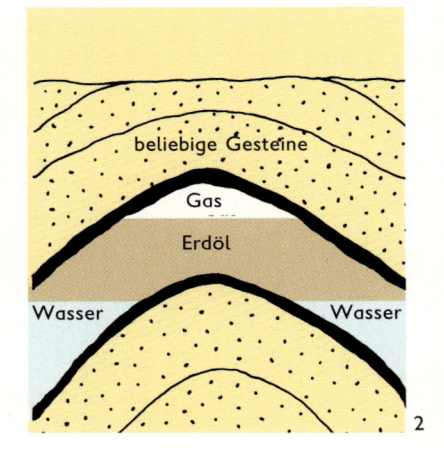

Zusammensetzung. Erdgas ist ein Stoffgemisch, das hauptsächlich aus Methan, Ethan, Propan und Butan besteht. Als weitere Gase können Kohlenstoffdioxid, Schwefelwasserstoff, Stickstoff und Spuren von Edelgasen enthalten sein. Je nach Vorkommen ist die Zusammensetzung unterschiedlich.

Erdöl (Rohöl) ist ein Stoffgemisch verschiedener Kohlenwasserstoffe. Die Zusammensetzung ist je nach Lagerstätte sehr unterschiedlich. Es enthält vor allem flüssige Alkane, Cycloalkane sowie ungesättigte und ringförmige Kohlenwasserstoffe. Außerdem kann ein mehr oder weniger großer Anteil organischer Verbindungen des Schwefels, des Sauerstoffs und des Stickstoffs enthalten sein. Je nach der Zusammensetzung ist Erdöl eine charakteristisch riechende, hellbraune bis schwarzbraune ölige Flüssigkeit.

Verarbeitung des Rohöls. Das geförderte Rohöl kann kaum unmittelbar verwendet werden. Erst durch die Aufarbeitung des Rohöls erhält man die gewünschten Produkte, zum Beispiel Benzin, Heizöl und Schmieröl.

Gemische verschiedener Flüssigkeiten lassen sich durch Destillation trennen (Experiment 1). In der Erdölraffinerie (↗ S. 146) erfolgt das in den bis zu 50 m hohen Destillationstürmen. Da die Siedetemperaturen der Kohlenwasserstoffe sehr dicht beieinander liegen, erhält man bei der Destillation nicht einzelne Reinstoffe, sondern Gemische von Stoffen mit ähnlichen Siedetemperaturen, sogenannte Fraktionen. Diese Fraktionen unterscheiden sich voneinander durch ihre Eigenschaften (Experiment 1). Die Trennung des Erdöls in einzelne Fraktionen wird allgemein **fraktionierte Destillation** genannt (Abb. 3).

Je nach Aufbau des Destillationsturmes und je nach Bedingungen fallen verschiedene Erdölfraktionen an (Tabelle).

Wichtige Destillationsprodukte des Erdöls			
Erdöl-fraktion	Kohlenstoffatome je Molekül	Siedebereich °C	Verwendung
Gase	1 ... 4	< 30	Heizgas, „Flüssiggas"
Rohbenzine	5 ... 12	< 150	Lösungsmittel, Vergaserkraftstoff, Waschbenzin
Petroleum	10 ... 15	150 ... 250	Kerosin (Düsentreibstoff), Leuchtpetroleum
Gasöl	> 12	250 ... 360	Dieselkraftstoff, leichtes Heizöl
Schmieröl Hartparaffin	> 20	> 350	schweres Heizöl, Schmiermittel, Kerzen, Salben
Rückstand (Bitumen)		> 500	Straßenbelag (Asphalt, Teer), Dachanstriche

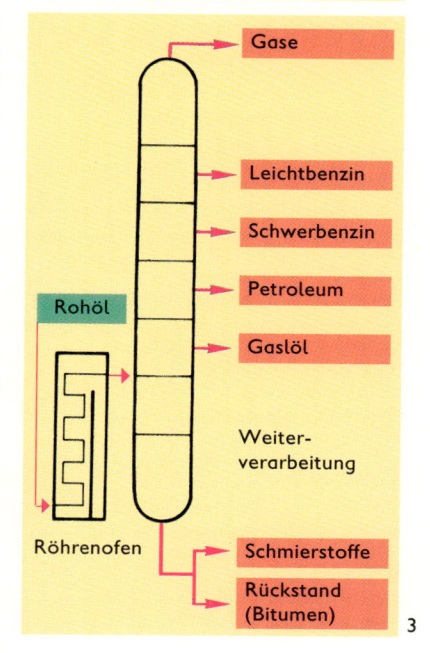

VOM ERDÖL ZUM CHEMIEPRODUKT

3

Experiment 1
Etwa 40 ml Erdöl werden destilliert. Die entstehenden Fraktionen sind auf Aussehen, Geruch, Viskosität und Entflammbarkeit zu untersuchen!

AUFGABEN

1. Warum gibt es für Erdöl und Erdgas keine einheitliche Formel?
2. Erdöl und Erdgas sind Gemische von Kohlenwasserstoffen. Vergleiche sie!
3. Was versteht man unter fraktionierter Destillation?
4. Welcher Zusammenhang ist zwischen dem Siedebereich der Fraktionen und der Anzahl der Kohlenstoffatome in den Molekülen zu erkennen?
5. Welche Fraktionen sammeln sich am Boden des Destillationsturmes an?
6. Welche Fraktionen enthalten a) Kraft-, b) Heizstoffe?

ERDÖL UND ERDGAS

Veredlung von Erdöl

Die bei der Erdöldestillation anfallenden Fraktionen müssen noch weiter verarbeitet werden.

Vakuumdestillation. Die Verbindungen des Rückstandes, die sich am Boden des Destillationsturmes sammeln, würden sich bei normalem Druck und Temperaturen über 400 °C zersetzen. Deshalb leitet man den Rückstand in einen anderen Destillationsturm, in dem ein verminderter Druck herrscht. Dadurch vermindern sich auch die Siedetemperaturen des Rückstandes und er kann in weitere Fraktionen getrennt werden. Durch Vakuumdestillation werden Schmieröle, feste Kohlenwasserstoffe und das Bitumen gewonnen.

Cracken. Der Anteil an Benzin, Dieselkraftstoff und leichtem Heizöl ist im Erdöl wesentlich niedriger als der Bedarf an diesen Produkten. Deshalb müssen die in ausreichender Menge vorliegenden höher siedenden Destillationsprodukte in niedrig siedende umgewandelt werden. Das ist durch verschiedene **Crackverfahren** (englisch: to crack = zerbrechen, spalten) möglich. Dabei werden Kohlenwasserstoffe mit langkettigen Molekülen in gesättigte und ungesättigte Kohlenwasserstoffe mit kurzkettigen Molekülen aufgespalten. Beim **thermischen Cracken** geschieht das bei etwa 800 °C. Dieses Verfahren ist sehr energieaufwendig. Das **katalytische Cracken** erfolgt bei etwa 500 °C mithilfe eines Katalysators, wobei ein höheres Ergebnis und eine bessere Qualität der Spaltprodukte erreicht wird (Experiment 2). Beim Cracken entsteht kein einheitliches Spaltprodukt.

Reformieren. Minderwertige Benzinsorten werden durch **Reformingverfahren** (lateinisch: reform = Umgestaltung) veredelt, sodass sie klopffester werden. Dabei werden unverzweigte kettenförmige Kohlenwasserstoffe in verzweigte oder ringförmige Kohlenwasserstoffe umgewandelt.

Raffinieren. Bei den **Raffinationsverfahren** (französisch: raffiner = verfeinern) befreit man Kohlenwasserstoffe von unerwünschten Bestandteilen, z. B. von Schwefel (Entschwefelung).

Umweltgefährdung durch Erdölprodukte. Die Auspuffgase der Benzinmotoren enthalten neben ungiftigen Stoffen (Kohlenstoffdioxid, Wasser) auch giftige (Kohlenstoffmonooxid, Stickstoffoxide), unverbrannte Kohlenwasserstoffe und oft Blei. Am besten lassen sich die Schadstoffe durch einen geregelten Katalysator vermindern (↗ S. 240). Auch umweltbewusstes Fahren und Tanken von bleifreiem Benzin verringern die Schadstoffbelastung der Atmosphäre. Aus der Zusammensetzung des Benzins ergeben sich noch weitere Gefährdungen. Im Benzin können bis zu etwa 4 % Benzol enthalten sein. Beim Tanken sollte man deshalb keine Kraftstoffdämpfe einatmen. Moderne Zapfpistolen verhindern das Austreten von Kraftstoffdämpfen (Abb. 1). Unfälle beim Erdöltransport führen oft zu Katastrophen (Abb. 2).

Experiment 2
Paraffinöl wird langsam auf stark erhitzte Stahlwolle getropft. Die entstehenden flüssigen und gasförmigen Produkte werden aufgefangen und mit Bromwasser geprüft!

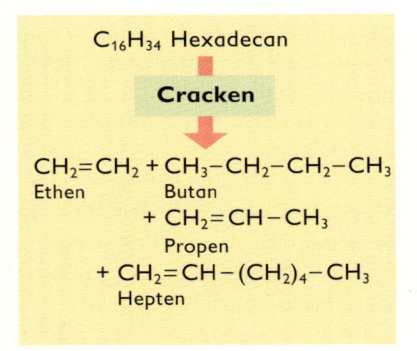

$C_{16}H_{34}$ Hexadecan

Cracken
⬇

$CH_2=CH_2$ + $CH_3-CH_2-CH_2-CH_3$
Ethen   Butan
+ $CH_2=CH-CH_3$
Propen
+ $CH_2=CH-(CH_2)_4-CH_3$
Hepten

1

2

Durch die Ölpest verenden jedes Jahr Hunderttausende Wasservögel. Nur 1 Liter Erdöl verseucht 5 000 000 l Wasser. Maßnahmen zum Schutz des Meeres vor Öleintrag sind festgelegt. Ihre Einhaltung ist eine internationale Aufgabe, die streng überwacht werden muss.

VEREDLUNG VON ERDÖL IM ÜBERBLICK

AUFGABEN

1. Vergleiche die Trennverfahren Filtrieren, Eindampfen und fraktioniertes Destillieren! Welche physikalischen Eigenschaften werden bei der Trennung genutzt?
2. „Wer tiefer spaltet, hat mehr vom Erdöl!" Begründe diese Aussage!
3. Nenne drei Kohlenwasserstoffe, die Bestandteil des Dieselkraftstoffes sein können!
4. Die Klopffestigkeit von Benzin kann durch Benzol verbessert werden. Warum setzt man Benzol aber nur sparsam ein?
5. Was versteht man unter „Ölpest"?

Im Überblick

Erdöl — Gemisch verschiedener Kohlenwasserstoffe, bedeutender Energieträger und Rohstoff für die chemische Industrie

Erdgas — Gemisch, hauptsächlich aus Methan, Ethan, Propan und Butan bestehend, wichtiges Heizgas und Rohstoff für die chemische Industrie

Bereiche der Erdölchemie

Fraktionierte Destillation, Cracken, Reformieren, Raffination: Gewinnung verschiedener Gemische von Kohlenwasserstoffen aus dem Rohöl

Petrochemie: Herstellung von Chemikalien aus Erdölprodukten

Obwohl heute alle Fraktionen des Rohöls als *Ausgangsstoffe für die Petrochemie* eingesetzt werden können, sind es meist nur *Benzinfraktionen* mit einem Siedebereich von 40 ... 170 °C.

Produkte der Petrochemie

Primärchemikalien		Zwischen- bzw. Endprodukte	Beispiele für Verwendung
Rohbenzin	Ethen	Polyethen	Folien, Verpackungsmittel, Flaschen, Haushaltsartikel, Spritzgussteile
		Ethenoxid	Wasch- und Reinigungsmittel, Frostschutzmittel, Lacke, Farbstoffe, Faserrohstoffe
		Ethanol	Lösungsmittel, Lacke, Zwischenprodukte für Pharmazeutika
	Propen	Acrylnitril	Acrylfasern, Synthesekautschuk
	C_4-Gemische	Butadien	Synthesekautschuk, zum Beispiel für Autoreifen
Reformatbenzin	Benzol	Polystyren	Formteile und Schaumstoffe für Verpackungs- und Bauindustrie
		Nylon	Synthesefasern für Textilien
	Toluol	Polyurethan	Elektroisolier- und Metalllacke, Polstermaterialien, Schaumstoffe
	Xylol	Polyester	Glasfaserverstärkte Kunststoffe, Möbellacke

ALKOHOLE – ALDEHYDE

22

Alkohole – Aldehyde

Alkoholische Getränke werden seit vielen Jahrtausenden hergestellt. Diese Getränke enthalten Ethanol.
Wie können sie hergestellt werden?
Ist Alkohol gleich Ethanol?

Ethanol

Alkoholische Gärung. Für die Herstellung von Bier, Wein oder auch Branntwein werden zucker- und stärkehaltige Naturstoffe verwendet. Die Umwandlung dieser Stoffe erfolgt über einen Gärprozess. So werden zum Beispiel aus Gerste Bier, aus Trauben Wein und aus Honig Met hergestellt.

Die Vergärung zuckerhaltiger Stoffe wird als **alkoholische Gärung** bezeichnet. Der Name kommt vom Hauptprodukt, das beim Vergären zuckerhaltiger Stoffe entsteht, dem **Ethanol** (Alkohol). Als Nebenprodukt entsteht Kohlenstoffdioxid. Die Gärung verläuft ohne Sauerstoffzufuhr und wird von einzelligen, kugelförmigen Hefepilzen bewirkt. In Zuckerlösungen vermehren sie sich rasch und produzieren Wirkstoffe, die sogenannten Enzyme. Diese wirken als Biokatalysatoren. Auf Äpfeln, Birnen oder Trauben sind Hefepilze vorhanden (Experiment 1).

$$C_6H_{12}O_6 \xrightarrow{Enzyme} 2\ C_2H_5OH + 2\ CO_2$$
Glucose → Ethanol + Kohlenstoffdioxid

Nach Ablauf der alkoholischen Gärung enthält das Produkt höchstens einen Volumenanteil φ von 15 ... 18 % Ethanol. Die Enzyme der Hefen sind bei einem höheren Alkoholanteil nicht mehr wirksam, die Hefepilze sterben ab. Sollen „hochprozentige" alkoholische Getränke oder fast reiner Alkohol hergestellt werden, so wird das Ethanol durch Destillation (↗ S.16) aus dem Gärprodukt herausgetrennt. Dabei lässt sich der Volumenanteil an Ethanol auf etwa 96 % erhöhen. Durch Zusatz von Vergällungsmitteln (Petrolether) kann Alkohol ungenießbar gemacht und dann als Brennspiritus verkauft werden.

Experiment 1
20 g Zucker, 200 ml Wasser und etwas Hefe werden in einen Kolben gegeben und dieser mit einem Gärröhrchen, gefüllt mit Kalkwasser, verschlossen. Die Apparatur wird für einige Tage an einen warmen Ort gestellt; danach wird die Füllung des Kolbens destilliert.

ETHANOL

Ethanol kann durch Vergärung zuckerhaltiger Naturstoffe entstehen. Ethanol ist in alkoholischen Getränken enthalten.

Bierherstellung. Bier wird streng nach dem deutschen Reinheitsgebot von 1516 gebraut. Danach sind als Zutaten nur Gerste, Hopfen und Wasser gestattet. Die Gerstenkörner werden in Wasser 2 bis 6 Tage gequollen und bei ausreichender Sauerstoffzufuhr in 7 bis 12 Tagen zum Keimen gebracht. Das so entstehende **Grünmalz** hat einen hohen Anteil an Malzzucker. Es wird aus Gründen der Haltbarkeit, des Keimungsabbruchs und der Farbgebung bei 80 ... 105 °C getrocknet, gedarrt. Das **Darrmalz** ist haltbar und lagerfähig. Für die Bierherstellung wird das Darrmalz geschrotet und mit Wasser im Maischbottich vermischt. Die Enzyme im Malzschrot bewirken die Spaltung weiterer noch vorhandener Stärke zu Malzzucker. Danach wird die Maische geläutert. Aus geläuterter Maische und Hopfen entsteht in der Sudpfanne die **Bierwürze**, die Zucker, Aromastoffe und Eiweißstoffe enthält (Abb. 1).

Sudpfanne zum Kochen von Bierwürze mit Hopfen

Die alkoholische Gärung setzt ein, wenn der Bierwürze Hefe zugegeben wird. Dies erfolgt in großen Gärbottichen (Abb. 2) bei Temperaturen zwischen 5 ... 10 °C. Innerhalb einer Woche entstehen aus Malzzucker Alkohol und Kohlenstoffdioxid. In Tanks gärt das Bier bei 1 ... 3 °C etwa 3 Monate lang nach.

Wird neben dem Gerstenmalz auch Weizenmalz zum Brauen verwendet, entsteht Weizenbier.

Die Anteile der aus dem Malz gewonnenen Stoffe in der unvergorenen Würze werden durch den Stammwürzegehalt angegeben. Schankbier, wie zum Beispiel das Weißbier, hat einen Stammwürzegehalt von 9 %. Bockbier oder Porter, sogenannte Starkbiere, haben einen doppelt so hohen Stammwürzegehalt. Bier enthält je nach Sorte 4 ... 5 % Alkohol.

Gärbottich zur Bierherstellung

AUFGABEN

1. Welche Bedeutung hat der Aufdruck 45 Vol.% auf Etiketten von Spirituosenflaschen?
2. Wie kann man Gärungen verhindern?
3. Bei der alkoholischen Gärung entsteht ein Gas.
   a) Welches Gas bildet sich?
   b) Entwickle eine Experimentieranordnung zum Nachweis des Gases!
4. Durch welches Verfahren kann Ethanol von Wasser getrennt werden? Begründe die Aussage!

ALKOHOLE – ALDEHYDE

Physiologische Wirkung. Alkoholische Getränke wirken sofort, denn der enthaltene Alkohol (Ethanol) geht direkt ins Blut über. Schon nach 30 min ist der größte Teil des Alkohols vom Blut aufgenommen und wird im ganzen Körper verteilt. Geringe Mengen alkoholischer Getränke können anregend, enthemmend und für sehr kurze Zeit auch leistungssteigernd wirken. In welcher Weise sie wirken, ist von verschiedenen Faktoren wie Körpergewicht, Körperverfassung und von der Gewöhnung an Alkohol abhängig. Schon geringer Alkoholkonsum führt zu Sorglosigkeit, Gleichgültigkeit und Überschätzung der eigenen Kräfte. Alkohol stört die Funktion der Nervenzellen, da er sich in den fetthaltigen Nervenzellen gut löst. Die Folge sind vermindertes logisches Denken, verringerte Gedächtnisleistungen und geringe Konzentrationsfähigkeit.

Streng genommen ist Alkohol ein Gift. Übermäßiger und ständiger Konsum von Alkohol führt zum Absterben der Hirnzellen und zu schwer wiegenden Schädigungen der inneren Organe. Bei einem Jugendlichen bewirken schon 40 ml Alkohol je Tag nicht wieder reparable Organschädigungen.

Alkohol wird im Körper nur langsam abgebaut (Abb. 1). Mit den Angaben in Abbildung 2 und der Berechnung nach Abbildung 1 kann ermittelt werden, wie hoch der Massenanteil an Alkohol im Blut nach Beendigung des Alkoholkonsums ist.

Alkoholwirkung

1,0 Promille
– wohlige Enthemmung

1 ... 2 Promille
– Rausch

2 ... 3 Promille
– Betäubung

3 ... 5 Promille
– Lähmung

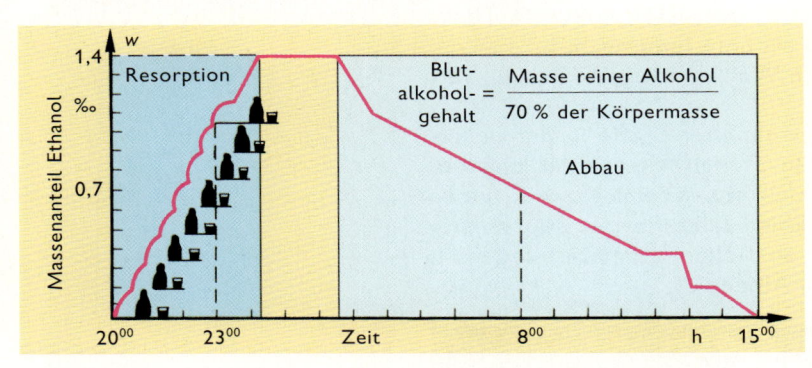

Bier
0,33 l
$\varphi = 4\,\%$

Wein
1/8 l
$\varphi = 10\,\%$

Likör
4 cl
$\varphi = 30\,\%$

Weinbrand
4 cl
$\varphi = 38\,\%$

2 Alkoholische Getränke enthalten unterschiedliche Volumenanteile reinen Alkohols.

1 $\text{Blutalkoholgehalt} = \dfrac{\text{Masse reiner Alkohol}}{70\,\%\ \text{der Körpermasse}}$

„Alkohol am Steuer" gefährdet das eigene Leben und das von anderen Menschen. Allein ein Viertel der im Straßenverkehr Getöteten sind Opfer alkoholbedingter Verkehrsdelikte. Auch wenn in einigen Ländern die Grenze der Fahrtüchtigkeit bei 0,8 Promille festgelegt wurde, wissen viele Autofahrer nicht, dass diese Grenze nur für sogenannte „folgenlose Fahrten" gilt. Folgenlos heißt in diesem Fall kein Unfall, aber auch keine Fahrunsicherheit, wie zum Beispiel Schlangenlinie fahren. Bei Unfall oder Fahrfehlern ist schon ab 0,3 Promille eine strafrechtliche Verurteilung möglich! Bei Verdacht auf „Alkohol am Steuer" werden Kontrollen mit Hilfe von Alcoteströhrchen durchgeführt (Abb. 3). Dabei wird der Alkoholanteil in der ausgeatmeten Luft bestimmt.

Ethanol wirkt im menschlichen und tierischen Organismus als Nervengift.

Struktur des Ethanolmoleküls. Bei der Verbrennung von Ethanol entstehen Wasser und Kohlenstoffdioxid. Das lässt auf das Vorhandensein der Elemente Kohlenstoff und Wasserstoff schließen. Ethanol reagiert mit Magnesium zu Magnesiumoxid (Experiment 2). Ethanol muss daher auch Sauerstoff enthalten. Die Summenformel des Ethanols lautet C_2H_5OH.

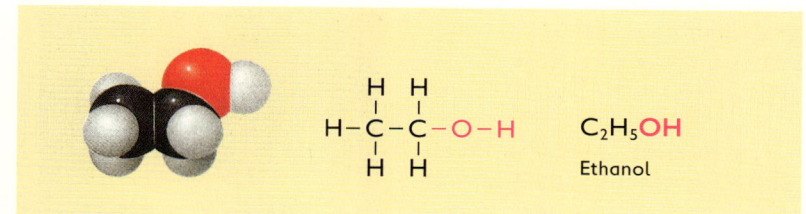

Räumliches Modell und Formeln des Ethanolmoleküls

Das mit dem Sauerstoffatom verbundene Wasserstoffatom ist sehr reaktionsfähig. Um dies hervorzuheben, schreibt man die Formel C_2H_5OH. Die OH-Gruppe wird als **Hydroxylgruppe** bezeichnet (Abb. 4).
Die Hydroxylgruppe der Moleküle des Ethanols bestimmt seine Eigenschaften. Sie wird deshalb als **funktionelle Gruppe** bezeichnet.

Die Hydroxylgruppe ist das charakteristische Strukturmerkmal des Ethanolmoleküls.

Eigenschaften. Ethanol ist bei 20 °C flüssig, brennbar und in Wasser löslich. Wässrige Ethanollösung leitet den elektrischen Strom nicht (Experiment 3). Die Hydroxylgruppe ist durch eine Atombindung an eines der Kohlenstoffatome gebunden. Diese Atombindung wird durch die Reaktion mit Wasser nicht gespalten (Experiment 4). Im Unterschied zu Kohlenwasserstoffen reagiert Ethanol mit Natrium (Experiment 5). Es bildet sich Wasserstoff, da in den Ethanolmolekülen das Wasserstoffatom der Hydroxylgruppe gegen ein Natriumatom ausgetauscht wird.

$$2\,Na + 2\,C_2H_5OH \longrightarrow H_2 + 2\,C_2H_5ONa$$

Verwendung. Ethanol wird aufgrund seiner Eigenschaften sehr vielseitig verwendet. Für die chemische Industrie ist Ethanol ein wichtiger Ausgangsstoff. Aus Ethanol werden viele andere chemische Verbindungen hergestellt.

Verwendung von Ethanol	Beispiel
in Pharmazeutika	Hustensaft, Pflegesalben
in Haushaltsprodukten	Möbelpolitur, Brennspiritus
als Genussmittel	Bier, Wein, Pralinen
in der Industrie	Lösungsmittel, Kraftstoff
in Kosmetika	Parfüm, Erfrischungstücher

ETHANOL

Experiment 2
Nachweis von Sauerstoff in Ethanol

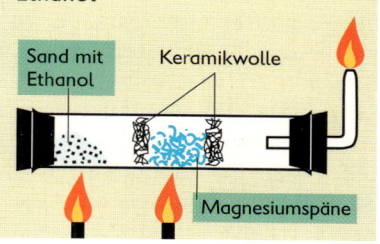

Experiment 3
Ethanol, Petroleumbenzin und Wasser werden auf elektrische Leitfähigkeit geprüft!

Experiment 4
Wässrige Lösungen von Natriumhydroxid und Ethanol werden mit Universalindikatorlösung geprüft!

Experiment 5
Vorsicht! Eine kleine Probe Natrium wird in einige Milliliter 95%iges Ethanol gegeben. Das gasförmige Reaktionsprodukt wird nachgewiesen.

AUFGABEN

1. Entwickle die Reaktionsgleichung für die vollständige Verbrennung von Ethanol!
2. Warum reagiert Ethanol im Gegensatz zu Ethan mit Natrium?
3. Entwickle eine Tabelle, mit der die Eigenschaften von Ethan und Ethanol gegenübergestellt und verglichen werden können!
4. Welche Ursachen führen dazu, dass Alkohol für eine Vielzahl von Mitmenschen zur Droge wird?
5. Ethanol ist ein wichtiger Grundstoff für die Industrie! Begründe diese Aussage!

ALKOHOLE – ALDEHYDE

Weitere Alkohole

Methanol. Methanol CH_3OH ist ein gefährliches Gift. In vielen Eigenschaften unterscheidet es sich kaum von Ethanol. Die Verwechslung beider Stoffe kann für den Menschen tödliche Folgen haben.
Schon 20 ... 50 ml Methanol wirken tödlich. Erblindung und Hirnschädigungen treten schon bei einer Einnahme von nur 5 ... 10 ml auf. Nach der Einnahme von Methanol zeigt sich zunächst eine ähnliche Wirkung wie bei Alkoholgenuss. Erst nach etwa 20 Stunden setzt die Giftwirkung ein.
Durch die Reaktion mit Borsäure ist es möglich, beide Stoffe zu unterscheiden. Nach Zugabe von Borsäure brennt Methanol mit grüner Flamme, die Ethanolflamme hat höchstens einen grünen Saum (Experiment 6).
Reines Methanol brennt mit blauer Flamme. Die dabei frei werdende Energie kann zum Betreiben von Kraftfahrzeugen genutzt werden. Methanol-Benzin-Gemische als Kraftstoff werden zur Zeit mit Erfolg erprobt. Von Vorteil ist, dass Methanol kostengünstig und in den notwendigen Mengen produziert werden kann. Der Einsatz von Kraftstoffen mit Methanolanteil wird davon abhängen, wie die ungünstigen Eigenschaften des Methanols, wie Giftigkeit, geringere Benzinlöslichkeit (Experiment 7) und geringere Verdunstung gegenüber Benzin, beeinflusst werden können. Die Verbrennung von Methanol-Luft-Gemischen im Motor ist weniger umweltschädigend als die von Benzin-Luft-Gemischen.

Homologe Reihe. Propanol, Butanol und Pentanol sind weitere organische Stoffe, die eine Hydroxylgruppe in ihren Molekülen aufweisen. Sie lassen sich wie Methanol und Ethanol von den Alkanen ableiten.
Alkohole, die von den Alkanen abgeleitet werden können, heißen **Alkanole**. Die Hydroxylgruppe ist bei den Alkanolen an einen Alkylrest gebunden. Alkylreste sind Molekülreste von Alkanmolekülen. Sie unterscheiden sich von diesen durch ein Wasserstoffatom (↗ S. 153).

> **Alkanole sind gesättigte kettenförmige organische Stoffe, deren Moleküle eine Hydroxylgruppe enthalten.**

Im Gegensatz zu Ethanol, Butanol, Hexanol u. a. sind Dodecanol und Hexadecanol bei Zimmertemperatur fest. Alkanole bilden eine homologe Reihe, deren benachbarte Kettenglieder sich jeweils durch eine CH_2-Gruppe unterscheiden. Die unterschiedliche Kettenlänge der Moleküle bedingt unterschiedliche physikalische Eigenschaften der Alkanole. So besitzt Methanol eine Siedetemperatur von 52 °C und Nonanol von 205 °C.

> **Alkanole bilden eine homologe Reihe mit der allgemeinen Summenformel $C_nH_{2n+1}OH$. Die Hydroxylgruppe ist die funktionelle Gruppe aller Alkanole.**

Experiment 6
In jeweils eine Porzellanschale wird zu je 5 ml Methanol (links) und Ethanol (rechts) eine Spatelspitze Borsäure gegeben. Die Proben werden entzündet.

Experiment 7
Die Löslichkeit von Methanol und Ethanol in Wasser und Petroleumbenzin wird geprüft!

Alkanole

Strukturformel	Summenformel
H–C(H)(H)–OH Methanol	CH_3OH
H–C(H)(H)–C(H)(H)–OH Ethanol	C_2H_5OH
H–C(H)(H)–C(H)(H)–C(H)(H)–OH Propan-1-ol	C_3H_7OH
H–C(H)(H)–C(H)(H)–C(H)(H)–C(H)(H)–OH Butan-1-ol	C_4H_9OH

Ethylenglykol und Glycerin. Glycerin (Glycerol) ist eine ölige, ungiftige Flüssigkeit mit süßem Geschmack. Es ist hygroskopisch (wasseranziehend) und in Benzin nicht löslich (Experiment 8). Ethylenglykol (Glykol) ist hygroskopisch, aber eine giftige, süß schmeckende Flüssigkeit. Es wird als Frostschutzmittel und bei der Kunststoffherstellung verwendet.

Weil Glycerin hygroskopisch ist, wird es zum Feuchthalten von Druck- und Stempelfarben sowie als Hautpflegemittel verwendet. Die Industrie benötigt Glycerin u. a. zur Herstellung von Sprengstoffen (Dynamit).

Glycerin und Ethylenglykol sind organische Stoffe, bei denen mehrere Hydroxylgruppen im Molekül gebunden sind. Anhand der systematischen Namen Ethandiol und Propantriol ist zu erkennen, dass diese Stoffe vom Ethan beziehungsweise vom Propan abgeleitet und zwei bzw. drei Hydroxylgruppen im Molekül enthalten (Abb. 1). Beide gehören wie die Alkanole zu den Alkoholen.

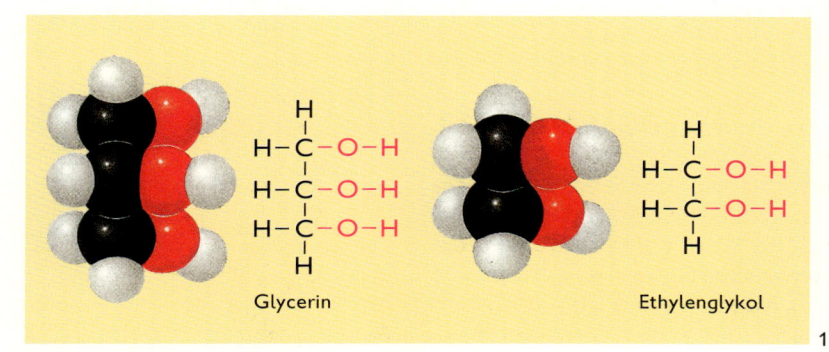

WEITERE ALKOHOLE

Experiment 8
Glycerin wird auf Löslichkeit in Wasser und in Petroleumbenzin sowie auf Brennbarkeit geprüft.

Experiment 9
Zur Silbernitratlösung werden einige Tropfen Ammoniaklösung gegeben, bis sich der gebildete Niederschlag auflöst. Glycerin wird hinzugegeben und vorsichtig erwärmt.

Experiment 10
Das Experiment 9 wird mit Ethanol wiederholt. Die Silbernitratlösung wird nach dem Ammoniakzusatz mit Natronlauge versetzt, bis eine alkalische Lösung vorliegt.

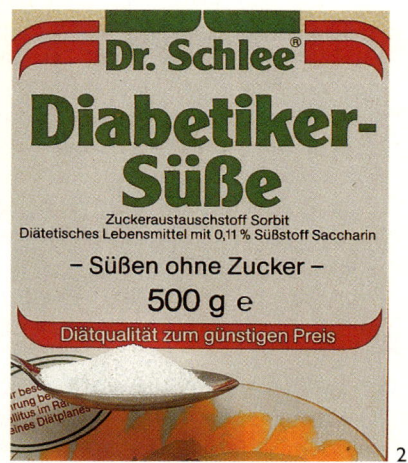

Räumliches Modell und Strukturformel für ein Glycerin- und Ethylenglykolmolekül

Die Anzahl funktioneller Gruppen der Alkanole bestimmt die Reaktionsfähigkeit der Stoffe. Je mehr Hydroxylgruppen im Molekül sind, desto stärker wirkt der Stoff reduzierend (Experiment 9 und 10).

Sorbit (Hexanhexol), ein Alkohol mit 6 Hydroxylgruppen im Molekül, wird als Diabetiker-Süßstoff verwendet (Abb. 2).

Diabetiker-Süßstoff Sorbit

AUFGABEN

1. Begründe folgende Aussagen:
   a) Ethanol ist ein Alkohol und Alkanol,
   b) Glycerin ist ein Alkohol, aber kein Alkanol!
2. Erläutere den Zusammenhang zwischen Eigenschaften und Verwendung von Glycerin!
3. Warum können flüssige Alkanole zur gefahrlosen Beseitigung kleiner Reste von Natrium im Labor verwendet werden?
4. Erläutere den Zusammenhang zwischen Siedetemperaturen der Stoffe und Struktur der Moleküle bei a) Alkanen, b) Alkanolen!
5. Vergleiche die Löslichkeit von Propan, Propanol und Glycerin in Wasser! Gib Ursachen für die Gemeinsamkeit und Unterschiede an!
6. Welche Eigenschaften der Alkanole sind auf die Hydroxylgruppe im Molekül zurückzuführen?
7. Gib die Strukturformel für ein Molekül Octanol an!
8. Benenne die Alkanole mit 1 bis 6 Kohlenstoffatomen im Molekül und vergleiche ihre Siedetemperatur und den Aggregatzustand!

ALKOHOLE – ALDEHYDE

Aldehyde

Methanal. Methanal kann durch Oxidation von Methanol am Kupferkatalysator dargestellt werden. Methanal wird auch als Formaldehyd bezeichnet.
Wird Methanol über glühendes Kupfer geleitet, so findet eine **Dehydrierung** des Methanols statt. Kupfer wirkt bei dieser Reaktion als Katalysator (Experiment 11).

$$\mathrm{H-\underset{H}{\overset{H}{C}}-O-H} \xrightarrow{\text{Dehydrierung}} \mathrm{H-C\overset{O}{\underset{H}{\diagup\!\!\!\diagdown}}} + H_2$$

Methanol   Methanal

Im Vergleich zum Methanolmolekül enthält das Methanalmolekül zwei Wasserstoffatome weniger. Das Sauerstoffatom ist durch Doppelbindung an das Kohlenstoffatom gebunden. Bei der Dehydrierung von Methanol werden zwei Wasserstoffatome des Moleküls aus der Atomgruppe –CH$_2$–OH abgespalten. Es entsteht die Atomgruppe –C(=O)H, die **Aldehydgruppe** (Abb. 1).

Methanal (Formaldehyd) ist ein farbloses, stechend riechendes Gas. Es reizt die Schleimhäute, ist wasserlöslich und giftig. Die wässrige Lösung (Formalin) wird als Desinfektionsmittel, zum Beispiel in Fußsprühanlagen in Schwimmbädern, verwendet. Da Methanal Eiweiß härtet, dient es als Konservierungsmittel für biologische Präparate (Abb. 3).
In der Kunststoffindustrie wird Methanal zur Herstellung von Phenoplasten (Duroplaste) eingesetzt. Bei der Holzverarbeitung dient es als Bindemittel. Weiterhin findet es Anwendung bei der Herstellung von Lacken, Lösungsmitteln, Arzneimitteln und Waschmitteln.
Seit 1984 besteht nach Tierversuchsergebnissen der Verdacht, dass Methanal Krebs erregend wirken kann. Daher soll die Verwendung von Methanal eingeschränkt werden. Es gibt Vorschriften, wie viel Anteile Methanal in der Atemluft am Arbeitsplatz enthalten sein dürfen. Die maximale Arbeitsplatzkonzentration MAK für 8 Stunden darf 1 ppm, das entspricht 1,25 mg Methanal je Kubikmeter Luft, betragen. In Wohnungen sollte nur ein Zehntel dieses Wertes vorhanden sein, da schon ab 0,1 ppm Reizwirkungen auf Schleimhäute eintreten können und man in der Regel länger als 8 Stunden in der Wohnung verweilt.

Ethanal. Ethanol kann auf die gleiche Weise wie Methanol dehydriert werden (Experiment 11). Als Reaktionsprodukt entsteht Ethanal, auch Acetaldehyd genannt (Abb. 2).

$$\mathrm{H-\underset{H}{\overset{H}{C}}-\underset{H}{\overset{H}{C}}-O-H} \xrightarrow{\text{Dehydrierung}} \mathrm{H-\underset{H}{\overset{H}{C}}-C\overset{O}{\underset{H}{\diagup\!\!\!\diagdown}}} + H_2$$

Ethanol   Ethanal

Experiment 11
Vorsicht!
Ein erhitztes Kupferdrahtnetz wird mehrmals in ein mit 10 ml Ethanol gefülltes Becherglas getaucht.

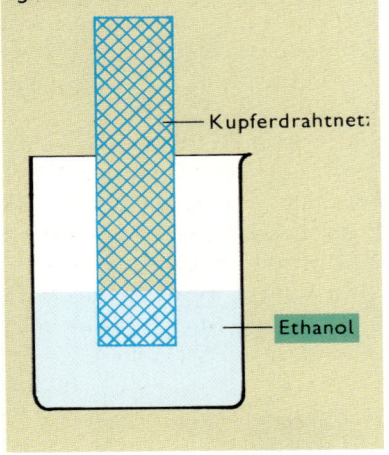

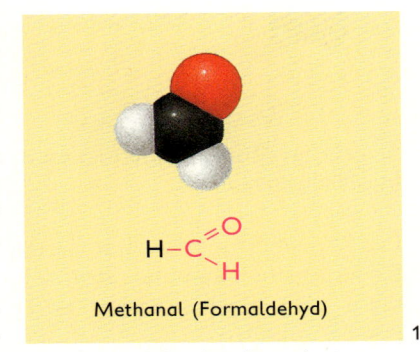

— Kupferdrahtnetz
— Ethanol

Methanal (Formaldehyd)

1 Modell und Strukturformel eines Methanalmoleküls

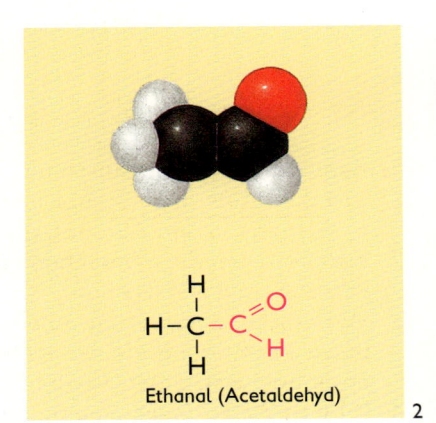

Ethanal (Acetaldehyd)

2 Modell und Strukturformel eines Ethanalmoleküls

Ethanal (Acetaldehyd) ist ein farbloser, giftiger und stechend riechender Stoff. Er ist wasserlöslich und siedet bei 20 °C. Im menschlichen Organismus erfolgt die Oxidation von genossenem Ethanol über das giftige Ethanal in der Leber. Ethanal ist ein Zwischenprodukt bei der Herstellung von Ethanol aus Ethin und von Ethansäure aus Ethanol. Es wird zur Herstellung von Farbstoffen, Arzneimitteln und synthetischem Kautschuk verwendet.

Alkanale. Methanal und Ethanal sind die systematischen Namen von Formaldehyd und Acetaldehyd. Sie gehören zur Gruppe der Alkanale. Die Endung „al" kennzeichnet die Aldehydgruppe im Molekül. Die Alkanale gehören zu den Aldehyden (Abb. 4). Alkanale lassen sich durch Rotfärbung von fuchsinschwefliger Säure nachweisen (Experiment 12). Viele Alkanale werden bereits beim Stehenlassen an der Luft oxidiert. Durch die Reaktion mit Silbernitratlösung und die Reaktion mit *Fehling*'scher Lösung kann die reduzierende Wirkung der Aldehydgruppe nachgewiesen werden. Beim Erhitzen von *Fehling*'scher Lösung mit Ethanal verschwindet schnell die tief blaue Färbung und ein ziegelroter Niederschlag wird sichtbar (Experiment 13). Bei der Reaktion von Alkanalen mit Silbernitratlösung bildet sich im Reagenzglas ein glänzender Silberspiegel (Experiment 14).

ALDEHYDE

Experiment 12
Zu einer Ethanallösung ($w = 30\ \%$) werden einige Tropfen fuchsinschweflige Säure (auch *Schiff*-Reagens genannt) gegeben.

Experiment 13
Fehling'sche Lösung I und II werden vermischt und ein paar Tropfen Ethanal ($w = 30\ \%$) werden hinzugegeben. Anschließend wird erhitzt.

Experiment 14
3 ml Silbernitratlösung werden mit Ammoniakwasser versetzt, bis eine klare Lösung entsteht. Danach wird 1 ml verdünnte Ethanallösung ($w = 30\ \%$) hinzugegeben und vorsichtig ohne zu schütteln erwärmt!

3 Formalin — ein Konservierungsmittel

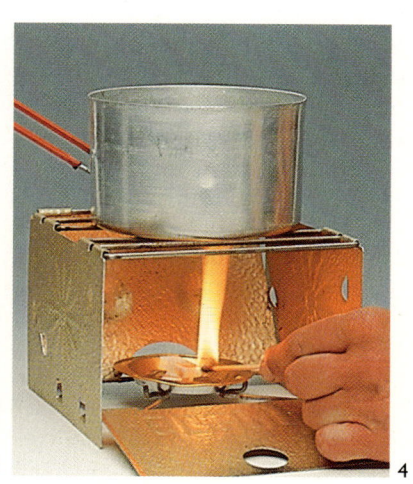

4 Paraldehyd — für den Campingkocher

> **AUFGABEN**

1. Vergleiche die Moleküle von Ethanol und Ethanal!
2. Alkanale bilden eine homologe Reihe. Schreibe die ersten sieben Vertreter mit Namen und Strukturformel auf!
3. Welche Reaktionsprodukte entstehen, wenn
   a) Ethanol an der Luft verbrennt und
   b) Ethanol katalytisch oxidiert wird?
4. Vergleiche bekannte organische Stoffe mit einem Sauerstoffatom im Molekül hinsichtlich der Struktur der Moleküle und der Eigenschaften der Stoffe (Aggregatzustand bei 20 °C und Mischbarkeit mit Wasser)!
5. Wie kann man Methanol- und Methanallösung unterscheiden?
   Gib Reaktionen der Stoffe an!

ALKOHOLE – ALDEHYDE

Diethylether und Aceton

Diethylether. Er ist die bekannteste Verbindung aus der Gruppe der **Ether** und wird daher kurz „Ether" genannt. Diethylether ist bei Zimmertemperatur eine farblose, leicht bewegliche Flüssigkeit, die rasch verdunstet und schon bei 34,6 °C siedet. Er hat einen starken und typischen Geruch. Diethylether ist sehr leicht entzündbar. Die Dämpfe sind schwerer als Luft. Bereits bei einem Volumenanteil von 1,8 % Diethylether in der Luft liegt ein Gemisch vor, das schon durch einen Funken explosionsartig reagiert. Beim Umgang mit diesem Ether ist äußerste Vorsicht geboten, nicht nur wegen der Brand- und Explosionsgefahr.

Diethylether entsteht aus Ethanol bei Zugabe von Schwefelsäure, die als Katalysator wirkt (Experiment 15). Wasser wird abgespalten und ein Sauerstoffatom verbindet die beiden Ethylreste. Diese Bindung zwischen Alkylresten ist für alle Ether charakteristisch.

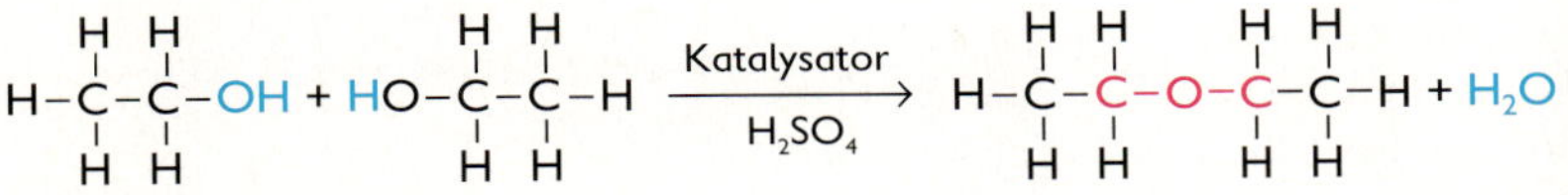

Experiment 15
Vorsicht! Gleiche Volumen (15 ml) an Ethanol und Schwefelsäure werden auf etwa 140 °C in einem Rundkolben erhitzt und destilliert.

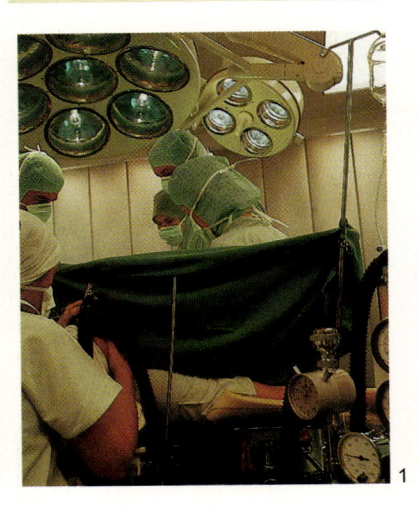

$$\text{Ethanol} + \text{Ethanol} \xrightarrow[\text{H}_2\text{SO}_4]{\text{Katalysator}} \text{Diethylether} + \text{H}_2\text{O}$$

1

Beim längeren Einatmen von Dämpfen des Diethylethers tritt Bewusstlosigkeit ein, die Muskulatur erschlafft, Schmerz wird nicht mehr empfunden. Reiner Diethylether wurde daher bei Operationen als Narkosemittel eingesetzt. Nach einer Ethernarkose können aber Kopfschmerzen, Übelkeit oder Erbrechen auftreten. Narkosemittel werden heute für jeden Patienten individuell kombiniert und dosiert (Abb. 1).

Diethylether ist mit Wasser nicht mischbar. Er löst Fette und Öle und eignet sich als Extraktions- und Lösungsmittel für organische Stoffe.

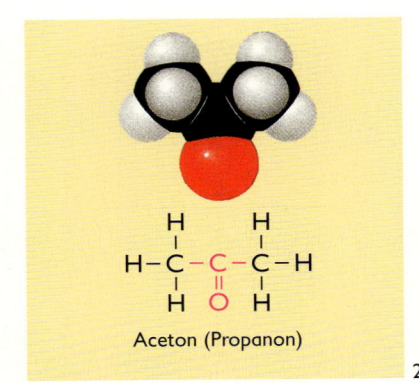

Aceton. Aceton ist eine farblose, leicht brennbare und angenehm riechende Flüssigkeit, die sich in jedem Verhältnis mit Wasser mischt. In der chemischen Fachsprache wird Aceton als **Dimethylketon** oder **Propanon** bezeichnet (Abb. 3).

Aceton kann durch Dehydrierung von Propan-2-ol und durch katalytische Oxidation von Propen hergestellt werden.

Aceton (Propanon)

2

Modell und Strukturformel eines Acetonmoleküls

$$\begin{array}{c}\text{CH}_3\\\text{CH}_3\end{array}\!\!\!>\!\text{CHOH} \longrightarrow \begin{array}{c}\text{CH}_3\\\text{CH}_3\end{array}\!\!\!>\!\text{C}=\text{O} + \text{H}_2$$

Propan-2-ol → Propanon (Aceton)

Die Atomgruppe $>\!C=O$ ist das charakteristische Strukturmerkmal der **Ketone** (Abb. 2). Aceton ist ein einfaches Beispiel für ein Keton. Es wird teilweise als Lösungsmittel für Lacke, Kunstharze, Kunstseide und Plexiglas genutzt. Als Stoffwechselprodukt tritt Aceton vor allem im Harn von Zuckerkranken (Acetonurie) auf. Bei Harnuntersuchungen wird deshalb auch der Acetonanteil überprüft.

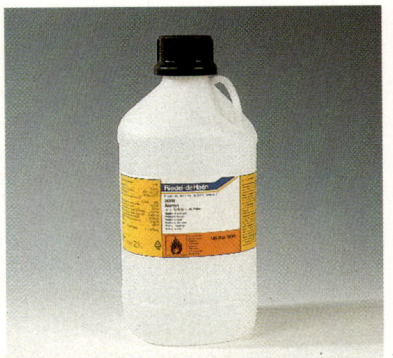

3

Flasche mit Aceton

DIETHYLETHER UND ACETON
IM ÜBERBLICK

Im Überblick

	Alkohole			Aldehyde

Alkohole Organische Stoffe, die mindestens eine Hydroxylgruppe −OH im Molekül haben. Werden sie von den Alkanen abgeleitet, bezeichnet man sie auch als **Alkanole**.

Aldehyde (Alkanale) Organische Stoffe, die eine Aldehydgruppe $-C{\overset{O}{\underset{H}{\lessgtr}}}$ im Molekül haben

	Alkohole			Aldehyde
	Alkanole	Alkandiole	Alkantriole	Alkanale
Wichtige Vertreter	Ethanol	Ethylenglykol (Ethandiol)	Glycerin (Propantriol)	Ethanal (Acetaldyd)
Strukturmerkmal des Moleküls	eine Hydroxylgruppe kettenförmig	zwei Hydroxylgruppen kettenförmig	drei Hydroxylgruppen kettenförmig	eine Aldehydgruppe kettenförmig
Funktionelle Gruppe	−OH	−OH	−OH	$-C{\overset{O}{\underset{H}{\lessgtr}}}$
Verkürzte Strukturformel	CH_3-CH_2-OH	CH_2-CH_2 | | OH OH	$CH_2-CH-CH_2$ | | | OH OH OH	CH_3-CHO
Homologe Reihe Allgemeine Summenformel	$C_nH_{2n+1}OH$	$C_nH_{2n}(OH)_2$	$C_nH_{2n-1}(OH)_3$	$C_nH_{2n+1}CHO$
Eigenschaften und Nachweis	reduzierende Wirkung Reaktion mit Silbernitratlösung			reduzierende Wirkung Reaktion mit *Fehling*'scher Lösung Reaktion mit Silbernitratlösung Reaktion mit fuchsinschwefliger Säure
Verwendungsbeispiele	Hustensaft, Pralinen, Lösungsmittel	Frostschutzmittel, Kunststoffe	Fensterkitt, Margarine, Gummireifen	Desinfektionsmittel, Kunstharze

Darstellung von Alkanalen Durch die Dehydrierung von Alkanolen mit endständigen OH-Gruppen im Molekül lassen sich Alkanale herstellen.

$$\underset{\text{Ethanol}}{H-\overset{H}{\underset{H}{C}}-\overset{H}{\underset{H}{C}}-OH} + \underset{\text{Kupferoxid}}{CuO} \longrightarrow \underset{\text{Ethanal}}{H-\overset{H}{\underset{H}{C}}-\overset{O}{\underset{H}{C}}\lessgtr} + \underset{\text{Wasser}}{H_2O} + \underset{\text{Kupfer}}{Cu}$$

CARBONSÄUREN – ESTER

23

Carbonsäuren – Ester

Wer denkt schon beim Verzehren eines Salates oder eines Butterkekses, beim Riechen an einer Hyazinthe oder nach Bekanntschaft mit Brennnesselhaaren an Carbonsäuren oder an Ester! Welche Rolle spielen diese Verbindungen in unserem Leben?

Essigsäure

Aus Wein wird Essig. Wein, der längere Zeit offen steht, riecht unangenehm und schmeckt sauer. Dieser Wein ist zu Essig vergoren. Hervorgerufen wird der Vorgang durch Essigbakterien. Sie bilden Enzyme, die Ethanol katalytisch mit dem Sauerstoff der Luft zu Essigsäure oxidieren.

$$CH_3-CH_2OH + O_2 \xrightarrow{Enzyme} CH_3-COOH + H_2O$$
Ethanol   Essigsäure

Schon im Altertum wurde so Essig hergestellt. Heute wird diese Reaktion zur Herstellung von Essigsäure im **Schnellessigverfahren** angewandt. Dabei werden ethanolhaltige Flüssigkeiten wie Wein über mit Essigbakterien geimpfte Buchenholzspäne gerieselt; von unten strömt Luft entgegen (Abb. 1). Nach einem anderen Verfahren wird in Gärbottichen Schaum erzeugt, der auf seiner großen Oberfläche noch mehr Essigbakterien aufnehmen kann als Buchenholzspäne.

Der bei diesen Verfahren hergestellte Essig hat einen Volumenanteil an Essigsäure von höchstens 15,5 %. Essigsäure höherer Konzentration wird durch katalytische Oxidation von Ethanal (Experiment 1) gewonnen.

$$2\ CH_3-CHO + O_2 \xrightarrow{Katalysator} 2\ CH_3-COOH$$
Ethanal   Essigsäure

Essigsäure wird industriell durch enzymatische Oxidation aus Ethanol oder durch katalytische Oxidation von Ethanal hergestellt.

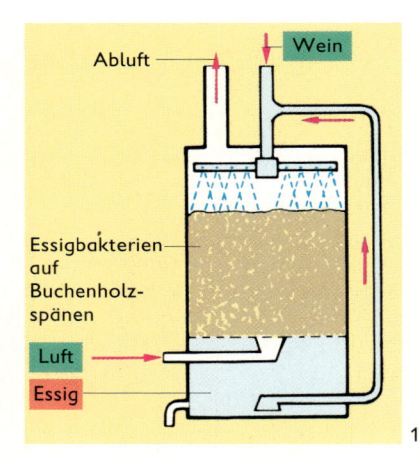

Experiment 1
Eine glühende Kupferspirale wird in 30%ige Ethanallösung getaucht.

ESSIGSÄURE

Bau des Essigsäuremoleküls. Essigsäure enthält zwei Kohlenstoffatome im Molekül. Das endständige Kohlenstoffatom bildet mit den beiden Sauerstoffatomen und einem Wasserstoffatom die funktionelle Gruppe der Essigsäure. Diese Atomgruppe wird als **Carboxylgruppe** bezeichnet (Abb. 2 und 3). Sie bestimmt die charakteristischen Eigenschaften der Säure. Da die Essigsäure zwei Kohlenstoffatome im Molekül besitzt, wird sie auch als **Ethansäure** bezeichnet.

Eigenschaften der Essigsäure. Reine Essigsäure ist eine farblose, stark ätzende und stechend riechende Flüssigkeit, die bei 118,5 °C siedet und bereits unter 17 °C zu festen, eisähnlichen Kristallen erstarrt. Diese Form der Essigsäure wird deshalb als **Eisessig** bezeichnet.

Verdünnte Essigsäure riecht ebenfalls stechend und schmeckt sauer. Sie leitet im Unterschied zu reiner Essigsäure den elektrischen Strom und ist sauer (Experiment 2). Diese Eigenschaften werden durch die Ionen in der Lösung hervorgerufen.

$$CH_3-COOH \longrightarrow H^+ + CH_3-COO^-$$
$$\text{Acetat-Ion}$$

Verdünnte Essigsäure reagiert wie andere verdünnte Säuren mit unedlen Metallen (Experiment 2), Metalloxiden und Hydroxidlösungen zu Salzlösungen.

$$2\ CH_3-COOH + Zn \longrightarrow (CH_3-COO)_2Zn + H_2$$
$$\text{Zinkacetat}$$
$$2\ CH_3-COOH + CuO \longrightarrow (CH_3-COO)_2Cu + H_2O$$
$$\text{Kupferacetat}$$
$$CH_3-COOH + NaOH \longrightarrow CH_3-COONa + H_2O$$
$$\text{Natriumacetat}$$

Die Salze der Essigsäure heißen **Acetate**. Viele Acetate sind sehr giftig. Deshalb sollten mit Essig zubereitete Speisen, wie Salate, nicht in Zink- oder Kupfergefäßen serviert oder aufbewahrt werden.

> **Verdünnte Essigsäure reagiert sauer und leitet den elektrischen Strom. Die Salze der Essigsäure heißen Acetate.**

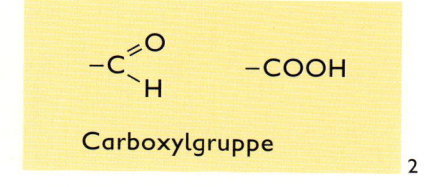

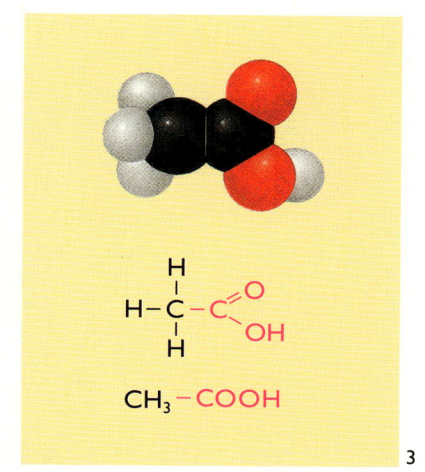

Carboxylgruppe

Modell und Strukturformeln eines Essigsäuremoleküls

Experiment 2
Prüfe verdünnte Essigsäure auf Leitfähigkeit des elektrischen Stroms und auf ihr Verhalten gegenüber Universalindikatorlösung und unedlen Metallen!

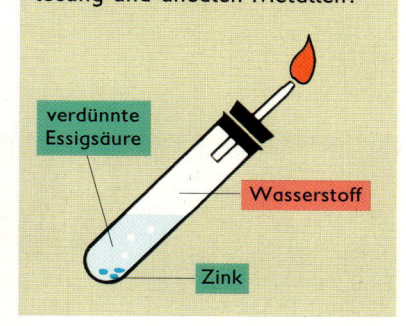

➤ AUFGABEN

1. Entwickle für die in Experiment 1 abgelaufene chemische Reaktion die Reaktionsgleichung!
2. Leite aus dem Modell des Essigsäuremoleküls Aussagen über die Struktur ab!
   Gib an, welche Aussagen über die Essigsäuremoleküle aus diesem Modell nicht ableitbar sind!
3. Warum sollten Salatbestecke nicht aus Neusilber (Kupfer-Nickel-Zink-Legierung) hergestellt werden?
4. Verdünnte Essigsäure leitet den elektrischen Strom und färbt Universalindikatorlösung rot. Konzentrierte Essigsäure reagiert nicht so. Erkläre die unterschiedlichen Eigenschaften!

CARBONSÄUREN – ESTER

Verwendung von Essigsäure. Eine wässrige Essigsäurelösung mit einem Volumenanteil an Essigsäure zwischen 5 % und 8 % wird als **Essig** bezeichnet und dient ebenso wie Essigessenz mit einem Volumenanteil an Essigsäure von 25 % als Speisewürze (Abb. 1). Essigsäure und einige ihrer Salze sind wichtige Konservierungsstoffe (↗ S. 186), da sie bakterientötend wirken. Wegen dieser Eigenschaft und der gesundheitlichen Unbedenklichkeit wird Essigsäure bei der Herstellung von Reinigungsmitteln verwendet. Essigsäure findet auch Verwendung als Ausgangsstoff zur Herstellung von Lacken und Farben, Arzneimitteln, Lösungsmitteln, Kunststoffen und Kunstfasern.

Weitere Alkansäuren

Ameisensäure. Ameisensäure (Methansäure) ist die einfachste organische Säure, da sie nur ein Kohlenstoffatom im Molekül aufweist (Abb. 2). In reinem Zustand ist sie farblos, stechend riechend und stark ätzend.

Manche Tiere und Pflanzen scheiden Ameisensäure zur Wahrnehmung von Schutzfunktionen aus. So produzieren Ameisen in ihren Giftdrüsen diese Säure. Daher kommt der Name Ameisensäure (Abb. 3). Auch verschiedene Laufkäfer, Bienen und andere Insekten sowie bestimmte Quallentiere produzieren Ameisensäure. In den Kapseln der Brennhaare von Brennnesseln (Abb. 4) ist ebenfalls Ameisensäure vorhanden (Experiment 3). Ameisensäure wird im Labor zur Darstellung von Kohlenstoffmonooxid verwendet. Ameisensäure und einige ihrer Salze, die **Formiate**, sind gute Konservierungsmittel für Fruchtsäfte, Salate, Erfrischungsgetränke und Silofutter. Ameisensäure kann zum Entkalken von Warmwasserboilern, Kaffeemaschinen, Tauchsiedern oder Heizstäben von Waschmaschinen sowie zur Herstellung von Lösungsmitteln und Imprägniermitteln in der Textilindustrie verwendet werden.

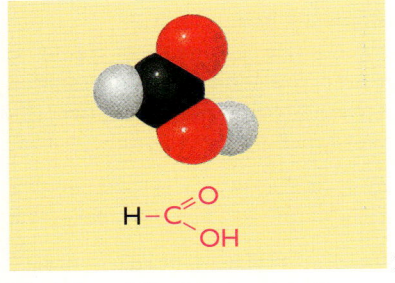

Modell und Strukturformel eines Ameisensäuremoleküls

Experiment 3
Untersuche eine Brennnessel! Betrachte die Brennhaare unter einer Lupe! Drücke ein Brennhaar gegen einen Objektträger! Prüfe die Reaktion des Flüssigkeitstropfens mit einem Indikator!

Homologe Reihe der Alkansäuren. Ameisensäure und Essigsäure sind die ersten Glieder der homologen Reihe der Alkansäuren. Die Moleküle der Alkansäuren enthalten eine Carboxylgruppe und einen Alkylrest. Die einzelnen Glieder unterscheiden sich jeweils um eine CH$_2$-Gruppe. Die Alkansäuren zeigen gleiche chemische Reaktionen, mit steigender Kettenlänge nimmt die Reaktionsfähigkeit ab. Die ersten Vertreter sind flüssig und in Wasser löslich, höhere Alkansäuren fest und in Wasser nicht löslich.

**ESSIGSÄURE
WEITERE ALKANSÄUREN**

Alkansäuren

R – COOH

Wasserstoffatom oder Alkylrest — Carboxylgruppe

Name der Alkansäure	Verkürzte Strukturformel	Eigenschaften	Vorkommen
Ameisensäure (Methansäure)	H–COOH	farblos, flüssig, stechend riechend, ätzend, gut wasserlöslich	in Giftdrüsen von Ameisen und anderen Insekten, in vielen Pflanzen und Früchten
Essigsäure (Ethansäure)	CH$_3$–COOH	farblos, flüssig, stechend riechend, ätzend, gut wasserlöslich	in einigen Pflanzen und Früchten, in tierischen Sekreten, Stoffwechselprodukt
Buttersäure (Butansäure)	CH$_3$–CH$_2$–CH$_2$–COOH	ölig, ranzig riechend, gut wasserlöslich	in Butter und Milchfett, im Schweiß, Produkt beim Faulen von Eiweiß
Palmitinsäure (Hexadecansäure)	CH$_3$–(CH$_2$)$_{14}$–COOH	farblos, kristallin, geruchlos, nicht wasserlöslich	in fast allen Naturfetten, z. B. Palmfett, Olivenöl, Talg, Schmalz, Kakaobutter
Stearinsäure (Octadecansäure)	CH$_3$–(CH$_2$)$_{16}$–COOH	farblose Blättchen, geruchlos, nicht wasserlöslich	in fast allen Naturfetten, in Hopfen, Rindergalle, im menschlichen Gehirn

AUFGABEN

1. Stelle in verschiedenen Verkaufseinrichtungen fest, welche unterschiedlichen Essigsorten gehandelt werden und worin sie sich unterscheiden!
2. Essigessenz muss in Spezialflaschen auslaufgesichert und mit einem Volumenanteil an Essigsäure von 25 % gehandelt werden. Begründe diese Vorschrift!
3. Erläutere am Beispiel der Alkansäuren den Zusammenhang zwischen Struktur der Moleküle und Eigenschaften der Stoffe!
4. Erläutere die Begriffe „funktionelle Gruppe" und „homologe Reihe" am Beispiel der Alkansäuren!
5. Leite aus obiger Übersicht über einige Glieder der homologen Reihe der Alkansäuren deren allgemeine Formel ab!
6. Erkläre, warum Alkansäuren gleiche chemische Reaktionen eingehen!
7. Begründe, weshalb die ersten Vertreter der homologen Reihe der Alkansäuren gute Reinigungsmittel, Desinfektionsmittel und Konservierungsstoffe sind!
8. Gib an, welche Lebensmittel im Haushalt Alkansäuren oder Verbindungen der Alkansäuren enthalten!
9. Alkansäuren können durch chemische Reaktion aus entsprechenden Alkanalen und diese wiederum aus entsprechenden Alkanolen hergestellt werden.
   Entwickle, ausgehend von einem selbst gewählten Alkanol, die Reaktionsgleichungen bis zur Alkansäure!
   Stelle fest, welche Reaktionsarten vorliegen und begründe die Ergebnisse!
10. Gib Beispiele für das Vorkommen von Alkansäuren in pflanzlichen und tierischen Lebewesen an!

CARBONSÄUREN – ESTER

Weitere organische Säuren

Wichtige organische Säuren. Neben Alkansäuren gibt es weitere organische Stoffe mit der Carboxylgruppe im Molekül. Da sie sich in Art, Anzahl und Anordnung von Strukturmerkmalen unterscheiden können, gibt es eine Vielzahl von Carbonsäuren. Carbonsäuren mit Mehrfachbindungen im Molekül werden als **ungesättigte Carbonsäuren** bezeichnet. **Ölsäure** als ein Vertreter besitzt eine Doppelbindung zwischen zwei Kohlenstoffatomen. Andere Carbonsäuren enthalten mehrere gleiche oder unterschiedliche funktionelle Gruppen im Molekül. **Oxalsäure** als eine Dicarbonsäure hat zwei Carboxylgruppen im Molekül. **Milchsäure** oder **Weinsäure** enthalten neben Carboxylgruppen auch Hydroxylgruppen im Molekül. Sie werden deshalb als Hydroxycarbonsäuren bezeichnet.

Weitere wichtige Carbonsäuren weisen neben der Carboxylgruppe die Aminogruppe $-NH_2$ in ihren Molekülen auf. Man bezeichnet sie als Aminocarbonsäuren, vereinfacht als **Aminosäuren**.

Carboxylgruppen können auch in ringförmigen Molekülen enthalten sein. Ein wichtiger Vertreter der Cyclocarbonsäuren ist die **Benzoesäure**. Da Benzol zur Gruppe der aromatischen Kohlenwasserstoffe gehört, werden diese Säuren auch als aromatische Carbonsäuren bezeichnet.

Carbonsäuren als Konservierungsmittel. Carbonsäuren und einige ihrer Salze sind gute chemische Konservierungsmittel, da sie in der Lage sind, schädliche Bakterien und Pilze zu zerstören, aber die menschliche Gesundheit nicht beeinträchtigen (Abb. 1). Die Anwendung von Konservierungsmitteln ist kennzeichnungspflichtig unter der Angabe einer E-Nummer, die für alle Länder der Europäischen Union verbindlich ist. Für alle chemischen Konservierungsmittel sind Höchstmengen in Lebensmitteln festgelegt.

E-Nr.	Stoff	Konservierungsmittel für
E 200	Sorbinsäure	Fischmarinaden, flüssiges Vollei und Eigelb, Speisesenf, Gewürzsoßen, Schnittbrot
E 201	Na-Salz	
E 203	Ca-Salz	
E 210	Benzoesäure	Fischmarinaden, Majonäsen, Tunken, Margarine, Obstpulpen, Obstmark, Sauergemüse, Tabak
E 211	Na-Salz	
E 212	K-Salz	
E 236	Ameisensäure	Fruchtrohsäfte, Salate, alkoholhaltige Erfrischungsgetränke, Silofutter
E 237	Na-Salz	
E 260	Essigsäure	Fruchtrohsäfte, Salate, Sauergemüse, Hefebrotteig
E 261	K-Salz	
E 270	Milchsäure	Limonaden, Essenzen, Salben, Mundwasser
E 280	Propionsäure	Einwickelpapier für Brot, Butter und Käse, Fruchtsäfte, Blut
E 281	Na-Salz	

1

AUFGABEN

1. Nenne Namen, Vorkommen und Verwendung wichtiger Carbonsäuren!
2. Was sind Konservierungsstoffe und wie müssen diese gekennzeichnet sein?
3. Welche Arten chemischer und physikalischer Konservierung von Lebensmitteln sind gebräuchlich?
   Nenne Beispiele für auf diese Weise konservierte Lebensmittel!
4. Linolsäure und Linolensäure sind ungesättigte Fettsäuren (↗ S. 199). Erläutere diesen Begriff!
5. Begründe, weshalb es eine Vielzahl von Carbonsäuren gibt!
6. Nenne wichtige Gruppen von Carbonsäuren und deren Strukturmerkmale!
7. Wodurch unterscheiden sich gesättigte und ungesättigte Carbonsäuren?

WEITERE ORGANISCHE SÄUREN

Vorkommen und Verwendung. In der folgenden Übersicht sind einige wichtige organische Säuren zusammengestellt.

Säure	Formel	Vorkommen und Verwendung
Gesättigte Monocarbonsäuren		
Ameisensäure	$H-COOH$	in Giftdrüsen verschiedener Insekten, in Pflanzen und Früchten Konservierungs-, Entkalkungs-, Lösungsmittel, zum Imprägnieren von Textilien
Essigsäure	CH_3-COOH	in Pflanzen, Früchten und tierischen Sekreten, Zwischenprodukt des Stoffwechsels Konservierungs-, Lösungs-, Beizmittel, zur Herstellung von Farben, Lacken, Riechstoffen und Pharmazeutika
Palmitinsäure Stearinsäure	$C_{15}H_{31}-COOH$ $C_{17}H_{35}-COOH$	in pflanzlichen und tierischen Fetten Nahrungsmittel, zur Herstellung von Seifen, Kerzen, Kosmetika, Pharmazeutika, Imprägnier- und Schmiermitteln
Ungesättigte Monocarbonsäuren		
Ölsäure Linolsäure Linolensäure	$C_{17}H_{33}-COOH$ $C_{17}H_{31}-COOH$ $C_{17}H_{29}-COOH$	in pflanzlichen und tierischen Fetten und Ölen Nahrungsmittel, zur Herstellung von Seifen, Farbstoffen und Kosmetika
Carbonsäuren mit mehreren funktionellen Gruppen im Molekül		
Oxalsäure	$HOOC-COOH$	im Sauerklee, Sauerampfer, Rhabarber, Spinat, Stoffwechselprodukt des Menschen – Urin Bleichmittel, Analysensubstanz, Rohstoff für Färbereien und Tintenherstellung, zur Entfernung von Tinten- und Rostflecken
Milchsäure	$CH_3-\underset{OH}{CH}-COOH$	in Milch, im Fleischsaft, Zwischenprodukt des menschlichen Stoffwechsels – Muskelkater, in Sauergemüse Desinfektions- und Beizmittel, zur Herstellung von Limonaden, Essenzen, Salben und Mundwässern, Hilfsstoff in Woll- und Lederfärbereien
Citronensäure	$HOOC-CH_2-\underset{OH}{\overset{COOH}{C}}-CH_2-COOH$	in Citrusfrüchten, Beerenobst, Zwischenprodukt des menschlichen Stoffwechsels – Blut, in Milch Textilhilfsmittel, zur Herstellung von Likören, Salaten, Essenzen, Limonaden und Säuglingsnahrung
Alanin	$CH_3-\underset{NH_2}{CH}-COOH$	in natürlichen Proteinen (Naturseide), in Steinpilzen, in Milchsäurebakterien, Produkt des menschlichen Stoffwechsels zur Entfernung von Schwefelwasserstoff aus Gasen
Aromatische Carbonsäuren		
Benzoesäure	C₆H₅–COOH	in Früchten, Obstschalen, Blättern und Rinden zur Herstellung von Seifen, Klebstoffen und Farbstoffen; Analysensubstanz, Konservierungsmittel
Phthalsäure	C₆H₄(COOH)₂	wird synthetisch hergestellt Ausgangsstoff organischer Synthesen, zur Herstellung von Farbstoffen, Kunstharzen und Kunstfasern

CARBONSÄUREN – ESTER

Ester

Ester als Duft- und Aromastoffe. Die Menschen fühlen sich besonders wohl, wenn sie von wohlriechenden Düften umgeben sind. Parfüms und Cremes, Backwaren und Getränke – alles soll angenehm riechen. Viele Duftstoffe sind Inhaltsstoffe von Pflanzenblüten und -früchten. Aus diesen wurden sie früher ausschließlich gewonnen. Heute können viele dieser Stoffe synthetisch hergestellt werden.

Wenn für die Herstellung eines Produktes statt natürlicher Aromastoffe naturidentische, künstliche verwendet wurden, so ist das auf der Verpackung angegeben. Bereits über 2000 verschiedene Aromastoffe können zur Herstellung naturidentischer Geruchs- oder Geschmacksstoffe synthetisch hergestellt werden, über die Hälfte davon gehören zur Gruppe der **Carbonsäureester**. Aufgrund ihrer Geruchs- und Geschmackseigenschaften werden diese Ester als **Fruchtester** bezeichnet.

Geruch/Aroma	Fruchtester gebildet aus
Rum	Ameisensäure und Ethanol Propionsäure und Butanol
Birne	Buttersäure und Pentanol
Banane	Essigsäure und Butanol
Erdbeere	Essigsäure und Hexanol
Pfirsich	Buttersäure und Ethanol
Apfel	Buttersäure und Methanol Valeriansäure und Pentanol
Ananas	Buttersäure und Methanol
Aprikose	Buttersäure und Pentanol
Pfefferminz	Benzoesäure und Ethanol

In vielen Duft- und Aromastoffen sind Carbonsäureester, die Fruchtester enthalten.

Darstellung von Carbonsäureestern. Carbonsäureester können durch chemische Reaktion aus Carbonsäuren und Alkoholen dargestellt werden. Diese Reaktion benötigt Wärmezufuhr und einen Katalysator, zum Beispiel Schwefelsäure (Experiment 4). Neben dem Ester entsteht als weiteres Reaktionsprodukt Wasser, dessen Moleküle aus der Hydroxylgruppe des Alkohols und der Carboxylgruppe der Carbonsäure gebildet werden. Die chemische Reaktion von Alkoholen mit Säuren wird als **Veresterung** bezeichnet. Die Veresterung kann den **Kondensationsreaktionen** zugeordnet werden, da sich einfache Moleküle zu einem größeren Molekül unter Abspaltung eines kleineren Moleküls, zum Beispiel eines Wassermoleküls, vereinigen.

$$R_1-C(=O)-OH + H-O-C(H)(H)-R_2 \longrightarrow R_1-C(=O)-O-C(H)(H)-R_2 + H_2O$$

Carbonsäure   Alkohol   Carbonsäureester   Wasser

Die Veresterung ist eine Reaktion von Säuren mit Alkoholen unter Bildung von Estern und Wasser.

Die Moleküle der Carbonsäureester enthalten als charakteristisches Strukturmerkmal die **Estergruppe** $-C(=O)-O-$ bzw. $-CO-O-$.

Der Name des Esters wird aus den Namen der Ausgangsstoffe abgeleitet.

$$C_3H_7-COOH + HO-C_2H_5 \longrightarrow C_3H_7-CO-O-C_2H_5 + H_2O$$

Buttersäure   Ethanol   Buttersäureethylester

Experiment 4
Vorsicht! Schutzbrille!
Ein Gemisch aus Buttersäure, Ethanol und konzentrierter Schwefelsäure wird destilliert. Der Geruch des Destillats wird geprüft.

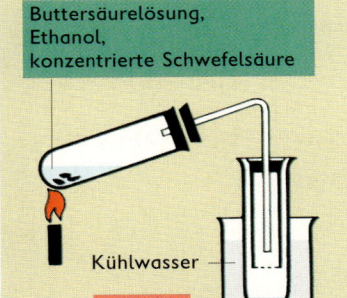

Buttersäurelösung, Ethanol, konzentrierte Schwefelsäure

Kühlwasser
Destillat

ESTER

Name der Säure	Name der Alkylgruppe des Alkanols	Name der Stoffgruppe „ester"
Buttersäure	ethyl	ester
	Buttersäureethylester	

Experiment 5
Vorsicht! Schutzbrille!
Buttersäureethylester wird unter Zusatz von Natronlauge und Rückflusskühlung bis zum Sieden erhitzt. Nach einiger Zeit wird der Geruch geprüft.

Ester, Natriumhydroxidlösung

Spaltung von Carbonsäureester. Wird ein Gemisch aus Buttersäureethylester längere Zeit stehen gelassen oder unter Rückflusskühlung erhitzt (Experiment 5), kann man danach feststellen, dass das entstehende Gemisch den elektrischen Strom leitet. Buttersäureethylester leitet aber den elektrischen Strom nicht. Außerdem ist ein unangenehmer Geruch wahrnehmbar und mit einem Indikator eine saure Reaktion feststellbar. Diese Eigenschaften lassen sich auf die Spaltung des Esters in Buttersäure und Ethanol zurückführen.
Die entstandene Buttersäure bewirkt die Leitfähigkeit für den elektrischen Strom, die saure Reaktion und den unangenehmen Geruch.

$$C_3H_7-CO-O-C_2H_5 + H_2O \longrightarrow H^+ + C_3H_7-COO^- + C_2H_5-OH$$

Die Esterspaltung verläuft rascher bei Zusatz von Säure- oder Hydroxidlösungen, die beim Erhitzen als Katalysator wirken.
Die Esterbildung ist also eine umkehrbare Reaktion. Die Bildung eines Esters wird als **Veresterung**, die Spaltung eines Esters als **Verseifung** bezeichnet.

$$\text{Carbonsäure} + \text{Alkohol} \underset{\text{Verseifung}}{\overset{\text{Veresterung}}{\rightleftarrows}} \text{Carbonsäureester} + \text{Wasser}$$

AUFGABEN

1. Aus welchen Ausgangsstoffen können die folgenden Ester dargestellt werden: a) Essigsäurepropylester, b) Ameisensäuremethylester, c) Triölsäureglycerinester?
2. Essigsäurepropylester ist im Birnenaroma enthalten. Unterbreite einen Vorschlag zu dessen Darstellung und entwickle die Reaktionsgleichung!
3. Verschiedene Lebensmittel enthalten natürliche, naturidentische oder künstliche Aromastoffe.
Was versteht man unter natürlichen und unter naturidentischen Aromastoffen?
Suche auf Verpackungsangaben nach Beispielen, welchen Lebensmitteln welche Aromastoffe zugesetzt wurden!
4. Vergleiche den Begriff „Kondensation", der in der Chemie verwendet wird, mit dem physikalischen Begriff „Kondensation"!
5. Erkläre, warum ein Carbonsäureester-Wasser-Gemisch sauer reagiert und den elektrischen Strom leitet, der reine Carbonsäureester sich dagegen nicht so verhält!
6. Entwickle die Reaktionsgleichungen für die Verseifung von a) Essigsäureethylester und b) Propionsäurepropylester!
7. Erläutere folgende Zusammenhänge am Beispiel des Methanols:
Struktur der Moleküle — Eigenschaften des Stoffes — Verwendung des Stoffes als Lösungsmittel und als Ausgangsstoff zur Herstellung verschiedener Ester.

CARBONSÄUREN – ESTER

Weitere Ester. Neben Fruchtestern, die aus niedermolekularen Alkoholen und niedermolekularen Carbonsäuren gebildet werden, können Ester auch aus höhermolekularen Alkoholen und Carbonsäuren sowie aus Alkoholen und anorganischen Säuren entstehen.

Ester	Ausgangsstoffe Säure	Alkohol	Verwendung
Frucht-ester	niedermolekulare Alkansäuren	niedermolekulare Alkohole	Aromen, Duftstoffe, Lösungsmittel für Lacke und Klebstoffe
Wachse	höhermolekulare Alkansäuren	höhermolekulare Alkohole	Kerzen, Polituren, Schmierstoffe, Imprägniermittel, Kosmetika
Fette/fette Öle	gesättigte und ungesättigte Fettsäuren	Glycerin	Nahrungsmittel, Herstellung von Glycerin und Seifen
Phosphorsäure-ester	Phosphorsäure	meist niedermolekulare Alkohole	Weichmacher, Lösungsmittel, zur Lack-, Film- und Kunststoffherstellung, Insektizide, Kampfstoffe, biochemische Energiespeicher
Salpetersäure-ester	Salpetersäure	niedermolekulare, mehrwertige Alkohole	Sprengstoffe und Schießpulver, zur Herstellung von Lacken, Kunststoffen, Medikamenten
Schwefelsäure-ester	Schwefelsäure	meist niedermolekulare Alkohole	Hilfsstoffe für organische Synthesen, zur Herstellung von Waschmitteln

Viele Stoffe sind lebensnotwendig, andere können Leben zerstören. Das wird am Beispiel der Stoffgruppe der Ester besonders deutlich. Phosphorsäureester erfüllen lebenswichtige Funktionen, zum Beispiel Adenosintriphosphat (ATP), oder sind wichtige Schädlingsbekämpfungsmittel (Abb. 1). Übermäßiger Einsatz kann jedoch Mensch und Tier schädigen, wenn Insektizidrückstände durch Nahrung oder Trinkwasser aufgenommen werden. Phosphorsäureester eignen sich auch als chemische Kampfstoffe. Für das Verbot von Produktion und Einsatz chemischer Kampfstoffe treten die Vereinten Nationen ein. Salpetersäureester, zum Beispiel Nitroglycerin, dienen als Sprengstoffe im Bergbau, Straßenbau und in der Bauindustrie, aber auch als Schieß- und Sprengstoffe zum Töten von Menschen.

Einsatz von Insektiziden

Alfred Nobel (1833 bis 1896)
Dem schwedischen Chemiker gelang es 1867, das schon bei geringen Erschütterungen, Stößen oder beim Erhitzen explodierende Nitroglycerin als Sprengmittel verwendungsfähig zu machen. Durch Aufsaugen von Nitroglycerin in Kieselgur stellte er erstmalig „Dynamit" her.
Nobel produzierte in eigenen Fabriken Dynamit und erzielte durch dessen Verkauf ein riesiges Vermögen. Aus den Zinsen des Vermögens finanziert die von ihm gegründete Stiftung den Nobelpreis, der seit 1901 jährlich für hervorragende Leistungen auf den Gebieten Chemie, Physik, Medizin und Literatur sowie für die Förderung des Friedens verliehen wird.

ESTER IM ÜBERBLICK

→ AUFGABEN

1. Gib am Beispiel der Essigsäure einen Überblick über Eigenschaften von Säurelösungen! Entwickle für mögliche chemische Reaktionen entsprechende Reaktionsgleichungen!
2. „Essigsaure Tonerde" ist alkalisches Aluminiumacetat $(CH_3COO)_2Al(OH)$. Sie wird als Hausmittel für Umschläge gegen Prellungen und Verstauchungen angewendet. Erläutere eine Möglichkeit zur experimentellen Darstellung von Aluminiumacetat!
3. Kennzeichne die Reaktionsarten, mit denen, ausgehend vom Ethanol, Essigsäureethylester dargestellt werden kann!
4. Einige niedermolekulare Ester (z. B. Essigsäureethylester) sind gute Lösungsmittel. Unterbreite Vorschläge zur experimentellen Überprüfung dieser Aussage!
5. Im Kaugummi befindet sich ein Aroma, das aus Salicylsäure und Methanol hergestellt werden kann. Entwickle die Reaktionsgleichung! (Salicylsäure)
6. Erkläre, warum es bei der Darstellung von Estern im Labor nicht zu einer 100%igen Ausbeute kommt!
7. Nenne wichtige Verwendungen von Estern!
8. Was ist das typische Merkmal eines Esters?

Im Überblick

Carbonsäuren	Organische Säuren mit mindestens einer Carboxylgruppe im Molekül. Die Carboxylgruppe $-COOH$ ist die funktionelle Gruppe der Carbonsäuren.
Ester	Organische Stoffe, die durch chemische Reaktionen aus Säuren und Alkoholen dargestellt werden können.
Carbonsäureester	Besitzen als typisches Strukturmerkmal die Estergruppe $-CO-O-$, können durch Reaktion mit Wasser oder Hydroxidlösungen in ihre Ausgangsstoffe zerlegt werden. Diese Umkehrung der Veresterung wird als Verseifung bezeichnet.

Vom Alkanol zum Alkansäureester

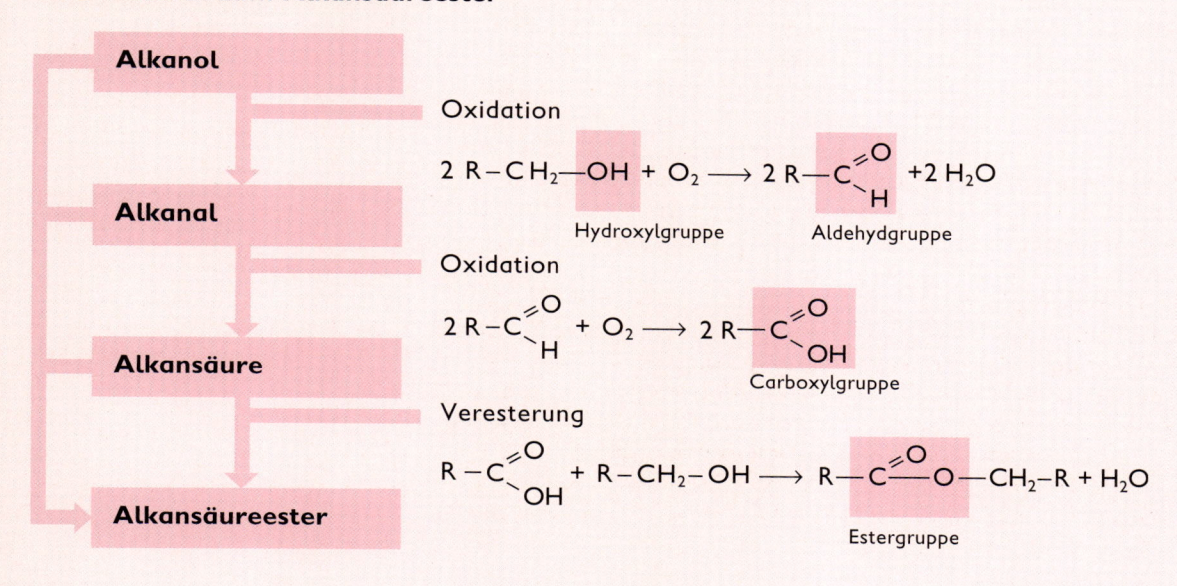

Alkanol

Oxidation

$$2\ R-CH_2-OH + O_2 \longrightarrow 2\ R-C\overset{O}{\underset{H}{\diagdown}} + 2\ H_2O$$

(Hydroxylgruppe) (Aldehydgruppe)

Alkanal

Oxidation

$$2\ R-C\overset{O}{\underset{H}{\diagdown}} + O_2 \longrightarrow 2\ R-C\overset{O}{\underset{OH}{\diagdown}}$$

(Carboxylgruppe)

Alkansäure

Veresterung

$$R-C\overset{O}{\underset{OH}{\diagdown}} + R-CH_2-OH \longrightarrow R-C\overset{O}{\underset{O-CH_2-R}{\diagdown}} + H_2O$$

(Estergruppe)

Alkansäureester

SEIFEN UND WASCHMITTEL

24

Seifen und Waschmittel

Schon immer waschen sich die Menschen. Schon immer wurde Wäsche gewaschen, nur die Art und Weise änderte sich. Weshalb kann man sich mit Seife gut säubern? Was ist Seife und welche Eigenschaften hat sie? Wie wirken Waschmittel auf die Umwelt?

Seife

Eigenschaften von Seife. Täglich waschen oder duschen wir uns. Doch selten oder gar nicht überlegen wir, warum wir zum Waschen Seife verwenden können, welche Eigenschaften der Seife wir beim Waschen ausnutzen. Seife ist wasserlöslich. Seife setzt die Oberflächenspannung des Wassers herab und ermöglicht dadurch eine gute Benetzung der Haut sowie von Textilien (Abb. 1 und 2) und Schmutzteilchen (Experiment 1). Seifenlösung kann Schmutzteilchen aufnehmen und längere Zeit in der Schwebe halten, sodass diese beim Waschvorgang entfernt werden (Experiment 2). Wässrige Seifenlösungen reagieren alkalisch (Experiment 3), wodurch insbesondere Textilien aus tierischer Wolle oder Seide geschädigt werden können. Bei Zusatz von Säurelösungen oder Alkalichloridlösungen zu Seifenlösungen bilden sich schwer lösliche Fettsäuren, die als Trübung in der Lösung sichtbar werden. Die Seife verliert dadurch ihre reinigende Wirkung, weshalb das Waschen in Salzwasser mittels Seife nur sehr schlecht möglich ist. In hartem Wasser reagiert Seifenlösung mit den die Wasserhärte bewirkenden Calcium-

Experiment 1
Lege auf die Wasseroberfläche eines gefüllten Glases eine Nadel und tropfe anschließend Seifenlösung zu!

Experiment 2
2 Baumwolltücher werden berußt. Je ein Tuch wird über die Öffnung eines Becherglases gespannt. Durch ein Tuch wird Leitungswasser, durch das andere Tuch Seifenlösung in das Becherglas gegossen.

Experiment 3
Prüfe verschiedene Seifenlösungen auf ihr Verhalten gegenüber
a) Universalindikatorlösung,
b) Öl,
c) Kochsalzlösung,
d) Salzsäure,
e) Calciumchloridlösung!

1   2

und Magnesium-Ionen unter Bildung schwer löslicher Salze, die als Kalkseifen bezeichnet werden. Durch Ausfällung der Kalkseifen (Experiment 3) wird das Schäumen der Seife sehr stark behindert und damit die Waschwirkung beträchtlich herabgesetzt. Das führt zu einem nutzlosen Mehrverbrauch an Seife. Außerdem lagert sich die Kalkseife im Gewebe der Textilien ab, sodass die Wäsche im Laufe der Zeit hart wird und erheblich vergraut.

Herstellung von Seife. Seifen sind Salze mittlerer und höherer Monocarbonsäuren, der **Fettsäuren**. Ausgangsstoffe für deren Herstellung sind Fette, zum Beispiel Rindertalg, Schweineschmalz, Kokosöl, Palmöl und Erdnussöl, sowie Alkalilaugen oder Alkalisalze, zum Beispiel Natriumcarbonat.

Die Fette als Ester entsprechender Carbonsäuren werden in alkalischer Lösung mehrere Stunden in Kesseln gekocht. Daher stammt der Name „Seifensieden". Beim Kochen werden die Ester gespalten, es entstehen Glycerin und die Alkalisalze der Carbonsäuren. Beim Einsatz von Soda (Natriumcarbonat) oder Natronlauge entsteht Kernseife, bei Verwendung von Pottasche (Kaliumcarbonat) oder Kalilauge Schmierseife.

$$\begin{array}{l} H_2C-O-CO-C_{17}H_{35} \\ HC-O-CO-C_{17}H_{35} \\ H_2C-O-CO-C_{17}H_{35} \end{array} + 3\,Na^+ + 3\,OH^- \rightleftharpoons \begin{array}{l} H_2C-OH \\ HC-OH \\ H_2C-OH \end{array} + 3\,Na^+ + 3\,C_{17}H_{35}COO^-$$

Tristearinsäure-glycerinester (Fett) — Natronlauge — Glycerin — Natriumstearat (Kernseife)

Werden Fette zur Seifenherstellung verwendet, deren Fettsäuremoleküle nur 8 bis 10 Kohlenstoffatome besitzen, entstehen **Flüssigseifen**.

Durch Auswahl und Zusammensetzung eingesetzter Fette und verschiedener Zusätze lassen sich aus den industriell hergestellten Rohseifen Feinseifen und Spezialseifen fertigen. So enthalten Feinseifen als weitere Bestandteile rückfettende Substanzen, zum Beispiel Lanolin, Parfümöle als Riechstoffe, Desodorantien, Stabilisatoren und Farbstoffe (Abb. 3).

Seifen sind Alkalisalze höherer Fettsäuren.

> **Experiment 4**
> 10 g Fett werden mit 10 ml Wasser versetzt und geschmolzen. Dazu werden 10 ml 10 ··· 20%ige Natronlauge getropft. Nach einer Kochzeit von etwa 15 Minuten wird unter ständigem Rühren verdampftes Wasser ersetzt. Die entstandene zähflüssige Masse wird in eine Form gegossen und danach entnommen.

AUFGABEN

1. Nenne Eigenschaften von Seife, die die Waschwirkung positiv bzw. negativ beeinflussen!
2. Bestimmte Insekten, zum Beispiel der Wasserläufer, sind in der Lage, sich auf der Wasseroberfläche fortzubewegen.
   Können sie das auch auf Seifenlösung? Begründe!
3. Erkläre, warum es ungünstig ist, in Salzwasser Wäsche zu waschen!
4. Wird ein Wollpullover nur mit Seifenlösung gewaschen, verfilzt er. Nenne Ursachen für dieses Verhalten!
5. Bei der Herstellung von Seife werden Fettsäureester gespalten.
   Wie heißt diese chemische Reaktion?

SEIFEN UND WASCHMITTEL

Der Waschvorgang. In wässriger Seifenlösung liegen Fettsäure-Anionen (Seifen-Anionen) vor.

$$C_{17}H_{35}COONa \rightleftarrows Na^+ + C_{17}H_{35}COO^-$$

Natriumstearat (Kernseife)   Stearat-Anion (Seifen-Anion)

Der Waschvorgang beruht auf der Struktur dieser Anionen. Die Seifen-Anionen besitzen einen Alkylrest, der wasserfeindlich, und eine Carboxylat-Gruppe COO^-, die wasserfreundlich wirkt (Abb. 2). Dadurch ordnen sich die Seifen-Anionen an der Wasseroberfläche mit dem wasserfeindlichen Teil nach oben an und vermindern somit die Anziehungskräfte zwischen den Wassermolekülen. Die Oberflächenspannung des Wassers wird herabgesetzt und eine gute Benetzung der Haut bzw. der Textilien erreicht (Phase 1).

Der wasserfeindliche Teil dringt in die Schmutzpartikel ein, sodass diese an ihrer Oberfläche eine einheitliche Ladung besitzen und sich gegenseitig abstoßen. Da gleichzeitig auch die Oberfläche des textilen Waschgutes wie die Oberfläche der Schmutzteilchen aufgeladen wird, lösen sich die Schmutzteilchen vom Gewebe (Phase 2).

Die Schmutzteilchen werden zerteilt und verteilen sich in der Waschlauge. Da sich die Teilchen elektrostatisch abstoßen, können sie sich nicht mehr zusammenlagern, bleiben in der Schwebe, werden von der Waschlauge getragen und mit dem Spülwasser entfernt (Phase 3). Durch die vorhandene elektrische Aufladung der Gewebeoberfläche wird eine erneute Schmutzablagerung verhindert (Abb. 3 und 4).

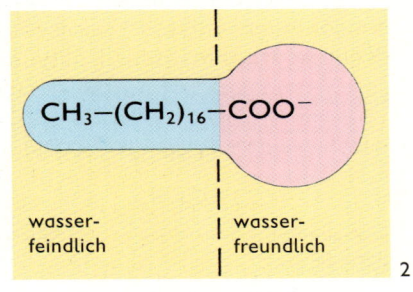

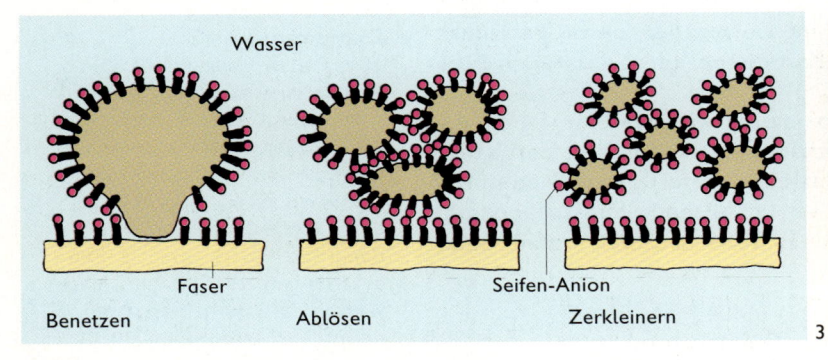

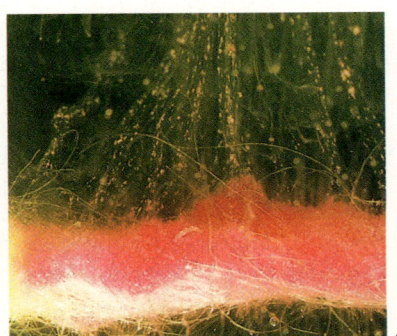

Waschmittel

Bestandteile von Waschmitteln. Die Nachteile der Seifen als Waschmittel (alkalische Reaktion der Lösung und Bildung von Kalkseifen bei hartem Wasser), die Vielfalt der Textilfaserstoffe, der Einsatz von Waschmaschinen und ein sich stärker entwickelndes Umweltbewusstsein beim Verbraucher erfordern eine ständige Weiterentwicklung der Waschmittel. Gegenwärtig befinden sich über 10 Waschmittelarten im Handel, darunter Vollwaschmittel, Feinwaschmittel, Buntwaschmittel, Spezialwaschmittel sowie Kompakt- und Baukastenwaschmittel.

Folgende Hauptbestandteile sind in Waschmitteln enthalten:
Als **waschaktive Substanzen** dienen **Tenside**. Tenside sind synthetisch hergestellte Substanzen, deren Wirkung modellhaft mit den Seifen-Anionen verglichen werden kann. **Gerüstsubstanzen** dienen der Enthärtung des Wassers, indem sie Calcium- und Magnesium-Ionen entfernen. **Bleichmittel** bewirken die Fleckenbeseitigung sowie die Abtötung bakterieller Keime. Weiterhin sind verschiedene **Hilfsstoffe** enthalten. Enzyme entfernen unlösliche Eiweißverschmutzungen, optische Aufheller erhöhen den Weißheitsgrad. Schmutzbindende Stoffe verhüten das Vergrauen der Textilien, Parfümöle verleihen der Wäsche einen angenehm frischen Duft. Stabilisatoren regulieren die Schaumbildung und Korrosionsschutzstoffe helfen, Schäden an Waschmaschinenteilen zu verhindern (Abb. 5).

Waschmittel und Umwelt. Der erhöhte Verbrauch an Waschmitteln (1960 etwa 200 Mill. kg, 1991 etwa 1001 Mill. kg Waschmittel in Deutschland) und die Forderung nach immer größerer Wirksamkeit führten zu einer zunehmenden Gewässerbelastung, da die Waschmittelrückstände nicht mehr vollständig durch die Mikroorganismen des Wassers abgebaut werden konnten. Schaumberge auf den Gewässern zeigten nicht abgebaute Tenside an. Heutige Tenside müssen innerhalb von drei Wochen durch Mikroorganismen in Kläranlagen zu mindestens **80 %** abgebaut sein. Deshalb dürfen Tensidabwässer auf keinen Fall direkt in die Gewässer gelangen. Obwohl gesundheitlich unbedenklich, verursachen Phosphate in Flüssen und Seen ein explosionsartiges Algenwachstum, das „Wasserblühen". Zum bakteriellen Abbau der Algen benötigter Sauerstoff wird dem Wasser entzogen und fehlt den Fischen und anderen Lebewesen. Das kann zum Fischsterben und letztlich zum Absterben des Gewässers führen, das Gewässer „kippt um". Seit 1986 werden verstärkt phosphatfreie Waschmittel produziert, ihr Anteil lag 1991 bei über 95 %. Auch andere Stoffe, zum Beispiel bestimmte Silicate, die als Zeolithe bezeichnet werden, dienen als Enthärter und damit als Phosphatersatz.

Neben der Produktion möglichst umweltverträglicher Waschmittel durch die Industrie kann jeder Verbraucher selbst wichtige Beiträge zu geringer Umweltbelastung beim Waschmitteleinsatz leisten. Dazu gehören: Nutzen Energie und Wasser sparender Waschmaschinen, Ausnutzen des vollen Fassungsvermögens der Waschmaschine, Waschen bei möglichst niedrigen Temperaturen. Der Stromverbrauch von 95-°C-Wäsche liegt doppelt so hoch wie der von 60-°C- und viermal höher als bei der 40-°C-Wäsche, außerdem ist der Kalkausfall bei 40 °C wesentlich geringer als bei höheren Temperaturen. Weiterhin gehören dazu: Verzicht auf Vorwaschen normal verschmutzter Wäsche, exaktes Dosieren entsprechend der Wasserhärte (Abb. 6), Verzicht auf Vollwaschmittel zugunsten von Fein- und Baukastenwaschmitteln (hierbei werden die einzelnen Waschmittelkomponenten selbst zusammengestellt), Verzicht auf Weichspüler und andere Waschhilfsmittel, Recycling der leeren Waschmittelverpackungen.

SEIFEN WASCHMITTEL

AUFGABEN

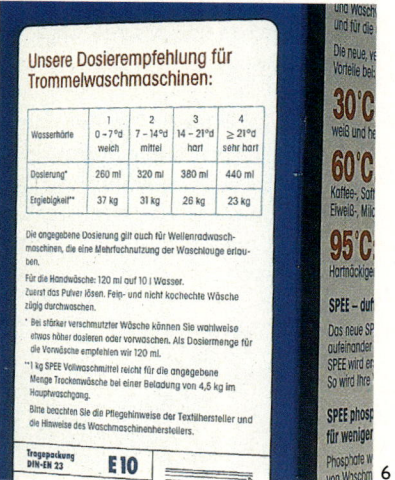

1. Entwickle eine Reaktionsgleichung für die alkalische Reaktion einer Kernseifenlösung!
2. Nenne nachteilige Eigenschaften von Seife im Vergleich zu Waschmitteln!
3. Waschmittellösungen dürfen nicht direkt in Gewässer gelangen, sondern müssen über Kläranlagen wieder in den Wasserkreislauf eingebracht werden. Schätze diesen Sachverhalt ein!
4. Nenne Möglichkeiten, wie der Verbraucher bei Verwendung von Waschmitteln die Umwelt möglichst gering belastet!

SEIFEN UND WASCHMITTEL

Aus der Welt der Chemie

Geschichte der Waschmittel

Schon im **Altertum** war die Verwendung von Seife üblich. Ägypter erhitzten Fette mit Soda, Griechen und Römer kochten ihre Wäsche mit Pottasche, während Germanen und Gallier aus Buchenholzasche und Ziegen- bzw. Rindertalg Seife gewannen. Zuerst dienten Seifen als Haarfärbe- und Reinigungsmittel und erst später als Körperwasch- und Körperpflegemittel. Nachdem sich die Seifensiederei im Mittelmeerraum zu einem blühenden Handwerk entwickelt hatte, blieb Seife bis zum Ende des **Mittelalters** ein wichtiger Handelsartikel.

Zu Beginn des **19. Jahrhunderts** änderten sich die hygienischen und die Waschgewohnheiten der Menschen so stark, dass die Seifensiedereien die gestiegene Nachfrage nicht mehr befriedigen konnten. Damit verschwand das altehrwürdige Handwerk des Seifensiedens, die industrielle Seifenproduktion entwickelte sich rasch.

Etwa zu Beginn des **20. Jahrhunderts** wurde Seifenpulver hergestellt, ein Gemisch aus Kernseifenmehl und Soda.

1907 gelangte das erste Vollwaschmittel auf den Markt, das neben Seifenpulver Natrium**per**borat als Bleichmittel und Natrium**sili**cat als Stabilisator enthielt. Seife als Waschmittel wurde in den dreißiger Jahren relativ bedeutungslos und von synthetisch hergestellten Waschmitteln verdrängt.

Der berühmte römische Arzt *Galenus* im Jahre 120 n. Chr. über Seife als Heil- und Reinigungsmittel: „Sie macht die Haut weich und löst den Schmutz von Körpern und Kleidern."

„Alles was ich habe, trage ich bei mir."
Mit solchen duftenden Bauchläden mit wohlriechenden Essenzen, parfümiertem Leder und Seife zogen früher Parfümhersteller umher.
(Kupferstich von 1695)

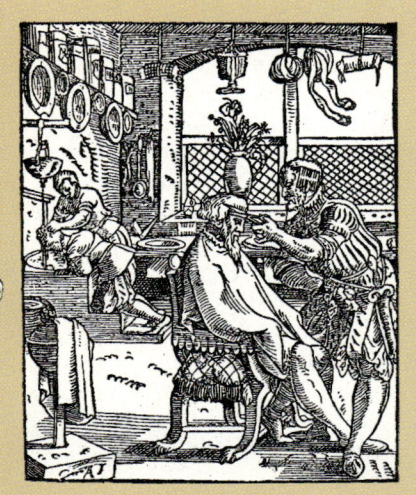

1524 findet sich erstmals ein Hinweis über die Verwendung von Seifenschaum beim Rasieren.
(Holzschnitt von *I. Amman*, 1539 bis 1591)

AUS DER WELT DER CHEMIE
IM ÜBERBLICK

> **AUFGABEN**

1. Erkläre, warum bei Verwendung von Seifenlösung Wäsche vergraut, Textilien aus tierischer Wolle verfilzen und die menschliche Haut angegriffen wird!
2. Wird eine mit Wasser gefüllte enghalsige Flasche sehr vorsichtig umgedreht, läuft kein Wasser aus. Enthält das Wasser einige Spritzer Seifenlösung, gelingt der Versuch nicht. Erkläre diesen Sachverhalt!
3. Beschreibe die Phasen des Waschvorganges und skizziere diese modellhaft!
4. Gib die wichtigsten Inhaltsstoffe von Waschmitteln, deren Funktion beim Waschen und deren Einfluss auf die Umwelt an!
5. Erkunde die Funktionsweise eines Baukastenwaschmittels und gib dessen Vorteile gegenüber einem gebräuchlichen Vollwaschmittel an!

Im Überblick

Seifen sind Alkalisalze höherer Fettsäuren. Seifenlösungen setzen die Oberflächenspannung des Wassers herab, ermöglichen dadurch die Benetzung von Haut und Textilien und damit den Waschvorgang.

Waschmittel enthalten als waschaktive Substanzen Tenside. Durch Zusatz von Gerüststoffen, Bleichmitteln und Hilfsstoffen werden Waschwirkung und Gebrauchseigenschaften der Waschmittel verbessert.

Waschvorgang gliedert sich in die Phasen Benetzen von Faser und Schmutzteilchen, Ablösen der Schmutzteilchen, Zerkleinern, Tragen und Entfernen der Schmutzteilchen mit der Waschlauge.

Umweltbelastung durch Waschmittel kann durch Überdüngung und giftige Wirkungen auf Wasserlebewesen eintreten. Deshalb sollte neben der Industrie jeder Verbraucher eigene Beiträge zur geringen Umweltbelastung durch Waschmittelrückstände leisten.

Inhaltsstoffe	Wirkung des Inhaltsstoffes	Einfluss der Inhaltsstoffe auf Umwelt	Gesundheit	Wäsche
Waschaktive Substanzen	Wasserentspannung, Schmutzlösung, teilweise Schaumregulation (Seife)	z. T. schlecht abbaubar, großer Sauerstoffverbrauch im Gewässer, giftig für Fische	Erhöhung der Aufnahmefähigkeit für zahlreiche giftige Substanzen	allein unvollständige Waschwirkung, weitere Stoffe werden benötigt
Gerüststoffe	Wasserenthärtung, Unterstützung der Waschwirkung, Verhinderung von Ablagerungen	Überdüngung der Gewässer, Schwermetalle können aus dem Schlamm gelöst werden	mögliche Einschleusung von Schwermetallen in das Trinkwasser	harte Wäsche bei Überdosierung
Bleichmittel	Bleichen von Obst-, Gemüse- und Rotweinflecken durch aktiven Sauerstoff	Schädigung von Pflanzen und Fischbrut durch zu hohen Borgehalt		Farben verbleichen, Fasern werden angegriffen
Enzyme	Beseitigen eiweißhaltiger Flecken		mögliche Allergieauslösung	

197

EINIGE NÄHRSTOFFE

25

Einige Nährstoffe

Ein reich gedecktes kaltes Buffet verlockt, die vielen Köstlichkeiten zu kosten, und ist zugleich Einstimmung auf einen festlichen Abend. Was sind das für Stoffe, die wir essen? Wie sind sie zusammengesetzt? Was geschieht mit ihnen in unserem Körper?

Fette

Vorkommen und Eigenschaften. Fette sind wichtige Naturstoffe. Sie kommen in einigen Samen von Pflanzen (Raps, Sonnenblumen, Oliven), als Speicherstoff im Gewebe von Tieren und in feinen Tröpfchen verteilt in der Milch vor.

Fette lösen sich nicht in Wasser, jedoch in einigen organischen Lösungsmitteln wie Tetrachlormethan, Methanol und Benzin (Experiment 1). Fette, die bei Zimmertemperatur flüssig sind, bezeichnet man im Unterschied zu Mineralölen als fette Öle.

Fette verursachen auf Papier durchscheinende Flecke. Daran kann man sie leicht erkennen (Experiment 2).

Beim Erhitzen auf 300 °C können sich Fette selbst entzünden. Brennendes Fett darf nicht mit Wasser gelöscht werden!

Zusammensetzung. Fette bestehen aus Estern des Glycerins, bei denen alle drei Hydroxylgruppen mit Carbonsäuren (Fettsäuren) mittlerer und höherer Kettenlänge reagiert haben. Dabei treten auch Fettsäuren mit Doppelbindungen in der Kohlenstoffkette auf (Alkensäuren; Experiment 3).

$$H_2C-O-CO-(CH_2)_2-CH_3 \quad \text{Buttersäure}$$
$$HC-O-CO-(CH_2)_{14}-CH_3 \quad \text{Palmitinsäure}$$
$$H_2C-O-CO-(CH_2)_{16}-CH_3 \quad \text{Stearinsäure}$$

Molekülrest des Glycerins
Molekülreste der Fettsäuren

Fette sind Gemische verschiedener Glycerin-Carbonsäure-Ester.

Verschiedene Fette im Handel

Experiment 1
Verschiedene Fette werden auf Löslichkeit in Wasser, Ethanol und Benzin geprüft.

Experiment 2
Zerquetsche Raps- oder Sonnenblumensamen auf einer Papierunterlage!

Experiment 3
In Heptan gelöstes Kokosfett, Oliven- und Leinöl werden mit Bromwasser geschüttelt.

Experiment 4
Schüttle zerquetschte Ölsaat mit Heptan! Gib nach 1 Minute einen Tropfen auf ein Blatt Papier!

Anteil wichtiger Fettsäuren in %	Schweinefett	Rindertalg	Butter	Waltran	Olivenöl	Leinöl	Sonnenblumenöl
Gesättigte Fettsäuren							
Buttersäure C_3H_7COOH	–	–	3	–	–	–	–
Palmitinsäure $C_{15}H_{31}COOH$	26	27	25	18	10	5	5
Stearinsäure $C_{17}H_{35}COOH$	15	26	10	2	3	5	2
Ungesättigte Fettsäuren							
Ölsäure $C_{17}H_{33}COOH$	42	39	30	38	77	25	27
Linolsäure $C_{17}H_{31}COOH$	14	2	3	–	8	8	65
Linolensäure $C_{17}H_{29}COOH$	–	–	4	–	–	58	–

Die Eigenschaften verschiedener Fette werden vor allem durch den Anteil unterschiedlicher Fettsäurereste in den Molekülen bestimmt. In festen Fetten ist Glycerin vorwiegend mit Alkansäuren verestert, in fetten Ölen zu einem erheblichen Anteil mit Alkensäuren.

Auch die Kettenlänge in Fettsäuremolekülen wirkt sich auf die Eigenschaften aus. In Milchfetten von Säugetieren liegen häufig Fettsäuremoleküle mittlerer Kettenlänge, in den Fischtranen mit längerer Kette von 20 bis 22 Kohlenstoffatomen vor.

Fettspaltung und Fettaufbau. Fette können wie alle Ester durch Hydrolyse unter Aufnahme von Wasser in Glycerin und Fettsäuren gespalten werden. Umgekehrt entstehen in der Natur Fette durch Kondensation unter Wasseraustritt aus Glycerin und Fettsäuren:

$$\text{Fett + Wasser} \underset{\text{Fettaufbau}}{\overset{\text{Fettspaltung}}{\underset{\longleftarrow}{\xrightarrow{\text{Katalysator/Enzym}}}}} \text{Glycerin + Fettsäure}$$

Fettspaltung und -aufbau laufen beim Stoffwechsel in den Organismen unter Einwirkung von Enzymen als Katalysatoren ab. Auch außerhalb der Organismen tritt bei Feuchtigkeit und Wärmeeinwirkung langsame Fettspaltung ein. Das Fett wird ranzig. Zur Gewinnung von Glycerin und Fettsäuren können Fette technisch durch Erhitzen in Gegenwart von Katalysatoren gespalten werden. Wird mit Natrium- oder Kaliumhydroxidlösung erhitzt, so entstehen sofort die Salze der Fettsäuren, die Seifen (↗ S. 193).

Gewinnung von Fetten. Tierische Fette (Schweineschmalz, Rindertalg) werden durch Ausschmelzen aus dem Fettgewebe gewonnen. Pflanzenfette und fette Öle erhält man durch Pressen oder Extrahieren, vor allem aus Pflanzensamen (Experiment 4).

An die Doppelbindungen in den Fettsäuremolekülen fetter Öle kann mit Katalysatoren Wasserstoff angelagert werden (Hydrierung). Damit nimmt der Anteil von Alkansäuren in den Fettmolekülen zu. Aus den fetten Ölen entsteht ein festes Fett. Das um 1900 entwickelte technische Verfahren ist eine Grundlage für die Verarbeitung von Pflanzenfetten zu Margarine (Abb. 2).

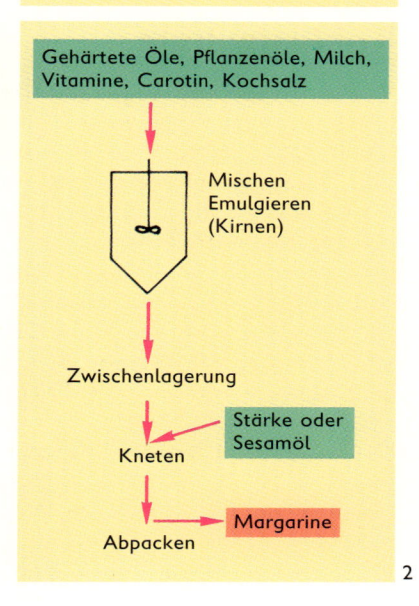

FETTE

Gehärtete Öle, Pflanzenöle, Milch, Vitamine, Carotin, Kochsalz
↓
Mischen Emulgieren (Kirnen)
↓
Zwischenlagerung
↓
Kneten ← Stärke oder Sesamöl
↓
Abpacken → Margarine

2

AUFGABEN

1. Nenne Beispiele für Fette und fette Öle! Gib jeweils typische Eigenschaften an!
2. Warum darf man brennendes Fett nicht mit Wasser löschen?
3. Interpretiere die Bezeichnung Alkensäure!
4. Setze die Ergebnisse von Experiment 3 in Beziehung zur Textaussage über Alkensäuren in fetten Ölen!
5. Warum wird die Fettspaltung durch Wärme und Feuchtigkeit begünstigt? Was ist für die Lagerung von Fetten zu folgern?
6. Butter enthält einen Massenanteil von mehr als 15 % Wasser, Rindertalg weniger als 0,5 %. Was ist über die Haltbarkeit beider Fette zu folgern?
7. Warum verwendet man zum Ölen eines Fahrrades kein fettes Öl?

EINIGE NÄHRSTOFFE

Kohlenhydrate

Vorkommen und Eigenschaften von Glucose. Traubenzucker (Glucose) kommt besonders in süß schmeckenden Früchten und Honig, aber auch in vielen pflanzlichen und tierischen Organen vor. Glucose entsteht bei der Photosynthese in Pflanzen (Abb. 1). Sie ist energiereich und leicht transportierbar und am Stoffwechsel von Menschen, Tieren und Pflanzen beteiligt. Im Blut wird Glucose an alle Stellen des Körpers befördert. Menschliches Blut soll 0,07 ⋯ 0,12 % Glucosegehalt aufweisen. Zu viel Blutzucker tritt bei der Zuckerkrankheit (Diabetes) auf. Glucose ist weiß, kristallin und in Wasser gut löslich. Sie schmeckt süß und lässt sich zu Ethanol vergären (↗ S. 172).

Glucose – ein Kohlenhydrat. Die Summenformel von Glucose lautet $C_6H_{12}O_6$. Schreibt man diese Formel $C_6(H_2O)_6$, so wird deutlich, dass die Elemente Wasserstoff und Sauerstoff wie beim Wassermolekül im Atomzahlenverhältnis 2:1 vorliegen. Davon leitet sich die Bezeichnung **Kohlenhydrate** für eine große Gruppe ähnlich zusammengesetzter Naturstoffe ab. Da viele dieser Stoffe süß schmecken, werden sie auch **Saccharide** genannt.

Bau der Glucose. Die Strukturformel des Glucosemoleküls zeigt die Merkmale eines 5-wertigen Alkohols mit einer Aldehydgruppe am endständigen Kohlenstoffatom. Glucose kann deshalb Ester bilden und mit *Fehling*'scher Lösung und ammoniakalischer Silbernitratlösung reagieren (Experimente 5 und 6). Die für Aldehyde ebenfalls typische Reaktion mit fuchsinschwefliger Säure tritt aber nicht ein (Experiment 7), denn viele Glucosemoleküle liegen nicht in der Ketten- sondern in einer Ringform vor.

Maltose. In der Natur kommt Maltose (Malzzucker) in keimendem Getreide und Kartoffelkeimen vor. Sie ist im Malzextrakt und im Malzbier enthalten. Maltose ist ein Kohlenhydrat mit der Formel $C_{12}H_{22}O_{11}$, enthält also doppelt so viel Kohlenstoffatome wie die Glucose. Ein Maltosemolekül lässt sich durch Hydrolyse in zwei Glucosemoleküle spalten. Dieser Vorgang verläuft unter dem Einfluss von Enzymen beim Stoffwechsel in Organismen.

$$C_{12}H_{22}O_{11} + H_2O \longrightarrow 2\ C_6H_{12}O_6$$

Glucose ist ein **Einfachzucker (Monosaccharid)**, Maltose ein **Zweifachzucker (Disaccharid)**.

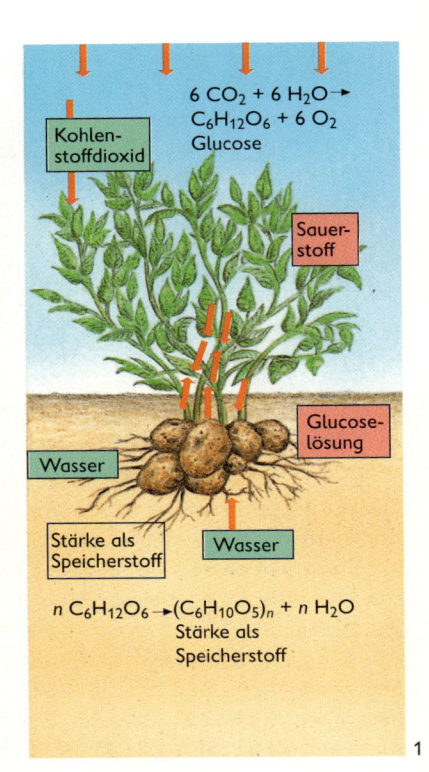

$6\ CO_2 + 6\ H_2O \rightarrow C_6H_{12}O_6 + 6\ O_2$
Glucose

$n\ C_6H_{12}O_6 \rightarrow (C_6H_{10}O_5)_n + n\ H_2O$
Stärke als Speicherstoff

1

Experiment 5
Erhitze eine Glucoselösung mit *Fehling*'scher Lösung!

Experiment 6
Silbernitratlösung wird mit Ammoniaklösung versetzt, bis sich der Niederschlag wieder löst. Nach Zugabe von Glucoselösung wird erwärmt.

Experiment 7
Versetze Glucoselösung mit einigen Tropfen fuchsinschwefliger Säure!

Geschichte des Zuckers in Europa
Bis ins Mittelalter wurde nur mit Honig gesüßt.
Ab 1500 Herstellung von Zucker aus Zuckerrohr.
Um 1750 entdeckt *Marggraf* den Zuckergehalt von Rüben. Züchtung von Zuckerrüben.
1801 entsteht in Schlesien die erste Rübenzuckerfabrik unter Leitung von *Achard*.

Saccharose. Der im Haushalt verwendete Zucker ist die Saccharose (Rohrzucker), ebenfalls ein Disaccharid. Sie kommt in vielen Früchten, in größeren Anteilen im Zuckerrohr und in Zuckerrüben vor. Aus diesen werden in Zuckerfabriken die süß schmeckenden farblosen Kristalle hergestellt. Zunächst wird zuckerhaltiger Saft gewonnen und dann eingedampft. Saccharosemoleküle $C_{12}H_{22}O_{11}$ können ebenfalls durch Hydrolyse in zwei Monosaccharidmoleküle gespalten werden, in ein Molekül Glucose und ein Molekül Fructose (Fruchtzucker).

Neben Maltose und Saccharose gibt es noch andere Disaccharide, beispielsweise Lactose (Milchzucker) in der Milch.

Vorkommen und Eigenschaften von Stärke. Die Stärke $(C_6H_{10}O_5)_n$ ist ein Reservestoff der Pflanzen, der zum Beispiel in Samen und Wurzelknollen gespeichert wird (Abb. 2).

Stärke ist ein weißer fester Stoff, der mit Wasser aufquillt. Das wird zur Herstellung von Stärkekleister genutzt. Stärke von verschiedenen Pflanzen, zum Beispiel Reisstärke, Kartoffelstärke oder Stärke im Weizenmehl, unterscheidet sich in den Eigenschaften. Durch die Blaufärbung mit Iod-Kaliumiodid-Lösung kann Stärke nachgewiesen werden (Experiment 8).

Stärke reagiert nicht mit *Fehling*'scher Lösung (Experiment 9). Nach dem Erhitzen mit verdünnter Säure fällt eine erneute Probe positiv aus (Experiment 10). Die Stärke wird bei diesem Vorgang, der auch mit Enzymen abläuft, durch Hydrolyse in Maltose und weiter in Glucose aufgespalten. Stärkemoleküle sind aus sehr vielen Glucosemolekülresten aufgebaut.

Vereinfachte Strukturformel eines Stärkemoleküls (Ausschnitt)

Solche Kohlenhydrate heißen **Polysaccharide**. Sie bilden **Makromoleküle**. Die Größe der Stärkemoleküle ist bei den einzelnen Pflanzenarten unterschiedlich. Deshalb wird in der Formel der Glucoserest in Klammern gesetzt und mit der allgemeinen Zahl n gekennzeichnet: $(C_6H_{10}O_5)_n$.

Verwendung der Stärke. Stärkehaltige Produkte sind Hauptnahrungsmittel für Menschen und viele Tiere. Reine Stärke wird für Puddingpulver, „Wäschestärke" und Klebstoffe genutzt. Durch Abbau der Stärke zu Glucose und anschließendes Vergären kann Ethanol gewonnen werden. Bei der Herstellung von Bier geht man von der Stärke in Gerste aus (↗ S. 173).

KOHLENHYDRATE

Stärkegehalt

Reis	70 bis 80 %
Mais	65 bis 75 %
Weizen	60 bis 70 %
Roggen	60 bis 70 %
Kartoffel	17 bis 24 %

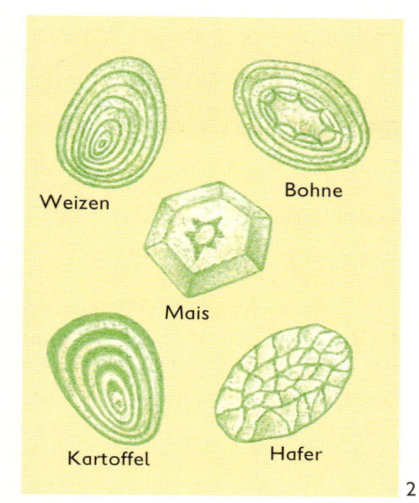

Stärkekörner (Weizen, Bohne, Mais, Kartoffel, Hafer)

Experiment 8
Gib zu Stärkelösung, Kartoffelscheiben, Haferflocken und auf ein Stückchen Brot Iod-Kaliumiodid-Lösung!

Experiment 9
Vorsicht! Stärkelösung wird mit *Fehling*'scher Lösung bis zum Sieden erhitzt.

Experiment 10
Stärkelösung wird mit verdünnter Salzsäure zum Sieden erhitzt und anschließend neutralisiert. Danach ist mit *Fehling*'scher Lösung zu prüfen.

➡ **AUFGABEN**

1. Vergleiche den Ring im Glucosemolekül mit dem im Benzolmolekül!
2. Begründe die Zuordnung von Maltose und Saccharose zu den Kohlenhydraten!
3. Entwickle Summengleichungen für die Hydrolyse von Saccharose und Stärke!
4. Beschreibe die Vorgänge beim Stärkeabbau!
5. Erfrorene Kartoffeln schmecken süß. Dieser Geschmack lässt sich durch ausreichendes Wässern weitgehend beseitigen. Erkläre das!
6. Entwickle Summengleichungen für die Herstellung von Ethanol aus Stärke!

EINIGE NÄHRSTOFFE

Cellulose. Zellwände in Pflanzen werden hauptsächlich von Cellulose gebildet. Leinen- und Baumwollfasern sind nahezu reine Cellulose, die in Wasser unlöslich und brennbar ist.

Aus stark cellulosehaltigen Pflanzenteilen, vor allem aus Holz und Stroh, kann durch Abtrennen von Begleitstoffen fast reine Cellulose (Zellstoff) gewonnen werden. Daraus lassen sich Cellulosefasern (Viscose) zur Anfertigung von Textilien und für Cordeinlagen in Autoreifen herstellen. Besonders große Mengen Cellulose sind zur **Papiererzeugung** (Abb. 1, 2, 3) notwendig. Cellulose ist wie Stärke ein Polysaccharid, dessen Moleküle ebenfalls aus Glucosemolekülresten aufgebaut sind. Auch sie lässt sich hydrolytisch in Glucose spalten. Cellulose- und Stärkemoleküle haben aber sehr verschiedene Strukturen.

Die Makromoleküle von Cellulose sind fadenförmig, die von Stärke knäuelförmig angeordnet.

Stärke   Cellulose

Unterschiedliche Eigenschaften von Stärke und Cellulose beruhen auf der unterschiedlichen Struktur der Moleküle.

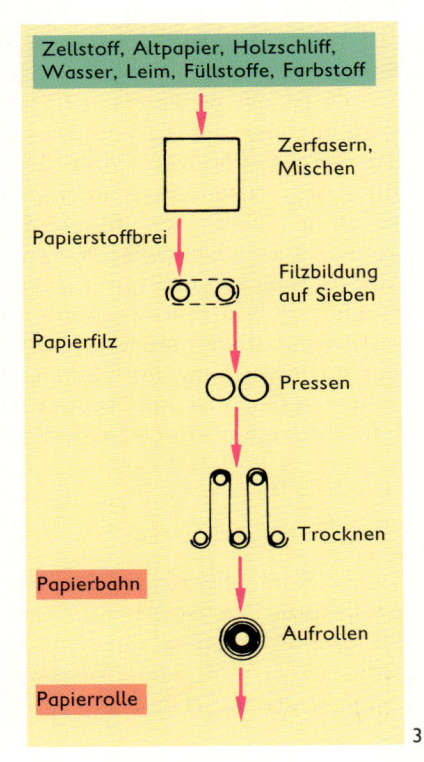

Kohlenhydrate im Vergleich

Kohlenhydrate	Monosaccharid Glukose	Disaccharid Maltose	Polysaccharide Stärke	Cellulose
Summenformel	$C_6H_{12}O_6$	$C_{12}H_{22}O_{11}$	$(C_6H_{10}O_5)_n$	$(C_6H_{10}O_5)_n$
Relative Molekülmasse	180	342	50 000 bis 200 000	500 000 bis 2 000 000
Eigenschaften Hydrolyse	nicht möglich	zu Monosaccharid	zu Di- und Monosacchariden	zu Di- und Monosacchariden
Löslichkeit in Wasser	löslich	löslich	nicht löslich	nicht löslich
Reaktion mit *Fehling*'scher Lösung	möglich	möglich	nicht möglich	nicht möglich

Eiweiße

Vorkommen und Bedeutung. Muskeln, Haare, Haut, Blut und Nerven von Menschen und Tieren bestehen zum großen Teil aus Eiweißen. Auch im pflanzlichen Organismus, besonders in den Samen, kommen Eiweiße vor. Es sind makromolekulare Naturstoffe, die maßgeblich am Stoff- und Energiewechsel, an den Funktionen des Blutes, an der Vermehrung und Vererbung beteiligt sind. Ohne Eiweiße wäre ein Leben der Organismen nicht möglich.
Die Bezeichnung Eiweiß stammt von dem ersten dieser Stoffe, der genauer untersucht worden ist, dem Eiklar des Hühnereis. Eiweiße werden in der Chemie unter der Bezeichnung **Proteine** (griechisch: proteo = das Erste, Ursprüngliche) zusammengefasst. Neben den Elementen Kohlenstoff, Wasserstoff und Sauerstoff enthalten sie auch noch das Element Stickstoff, in geringen Mengen auch Schwefel.
Eiweißhaltige Stoffe sind wichtige Nahrungsmittel der Menschen, die wegen ihres Stickstoffgehaltes nicht durch andere Stoffe ersetzt werden können (Abb. 4).

Eigenschaften. Eiweiße gerinnen beim Erhitzen (Experiment 11). Das ist vom Kochen der Hühnereier bekannt. Bei noch stärkerer Hitze zersetzen sich Eiweiße. Deshalb lassen sich Fäulnis- und Krankheitskeime durch Wärmebehandlung abtöten. Andererseits entstehen durch Überhitzungen Schäden an Organen von Lebewesen. Beim Zusatz von verdünnten Säuren, Methanol, Ethanol oder Schwermetallsalzen (z. B. Kupfer-, Blei- und Zinnsalzen) tritt Gerinnung ein. Sie ist nicht umkehrbar (Experimente 12 und 13). Wird Eiweiß mit Hydroxiden erhitzt, so entweicht neben anderen Stoffen Ammoniak, das sich nachweisen lässt (Experiment 14).
Eiweiße können an Farb- und Fällungsreaktionen erkannt werden. Ein Beispiel ist die Gelbfärbung mit konzentrierter Salpetersäure (Xanthoprotein-Reaktion, Experiment 15).

Eiweiße sind makromolekulare, gegen Hitze und Chemikalien sehr empfindliche Naturstoffe.

4

KOHLENHYDRATE
EIWEISSE

Experiment 11
Erhitze Eiweißlösung vorsichtig zum Sieden!

Experiment 12
Versetze Eiweißlösungen mit verdünnter Salzsäure und mit Ethanol!

Experiment 13
Eiweißlösung wird mit Schwermetallsalzlösungen versetzt!

Experiment 14
Vorsicht! Festes Eiweiß wird mit einem Plätzchen Natriumhydroxid in ein Reagenzglas gegeben und erhitzt. An der Mündung des Reagenzglases wurden Streifen feuchten Universalindikator- und Bleiacetatpapiers befestigt.

Experiment 15
Vorsicht! Zu Eiweißlösung, weißen Federn und festem Eiklar werden jeweils einige Tropfen konzentrierter Salpetersäure gegeben.

AUFGABEN

1. Zur Herstellung von 1 t Zellstoff werden 7 m^3 Holz, 500 kg Kohle und 200 kWh elektrischer Strom benötigt. Begründe die Notwendigkeit von Altpapierrecycling!
2. Nenne Beispiele für eiweißhaltige Nahrungsmittel!
3. Viele Schwermetallsalze sind Gifte. Begründe das!
4. Erläutere die Wirkung des Erhitzens beim Konservieren von Lebensmitteln!
5. Belege am Beispiel der Eiweißgerinnung, dass gleichartige chemische Reaktionen sowohl zur Gesunderhaltung des Menschen dienen als auch den Organismus schädigen können!

EINIGE NÄHRSTOFFE

Abbau von Eiweiß – Aminosäuren. Eiweiße lassen sich durch Hydrolyse in einfachere Stoffe spalten. Im Stoffwechsel der Organismen wirken dabei Enzyme katalytisch. Im Laboratorium ist eine Hydrolyse bei Anwesenheit von Wasserstoff-Ionen möglich, muss aber wegen der Empfindlichkeit der Eiweiße gegen Hitze und Chemikalien mit sehr großer Vorsicht durchgeführt werden. Beim Abbau von Eiweißen gelangt man zu den **Aminosäuren**.

Grundbausteine der Eiweiße sind Aminosäuren.

Aminosäuren sind Carbonsäuren, die neben den Carboxylgruppen –COOH auch **Aminogruppen –NH₂** im Molekül enthalten. Bei den Molekülen der in Eiweißen vorkommenden Aminosäuren befindet sich stets eine Aminogruppe an dem Kohlenstoffatom neben der Carboxylgruppe. Diese Stellung kann durch Nummerierung der Kohlenstoffatome von der Carboxylgruppe aus im Namen der Aminosäuren angegeben werden. Am Aufbau der Eiweiße sind demnach **2-Aminosäuren** beteiligt (Abb. 1 und 2, Tab.).

Glycin (Gly) — 1

Alanin (Ala) — 2

Peptidbindung. Zwei Aminosäuren können durch eine Peptidbindung miteinander verknüpft sein. Die Carboxylgruppe der einen reagiert mit der Aminogruppe der anderen Aminosäure unter Wasseraustritt.

Alaninmolekülrest 1 — Alaninmolekülrest 2

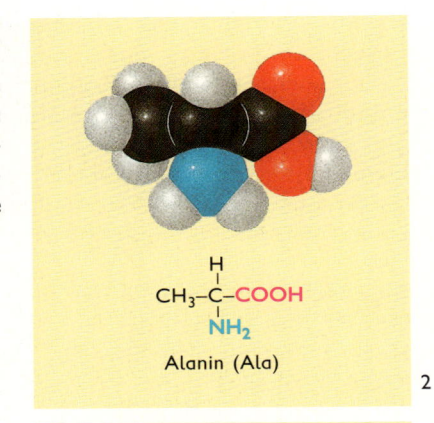

Eiweißgehalt von Nahrungsmitteln

Rindfleisch (mager)	20,0 %
Hühnerei	12,5 %
Milch	3,0 %
Käse (halbfett)	31,0 %
Hülsenfrüchte	27,0 %
Vollkornbrot	8,0 %
Kopfsalat	1,3 %
Bananen	1,0 %

Weitere wichtige Aminosäuren

Name	Abkürzung	Strukturformel	Name	Abkürzung	Strukturformel
Valin	Val	(H₃C)₂CH–CH(NH₂)–COOH	Serin	Ser	HO–CH₂–CH(NH₂)–COOH
Phenylalanin	Phe	C₆H₅–CH₂–CH(NH₂)–COOH	Glutaminsäure	Glu	HOOC–CH₂–CH₂–CH(NH₂)–COOH
Cystin	Cys	HS–CH₂–CH(NH₂)–COOH	Lysin	Lys	H₂N–CH₂–(CH₂)₃–CH(NH₂)–COOH

Das Molekül des Reaktionsprodukts zwischen den beiden Aminosäuren besitzt wieder eine Carboxyl- und eine Aminogruppe, kann also mit weiteren Aminosäuremolekülen reagieren. Dabei können lange **Peptidketten** entstehen. Das Strukturmerkmal dieser Peptidketten ist die **Peptidgruppe $-CO-NH-$**.
In Eiweißmolekülen sind zahlreiche 2-Aminosäurereste miteinander zu Peptidketten verknüpft.

Bau der Eiweißmoleküle. Das Grundgerüst der Eiweißmoleküle sind Peptidketten, die aus verschiedenen 2-Aminosäuren aufgebaut sind (Abb. 3). Beim Abbau der verschiedensten Eiweiße werden die Peptidbindungen durch Aufnahme von Wasser gespalten. Dabei treten stets die gleichen etwa 20 Aminosäuren als Bausteine der Makromoleküle auf. Da diese wenigen Aminosäuren aber in den Peptidketten sehr unterschiedlich angeordnet sein können, ergibt sich eine unvorstellbar große Anzahl verschiedener Kombinationsmöglichkeiten und damit auch verschiedener Eiweiße mit jeweils anderen Eigenschaften. Jedes Lebewesen besitzt ihm spezifische **arteigene Eiweiße**.
Durch schrittweisen Abbau ist es gelungen, die Anordnung der Molekülreste von 2-Aminosäuren in bestimmten Eiweißmolekülen zu ermitteln. Zuerst konnte im Jahre 1954 die Struktur des Hormons **Insulin** aufgeklärt werden. Das Insulinmolekül besteht aus 51 Molekülresten von 2-Aminosäuren und hat die relative Molekülmasse 5750. Inzwischen ist es gelungen, das Insulin auch synthetisch aus den entsprechenden Aminosäuren aufzubauen. Auch andere Eiweiße, beispielsweise das **Hämoglobin**, sind inzwischen in ihrer Struktur erforscht worden.

Eiweiße im Stoffwechsel. Von den Lebewesen aufgenommenes Eiweiß wird unter Einwirkung entsprechender Enzyme hydrolytisch gespalten. Die dabei entstehenden Spaltprodukte, vor allem Peptide und 2-Aminosäuren, können anschließend wieder zu körpereigenem Eiweiß aufgebaut werden.
Die genaue Kenntnis der Struktur und der Eigenschaften von Eiweißen, insbesondere der Rolle im Stoffwechsel der Organismen, ist von besonderer Bedeutung für die Medizin, die Ernährungswissenschaften, die Landwirtschaft und viele andere Bereiche. Schon die fehlerhafte Anordnung eines Grundbausteins in der Peptidkette kann großen Einfluss auf die Lebensvorgänge im Organismus haben und Störungen des Stoffwechsels bewirken.

EIWEISSE

Vielfalt der Kombinationen

Tripeptide aus Alanin und Glycin ($2^3 = 8$ Möglichkeiten)
Gly-Gly-Gly   Gly-Gly-Ala
Gly-Ala-Gly   Ala-Gly-Gly
Ala-Ala-Ala   Ala-Ala-Gly
Ala-Gly-Ala   Gly-Ala-Ala
Für ein Peptid mit 10 Molekülresten von 3 Aminosäuren ergeben sich $3^{10} = 59049$ Möglichkeiten.

Emil Fischer (1852 bis 1919) war Professor für Chemie in Berlin. Er ist der Begründer der modernen Biochemie in Deutschland. Nachdem er sich zunächst mit Kohlenhydraten beschäftigt und die Struktur der Glucose aufgeklärt hatte, wandte er sich der Eiweißforschung zu. Ihm gelang es, Eiweiße schonend zu hydrolysieren und den Aufbau aus 2-Aminosäuren nachzuweisen. Für seine überragenden Leistungen erhielt E. Fischer 1902 den Nobelpreis für Chemie.

AUFGABEN

1. Vergleiche die Aminogruppe mit anderen funktionellen Gruppen!
2. Ermittle Gemeinsamkeiten und Unterschiede bei Aminosäuren (Abb. 1, Tab.)!
3. Weise nach, dass ein Dipeptid über eine Carboxyl- und eine Aminogruppe verfügt!
4. Entwickle die Reaktionsgleichung für die Hydrolyse des Dipeptids auf Seite 204!
5. Welcher Unterschied besteht zwischen dem Grundbaustein einer Peptidkette und einem Aminosäuremolekül?
6. Werte die besondere experimentelle Leistung *Fischers* beim Abbau von Eiweißen!
7. Begründe, warum bei der Ermittlung der Kombinationsmöglichkeiten von Aminosäuren rechts und links nicht vertauschbar sind!

EINIGE NÄHRSTOFFE

Ernährung der Menschen

Nährstoffe. Der Mensch muss Fette, Kohlenhydrate und Eiweiße mit der Nahrung aufnehmen. **Kohlenhydrate** und **Fette** sind vor allem Energielieferanten zur Aufrechterhaltung der Körperwärme und Körperfunktionen. Sie werden über viele Zwischenstufen zu Kohlenstoffdioxid und Wasser oxidiert. Reste der Fette und Kohlenhydrate werden zu körpereigenen Stoffen umgebaut und vor allem in Form von Fett im Gewebe gespeichert.

Die **Eiweiße** dienen dem Körper vorrangig als Baustoffe für körpereigenes Eiweiß. Nicht benötigte Eiweißbausteine können oxidiert werden. Überflüssiger Stickstoff und Schwefel werden ausgeschieden.

Auch wenn der Körper viele lebensnotwendige Stoffe selbst aufbaut, müssen einzelne Bausteine von außen zugeführt werden. Man sagt, sie sind **essenziell** (von lateinisch: wesentlich). Linol- und Linolensäure sind zum Beispiel essenzielle Fettsäuren, Leucin und Phenylalanin essenzielle Aminosäuren.

Nahrungsmittel – mehr als Nährstoffe. Nahrungsmittel enthalten neben den Hauptnährstoffen und Wasser weitere lebensnotwendige Stoffe. Bereits in kleinsten Mengen wirksame **Vitamine** sind zur Erhaltung von Körper- und Stoffwechselfunktionen unerlässlich. Vitaminarme Kost führt zu Mangelkrankheiten. Die Nahrung muss ferner **Mineralsalze** liefern, Calcium zum Aufbau der Knochen, Natrium für den Wassertransport, Kalium für die Muskeltätigkeit oder Chloride zur Bildung der Magensäure. **Geruchs- und Geschmacksstoffe** wirken verdauungsfördernd. Cellulosehaltige **Ballaststoffe** regen die Verdauung an.

Ausgewogene Ernährung. Die Nahrung muss alle für den Organismus notwendigen Stoffe ausreichend und ausgewogen enthalten. Dazu gehört auch ein Anteil Rohkost.

Die optimale Zusammensetzung der Nahrung hängt von Alter und der Art der Tätigkeit der Menschen sowie den klimatischen Bedingungen ab. In kalten Klimazonen werden vor allem tierisches Fett und Eiweiße benötigt, in warmen Zonen demgegenüber kohlenhydratreiche Nahrungsmittel.

Einige Vitamine

	Vorkommen	Mangelerscheinung
A	Lebertran, Milch, Butter, Käse	Hautschäden, Schutz gegen Infektionen
B_1	Hefe, Vollkornbrot, Nüsse, Fleisch	Darmstörung, Nervenentzündung, Muskelschwäche
C	Citrusfrüchte, Gemüse, Kartoffeln	Blutung von Zähnen und Haut, Leistungsabfall
D	Lebertran, Hering, Eigelb, Milch	Knochenerweichung, Muskelschwäche, Karies
E	Getreidekeime, Eigelb, Tierleber	Stoffwechselstörung

Durchschnittlicher Nährstoffbedarf pro Tag

Eiweiß	1 g je kg Körpermasse, 40 bis 50 % davon als tierisches Eiweiß
Fett	1 g je kg Körpermasse (mindestens 50 bis 70 g)
Kohlenhydrate	etwa 500 g

Brennwert von Nährstoffen

1 g Fett liefert 39 kJ.
1 g Kohlenhydrate liefert 17 kJ.
1 g Eiweiß liefert 17 kJ.

Eiweißbedarf je Tag — 75 g

- USA 92 g
- Westeuropa 83 g
- Japan 80 g
- Mittelamerika 57 g
- Südostasien 50 g
- Zentralafrika 39 g

1

AUFGABEN

1. Vergleiche die Hydrolyse von Fetten, Kohlenhydraten und Eiweißen!
2. Warum müssen Nahrungsmittel kühl und trocken gelagert werden?
3. Vergleiche die Brennwerte der Nährstoffe!
4. Werte anhand des Diagramms (Abb. 1) die Deckung des Eiweißbedarfs der Menschen in verschiedenen Gebieten der Erde!
5. Linol- und Linolensäure sind essenziell. Was folgt daraus für die Verwendung von Fetten?

ERNÄHRUNG DER MENSCHEN IM ÜBERBLICK

Lebensmittel	kJ/100 g	Fette	Kohlenhydrate	Eiweiße	Wasser
Milch, 3,5 % Fett	269	4	5	3	88
Butter	3167	83		1	15
Olivenöl	3767	99		1	
Hering	974	19		17	64
Rinderfilet	487	5		20	75
Schweinefleisch	1216	25		16	59
Kaninchenfleisch	647	8	1	20	71
Magerkäse	800	3	4	44	49
Leberwurst	1781	41	1	13	45
Salami	2176	50		18	32
Zucker	1609		100		
Schokolade	2209	30	56	8	6
Reis	1505	2	77	8	13
Roggenbrot	1004	2	53	6	39
Knäckebrot	1550	2	79	10	9
Spagetti	1520	1	75	12	12
Linsen	1460	1	57	24	18
Kartoffeln	318		18	2	80
Tomaten	88		4	1	95
Bananen	402		23	1	76

Im Überblick

Makromolekulare Stoffe
(aus vielen Grundbausteinen aufgebaute Stoffe)

Natürliche makromolekulare Stoffe
z. B.: Stärke, Cellulose, Eiweiße

Synthetische makromolekulare Stoffe
z. B.: Polyethylen, Polyvinylchlorid

Kohlenhydrate
Verbindungen aus Kohlenstoff, Wasserstoff und Sauerstoff
Grundbaustein: Mehrwertige Alkohole mit einer Oxogruppe (Kettenform)
Verknüpfung: Sauerstoffbrücken durch Wasseraustritt aus 2 Hydroxylgruppen

Eiweiße
Verbindungen aus Kohlenstoff, Wasserstoff, Sauerstoff, Stickstoff, teilweise auch Schwefel
Grundbausteine: Aminosäuren mit mindestens einer Carboxyl- und einer Aminogruppe
Verknüpfung: Peptidbindung durch Wasseraustritt aus einer Carboxyl- und einer Aminogruppe

Fette
Verbindungen aus Kohlenstoff, Wasserstoff und Sauerstoff
Grundbausteine: Glycerin mit drei Hydroxylgruppen und Fettsäuren
Verknüpfung: Esterbindung zwischen Glycerin und den Fettsäuren

26 Kunststoffe

Spielwaren, Teile für Autos, Geräte für Camping, Freizeit und Haushalt sind vielfach aus Kunststoff hergestellt. Warum werden immer mehr Produkte aus Kunststoff hergestellt? Welche Vorteile besitzen Kunststoffe?

Thermoplaste

Neue Werkstoffe. Anfang dieses Jahrhunderts konnte der Bedarf an Werkstoffen durch die in der Natur vorkommenden Stoffe nicht mehr gedeckt werden. Dem belgischen Chemiker *Baekeland* gelang 1907 die Herstellung eines harzähnlichen Kunststoffs durch Reaktion von Phenol mit Methanal. Er bezeichnete den Kunststoff als Bakelit. Der erste **Kunststoff** war hergestellt.

Die Eigenschaften der Kunststoffe sind denen natürlicher Werkstoffe oftmals überlegen. Bei der Herstellung und Bearbeitung der Kunststoffe wird mitunter nur ein Bruchteil der Energie verbraucht, die man für andere Werkstoffe benötigt.

Das Auto der Zukunft ist ohne Kunststoffe nicht denkbar. Viele andere technische Entwicklungen sind erst mit der Herstellung spezieller Kunststoffe realisierbar. Es gibt etwa 25 wichtige Kunststoffarten. PVC, Vulkanfiber, Celluloid, Polystyrol, Phenoplast (Abb. 1), Polyethylen (Abb. 2), Gummi, Acrylglas, Polyester und Polyurethane sind heute bereits allgemein bekannte Kunststoffe. Alle Kunststoffe sind organische Stoffe, wie Cellulose, Stärke oder Eiweiß. Sie können durch chemische Synthesen oder durch Umwandlung von Naturstoffen hergestellt werden. Dabei verbinden sich meist viele gleichartige und artverwandte **Grundbausteine** zu großen Molekülen, den **Makromolekülen**.

> Kunststoffe sind organische Stoffe, die aus Makromolekülen aufgebaut sind. Viele Millionen dieser Bausteine ergeben den jeweiligen Kunststoff.

1 Glasfaserverstärktes Phenolharz für die Innenauskleidung eines Airbusses

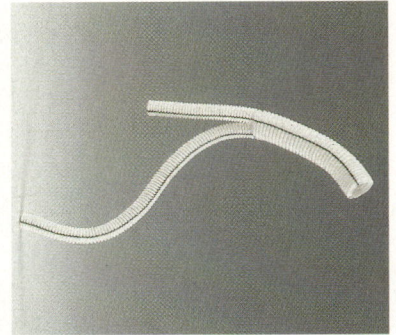

2 Künstliche Arterien aus Polyethylen

Eigenschaften. Wird ein Jogurtbecher in eine Schale mit Sand gestellt und erhitzt, ist zu beobachten, dass der Becher erweicht (Experiment 1). Nach dem Abkühlen wird er wieder fest. Wiederholt man diesen Vorgang, ist das Gleiche zu beobachten (Abb. 4). Bei vielen Kunststoffen ist diese Eigenschaft feststellbar. Sie werden deshalb als **Thermoplaste** bezeichnet (griechisch: thermos = warm, plass = bilden).
Thermoplaste zeigen große Beständigkeit gegenüber Chemikalien, wie zum Beispiel Säuren und Laugen (Experiment 2), und haben eine geringe Dichte. Von einigen organischen Lösungsmitteln werden sie angegriffen.

> **Thermoplaste sind Kunststoffe, die beim Erwärmen erweichen und plastisch formbar sind. Gegenüber Chemikalien sind sie zum Teil sehr beständig.**

Warum Thermoplaste beim Erwärmen erweichen, erkennt man bei der Betrachtung des Baus dieser Stoffe.

Bau. Thermoplaste bestehen aus kettenförmigen Makromolekülen, die nebeneinander linear oder nur wenig verzweigt angeordnet sind (Abb. 3). Dadurch können die Moleküle beim Erwärmen des Stoffes aneinander vorbeigleiten. Es wird die plastische Verformbarkeit ermöglicht.

Herstellung. Thermoplastische Stoffe lassen sich durch **Polymerisation** herstellen. Dabei verbinden sich viele kleine ungesättigte Moleküle (Monomere) unter Aufspaltung der Mehrfachbindung zu Makromolekülen. In wenigen Sekunden entstehen bei Anwesenheit von Katalysatoren aus 2000 bis 20000 Monomermolekülen fadenförmige Kettenmoleküle (↗ S. 161).

$$n \begin{array}{c} H\ \ H \\ |\ \ \ | \\ C=C \\ |\ \ \ | \\ H\ \ H \end{array} \longrightarrow \left[\begin{array}{c} H\ \ H \\ |\ \ \ | \\ C-C \\ |\ \ \ | \\ H\ \ H \end{array} \right]_n$$

Ethenmolekül Polyethylenmolekül
(Monomermoleküle) (Polymermoleküle)

> **Bei einer Polymerisation entstehen aus Einzelmolekülen (Monomeren) mit Mehrfachbindung im Molekül makromolekulare Stoffe (Polymere).**

Thermoplaste können durch Variation der Reaktionsbedingungen oder durch Zusatz von Stoffen, wie Weichmachern, in unterschiedlicher Qualität hergestellt werden. Bei Polyvinylchlorid wird zum Beispiel zwischen Weich- und Hart-PVC unterschieden. Hart- und Weich-PVC werden für Trinkwasserleitungen, Dachrinnenmaterial, Flaschen, Isoliermaterial, Spielwaren, Wetterbekleidung, Verpackungsmaterial, Fußbodenbeläge und vieles andere mehr verwendet.

THERMOPLASTE

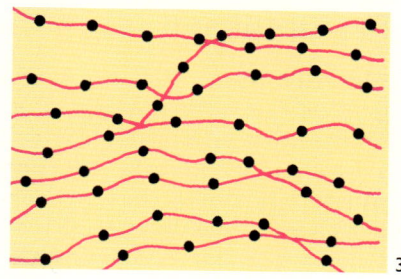

Modell der Anordnung von Thermoplastmolekülen

Thermoplast schmilzt

Experiment 1
In eine mit Sand gefüllte Eisenschale werden ein Jogurtbecher und ein Polyethylenstreifen gegeben; dann wird erhitzt.

Experiment 2
Ein jeweils 3 cm langes und etwa 0,5 cm breites Jogurtbecherstück wird in jeweils 5 ml verdünnte Schwefelsäure, 5 ml Natriumhydroxidlösung, 5 ml Ethanol und 5 ml Aceton gegeben.

AUFGABEN

1. Warum ist es nicht sinnvoll, Polyethylen und PVC zur Herstellung von Griffen für Töpfe zu verwenden?
2. Erläutere die Abhängigkeit der Verwendung von PVC und Polyethylen von den Eigenschaften dieser Stoffe!
3. Weshalb finden Thermoplaste so viele Verwendungen?

KUNSTSTOFFE

Duroplaste

Eigenschaften. Wird ein Streifen aus Phenoplast in eine mit Sand gefüllte Eisenschale gegeben und erhitzt, so schmilzt dieser nicht (Experiment 3). Er zersetzt sich bei hohen Temperaturen, ohne zu erweichen. Kunststoffe mit dieser Eigenschaft werden als **Duroplaste** bezeichnet (lateinisch: durus = hart). Sie sind nicht plastisch verformbar, gegen Chemikalien beständig (Experiment 3), schwer quellbar und unlöslich. Bei Zimmertemperatur sind sie hart und spröde (Abb. 1 und 3).

Koffer aus Vulkanfiber

Duroplaste sind Kunststoffe, die sich beim Erhitzen zersetzen, ohne zu erweichen.

Warum lassen sich Duroplaste nicht in der Wärme umformen?

Bau. Bei den Duroplasten sind die Makromoleküle räumlich engmaschig vernetzt. Zwischen den einzelnen Molekülen bestehen viele Atombindungen, sodass ein Aneinandervorbeigleiten beim Erwärmen nicht möglich ist (Abb. 2).
Aufgrund der Vernetzung der Moleküle können Duroplaste nicht geschmolzen oder in der Wärme umgeformt werden. Die Verknüpfungen werden erst bei hohen Temperaturen gespalten, der Plast zersetzt sich.

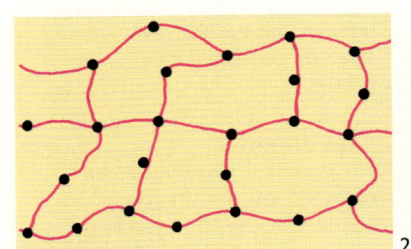

Experiment 3
Das Verhalten von Phenoplasten wird beim Erwärmen und beim Einwirken von Chemikalien untersucht. Die Durchführung erfolgt wie bei den Experimenten 1 und 2.

Experiment 4
2 g Resorcin werden im Reagenzglas in 4 ml Wasser und 3 ml Methanallösung (w = 30 %) erwärmt, 6 Tropfen Natriumhydroxidlösung (w = 20 %) zugegeben und im Wasserbad auf 80 °C erhitzt.

Modell der Anordnung der Moleküle von Duroplasten

Alter Telefonapparat aus einem Phenoplast

Herstellung. Vielfach verwendete Duroplaste sind **Phenoplaste** und **Aminoplaste**. Ausgangsstoffe für die Herstellung eines Phenoplasts sind Phenol und Methanal. Es reagieren zunächst jeweils ein Phenolmolekül mit einem Methanalmolekül unter Bildung eines Zwischenprodukts. Danach werden weitere Phenolmoleküle an die Moleküle des Zwischenprodukts unter Abspaltung von Wassermolekülen gebunden (Abb. 4). Diese Reaktion bezeichnet man als **Kondensation**. Wenn sich dabei viele Monomere miteinander verbinden, liegt eine **Polykondensation** vor.

Phenol + Methanal —Polykondensation→ Phenoplast

Bei der Reaktion entsteht ein Phenoplastschaum (Experiment 4). Die Natriumhydroxidlösung wirkt als Katalysator beschleunigend.

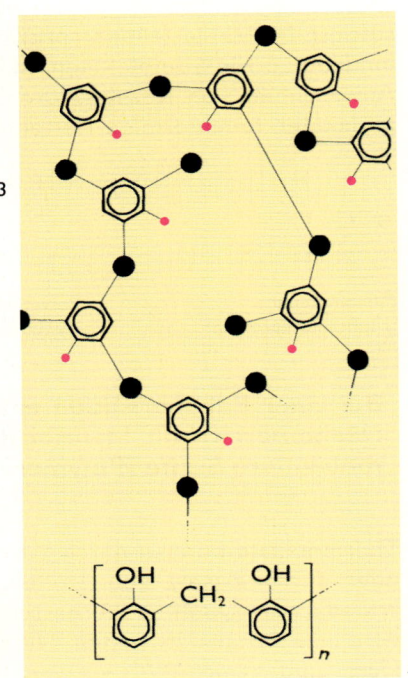

Modellhafte Darstellung der Struktur eines Phenoplastmolekülausschnittes

Eigenschaften und Verwendung von Phenoplasten

Eigenschaft	Verwendung
gleitfähig und druckfest	Zahnräder, Gleitlager
korrosionsbeständig	Karosserieteile und Verkleidungen
guter elektrischer Isolator (Experiment 6, ↗ S. 212)	Gehäuse für Schalter, Stecker und Zündsystem im Auto
geringe Dichte, Festigkeit	Gehäuse, Griffe, Beschläge

DUROPLASTE

Zündverteilerkappe aus einem Aminoplast

Aminoplaste entstehen durch die Reaktion von Methanal und Harnstoff. Harnstoff ist ein organischer Stoff, dessen Moleküle zwei Aminogruppen $-NH_2$ enthalten.
Aus jeweils einem Harnstoffmolekül und einem Methanalmolekül entsteht ein Zwischenprodukt, das ein weiteres Harnstoffmolekül bindet. Dabei wird ein Wassermolekül abgespalten.

$$H_2N-\underset{\underset{O}{\|}}{C}-NH_2 + \underset{\underset{\underset{H\ H}{}}{C}}{O} \rightleftarrows H_2N-\underset{\underset{O}{\|}}{C}-N\underset{H}{\overset{CH_2OH}{\diagup}}$$

Harnstoff   Methanal

$$H_2N-\underset{\underset{O}{\|}}{C}-N\underset{H}{\overset{CH_2-OH}{\diagup}} + \underset{H}{\overset{H}{\diagdown}}N-\underset{\underset{O}{\|}}{C}-NH_2 \xrightarrow{Polykondensation}$$

$$H_2N-\underset{\underset{O}{\|}}{C}-NH-CH_2-NH-\underset{\underset{O}{\|}}{C}-NH_2 + H_2O$$

Aminoplast

Die Polykondensation schreitet über die Bildung kettenförmiger Zwischenprodukte stufenweise fort. Es entsteht ein Aminoplast mit räumlich vernetzten Makromolekülen.
Aminoplaste werden zum Beispiel zu Formteilen für den Maschinenbau, zu Zahnrädern, Verpackungsmaterialien, Haushaltsartikeln und chirurgischem Material verarbeitet.
Bei der Herstellung von duroplastischen Gegenständen wird die stufenweise verlaufende Reaktion genutzt. Durch die Wahl geeigneter Reaktionsbedingungen auf einer Zwischenstufe, in der bei der Phenoplastherstellung harzartige Produkte vorliegen, wird zum Beispiel die Reaktion unterbrochen. Die harzartigen Zwischenprodukte können in der Wärme geformt und anschließend durch Erhitzen zu einem Kunststoff von hoher Festigkeit ausgehärtet werden (Abb. 5).

Polykondensation ist eine chemische Reaktion, bei der aus zahlreichen Monomeren unter Bildung von Wasser makromolekulare Stoffe entstehen.

AUFGABEN

1. Warum besitzen Polyethylen und Phenoplaste unterschiedliche Eigenschaften?
2. Vergleiche die Polymerisation und die Polykondensation!
3. Welche Stoffe werden durch
   a) Polymerisation und
   b) Polykondensation
   hergestellt?
4. Glasfaserverstärkte Phenoplaste gehören zu den wenigen Kunststoffen, die auch als tragende Konstruktionselemente eingesetzt werden können. Warum?
5. Phenoplaste dunkeln durch Alterung des Werkstoffs nach.
   Welche Konsequenzen leiten sich daraus für die Farbgestaltung ab?

KUNSTSTOFFE

Elastomere

Eigenschaften. Elastomere nehmen nach dem Einwirken einer verformenden Kraft ihre ursprüngliche Form wieder an. Gummi, aus natürlichem oder synthetischem Kautschuk, hat diese elastische Eigenschaft. Gummi lässt sich durch Krafteinwirkung bis auf das Achtfache seiner ursprünglichen Länge dehnen ohne zu zerreißen, erlangt aber danach schnell seine Ausgangsform wieder (Abb. 1 und 3). Elastomere sind quellbar, gegenüber Chemikalien beständig und nicht schmelzbar (Experiment 5). *Wie sind diese Eigenschaften zu erklären?*

Bau. Die Makromoleküle der Elastomere bestehen aus vielen gleichen Grundbausteinen. Die Moleküle sind weitmaschig vernetzt angeordnet und bilden dichte „Knäuel" (Abb. 2). Beim Dehnen dieser Stoffe sind die „Knäuel" auseinander gezogen. Wirken die Dehnungskräfte nicht mehr, sind die Makromoleküle wieder „verknäuelt". Elastomere lassen sich daher nicht umformen.

1 In die Tiefe am Gummiband

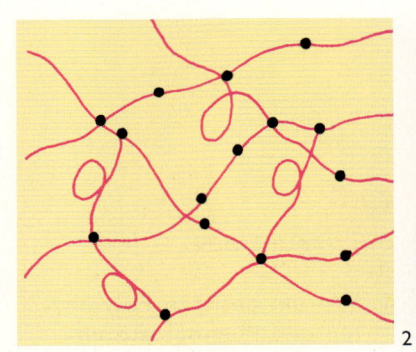

2 Modell der Anordnung der Moleküle von Elastomeren

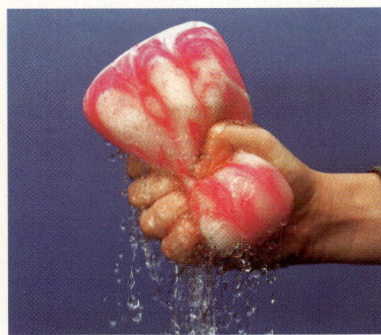

3 Elastischer Badeschwamm

Experiment 5
Untersuche das Verhalten von Gummi beim Erwärmen und Einwirken von Chemikalien! Arbeite nach den Durchführungsanleitungen der Experimente 1 und 2 (↗ S. 209)!

Experiment 6
Die elektrische Leitfähigkeit von Thermoplasten, Duroplasten und Elastomeren wird geprüft.

Elastomere sind aus kettenförmigen Makromolekülen aufgebaut, die weitmaschig vernetzt angeordnet sind.

Synthetischer Kautschuk. Synthetischer Kautschuk wird durch Polymerisation von **Butadien** oder **Isopren** hergestellt.

$$n\ H_2C=CH-CH=CH_2 \xrightarrow{\text{Polymerisation}} \text{\textemdash}[CH_2-CH=CH-CH_2]_n$$
Buta-1,3-dien   Polybutadien

Etwa 60 % der Weltproduktion an Synthesekautschuk ist Styrol-Butadien-Kautschuk.

$$\cdots-CH_2-CH=CH-CH_2-CH-CH_2-CH_2-CH=CH-CH_2-\cdots$$
$$|$$
$$C_6H_5$$

Die synthetisierten Kautschuke sind wenig wärme- und chemikalienbeständig. Durch **Vulkanisation** mit Schwefel erhält man hochelastischen und wärmebeständigen Gummi. Bei einem Massenanteil von 3 ... 5 % Schwefel entsteht **Weichgummi**, über 5 % Schwefelanteil **Hartgummi** (Abb. 4).

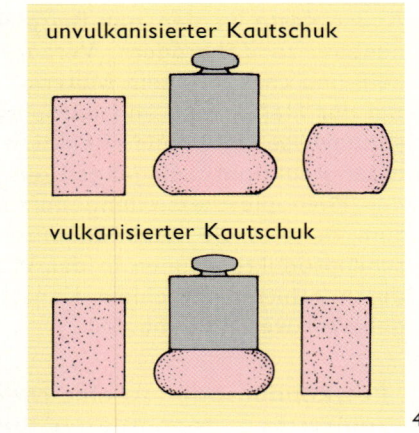

4 Verhalten von Kautschuk und Gummi bei Deformation (unvulkanisierter Kautschuk / vulkanisierter Kautschuk)

**ELASTOMERE
CHEMIEFASERN**

Chemiefasern

Herstellung. Synthetisch hergestellte Fasern verdrängen heute immer mehr die Naturfasern wie Wolle und Baumwolle. Chemiefasern bestehen, wie auch Naturfasern, aus kettenförmigen Makromolekülen und werden meist durch Polykondensation hergestellt. Von den Kunstfasern haben insbesondere die Fasern aus Polyamid, Polyester sowie Polyacrylnitril große Bedeutung.

Polyesterfasern entstehen durch die Reaktion von Dicarbonsäuren mit Alkandiolen. Durch Weiterverarbeitung zu Textilfasern wie Diolen, Dacron und Trevira entstehen formbeständige und knitterfeste Materialien (Abb. 5).

Polyamidfasern werden aus dem Kunststoff Polyamid hergestellt. Im Schmelzspinnverfahren werden Polyamidschnitzel bei etwa 270 °C geschmolzen. Die Schmelze wird durch Spinndüsen gedrückt (Abb. 6). Die austretenden flüssigen Strahlen erstarren in einer Stickstoff-Atmosphäre zu festen Fäden. Beim anschließenden Verstrecken erhalten die Polyamidfasern ihre große Elastizität, Reiß- und Scheuerfestigkeit. Der Faden wird beim Verstrecken auf das Fünf- bis Achtfache gedehnt.

Polyacrylnitrilfasern entstehen aus Acrylnitril. Das Acrylnitril wird aus Ethin oder auch Propen hergestellt.
Bei der Polymerisation entsteht weißes, in einigen organischen Lösungsmitteln gut lösliches festes Polyacrylnitril. Es wird nach dem Nassspinnverfahren verarbeitet (Abb. 6).

Eigenschaften und Verwendung. Die Chemiefasern werden aufgrund ihrer Eigenschaften vielseitig verwendet.

Gardinen aus Chemiefasern

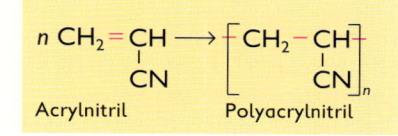

$$n\ CH_2=CH\!-\!\underset{CN}{|} \longrightarrow \left[CH_2-\underset{CN}{\underset{|}{CH}}\right]_n$$

Acrylnitril — Polyacrylnitril

Spinnen von Polyamidfäden

Chemiefaser	Eigenschaften	Verwendung
Polyamid	elastisch, schmiegsam, scheuerfest, pflegeleicht, mottensicher, nimmt Körperschweiß schlecht auf, Temperaturen über 150 °C führen zur Zerstörung	Herstellung von Strümpfen, Ober- und Unterbekleidung, Teppichen, Möbelbezugsstoffen, Fischereinetzen, Seilen
Polyacrylnitril PAN-F	wollartige Eigenschaften, hält die Wärme, fester als Wolle, pflegeleicht, mottensicher, licht- und wetterbeständig, Temperaturen über 100 °C führen zur Zerstörung	Herstellung von Oberbekleidung, Regenbekleidung, Strickwaren, Badeanzügen, Vorhängen und Möbelbezugsstoffen
Polyester PE-F	strapazierfähig, elastisch, hält die Wärme, pflegeleicht, knitterfest, trocknet schnell, licht- und wetterbeständig, darf nicht stark erhitzt werden	Herstellung von Oberbekleidung, Gardinen, Zeltstoffen, Planen, technischen Geweben (Filterstoffe)

AUFGABEN

1. Vergleiche die Moleküle und die Eigenschaften von PVC und Kautschuk!
2. Warum wird synthetischer Kautschuk vulkanisiert?
3. Erläutere den Zusammenhang zwischen Bau, Eigenschaften und Verwendung von Weich- und Hartgummi!
4. Erläutere Pflegehinweise auf Etiketten von Kleidung!

KUNSTSTOFFE

Kunststoffrecycling

Kunststoffabfälle. Die Müllberge in allen Industrieländern wachsen unaufhaltsam. In der Bundesrepublik fallen in den Haushalten neben dem Hausmüll jährlich etwa 2,5 Millionen Tonnen Kunststoffabfälle an. Mehr als die Hälfte davon wandert derzeit noch auf Mülldeponien. Die Verbrennung der Kunststoffe liefert zwar Energie, belastet aber die Umwelt häufig stark mit Schadstoffen. Viele der hochwertigen Kunststoffe sind zum Wegwerfen oder Verbrennen zu schade. Deshalb wird intensiv an Recycling-Verfahren gearbeitet, um Kunststoffe wieder zu verwerten.

Kunststoffrecycling-Verfahren. Thermoplastische Kunststoffe können durch **Umschmelzen** wieder aufbereitet werden. Die Stoffe werden bei höheren Temperaturen erwärmt und die so erweichten Thermoplaste in eine neue Form überführt. Die so genannten Regenerate haben vielfach Eigenschaften, die sich nur geringfügig von denen der Ausgangsstoffe unterscheiden. Bei wiederholter Verwertung können die Eigenschaften der Recycling-Produkte schlechter werden, insbesondere wenn Kunststoffgemische verwendet werden.
Um die einzelnen Kunststoffsorten so weit wie möglich zu trennen, wird auch die unterschiedliche Dichte der Kunststoffkomponenten genutzt. Dadurch können aus den zerkleinerten Kunststoffteilen des vorsortierten Hausmülls Ethen-, Propen- und Butenpolymerisate (Polyolefine) abgetrennt werden.
Wenn 950 kg Kunststoffteile je Stunde nach diesem Verfahren aufgearbeitet werden, entstehen täglich 7 ... 8 t relativ reines Polyolefingranulat.
Bei einem neueren Verfahren zur Aufbereitung von Kunststoffabfällen werden Füllstoffe, wie Sand, Metallreste, Papier- und Holzstückchen, nachdem die Kunststoffabfälle bei einer Temperatur von 140 ... 180 °C als zähe, teigartige Masse aufbereitet wurden, zugegeben. Die Masse kommt in eine Form und kühlt zum Fertigprodukt aus. Die so gefertigten Bänke, Pfähle, Pfosten, Palisaden und Spielplatzgeräte (Abb. 1) ersetzen entsprechende Holz-, Stein-, Metall- und Betongegenstände gut.

Pyrolyse. Bei der Pyrolyse werden die Kunststoffe unter Luftabschluss in einem Reaktionsapparat auf 600 ... 900 °C erhitzt (griechisch: pyr = Feuer, lysis = Lösung), wodurch sie in petrochemische Stoffe zerlegt werden. Die Pyrolyse ist für fast alle Kunststoffe geeignet.

Hydrolyse. Bei der Hydrolyse erfolgt eine chemische Umsetzung mit Wasser (griechisch: hydro = Wasser, lysis = Lösung). Unter hoher Temperatur und hohem Druck lässt man Wasserdampf auf den Kunststoff einwirken und erhält so die Ausgangsstoffe in verwertbarer Qualität zurück. Wichtigste Voraussetzung für die Wiederverwertung ist das sortengerechte Sammeln. Da jeder Kunststoff seine eigene chemische Zusammensetzung hat, ist eine optimale Wiederverwendung nur „sortenrein" möglich.

Pyrolyseprodukte	Verwendet für die Herstellung von
Ethen 37 %	Polyethylen
Propylen 19 %	Polypropylen
Methan 12 %	Energie und Stadtgas
Butadien 7 %	Kautschuk
Benzol 7 %	verschiedene Kunststoffe
Sonstige 18 %	Chemierohstoffe

Bank aus Recycling-Kunststoff

Skischuhe aus Kunststoff

AUFGABEN

1. Nenne Gründe für die zunehmende Bedeutung der Wiederaufbereitung von Kunststoffabfällen!
2. Warum soll in eine Mülltonne aus Kunststoff keine heiße Asche gefüllt werden?

Aus der Welt der Chemie

**KUNSTSTOFFRECYCLING
AUS DER WELT DER CHEMIE**

Kunststoffrecycling in Aktion

1. Für die sortenreine Erfassung recyclbarer Gebrauchsgegenstände stehen in allen Städten gekennzeichnete Behälter bereit.
2. In den Erfassungsstellen erfolgt eine Vorsortierung der Abfallstoffe.
3. Nach dem Vorsortieren werden die Kunststoffe zerkleinert.
4. Die zerkleinerten Kunststoffteilchen werden gewaschen, getrennt und getrocknet.
5. Nach dem Trocknen erfolgt das Formen des Altkunststoffgranulats.
6. Aus dem geformten Altkunststoffgranulat werden neue Kunststoffgegenstände hergestellt.
7. Nach dem Verbrauch sollten die Abfälle erneut sortenrein erfasst werden.

215

KUNSTSTOFFE

Werkstoffe nach Maß

Herstellung von Werkstoffen mit besonderen Eigenschaften. Der Bedarf an Werkstoffen mit spezifischen Eigenschaften wächst ständig. In der Mikroelektronik, Optoelektronik und Mikromechanik werden zum Beispiel ganz spezifische Thermoplaste, Elastomere und Klebstoffe benötigt. In der Medizin können nur hochreine, biologisch verträgliche Kunststoffmaterialien, zum Beispiel für Implantationen oder zur Herstellung von Kontaktlinsen, verwendet werden. Wissenschaftler und Techniker arbeiten deshalb daran, den Bau synthetischer makromolekularer Stoffe so zu beeinflussen, dass die Werkstoffe die gewünschten Eigenschaften haben. Solche Eigenschaften sind zum Beispiel hohe Temperaturbeständigkeit, Beständigkeit gegenüber Chemikalien, hohe Elastizität, schwere Entflammbarkeit, lange Lebensdauer, biologische Verträglichkeit, hohe Reinheit und Schaumbildung. Aufgrund der möglichen Beeinflussung der Eigenschaften von Kunststoffen erweitern sich ständig die Einsatzmöglichkeiten der Kunststoffe (Abb. 1).

Veränderung der Eigenschaften. Die Veränderung der Eigenschaften von Kunststoffen kann durch Zugabe anderer Stoffe oder durch Veränderung der Reaktionsbedingungen bei der Herstellung erfolgen. Zum Beispiel werden Phenolharze mit Füllstoffen wie Textilschnitzeln, Glasfasern oder Sägespänen versetzt und in entsprechenden Formen gehärtet. Papierstreifen, Holzfurniere oder Gewebe, die mit Phenolharzen getränkt werden, lassen sich zu Schichtpressstoffen verarbeiten. So ist zum Beispiel die Frontpartie eines Express-Zuges aus glasfaserverstärktem Polyester hergestellt, was mit zur Überwindung des Luftwiderstandes bei Geschwindigkeiten bis zu 200 km/h beiträgt. Das Dach des Münchener Olympiastadions ist aus Acrylglas mit einer langen Lebensdauer hergestellt (Abb. 2). Eine weitere Möglichkeit der Veränderung von Eigenschaften besteht in der Mischung verschiedener Kunststoffe miteinander oder der Herstellung von Mischpolymerisaten.

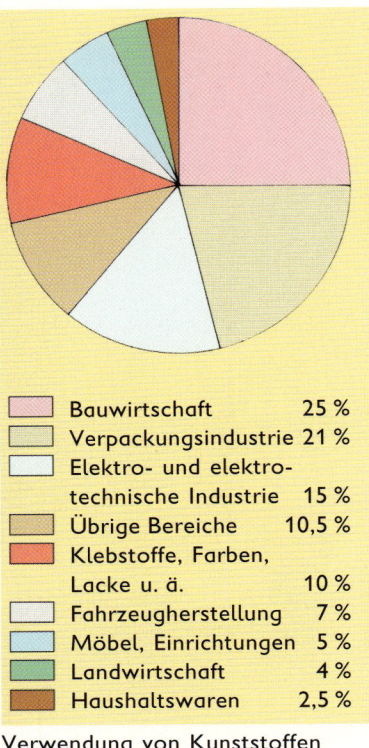

Bauwirtschaft	25 %
Verpackungsindustrie	21 %
Elektro- und elektrotechnische Industrie	15 %
Übrige Bereiche	10,5 %
Klebstoffe, Farben, Lacke u. ä.	10 %
Fahrzeugherstellung	7 %
Möbel, Einrichtungen	5 %
Landwirtschaft	4 %
Haushaltswaren	2,5 %

1 Verwendung von Kunststoffen

Angestrebte Eigenschaften des Werkstoffs	Zusatzstoffe
Formbeständigkeit in der Wärme	Glasfasern, Ruß, Calciumcarbonat, Glimmer, Talkum
Härte	Bronze, Cellulose, Baumwollfasern, Glasfasern, Graphit, Calciumcarbonat
Beständigkeit gegen Chemikalien	Kokspulver, Calciumsilicat, Glasfasern, Glimmer, Talkum
Minderung der Entflammbarkeit	Mineralien, Glasfasern

2

WERKSTOFFE NACH MASS IM ÜBERBLICK

AUFGABEN

1. Nenne bekannte natürliche und synthetische makromolekulare Stoffe! Stelle Gemeinsamkeiten und Unterschiede heraus!
2. Durch welche chemischen Reaktionen entstehen synthetische makromolekulare Stoffe? Ordne diese den Arten der chemischen Reaktion zu!
3. Fertige eine Übersicht über wichtige synthetische makromolekulare Stoffe sowie deren Eigenschaften und Verwendung an!
4. Gib für Kunststoffe und Chemiefaserstoffe Beispiele an! Nenne einige Eigenschaften und Verwendungsmöglichkeiten für den jeweiligen Werkstoff!
5. Ethen und Acetylen sind wichtige Ausgangsstoffe für die Kunststoffproduktion. Welche Kunststoffe können aus diesen Stoffen hergestellt werden?
6. Es werden verschiedene Kunststoffe übergeben. Wie können die Kunststoffe schnell experimentell identifiziert werden?

Im Überblick

Kunststoffe	Synthetisch hergestellte Stoffe, die aus Makromolekülen aufgebaut sind.
Polymerisation	Bei der Polymerisation entstehen aus vielen Monomeren mit Mehrfachbindung im Molekül makromolekulare Stoffe.
Polykondensation	Bei der Polykondensation entstehen aus vielen Monomeren unter Bildung von Wasser makromolekulare Stoffe.

Kunststoffart	Thermoplaste	Elastomere	Duroplaste
Wichtige Vertreter	Polyvinylchlorid PVC Polyethylen PE Polytetrafluorethen PTFE („Teflon") Polystyrol PS Polypropylen SBR	Gummi	Phenoplaste Aminoplaste
Eigenschaften	schmelzen beim Erhitzen	sind quellbar und gummielastisch	zersetzen sich in der Hitze ohne zu erweichen
Molekülstruktur	linear oder schwach verzweigte Makromoleküle	schwach vernetzte Makromoleküle	stark vernetzte Makromoleküle
Verwendungsbeispiele	Spielzeug, Schallplatten, Tonbänder, Rohrleitungen, Kühlschrankeinsätze, Installationsmaterial	Luftmatratzen, Förderbänder, Wärmedämmmaterial, Spielzeug, Reifen	elektrisches Isoliermaterial, Tabletts, Becher, Gehäuseteile für Messapparate; Autokarosserieteile und Verkleidungen

PERIODENSYSTEM – TEILCHEN BEI REAKTIONEN

27 Periodensystem – Teilchen bei Reaktionen

Aus den Beziehungen zwischen Atombau und Periodensystem konnten bereits oft Voraussagen oder Erklärungen für chemische Erscheinungen abgeleitet werden. Können diese Möglichkeiten noch vervollkommnet werden?

Atomhülle und Periodensystem

Elektronenschalen. Bei der Betrachtung eines Modells vom Bau der Atomhülle sind bisher nur die Außenelektronen besonders beachtet worden, die sich am weitesten vom Atomkern entfernt aufhalten (↗ S. 70). *Wo befinden sich die übrigen Elektronen?* Da sich alle Elektronen in unterschiedlicher Entfernung vom Atomkern bewegen, hat es sich als nützlich erwiesen, Elektronen mit ähnlicher Entfernung vom Atomkern einzelnen **Elektronenschalen** zuzuordnen. Die Außenelektronen würden sich dann in der äußeren Elektronenschale aufhalten.
Die Elektronenschalen werden von innen nach außen nummeriert. Bei einem Modell vom Magnesiumatom können beispielsweise drei Elektronenschalen unterschieden werden (Abb. 1).

Elektronenschalen sind Aufenthaltsräume von Elektronen mit ähnlicher Entfernung vom Atomkern.

Bau der Atomhülle. Die Elektronenschalen der Atome werden mit steigender Protonenanzahl schrittweise mit Elektronen aufgefüllt (Abb. 2). Jede Elektronenschale hat dabei nur begrenzte Aufnahmemöglichkeiten (Tabelle). In der äußeren Elektronenschale können sich höchstens 8 Elektronen bewegen.
Wasserstoff- und Heliumatome haben jeweils 1 Elektron bzw. 2 Elektronen in der 1. Elektronenschale. Bei den Lithiumatomen beginnt der Aufbau der 2. Elektronenschale, die bei den Atomen der folgenden Elemente weiter aufgefüllt wird. Bei Atomen des Edelgases Neon ist die 2. Elektronenschale mit 8 Außenelektronen voll besetzt (Tabelle, S. 219).

Elektronenschale n	Maximale Elektronenanzahl $2n^2$
1	2
2	8
3	18
4	32
5	50

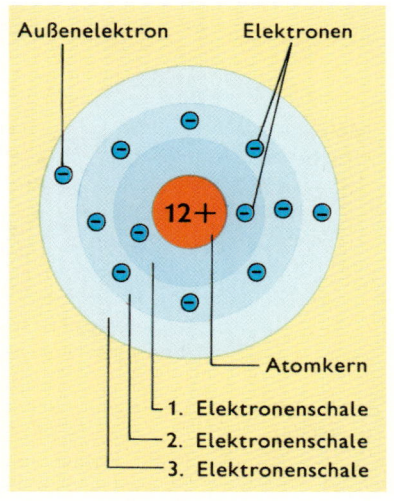

Modell eines Magnesiumatoms mit drei Elektronenschalen

Besonders stabil ist die Elektronenanordnung der Atome mit 8 Außenelektronen (Elektronenoktett). Die Atome der **Edelgase** besitzen diese Elektronenanordnung. Die Edelgase reagieren deshalb kaum mit anderen Elementen.

Atombau und Gesetz der Periodizität. Der Atombau bestimmt die Reihenfolge der einzelnen Elemente im Periodensystem sowie die Zugehörigkeit zu den Gruppen dieses Systems (↗ S. 73). Auch die Einordnung der Elemente in die Perioden des Systems beruht auf dem Atombau.
Jede folgende Periode beginnt mit einem Element der I. Hauptgruppe, dessen Atome 1 Außenelektron besitzen. Den Abschluss einer Periode bildet ein Element der VIII. Hauptgruppe mit 8 Elektronen auf der äußeren Elektronenschale der Atome (Abb. 2). Beim Edelgas Helium in der 1. Periode ist die 1. Elektronenschale schon mit 2 Außenelektronen voll besetzt.

Nummer der Periode ≙ Anzahl der Elektronenschalen ≙ Nummer der äußeren Elektronenschale.

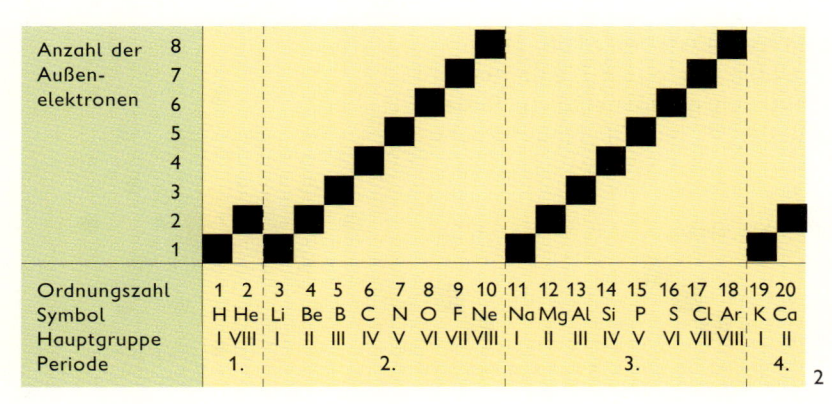

Werden die Elemente der Hauptgruppen nach steigender Anzahl der Protonen in ihren Atomen geordnet, dann kehren Atome mit einer bestimmten Anzahl von Außenelektronen regelmäßig, periodisch, wieder. Darin äußert sich das **Gesetz der Periodizität**.

Werden chemische Elemente nach steigender Protonenanzahl in ihren Atomen geordnet, so zeigt sich eine regelmäßige (periodische) Wiederkehr von Elementen mit ähnlichem Bau der Atomhülle.

Nebengruppenelemente. In der 4. Periode und in den folgenden Perioden treten auch **Nebengruppenelemente** auf. Bei den Atomen der Hauptgruppenelemente Kalium und Calcium beginnt der Aufbau der 4. Elektronenschale. In den Atomen der nachfolgenden Nebengruppenelemente wird zunächst die 3. Elektronenschale auf die maximal mögliche Anzahl von 18 Elektronen aufgefüllt. Erst danach folgen wieder Hauptgruppenelemente, bei deren Atomen die 4. Elektronenschale weiter vervollständigt wird.

ATOMHÜLLE UND PERIODENSYSTEM

Elektronenanordnung der Atome

Element	Schalen	Periode
Wasserstoff	1	1. Periode
Helium	2	
Lithium	2 1	2. Periode
Beryllium	2 2	
Bor	2 3	
Kohlenstoff	2 4	
Stickstoff	2 5	
Sauerstoff	2 6	
Fluor	2 7	
Neon	2 8	
Natrium	2 8 1	3. Periode
Magnesium	2 8 2	

AUFGABEN

1. Führe die Darstellung der Elektronenanordnung (Tabelle) bis zum Element Calcium weiter!
2. Leite alle möglichen Angaben zum Atombau für die Elemente mit den Ordnungszahlen 6, 9, 13, 19 aus dem Periodensystem ab!
3. Belege am Beipiel der Elemente Beryllium, Magnesium und Calcium die Aussagen über das Gesetz der Periodizität!
4. Begründe die Einordnung a) der Elemente Kohlenstoff und Stickstoff in die 2. Periode, b) der Elemente Silicium, Phosphor und Schwefel in die 3. Periode des Periodensystems!
5. Leite Angaben über die Elemente a) Calcium, b) Brom aus der Stellung im Periodensystem der Elemente ab!
6. Zeichne aufgrund der Stellung im Periodensystem der Elemente das Atommodell für a) Natrium-, b) Kohlenstoff- und c) Neonatome nach Abbildung 1!

PERIODENSYSTEM – TEILCHEN BEI REAKTIONEN

Periodizität bei den Eigenschaften der Elemente

Ionen der Hauptgruppenelemente. Viele Atome der Hauptgruppenelemente können durch Abgabe oder Aufnahme von Elektronen Ionen bilden (↗ S. 77).
Atome der links im Periodensystem stehenden Elemente besitzen nur wenige Elektronen in der äußeren Elektronenschale. Sie können durch deren Abgabe die stabile Elektronenanordnung eines Edelgases erreichen. Dabei entstehen positiv elektrisch geladene Ionen.
Zum Beispiel können Magnesiumatome die beiden Außenelektronen abgeben und so zur Elektronenanordnung der Neonatome gelangen. Es entstehen auf diese Weise zweifach positiv elektrisch geladene Magnesium-Ionen (Abb. 1).
Atome der rechts im Periodensystem stehenden Elemente besitzen mehr als 4 Elektronen in der äußeren Elektronenschale. Zum Beispiel können Chloratome mit 7 Elektronen auf der 3. Elektronenschale durch Aufnahme eines weiteren Elektrons die stabile Elektronenanordnung der Argonatome erreichen. Dabei würde das negativ elektrisch geladene Chlorid-Ion entstehen (Abb. 2).
Positiv elektrisch geladene Ionen bilden vor allem Elemente der I. bis II. Hauptgruppe. Negativ elektrisch geladene Ionen finden sich besonders bei den Elementen der V. bis VII. Hauptgruppe (Abb. 3).

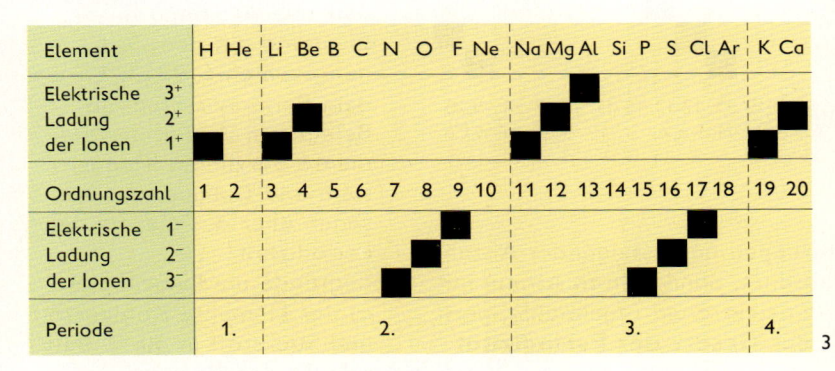

Magnesium-Ion Mg^{2+}

Anzahl und Art der elektrischen Ladungen im Atomkern	12+
Anzahl und Art der elektrischen Ladungen in der Atomhülle	10−
Elektrische Ladung des Ions	2+

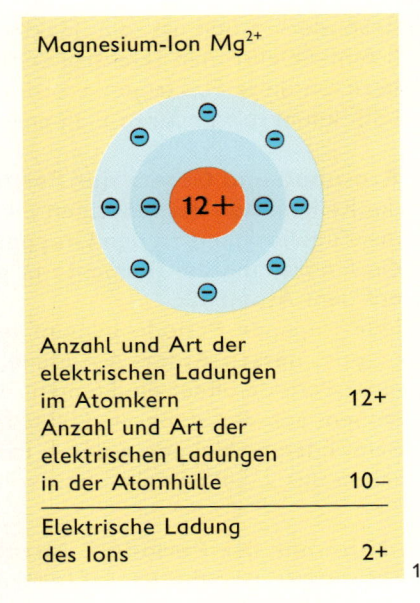

1

Chlorid-Ion Cl$^−$

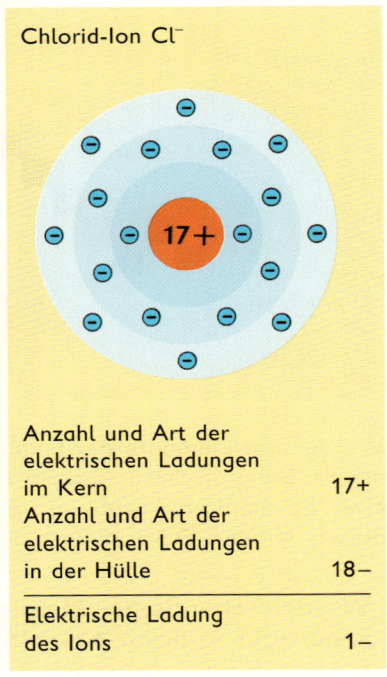

Anzahl und Art der elektrischen Ladungen im Kern	17+
Anzahl und Art der elektrischen Ladungen in der Hülle	18−
Elektrische Ladung des Ions	1−

2

Element	H	He	Li	Be	B	C	N	O	F	Ne	Na	Mg	Al	Si	P	S	Cl	Ar	K	Ca
Elektrische Ladung der Ionen 3+ / 2+ / 1+			■	■							■	■	■						■	■
Ordnungszahl	1	2	3	4	5	6	7	8	9	10	11	12	13	14	15	16	17	18	19	20
Elektrische Ladung der Ionen 1− / 2− / 3−							■	■	■						■	■	■			
Periode	1.		2.								3.								4.	

3

Art und Anzahl der elektrischen Ladungen von Ionen der Hauptgruppenelemente ändern sich periodisch.

Metalle und Nichtmetalle. Im Periodensystem sind die links stehenden Elemente mit Ausnahme des Wasserstoffs Metalle. Auch Nebengruppenelemente gehören zu den Metallen. Aufgrund der wenigen Außenelektronen in den Atomen dieser Elemente bilden sich zwischen den Atomen Metallbindungen. Nach rechts nehmen in den Perioden jedoch die metallischen Eigenschaften der Elemente ab. Die nichtmetallischen Eigenschaften nehmen zu. Atome dieser Elemente sind untereinander durch Atombindung verbunden. Beim Übergang in die nächste Periode folgt auf das Edelgas wieder ein Metall.

Eigenschaften von Elementen der 3. Periode

Na	Mg	Al	Si	P	S	Cl	Ar
Metalle			Element mit metallischen und nichtmetallischen Eigenschaften	Nichtmetalle			

← Metallische Eigenschaften nehmen zu.

Nichtmetallische Eigenschaften nehmen zu. →

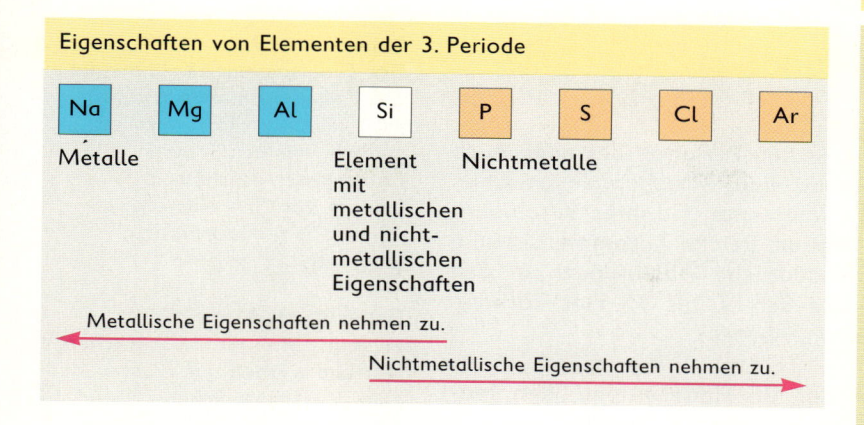

Metallische und nichtmetallische Eigenschaften der Elemente ändern sich mit steigender Ordnungszahl periodisch.

Oxide und ihre Lösungen in Wasser. Metalle und Nichtmetalle bilden mit Sauerstoff Oxide, die zum Teil mit Wasser reagieren. Diese wässrigen Lösungen sind alkalisch bzw. sauer.
Oxide von Elementen der I. bis III. Hauptgruppe können mit Wasser zu Hydroxiden reagieren (↗ S. 82). Bringt man diese Hydroxide in Wasser, so lösen sie sich teilweise. Dabei bilden sich unterschiedlich starke alkalische Lösungen.
Oxide von Nichtmetallen können mit Wasser saure Lösungen bilden (↗ S. 94). Besonders ausgeprägt ist das bei den Oxiden von Elementen der V. bis VII. Hauptgruppe.
Bei den Elementen der 3. Periode bilden Natrium- und Magnesiumhydroxid in Wasser alkalische Lösungen. Phosphor- und Schwefelsäurelösungen sind deutlich sauer. Wird der pH-Wert solcher Lösungen verglichen, zeigen sich Abstufungen (Experiment 1).
Aluminiumhydroxid hat eine Zwischenstellung. Es bildet mit Säuren wie andere Hydroxide Salzlösungen. Aluminiumhydroxid reagiert aber auch mit Natronlauge wie eine Säure (Experiment 2).
Alkalische und saure Eigenschaften der wässrigen Lösungen von Oxiden einzelner Elemente ändern sich ebenfalls periodisch mit steigender Ordnungszahl (↗ Periodensystem am Ende des Buches).

PERIODIZITÄT BEI DEN EIGENSCHAFTEN

Experiment 1
Das Filtrat einer Magnesiumoxid-Aufschlämmung und Lösungen von 2 Tropfen verdünnter Natronlauge, verdünnter Phosphorsäure und Schwefelsäure in 2 ml Wasser werden mit Universalindikator geprüft.

Experiment 2
Frisch gefälltes Aluminiumhydroxid wird a) mit verdünnter Salzsäure, b) mit konzentrierter Natronlauge versetzt.

AUFGABEN

1. Vergleiche die Elektronenanordnung in den Atomen und Ionen von Chlor, Magnesium, Kalium, Brom!
2. Vergleiche die Elektronenanordnung von a) Fluor- und Natrium-Ionen mit der von Neonatomen, b) Schwefel- und Calcium-Ionen mit der von Argonatomen!
3. Leite aus dem Periodensystem Aussagen über das Element Strontium ab!
4. Belege die Gültigkeit des Gesetzes der Periodizität für die Eigenschaften der Elemente der 2. und 3. Periode!

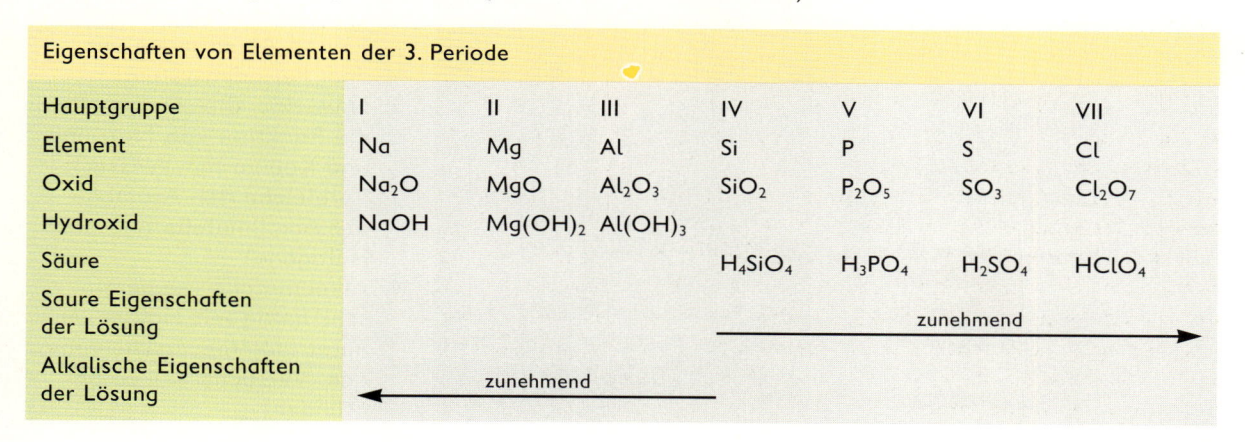

Eigenschaften von Elementen der 3. Periode

Hauptgruppe	I	II	III	IV	V	VI	VII
Element	Na	Mg	Al	Si	P	S	Cl
Oxid	Na_2O	MgO	Al_2O_3	SiO_2	P_2O_5	SO_3	Cl_2O_7
Hydroxid	NaOH	$Mg(OH)_2$	$Al(OH)_3$				
Säure				H_4SiO_4	H_3PO_4	H_2SO_4	$HClO_4$
Saure Eigenschaften der Lösung					zunehmend →		
Alkalische Eigenschaften der Lösung	← zunehmend						

PERIODENSYSTEM – TEILCHEN BEI REAKTIONEN

Gruppeneigenschaften und Periodensystem

Gruppeneigenschaften. So wie in den Perioden bestehen auch in den Gruppen des Periodensystems viele Beziehungen zwischen den Elementen. Eigenschaften der Elemente und ihrer Verbindungen sind ähnlich. Verbindungen weisen gleiche Zusammensetzung auf. Andererseits sind auch oft deutliche Abstufungen in den Eigenschaften erkennbar. Elemente der IV. bis VII. Hauptgruppe sind bereits ausführlich beschrieben worden.

Halogene. Bei den Elementen der VII. Hauptgruppe, den **Halogenen**, sind die Gruppeneigenschaften besonders deutlich (↗ S. 104). Die Elemente reagieren leicht mit Metallen zu Halogeniden (↗ S. 106) sowie mit Wasserstoff. Die farblosen, gasförmigen Halogenwasserstoffe lösen sich leicht in Wasser zu Säuren (↗ S. 108). Innerhalb der Gruppe gibt es aber auch Abstufungen der Eigenschaften, z. B. bei der Farbe der Gase von Hellgelb beim Fluor bis zum Violett beim Iod (↗ S. 109). Die Stabilität der Wasserstoffverbindungen und Halogenide nimmt vom Fluor zum Iod ab. So lassen sich auch Iod und Brom nacheinander mit Chlorwasser aus Iodid- bzw. Bromidlösungen abscheiden (Exp. 3).

Alkalimetalle. Die Metalle Lithium, Natrium, Kalium, Rubidium und Caesium, die **Alkalimetalle**, bilden die I. Hauptgruppe. Die Atome dieser Elemente haben ein Außenelektron und bilden einfach positiv elektrisch geladene Ionen. Es sind sehr unedle Metalle, die leicht mit dem Sauerstoff der Luft reagieren, Rubidium und Caesium sogar unter Selbstentzündung. Die Metalle werden deshalb unter sauerstofffreien Flüssigkeiten aufbewahrt (Abb. 1). Alle Alkalimetalle reagieren mit Wasser unter Wasserstoffentwicklung (Experiment 4), wobei die Heftigkeit von Lithium bis zum explosionsartigen Verlauf bei Rubidium und Caesium zunimmt. Dabei entstehen Hydroxidlösungen. Charakteristisch ist die **Flammenfärbung** durch Verbindungen der Alkalimetalle (Experiment 5). Diese Erscheinung wird zum **Nachweis** der Alkalimetalle genutzt (Abb. 2).

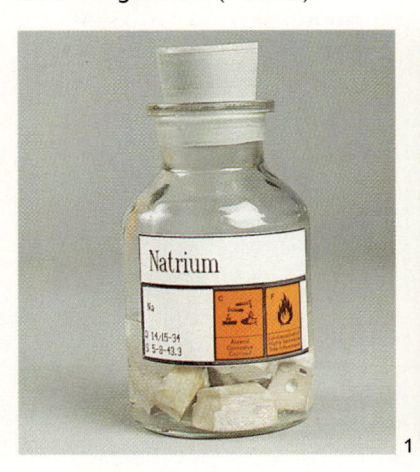

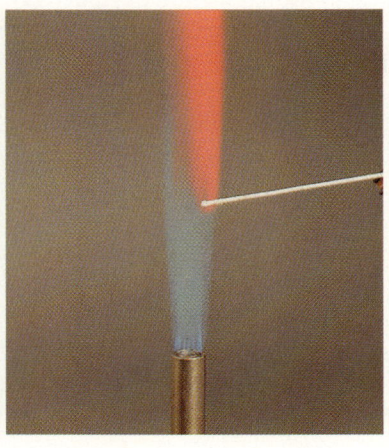

Experiment 3
Das Gemisch einer Kaliumiodid- und Kaliumbromidlösung wird mit 1 ml Chloroform versetzt und mit wenigen Tropfen Chlorwasser geschüttelt. Danach wird mit einem Überschuss Chlorwasser erneut geschüttelt.

Experiment 4
Vorsicht! Erbsengroße Stückchen Natrium werden auf Wasser in einer Kristallisierschale gebracht.

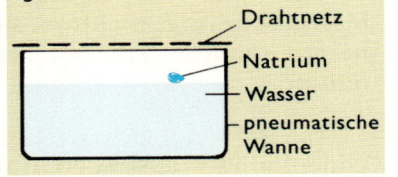

– Drahtnetz
– Natrium
– Wasser
– pneumatische Wanne

Experiment 5
Mit einem Magnesiastäbchen werden Proben von Lithium-, Kalium- und Natriumchlorid in die nicht leuchtende Brennerflamme gebracht.

AUFGABEN

1. Stelle Eigenschaften der Elemente der VII. Hauptgruppe in einer Tabelle zusammen! Nutze Kapitel 13 und Ableitungen aus dem Periodensystem!
2. Entwickle Gleichungen für die Reaktion von Natrium und Kalium mit Wasser!
3. Vergleiche den Atombau der Alkalimetalle und der Halogene!
4. Alkalimetalle reagieren sehr heftig mit Halogenen unter Flammenerscheinungen. Versuche das zu begründen!

Wie entstand das Periodensystem der Elemente?

Am Beginn des 19. Jahrhunderts wurden immer mehr chemische Elemente entdeckt. Chemiker bemühten sich, diese nach Merkmalen zu ordnen. 1829 beschrieb *Johann Wolfgang Doebereiner* (Abb. 3), Chemiker in Jena, Gruppen von je drei in ihren Eigenschaften ähnlichen Elementen, bei denen die Atommasse des mittleren jeweils das arithmetische Mittel der beiden anderen war.

Triaden von *Doebereiner*

Lithium	Calcium	Chlor	Schwefel
Natrium	Strontium	Brom	Selen
Kalium	Barium	Iod	Tellur

Der Engländer *John A. R. Newlands* (1838 bis 1898) stellte 1865 eine Übersicht von 62 Elementen zusammen, die er nach den Atommassen geordnet hatte (Abb. 4). Er fand dabei, dass nach jeweils 7 Elementen eines auftritt, das dem ersten ähnlich ist. *Newlands* berücksichtigte bei seinen „Oktaven" jedoch nicht, dass noch nicht alle Elemente bekannt waren.

1869 wurden von dem deutschen Chemiker *Lothar Meyer* (1830 bis 1895) und dem russischen Chemiker *Dimitri Iwanowitsch Mendelejew* (1834 bis 1907) unabhängig voneinander Tafeln der Elemente entwickelt, die dem heute gebräuchlichen Periodensystem der Elemente entsprechen. Beide berücksichtigten, dass noch nicht alle Elemente entdeckt sein konnten, und ließen Plätze dafür frei. *Mendelejew* machte sogar Voraussagen über Eigenschaften noch unbekannter Elemente (Tabelle).

Als der deutsche Chemiker *Clemens Winkler*, Professor an der Bergakademie Freiberg in Sachsen, 1886 das Element Germanium auffand, dessen Eigenschaften weitgehend mit den Voraussagen *Mendelejews* für das Eka-Silicium (unter Silicium stehend) übereinstimmten, war das eine Bestätigung für die Zweckmäßigkeit des Periodensystems. Seine Begründung durch den Atombau erfolgte erst ein halbes Jahrhundert später.

GRUPPENEIGENSCHAFTEN UND ENTDECKUNG

Atommasseberechnung

Element	Atommasse	Arithmetisches Mittel
Li	6,9	
Na	23,0	$\frac{6,9 + 39,1}{2} = 23$
K	39,1	

Johann Wolfgang Doebereiner (1780 bis 1849)

Oktaven von *Newlands* (1865)

Voraussage und Entdeckung eines Elements

Eigenschaften	1871 von *Mendelejew* vorausgesagt Eka-Silicium Es	1886 von *Winkler* gefunden Germanium Ge
Relative Atommasse	72	72,6
Dichte in g/cm^3	5,5	5,4
Formel und Dichte des Oxids	EsO$_2$; 4,7 g/cm^3	GeO$_2$, 4,70 g/cm^3
Formel und Eigenschaften des Chlorids	EsCl$_4$; flüssig; Siedetemperatur: 100 °C; Dichte: 1,9 g/cm^3	GeCl$_4$; flüssig; Siedetemperatur: 84 °C; Dichte: 1,84 g/cm^3

PERIODENSYSTEM – TEILCHEN BEI REAKTIONEN

Teilchenveränderungen bei chemischen Reaktionen

Reaktionen mit Elektronenübergang. Die Stoffumwandlung bei jeder chemischen Reaktion beruht darauf, dass Umordnungen und Veränderungen von Teilchen erfolgen. Dabei werden chemische Bindungen gespalten und neu ausgebildet. Bei einigen Reaktionen findet ein **Elektronenübergang** von Teilchen eines Reaktionspartners auf Teilchen des anderen Reaktionspartners statt. Zu solchen Reaktionen gehören die Reaktionen von einigen Metallen mit Halogenen zu Halogeniden (↗ S. 106). Auch bei der Reaktion von Zink mit Säuren (↗ S. 96) findet ein Elektronenübergang statt (Abb. 1).

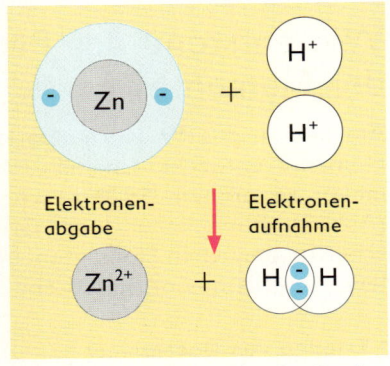

Elektronenübergang bei der Reaktion von Zink mit einer Säure

$$Zn + 2\,H^+ \longrightarrow Zn^{2+} + H_2 \qquad Zn + 2\,H^+ \longrightarrow Zn^{2+} + H_2$$

(Elektronenabgabe / Elektronenaufnahme) — Elektronenübergang

Bei der Zugabe von Chlorwasser zu Bromid- und Iodidlösung erfolgen auch Elektronenübergänge von den Bromid- bzw. Iodid-Ionen zu den Chlormolekülen (Experiment 3, S. 222).

Elektronenübergänge – Redoxreaktionen. Magnesium reagiert mit Sauerstoff zu Magnesiumoxid (↗ S. 53) und mit Chlor zu Magnesiumchlorid. Vergleicht man die Veränderung der Teilchen beider Reaktionen, so lassen sich Ähnlichkeiten feststellen:

$$2\,Mg + O_2 \longrightarrow 2\,MgO \qquad Mg + Cl_2 \longrightarrow MgCl_2$$

Magnesiumatome geben Elektronen ab. Es bilden sich Magnesium-Ionen.
Sauerstoffmoleküle nehmen Elektronen auf. Es bilden sich Oxid-Ionen.

Magnesiumatome geben Elektronen ab. Es bilden sich Magnesium-Ionen.
Chlormoleküle nehmen Elektronen auf. Es bilden sich Chlorid-Ionen.

$$2\,Mg + O_2 \longrightarrow 2\,Mg^{2+} + 2\,O^{2-} \qquad Mg + Cl_2 \longrightarrow Mg^{2+} + 2\,Cl^-$$

(4 e⁻ Elektronenübergang) — (2 e⁻ Elektronenübergang)

Aufgrund der Ähnlichkeiten der Teilreaktionen Elektronenabgabe und Elektronenaufnahme mit der Oxidation und der Reduktion können die Begriffe Oxidation und Reduktion neu definiert werden.

> **Oxidation** ist die Teilreaktion einer Redoxreaktion, bei der Teilchen der Elemente Elektronen abgeben.
> **Reduktion** ist die Teilreaktion einer Redoxreaktion, bei der Teilchen der Elemente Elektronen aufnehmen.
> **Redoxreaktionen** sind Reaktionen mit Elektronenübergang.

AUFGABEN

1. Entwickle die Reaktionsgleichung für die Reaktion von Chlorwasser mit Iodidlösung! Beschreibe den Elektronenübergang!
2. Entwickle Reaktionsgleichungen für a) die Reaktion von Natrium mit Chlor, b) die Reaktion von Eisen mit Salzsäure! Entscheide, ob es sich um Redoxreaktionen handelt! Begründe!
3. Wasserdampf kann mit Magnesium zu Wasserstoff reduziert werden. Beschreibe den Vorgang als Redoxreaktion!
4. Folgende Reaktionen sind gegeben: a) Verbrennen von Calcium an der Luft, b) Bilden von Eisensulfid aus Schwefel und Eisen, d) Hitzespaltung von Quecksilberoxid, e) Reaktion von Natriummetall mit Wasser, f) Reaktion von Ammoniak mit Chlorwasserstoff, g) Neutralisation von Salzsäure mit Natronlauge. Welche Reaktionen sind Redoxreaktionen? Begründe!

> TEILCHENVERÄNDERUNGEN
> BEI REAKTIONEN
> IM ÜBERBLICK

Im Überblick

Periodensystem und Atombau

Angaben zur Stellung der Elemente im Periodensystem	Abgeleitete Aussagen zum Atombau der Elemente
Ordnungszahl	Anzahl der Protonen im Atomkern Anzahl der Elektronen in der Atomhülle
Nummer der Hauptgruppe	Anzahl der Außenelektronen in der Atomhülle Anzahl der elektrischen Ladungen positiver Ionen
Nummer der Periode	Anzahl der Elektronenschalen in der Atomhülle Nummer der äußeren Elektronenschale in der Atomhülle

Beziehungen im Periodensystem der Elemente

In einer **Periode** bei steigender Ordnungszahl (von links nach rechts)
— gleiche Anzahl der Elektronenschalen,
— Anzahl der Außenelektronen steigt von 1 bis 8,
— verkleinert sich der Atomradius,
— nehmen die metallischen Eigenschaften ab und die nichtmetallischen Eigenschaften zu,
— nimmt Neigung zur Elektronenabgabe ab und zur Elektronenaufnahme zu,
— nimmt die Stärke von Hydroxidlösungen ab,
— nimmt die Stärke von Säurelösungen zu.

In einer **Hauptgruppe** bei steigender Ordnungszahl (von oben nach unten)
— steigt die Anzahl der Elektronenschalen von 1 bis 6,
— ist die Anzahl der Außenelektronen gleich,
— nimmt der Atomradius zu,
— nehmen die metallischen Eigenschaften zu und die nichtmetallischen Eigenschaften ab,
— haben Verbindungen der Elemente übereinstimmende Zusammensetzung.

Redoxreaktionen als *Sauerstoffübergang* und *Elektronenübergang*

Oxidation: (Teilreaktion der Redoxreaktion)	Chemische Reaktion, bei der sich ein Stoff mit *Sauerstoff* verbindet.	Chemische Reaktion, bei der *Elektronen abgegeben* werden.
Reduktion: (Teilreaktion der Redoxreaktion)	Chemische Reaktion, bei der einem Stoff *Sauerstoff entzogen* wird.	Chemische Reaktion, bei der *Elektronen aufgenommen* werden.
Redoxreaktion:	Chemische Reaktion, bei der *Bindung und Entzug von Sauerstoff* gleichzeitig ablaufen.	Chemische Reaktion, bei der ein *Elektronenübergang* stattfindet.

Oxidation: $Fe_2O_3 + 2\,Al \longrightarrow 2\,Fe + Al_2O_3$ (Reduktion)

Elektronenabgabe / Oxidation: $Zn + 2\,H^+ \longrightarrow Zn^{2+} + H_2$ / Elektronenaufnahme / Reduktion

QUANTITATIVE BETRACHTUNGEN

28
Quantitative Betrachtungen

Quantitative Betrachtungen spielen im täglichen Leben, in Laboratorien und in der Technik eine große Rolle. Auch Chemiker müssen oft Berechnungen anstellen. Kann man mithilfe von Reaktionsgleichungen Massen und Volumen berechnen?

Stoffmenge

Wie viel von einem Stoff? Bei einer quantitativen Betrachtung ist vor allem die Frage nach dem „*Wie viel von einem Stoff?*" zu beantworten. Diese Frage muss in der chemischen Industrie beispielsweise beantwortet werden, um wertvolle Rohstoffe möglichst vollständig in Chemieprodukte umzuwandeln. Den Arzt interessiert der genaue Anteil bestimmter Stoffe im Blut und im Urin, um die Ursachen für Erkrankungen zu ergründen. Auch im Chemieunterricht will man vor dem Experimentieren wissen, wie viel von den Ausgangsstoffen unbedingt benötigt wird, damit das Experiment gelingt (Abb. 2).

Bisher sind zwei Sachverhalte bekannt:
– das Gesetz von der Erhaltung der Masse:
  Die Masse der Ausgangsstoffe ist gleich der Masse der Reaktionsprodukte, $m_A = m_R$, und
– die teilchenmäßige Deutung von Reaktionsgleichungen.

$2 H_2 + O_2 \longrightarrow 2 H_2O$
Jeweils 2 Moleküle Wasserstoff und 1 Molekül Sauerstoff reagieren zu 2 Molekülen Wasser.

$Fe + S \longrightarrow FeS$
Jeweils 1 Atom Eisen und 1 Atom Schwefel bilden 1 Baueinheit Eisensulfid.

Reaktionsgleichungen kann man **Teilchenanzahlen N** entnehmen. „Wie viel von einem Stoff?" wird aber meist durch die **Masse m** oder durch das **Volumen V** angegeben. Man kann annehmen, dass ein Zusammenhang zwischen der Anzahl der Teilchen eines Stoffes und dessen Masse besteht. Dieser Zusammenhang ermöglicht, anhand von Reaktionsgleichungen Massen zu berechnen.

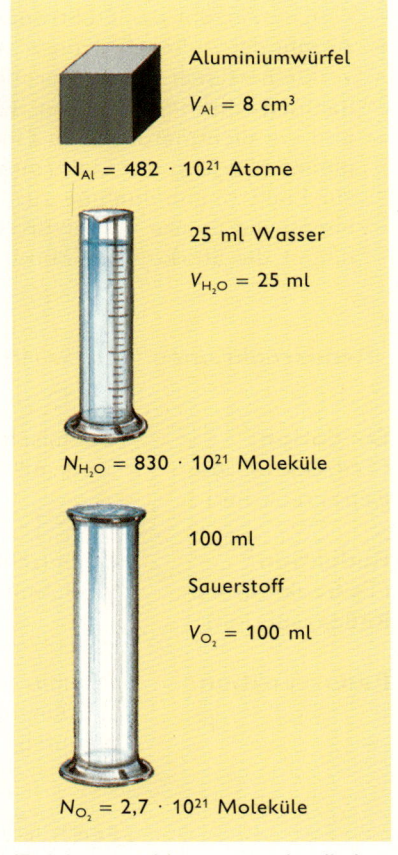

Aluminiumwürfel
$V_{Al} = 8$ cm³
$N_{Al} = 482 \cdot 10^{21}$ Atome

25 ml Wasser
$V_{H_2O} = 25$ ml
$N_{H_2O} = 830 \cdot 10^{21}$ Moleküle

100 ml Sauerstoff
$V_{O_2} = 100$ ml
$N_{O_2} = 2,7 \cdot 10^{21}$ Moleküle

1 Teilchenanzahl in unterschiedlichen Stoffproben

Teilchenanzahl von Stoffproben. Bei chemischen Reaktionen reagieren unvorstellbar viele Teilchen miteinander. Der Abbildung 1 kann man entnehmen, dass die Teilchenanzahl gebräuchlicher Stoffproben ein Vielfaches von einer Trilliarde beträgt. Berechnungen mit solch großen Zahlen sind sehr unbequem und aufwendig. Um Berechnungen durchführen zu können, muss ein gut handhabbares Maß für die Teilchenanzahl festgelegt werden.

Teilchenanzahl und Stoffmenge. Es wurde festgelegt: $6 \cdot 10^{23}$ (600 Trilliarden) Teilchen sind die Einheit für die Teilchenanzahl. Diese Einheit wird als ein **Mol** bezeichnet. Das Einheitenzeichen ist mol.

1 mol ≙ $6 \cdot 10^{23}$ Teilchen

Die in dieser Einheit gemessene physikalische Größe wird als **Stoffmenge** n bezeichnet. Die Stoffmenge kennzeichnet die Eigenschaft einer Stoffprobe, aus einer bestimmten Anzahl gleichartiger Teilchen zu bestehen (Abb. 3).

Eine Stoffprobe, die aus $6 \cdot 10^{23}$ Teilchen besteht, hat die Stoffmenge $n = 1$ mol.

Bei Verwendung der Einheit Mol muss die Art der Teilchen beachtet werden. Das kann durch Angabe des jeweiligen chemischen Zeichens geschehen. Hinter das Formelzeichen n für die Stoffmenge wird dann das chemische Zeichen des Teilchens (der Baueinheit) tief gestellt geschrieben:

$n_{Fe} = 3$ mol; $n_{NaOH} = 2$ mol; $n_{HCl} = 1$ mol.

Stoffmenge und Reaktionsgleichung. In der Reaktionsgleichung geben die Faktoren vor den chemischen Zeichen die kleinstmögliche Anzahl von Teilchen (Baueinheiten) an, die miteinander reagieren. An den Zahlenverhältnissen ändert sich auch nichts, wenn man alle Faktoren mit $6 \cdot 10^{23}$ multipliziert. Man kann die Faktoren vor den chemischen Zeichen also auch auf entsprechende Stoffmengen beziehen:

Fe_2O_3	+	$3 H_2$	⟶	$2 Fe$	+	$3 H_2O$
1 Baueinheit		3 Moleküle		2 Atome		3 Moleküle
$1 \cdot (6 \cdot 10^{23})$ Baueinheiten		$3 \cdot (6 \cdot 10^{23})$ Moleküle		$2 \cdot (6 \cdot 10^{23})$ Atome		$3 \cdot (6 \cdot 10^{23})$ Moleküle
1 mol		3 mol		2 mol		3 mol

Teilchenanzahl-Verhältnis   **Stoffmengen-Verhältnis**
$N_{Fe_2O_3} : N_{H_2} = 1 : 3$ $n_{Fe_2O_3} : n_{H_2} = 1 : 3$

Die Stoffe reagieren in bestimmten Stoffmengenverhältnissen. Das Stoffmengenverhältnis ist gleich dem jeweiligen Teilchenanzahlverhältnis.

STOFFMENGE

Analysenwaage

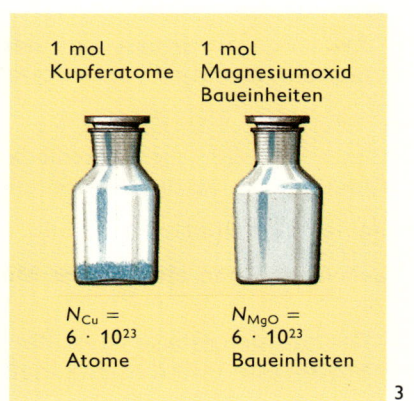

1 mol Kupferatome
$N_{Cu} = 6 \cdot 10^{23}$ Atome

1 mol Magnesiumoxid Baueinheiten
$N_{MgO} = 6 \cdot 10^{23}$ Baueinheiten

Ein Mol eines Stoffes

AUFGABEN

1. Welches Volumen hat ein Würfel mit der Kantenlänge von 3 cm?
2. Ein Stück Eisen hat die Masse 250 g. Berechne das Volumen mithilfe der Dichte ($\varrho = 7{,}86$ g/cm³)!
3. Wie stellt man das Volumen von Flüssigkeiten fest?
4. Wie viel Teilchen entsprechen
   a) 1 mol Kupfer,
   b) 2 mol Kupfer,
   c) 3 mol Wasserstoff,
   d) 1 mol Schwefelsäure?
5. Welche Stoffmenge sind $1{,}5 \cdot 10^{23}$ Teilchen?

QUANTITATIVE BETRACHTUNGEN

Molare Masse – Massenberechnungen bei chemischen Reaktionen

Masse und Stoffmenge einer Stoffprobe. Stoffe reagieren in bestimmten Teilchen- bzw. Stoffmengenverhältnissen, die durch die Reaktionsgleichung gegeben sind. Da die Teilchen eines Stoffes eine bestimmte Masse haben, kann man annehmen, dass die Stoffe in bestimmten Massenverhältnissen reagieren.
Gibt es einen Zusammenhang zwischen der Masse und der Stoffmenge einer Stoffprobe?
Um diese Frage zu beantworten, werden für verschiedene Stoffproben Magnesium jeweils die Masse m_{Mg} und die Stoffmenge n_{Mg} in einer Wertetabelle zusammengestellt. Aus der Wertetabelle folgt: Verdoppelt oder verdreifacht man die Masse des Magnesiums, so verdoppelt bzw. verdreifacht sich auch die Stoffmenge.

> **Zwischen der Masse und der Stoffmenge einer Stoffprobe besteht direkte Proportionalität: $m \sim n$.**

Bildet man für die verschiedenen Stoffproben Magnesium die Quotienten aus der Masse und der Stoffmenge, so ergibt sich immer eine konstante Größe: $\frac{m}{n} = 24 \frac{g}{mol}$. Diesen Quotienten bezeichnet man als **molare Masse** des Magnesiums.

> **Die molare Masse M ist der Quotient aus der Masse einer Stoffprobe und der dazugehörigen Stoffmenge.**
>
> $M = \frac{m}{n}$

Während es von einem Stoff Stoffproben beliebiger Masse gibt, ist die molare Masse für jeden Stoff eine charakteristische Größe (Tabelle). Zur Unterscheidung der molaren Massen wird hinter das Formelzeichen M das chemische Zeichen des Stoffes tief gestellt geschrieben: $M_{Mg} = 24 \frac{g}{mol}$.
Da die molaren Massen der Stoffe in Tabellen zusammengestellt sind, kann man
– die Masse einer Stoffprobe berechnen, wenn die Stoffmenge bekannt ist, und
– die Stoffmenge (und damit die Teilchenanzahl) berechnen, wenn die Masse bekannt ist.
Das Berechnen der Masse von Ausgangsstoffen und Reaktionsprodukten kann man nach der Größengleichung $m = n \cdot M$ anhand einer Reaktionsgleichung vornehmen.
Der Chemiker kann auch „mit der Waage zählen". Er bestimmt die Masse eines Stoffes. Nach $n = \frac{m}{M}$ ermittelt er dann die entsprechende Stoffmenge. Durch Multiplikation mit $6 \cdot 10^{23}$ erhält er die Teilchenanzahl.

Stoffprobe Magnesium			
	a)	b)	c)
m_{Mg}	24 g	48 g	72 g
n_{Mg}	1 mol	2 mol	3 mol

Molare Massen einiger Stoffe

$M_{Al} = 27 \frac{g}{mol}$

$M_{Zn} = 65 \frac{g}{mol}$

$M_{Fe} = 56 \frac{g}{mol}$

$M_{H_2} = 2 \frac{g}{mol}$

$M_{Mg} = 24 \frac{g}{mol}$

$M_{O_2} = 32 \frac{g}{mol}$

$M_S = 32 \frac{g}{mol}$

$M_{Cl_2} = 71 \frac{g}{mol}$

$M_{CaO} = 56 \frac{g}{mol}$

$M_{H_2O} = 18 \frac{g}{mol}$

$M_{MgO} = 40 \frac{g}{mol}$

$M_{SO_2} = 64 \frac{g}{mol}$

$M_{FeS} = 88 \frac{g}{mol}$

$M_{CaCl_2} = 111 \frac{g}{mol}$

$M_{CaCO_3} = 100 \frac{g}{mol}$

$M_{Ca(OH)_2} = 74 \frac{g}{mol}$

$M_{NaOH} = 40 \frac{g}{mol}$

$M_{HCl} = 36,5 \frac{g}{mol}$

$M_{H_2SO_4} = 98 \frac{g}{mol}$

MOLARE MASSE – MASSENBERECHNUNGEN

Berechnen der Masse einer Stoffprobe. Kennt man die Stoffmenge einer Stoffprobe, kann man die Masse dieser Stoffprobe mithilfe der Definitionsgleichung der molaren Masse berechnen.

Aufgabe: Welche Masse hat ein Stückchen Eisen mit der Stoffmenge 2 mol?

Gesucht: m_{Fe} *Gegeben:* $n_{Fe} = 2$ mol

Aus $M = \dfrac{m}{n}$ folgt: $\boxed{m = n \cdot M}$

Lösung: $m_{Fe} = n_{Fe} \cdot M_{Fe} = 2 \text{ mol} \cdot 56 \dfrac{g}{mol}$

Ergebnis: $\underline{m_{Fe} = 112 \text{ g}}$

Das Stückchen Eisen mit der Stoffmenge 2 mol hat eine Masse von 112 g.

Berechnen der Stoffmenge einer Stoffprobe. Kennt man die Masse einer Stoffprobe, kann man die Stoffmenge dieser Stoffprobe mithilfe der Größengleichung der molaren Masse berechnen.

Aufgabe: Ein Stück Aluminium wiegt 1,8 g. Welche Stoffmenge an Aluminium liegt vor?

Gesucht: n_{Al} *Gegeben:* $m_{Al} = 1,8$ g

Aus $M = \dfrac{m}{n}$ folgt: $\boxed{n = \dfrac{m}{M}}$

Lösung: $n_{Al} = \dfrac{m_{Al}}{M_{Al}} = \dfrac{1,8 \text{ g}}{27 \dfrac{g}{mol}}$

Ergebnis: $\underline{n_{Al} = 0,067 \text{ mol}}$

Bei dem Stück Aluminium mit der Masse von 1,8 g liegt die Stoffmenge von 0,067 mol vor!

AUFGABEN

1. Gib die Anzahl der Teilchen bzw. Baueinheiten an, die den Stoffmengen entsprechen:
   a) $n_{O_2} = 1$ mol,
   b) $n_{NaOH} = 0,1$ mol!

2. Gib für folgende Reaktionsgleichungen die Teilchenanzahl- und die Stoffmengenverhältnisse an:
   a) $N_2 + 3 H_2 \longrightarrow 2 NH_3$
   b) $Fe_2O_3 + 3 Mg \longrightarrow 2 Fe + 3 MgO$!

3. Welche Masse haben die Stoffproben, wenn folgende Stoffmengen gegeben sind:
   a) $n_{O_2} = 1$ mol,
   b) $n_{Zn} = 2$ mol!

4. Ein Stück Magnesium hat die Masse von 1,8 g.
   a) Welche Stoffmenge an Magnesium liegt vor?
   b) Wie viel Magnesiumatome entsprechen der errechneten Stoffmenge?

Experiment 1

Man wägt eine Stoffprobe Eisenpulver zwischen 0,70 g und 1,50 g in einen Porzellantiegel und vermischt sie gut mit 1 g Schwefelpulver (a). Das Gemisch wird gezündet und so lange erhitzt, bis überschüssiger Schwefel vollständig verbrannt ist (b). Die Masse des Reaktionsprodukts wird bestimmt (c).

Ergebnisse von Experiment 1

Eisen	+	Schwefel	$\longrightarrow$	Eisensulfid
Fe	+	**S**	$\longrightarrow$	**FeS**
0,82 g		(0,48 g)		1,30 g
1,04 g		(0,59 g)		1,63 g
1,17 g		(0,67 g)		1,84 g
1,35 g		(0,76 g)		2,11 g

QUANTITATIVE BETRACHTUNGEN

Gesetz der konstanten Proportionen. Das Ergebnis von Experiment 1 besagt, dass ein vollständiger Umsatz von Eisen und Schwefel nur stattfindet, wenn die Stoffproben von Eisen und Schwefel im Massenverhältnis von 1,75 : 1 vorliegen. Dieses Ergebnis ist Ausdruck des Gesetzes der konstanten Proportionen.

m_{Fe}	: m_S
0,82 g : 0,48 g	= 1,72 : 1
1,04 g : 0,59 g	= 1,76 : 1
1,17 g : 0,67 g	= 1,75 : 1
1,35 g : 0,76 g	= 1,78 : 1
	1,75 : 1

Gesetz der konstanten Proportionen: Bei chemischen Reaktionen reagieren die Stoffe in bestimmten (konstanten) Massenverhältnissen.

Das im Experiment 1 erhaltene Ergebnis kann man errechnen, wenn man die Reaktionsgleichung kennt:

$$Fe + S \longrightarrow FeS$$

$n_{Fe} = 1$ mol $\qquad n_S = 1$ mol

$m_{Fe} = 1 \text{ mol} \cdot 56 \frac{g}{mol} \qquad m_S = 1 \text{ mol} \cdot 32 \frac{g}{mol}$

$\underline{m_{Fe} = 56 \text{ g}} \qquad \underline{m_S = 32 \text{ g}}$

Sollen 56 g Eisen vollständig zu Eisensulfid reagieren, müssen mindestens 32 g Schwefel zur Verfügung stehen. Ist mehr Schwefel vorhanden, wird ein Teil des Schwefels nicht verbraucht. Ist weniger Schwefel vorhanden, kann nur ein entsprechender Teil des Eisens zu Eisensulfid reagieren. Vollständiger Umsatz beider Ausgangsstoffe findet nur statt, wenn diese im Massenverhältnis $m_{Fe} : m_S = 1{,}75 : 1$ vorliegen.

$$\frac{m_{Fe}}{m_S} = \frac{56 \text{ g}}{32 \text{ g}} = \frac{1{,}75}{1}$$

Das 1799 von *Proust* entdeckte Gesetz der konstanten Proportionen konnte mit der Atomtheorie des Engländers *Dalton* erklärt werden.

Masseberechnung bei chemischen Reaktionen. Kennt man für eine chemische Reaktion die Reaktionsgleichung, dann kennt man auch das Stoffmengenverhältnis, in dem die Stoffe reagieren. Mithilfe der Beziehung $m = n \cdot M$ kann man die Massenverhältnisse errechnen. An einem Beispiel wird erläutert, wie man eine Massenberechnung durchführt.

Aufgabe: In einer Abwasserprobe wurden 6,0 g Schwefelsäure ermittelt. Die Abwasserprobe muss neutralisiert werden. Welche Masse an Calciumhydroxid wird zur Neutralisation benötigt?

(1) *Gesucht:* $m_{Ca(OH)_2}$ $\qquad$ *Gegeben:* $m_{H_2SO_4} = 6{,}0$ g

(2) *Reaktionsgleichung:* $Ca(OH)_2 + H_2SO_4 \longrightarrow CaSO_4 + 2\,H_2O$

(3) *Lösung:* $\dfrac{m_{Ca(OH)_2}}{m_{H_2SO_4}} = \dfrac{n_{Ca(OH)_2} \cdot M_{Ca(OH)_2}}{n_{H_2SO_4} \cdot M_{H_2SO_4}}$

(4) $m_{Ca(OH)_2} = \dfrac{1 \text{ mol} \cdot 74 \frac{g}{mol} \cdot 6{,}0 \text{ g}}{1 \text{ mol} \cdot 74 \frac{g}{mol} \cdot 6{,}0 \text{ g}}$

(5) *Ergebnis:* $\underline{m_{Ca(OH)_2} = 4{,}53 \text{ g}}$

4,53 g Calciumhydroxid werden benötigt, um 6,0 g Schwefelsäure zu neutralisieren.

John Dalton (1776 bis 1844) gilt als Begründer der Atomtheorie: Atome haben kugelige Gestalt und sind unveränderlich; Atome eines Elements haben eine bestimmte Masse; Atome verbinden sich in ganz bestimmten Zahlenverhältnissen und damit in ganz bestimmten Massenverhältnissen.

Molares Volumen – Volumenberechnungen bei chemischen Reaktionen

Satz von *Avogadro*. Bereits 1811 erkannte der italienische Physiker *Amadeo Avogadro* (Abb. 2), dass gleiche Volumen von Gasen die gleiche Anzahl von Teilchen enthalten. Da Gasvolumen stark von Druck und Temperatur abhängig sind, muss man sich beim Vergleich der Volumen auf gleiche Temperatur und gleichen Druck beziehen. 0 °C und 101,3 kPa wurden als Bedingungen des Normzustandes festgelegt.

> **Satz von *Avogadro*: Gleiche Volumen aller Gase enthalten bei gleicher Temperatur und gleichem Druck die gleiche Anzahl von Teilchen.**

Volumen von Gasen und Stoffmenge. Aus dem Satz von *Avogadro* folgt: Einer gleichen Anzahl von Teilchen muss unter gleichen Bedingungen das gleiche Volumen entsprechen. Ein Mol Wasserstoff (600 Trilliarden Wasserstoffmoleküle) muss unter gleichen Bedingungen das gleiche Volumen einnehmen wie ein Mol Sauerstoff (600 Trilliarden Sauerstoffmoleküle). Allgemein gilt:

> **Ein Mol eines Gases nimmt bei 0 °C und 101 kPa ein Volumen von angenähert 22,4 l ein.**

Verdoppelt oder verdreifacht man die Stoffmenge eines Gases, dann verdoppelt bzw. verdreifacht sich auch das Volumen des Gases. Zwischen dem Volumen und der Stoffmenge eines Gases besteht direkte Proportionalität: $V \sim n$.

Der Quotient aus dem Volumen einer Stoffprobe und der entsprechenden Stoffmenge wird als **molares Volumen V_m** bezeichnet. Während die molare Masse eines Stoffes von Stoff zu Stoff verschieden ist, hat das molare Volumen für alle Gase unter Normbedingungen angenähert den gleichen Wert.

Amadeo Avogadro (1776 bis 1856) entdeckte den Zusammenhang von Teilchenanzahl und Volumen bei Gasen.

Stoffproben Sauerstoff			
	a)	b)	c)
V_{O_2}	22,4 l	44,8 l	67,2 l
n_{O_2}	1 mol	2 mol	3 mol

AUFGABEN

1. Welcher Unterschied besteht zwischen der Masse m und der molaren Masse M?
2. Schreibe die molaren Massen auf für a) Eisen, b) Schwefel, c) Eisensulfid!
3. Welcher Unterschied besteht zwischen dem Volumen V und dem molaren Volumen V_m?
4. Ergänze die Wertetabelle im Heft!

m_{Fe}	1,75 g		7,0 g	
m_S	1 g	2 g		3 kg

5. Ordne den in der Reaktionsgleichung gekennzeichneten Stoffmengen die entsprechenden Massen zu:
   $Ca(OH)_2 + 2\ HCl \longrightarrow CaCl_2 + 2\ H_2O$!
6. Welche Masse Magnesium muss mindestens reagieren, wenn 15 g Magnesiumoxid entstehen sollen?
7. Welche Masse Eisen kann aus 8 kg Eisenoxid Fe_2O_3 durch chemische Reaktion mit Aluminium gewonnen werden?
8. Wann ist das molare Volumen aller Gase annähernd gleich?

QUANTITATIVE BETRACHTUNGEN

Das molare Volumen V_m eines Stoffes ist der Quotient aus dem Volumen einer Stoffprobe und der dazugehörigen Stoffmenge.

$$V_m = \frac{V}{n}$$

Bei allen Gasen beträgt das molare Volumen unter den Bedingungen des Normzustandes:

$$V_m = 22{,}4 \frac{l}{mol}.$$

Volumenberechnungen. Kennt man das Volumen eines Gases unter Normbedingungen (Abb. 1), dann kann man die Stoffmenge und damit die Teilchenanzahl berechnen.
Wichtiger sind Volumenberechnungen bei chemischen Reaktionen. Aus Reaktionsgleichungen geht hervor, in welchem Stoffmengenverhältnis die Stoffe reagieren. Jeder Stoffmenge kann man
- bei festen und flüssigen Stoffproben eine bestimmte Masse zuordnen: $m = n \cdot M$ und
- bei gasförmigen Stoffproben ein bestimmtes Volumen zuordnen: $V = n \cdot V_m$.

Bei allen chemischen Reaktionen reagieren Stoffe in bestimmten Stoffmengenverhältnissen und proportional dazu in bestimmten Massen- und Volumenverhältnissen miteinander. Bei chemischen Reaktionen zwischen Gasen sind die Volumenverhältnisse gleich den Stoffmengenverhältnissen.

Bei vielen chemischen Reaktionen sind nicht alle Stoffe gasförmig. Dann nutzt man den proportionalen Zusammenhang zwischen Masse und Volumen von Stoffproben für quantitative Betrachtungen. Es gelten prinzipiell die gleichen Regeln, die bereits bei den Massenberechnungen angewandt wurden. Das Vorgehen wird an einem Beispiel erläutert (Experiment 2).

Aufgabe: Welches Volumen Wasserstoff kann aus 1 g Zink durch Reaktion mit verdünnter Salzsäure hergestellt werden?

(1) *Gesucht:* V_{H_2} *Gegeben:* $m_{Zn} = 1\,g$

(2) *Reaktionsgleichung:* $Zn + 2\,HCl \longrightarrow ZnCl_2 + H_2$

(3) *Lösung:*
$$\frac{V_{H_2}}{m_{Zn}} = \frac{n_{H_2} \cdot V_m}{n_{Zn} \cdot M_{Zn}}$$

(4)
$$V_{H_2} = \frac{1\,mol \cdot 22{,}4 \frac{l}{mol}}{1\,mol \cdot 65 \frac{g}{mol}} \cdot 1\,g$$

(5) *Ergebnis:* $\underline{V_{H_2} = 0{,}34\,l}$ Aus 1 g Zink kann man 0,34 l Wasserstoff herstellen.

Wasserstoff
1 mol H_2
$\cong 6 \cdot 10^{23}$ Wasserstoffmolekülen

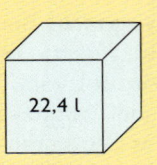

22,4 l

Kohlenstoffdioxid
1 mol CO_2
$\cong 6 \cdot 10^{23}$ Kohlenstoffdioxidmolekülen

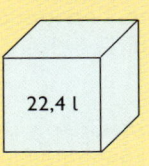

22,4 l

Bedingungen: 0 °C; 101,3 kPa

$2\,H_2O + O_2 \longrightarrow 2\,H_2O$

$$\frac{V_{H_2}}{V_{O_2}} = \frac{n_{H_2}}{n_{O_2}} = \frac{2}{1}$$

Experiment 2
Auf 1 g Zink wird verdünnte Salzsäure gegeben. Das Volumen des gebildeten Wasserstoffs ist zu bestimmen. Temperatur und Luftdruck sind zu beachten.

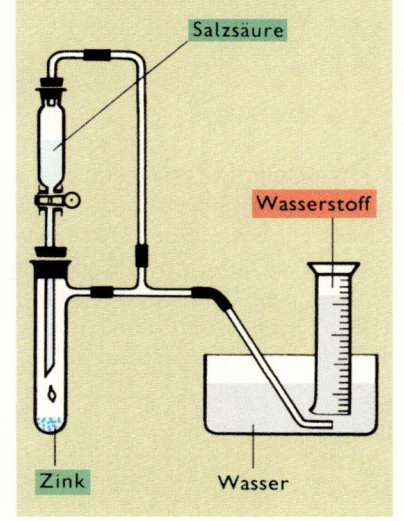

Salzsäure — Wasserstoff — Zink — Wasser

VOLUMENBERECHNUNGEN IM ÜBERBLICK

AUFGABEN

1. Warum muss man beim Vergleichen der Volumen verschiedener Gase auf gleichen Druck und gleiche Temperatur achten?
2. Vergleiche molare Masse und molares Volumen von Sauerstoff und Wasserstoff!
3. Welches Volumen hat eine Stoffprobe Stickstoff der Stoffmenge 2 mol?
4. Wie viel Sauerstoffmoleküle sind in 1 l Sauerstoff enthalten?
5. Welches Volumen Sauerstoff wird benötigt, um 0,5 g Magnesium vollständig zu oxidieren?
6. Welches Volumen Wasserstoff ist erforderlich, um 1,2 g Kupferoxid CuO zu Kupfer zu reduzieren?
7. Welches Volumen an Kohlenstoffdioxid kann man unter Normbedingungen aus 500 g Calciumcarbonat herstellen?

Im Überblick

Allgemeine Lösungsschritte

(1) Analysiere die Aufgabe und schreibe die Größen auf, die *gesucht* bzw. *gegeben* sind!
(2) Entwickle die *Reaktionsgleichung* für die chemische Reaktion, auf die sich die Aufgabe bezieht!
(3) Schreibe die *allgemeine Größengleichung* auf:
  – Bilde den Quotienten aus gesuchter und gegebener Größe!
  – Ergänze den Ansatz durch Anwenden der Beziehung $m = n \cdot M$ bzw. $V = n \cdot V_m$!
(4) Forme die Größengleichung nach der gesuchten Größe um und setze die *Rechengrößen* ein:
  – Gegebene Größe aus der Aufgabe,
  – Stoffmengen entsprechend der Reaktionsgleichung,
  – molare Massen aus der Tabelle!
(5) Unterstreiche das *Ergebnis* (Zahlenwert und Einheit) und formuliere den Antwortsatz!

Zusammenhänge zwischen Stoffmenge, Masse und Volumen für Stoffproben eines Stoffes

Volumen V

Dichte $\varrho = \dfrac{m}{V}$

Molares Volumen $V_m = \dfrac{V}{n}$

Masse m

Molare Masse $M = \dfrac{m}{n}$

Stoffmenge n

Massen- und Volumenberechnungen bei chemischen Reaktionen

Gesuchte Größe	Gegebene Größe	Allgemeine Größengleichung
m_A	m_B	$\dfrac{m_A}{m_B} = \dfrac{n_A \cdot M_A}{n_B \cdot M_B}$
V_A	m_B	$\dfrac{V_A}{m_B} = \dfrac{n_A \cdot V_m}{n_B \cdot M_B}$
V_A	V_B	$\dfrac{V_A}{V_B} = \dfrac{n_A}{n_B}$

VERLAUF CHEMISCHER REAKTIONEN

29

Verlauf chemischer Reaktionen

Wer denkt schon beim Anblick eines jahrzehntealten Laubbaumes im Sonnenlicht an Stoff- und Energieumwandlungen? Täglich „produziert" der Baumriese aber mehr als 9000 l Sauerstoff, den Tagesbedarf von 2 bis 3 Menschen, und 10 kg Kohlenhydrate.

Chemische Reaktionen in Natur und Technik

Stoff- und Energieumwandlungen – ihr Nutzen. Der Stoff- und der Energiewechsel – die mit hohem Wirkungsgrad ablaufenden **Vorgänge im lebenden Organismus** – sind auf chemische Reaktionen zurückzuführen. So ist der menschliche Blutkreislauf eine etwa 6500 km lange Transportbahn aus Arterien, Venen und Kapillaren für Sauerstoff und Nährstoffe, die durch chemische Reaktionen in körpereigene Stoffe umgewandelt werden. Die Nieren sind eine perfekte „Wiederaufbereitungsanlage" für täglich ungefähr 150 l Blut und Wasser. Magen und Darm verarbeiten jährlich mehrere Zentner an Speisen, wandeln Stoffe um. In Anlagen der chemischen Industrie werden Rohstoffe in wertvolle Produkte umgewandelt. Aus Eisenerz wird Stahl, aus Kalkstein werden Baustoffe hergestellt. Benzin, Kunststoffe und Chemiefasern gewinnt man industriell aus Erdöl. Chemische Reaktionen dienen zur **Herstellung von Stoffen** (Abb. 1).

Oft werden chemische Reaktionen zur **Bereitstellung von Energie** eingesetzt. Die chemische Energie der Stoffe wird nutzbar durch Umwandlung in andere Energieformen. Ein Teil der chemischen Energie von Brennstoffen wird in thermische Energie umgewandelt. Abgegebene Wärme **exothermer Reaktionen** ist in Wärme-Energiemaschinen zu nutzen, aber auch in Heizungen, in der Industrie und bei der Metallgewinnung.

Beim Verbrennen von Wasserstoff mit Sauerstoff können Temperaturen bis 3000 °C erreicht werden (Abb. 2). Wasserstoff ist Energieträger der Zukunft, zumal bei seiner Verbrennung keine Schadstoffe für die Umwelt entstehen.

1 Anlage zur Wasserstoffgewinnung aus Erdöl

Heizwerte von Brennstoffen

Brennstoff	Heizwert kJ/kg
Holz (trocken)	19 000
Koks	29 300
Steinkohle	33 500
Heizöl	40 600
Erdgas	32 000

CHEMISCHE REAKTIONEN IN NATUR UND TECHNIK

Es gibt auch Reaktionen, die mit Wärmeaufnahme verbunden sind: **endotherme Reaktionen**. Für die Herstellung von Roheisen ist es notwendig, Wärme zuzuführen. Das zur Reduktion des Eisenoxids Fe_2O_3 benötigte Kohlenstoffmonooxid entsteht durch Redoxreaktion von Kohlenstoffdioxid mit Kohlenstoff in endothermer Reaktion. Die Verbrennung von Koks, eine exotherme Reaktion, liefert die benötigte Wärme im Hochofen.

Die chemische Reaktion ist ein Vorgang, bei dem Stoff- und Energieumwandlung gleichzeitig ablaufen.

Veränderung von Teilchen – Umbau chemischer Bindungen.
Die beobachtbaren Stoff- und Energieumwandlungen bei chemischen Reaktionen sind Ausdruck einer Veränderung im Bau der Stoffe. Atome, Ionen oder Moleküle der Ausgangsstoffe ordnen sich um und verändern sich zu Atomen, Ionen oder Molekülen der Reaktionsprodukte. Diese Teilchenveränderung ist nur bei gleichzeitiger Veränderung chemischer Bindungen möglich. Bei jeder chemischen Reaktion werden chemische Bindungen zwischen Teilchen gespalten und andere neu ausgebildet. Es erfolgt ein **Umbau chemischer Bindungen**.

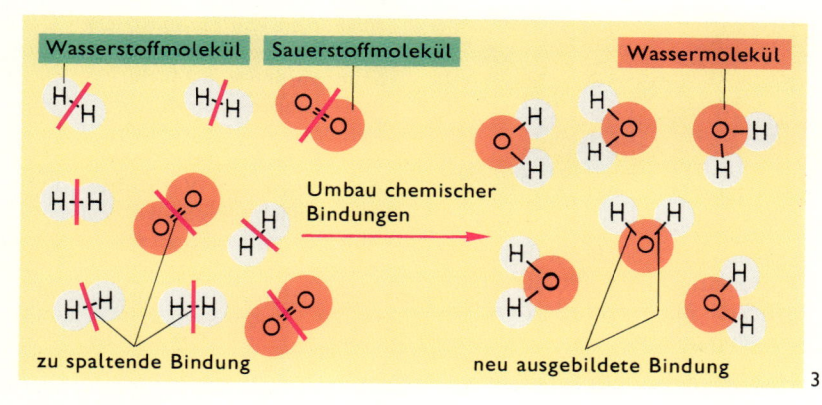

Start einer Rakete, angetrieben durch Reaktion von Wasserstoff und Sauerstoff

Reagiert Wasserstoff mit Sauerstoff zu Wasser, so werden die chemischen Bindungen in Wasserstoffmolekülen und Sauerstoffmolekülen gespalten und in Wassermolekülen neu ausgebildet (Abb. 3). Veränderungen von Teilchen und chemischen Bindungen lassen sich nicht direkt beobachten. Aussagen darüber können aber auf der Grundlage von Modellen getroffen werden. Mit ihrer Hilfe versucht man, beobachtete Erscheinungen zu erklären.
Erst genaue Kenntnisse über den Bau von Stoffen ermöglichen es, zum Beispiel biologisch wichtige Stoffe, wie Hormone, Enzyme und Vitamine, synthetisch herzustellen und in der Medizin einzusetzen.

Bei jeder chemischen Reaktion werden chemische Bindungen zwischen Teilchen gespalten und neue ausgebildet. Teilchen der Stoffe ordnen sich um und verändern sich.

AUFGABEN

1. Erläutere die Stoffumwandlung und die damit verbundene Veränderung der Teilchen a) für die Reaktion von Wasserstoff mit Chlor, b) für die Neutralisation einer Metallhydroxidlösung mit einer sauren Lösung!
2. Wie könnte der bei der chemischen Reaktion von Magnesium mit verdünnter Schwefelsäure entstehende Wasserstoff nachgewiesen werden? Schlage ein Experiment vor!
3. Erläutere an jeweils einem Beispiel den Unterschied zwischen einer exothermen und einer endothermen Reaktion!
4. Welche Möglichkeiten gibt es, Abwärme von Kraftwerken rationell zu nutzen?

VERLAUF CHEMISCHER REAKTIONEN

Zeitlicher Verlauf der chemischen Reaktionen

Schnell oder langsam verlaufende Reaktionen. Für die Überwachung, Kontrolle und Steuerung chemisch-technischer Verfahren ist es ausschlaggebend, den zeitlichen Verlauf der technisch genutzten Reaktionen genau zu kennen (Abb. 1). Die Wirtschaftlichkeit eines Verfahrens wird günstig beeinflusst, wenn Produkte in größerer Menge in möglichst kurzer Zeit produziert werden, weil die chemischen Reaktionen schnell in den Apparaten ablaufen.
Auch Beobachtungen im Alltag zeigen, dass die **Zeit bei chemischen Reaktionen** eine Rolle spielt.

Unmerklich langsam verwittert auch das festeste Kalkgestein durch chemische Reaktionen

Augenblicklich bricht die Felswand im Steinbruch nach heftiger Explosion durch schnelle Reaktion der Sprengmittel

Chemische Reaktionen im Alltag, die allmählich ablaufen

Rosten von Eisen
Verspröden von Plastwerkstoffen
Altern von Gummi
Aushärten von Farbanstrichen
Verwittern von Gesteinen
Sauerwerden von Milch
Ranzigwerden von Butter
Vergären von Obstsäften
Faulen von Früchten
Aufnehmen von Wirkstoffen aus Medikamenten im Körper
Abbauen von Alkohol im menschlichen Organismus
Umwandlung von Wein zu Essig

Chemische Reaktionen sind von der Zeit abhängig.

Es gibt chemische Reaktionen, bei denen sich die Reaktionsprodukte in Bruchteilen von Sekunden bilden.
Ein Gasgemisch aus Wasserstoff und Sauerstoff reagiert explosionsartig, wenn es mit einer Zündflamme in Berührung gebracht wird (↗ S. 79). Magnesiumpulver reagiert relativ schnell mit Bromwasser (Experiment 1).
Bei anderen chemischen Reaktionen setzen sich die Ausgangsstoffe nur sehr langsam zu Reaktionsprodukten um.
Metalle korrodieren an der Luft gewöhnlich langsam.
Die Reaktion von Hexan mit wässriger Bromlösung benötigt viel Zeit (Experiment 2).

Chemische Reaktionen verlaufen unterschiedlich schnell.

Experiment 1
Überschichte eine Spatelspitze Magnesiumpulver mit 3 ml einer wässrigen Bromlösung (Bromwasser)! Ermittle die Zeit vom Beginn bis zur Beendigung der chemischen Reaktion!

Experiment 2
Eine wässrige Bromlösung (Bromwasser) wird mit Hexan versetzt und dem Licht ausgesetzt. Die Zeit für den Ablauf der chemischen Reaktion wird ermittelt.

Stoffumsatz und Zeit. Die Geschwindigkeit der Stoffumwandlung kann entweder am Verbrauch eines Ausgangsstoffes oder am Entstehen eines Reaktionsproduktes verfolgt werden. Man braucht dazu eine messbare Größe.

Bei der chemischen Reaktion von Magnesium mit verdünnter Salzsäure könnte man die **Masseänderung** des festen Ausgangsstoffes Magnesium durch Wägen vor Reaktionsbeginn und nach einer bestimmten Zeit feststellen. Es wäre auch möglich, die **Volumenänderung** des entstehenden Reaktionsproduktes Wasserstoff in einer bestimmten Zeit zu messen (Experiment 3).

> **Zur Messung der Geschwindigkeit von Stoffumwandlung eignen sich Größen, die sich im Verlauf der chemischen Reaktion zeitlich ändern, wie die Masse oder das Volumen jeweils eines Stoffes.**

Konzentrationsänderungen von reagierenden Stoffen. Bei chemischen Reaktionen in Lösungen ist eine der Größen, die sich im Verlauf der Reaktion ändert, die **Konzentration** eines gelösten Stoffes.

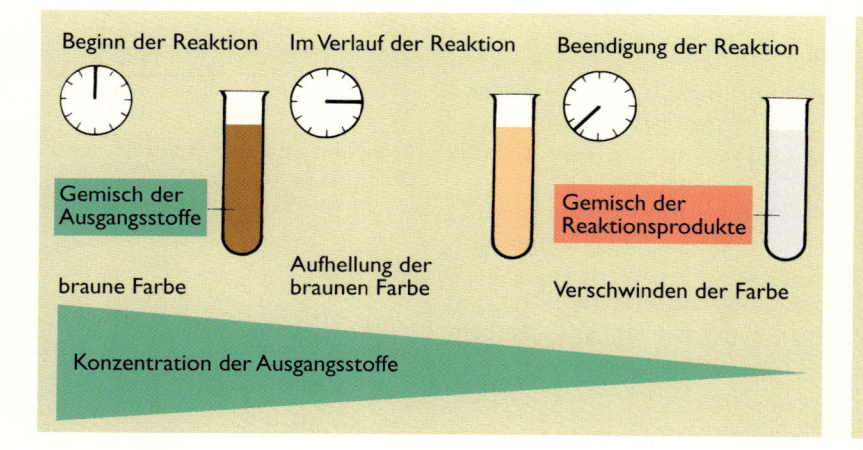

Die langsame Entfärbung des Stoffgemischs (Experiment 4) ist ein „Anzeichen", dass sich die Konzentration an Brom in der Lösung im Verlauf der Reaktion verringert. Brom reagiert vollständig mit Wasserstoffperoxid. Die Konzentration der Ausgangsstoffe nimmt ab. Die Lösung entfärbt sich nicht gleichmäßig in der Zeit. Die rasche Aufhellung zu Beginn der Reaktion weist auf eine starke **Konzentrationsänderung** an Brom hin. Die gelbe Farbe hält sich dagegen relativ lange; die Konzentration an Brom ändert sich nun langsamer. Schließlich wird die Lösung nach längerer Zeit farblos. Die Konzentrationsänderung an Brom wird mit der Zeit zunehmend kleiner.

> **Im Verlauf einer chemischen Reaktion nimmt die Konzentration der Ausgangsstoffe ständig, aber nicht gleichmäßig ab.**

ZEITLICHER VERLAUF DER CHEMISCHEN REAKTIONEN

Experiment 3
Auf eine bestimmte Masse an Magnesium wird verdünnte Salzsäure gegeben. Das Volumen des entstehenden Wasserstoffs ist in Abhängigkeit von der Zeit zu ermitteln.

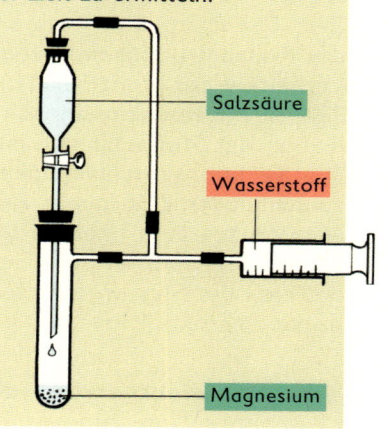

Experiment 4
Braune wässrige Bromlösung wird mit farbloser Wasserstoffperoxidlösung versetzt. Die Zeit von der Zugabe der farblosen Lösung bis zur Entfärbung des Stoffgemisches ist zu messen.

Konzentration einer Lösung

Die **Konzentration c** eines Stoffes ist der Quotient aus der Stoffmenge n des gelösten Stoffes und dem Volumen V der Lösung.

$$c = \frac{n}{V}$$

Beispiel: Handelsübliche Salzsäure hat eine Konzentration von $c_{HCl} = 7{,}5\,\frac{mol}{l}$.

Das heißt: 1 l Salzsäurelösung enthält die Stoffmenge von 7,5 mol Chlorwasserstoff.

VERLAUF CHEMISCHER REAKTIONEN

Reaktionsgeschwindigkeit und Reaktionsbedingungen

Reaktionsgeschwindigkeit. Bei jeder chemischen Reaktion besteht ein Zusammenhang zwischen den Konzentrationen der Stoffe, die an der chemischen Reaktion beteiligt sind, und der Zeit. Die chemische Reaktion verläuft umso schneller, je größer die Konzentrationsänderung in einer bestimmten Zeit ist. Das Verhältnis der Konzentrationsänderung zu der dafür benötigten Zeit ist die **Reaktionsgeschwindigkeit**. Ändert sich die Konzentration der Stoffe schnell, ist die Reaktionsgeschwindigkeit groß. Die Reaktionsgeschwindigkeit wird im Verlauf der Reaktion mit zunehmender Zeit immer kleiner.

Mit Messgeräten (Abb. 1) lässt sich im Labor die Konzentration eines Stoffes im Verlauf einer Reaktion genau bestimmen. Zeichnet man die Messergebnisse in einem Koordinatensystem auf, so ergibt sich eine Kurve (Abb. 2).

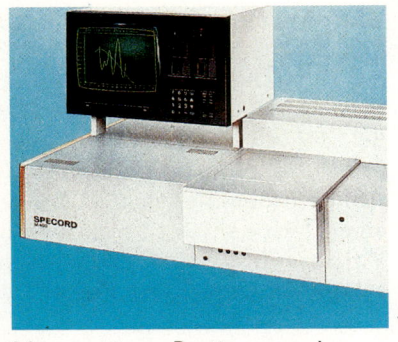

Messgerät zur Bestimmung der Konzentration eines Stoffes in einer Lösung

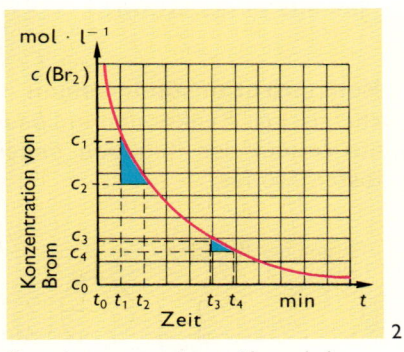

> **Die Reaktionsgeschwindigkeit ist der Quotient aus der Konzentrationsänderung eines an der chemischen Reaktion beteiligten Stoffes und der dafür benötigten Zeit.**

Bromkonzentration während der chemischen Reaktion von Bromlösung mit Wasserstoffperoxid

Konzentration und Reaktionsgeschwindigkeit. Werden unterschiedliche Konzentrationen der Ausgangsstoffe zu Beginn ein und derselben chemischen Reaktion gewählt, so unterscheiden sich die Reaktionsgeschwindigkeiten (Abb. 3).

Der Einsatz von Salzsäure höherer Konzentration (Experiment 5) bewirkt, dass in der gleichen Zeit ein größeres Gasvolumen entsteht.

Die Entfärbung der wässrigen Bromlösung (Experiment 4) verläuft rascher, wenn die Konzentration der zugegebenen Wasserstoffperoxidlösung höher ist.

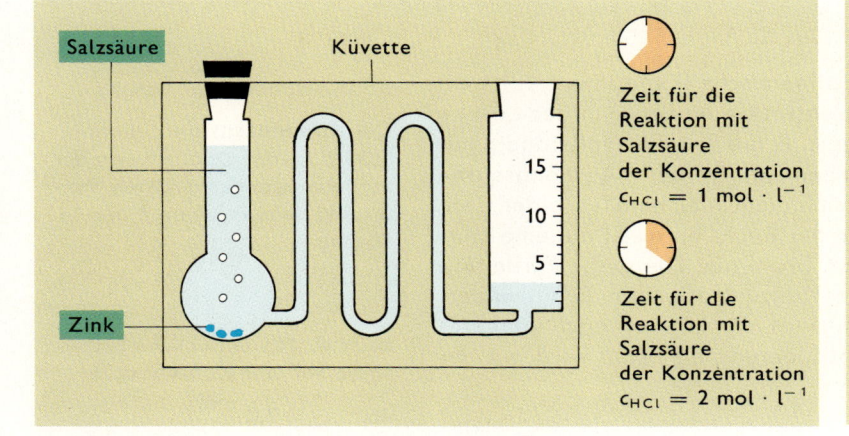

Zeit für die Reaktion mit Salzsäure der Konzentration $c_{HCl} = 1\ mol \cdot l^{-1}$

Zeit für die Reaktion mit Salzsäure der Konzentration $c_{HCl} = 2\ mol \cdot l^{-1}$

Experiment 5
Ermittle die Zeit für die Darstellung eines bestimmten Volumens Wasserstoff bei der chemischen Reaktion von Zink mit Salzsäure unterschiedlicher Konzentration! Untersuche den Zusammenhang zwischen der Reaktionsgeschwindigkeit, mit der sich ein bestimmtes Volumen Wasserstoff bildet, und der Konzentration der eingesetzten Salzsäure!

Der zeitliche Verlauf technisch wichtiger Reaktionen ist deshalb auch durch die Wahl der Reaktionsbedingung „Konzentration der Ausgangsstoffe" zu beeinflussen. Ein kostengünstiger Ausgangsstoff wird im Überschuss eingesetzt, um die Reaktionsgeschwindigkeit zu erhöhen. Bei der Methanolsynthese ist der Wasserstoffanteil im Reaktionsgemisch aus Kohlenstoffmonooxid und Wasserstoff höher als es dem Verhältnis von 1 : 2 entspricht. Bei der Vergasung von Kohle wird der Ausgangsstoff Luft mit Sauerstoff angereichert.

Die Reaktionsgeschwindigkeit ist von den Konzentrationen der reagierenden Stoffe abhängig. Sie erhöht sich, wenn die Konzentration auch nur eines Stoffes zu Beginn der chemischen Reaktion erhöht wird.

Temperatur und Reaktionsgeschwindigkeit. Die Erfahrung zeigt, dass eine Temperaturerhöhung nahezu alle chemischen Reaktionen beschleunigt. Eine um 10 K höhere Temperatur steigert die Reaktionsgeschwindigkeit auf das Doppelte bis Dreifache.
Bei der industriellen Herstellung von Chlorwasserstoff aus Wasserstoff und Chlor müssen explosionssichere Brenner eingesetzt werden. Bei niedrigen Temperaturen ist das Stoffgemisch aus Wasserstoff und Chlor weitgehend beständig, wenn Lichteinwirkung vermieden wird. Erhöhte Temperatur und bei der chemischen Reaktion frei werdende Wärme führen hingegen zu einer beträchtlichen Erhöhung der Reaktionsgeschwindigkeit, sodass die Stoffe explosionsartig miteinander reagieren.
Für das Aushärten von Farbanstrichen ist es nötig, dass bei den Malerarbeiten die Temperatur nicht zu niedrig ist. Allerdings wirkt sich zu warmes Wetter auf die Qualität des Anstrichs wegen des zu schnellen Aushärtens der Farbe ungünstig aus.
Pflanzenreste verrotten bei warmem Wetter auf dem Komposthaufen des Gartens schneller zu guter Gartenerde.
Erhöhte Temperatur der Salzsäure (Experiment 6) führt zur beschleunigten Bildung des bei der Reaktion mit einem geeigneten Feststoff entstehenden Gases.

Die Reaktionsgeschwindigkeit ist von der Temperatur abhängig. Temperaturerhöhung führt zur Erhöhung der Reaktionsgeschwindigkeit.

REAKTIONSGESCHWINDIGKEIT REAKTIONSBEDINGUNGEN

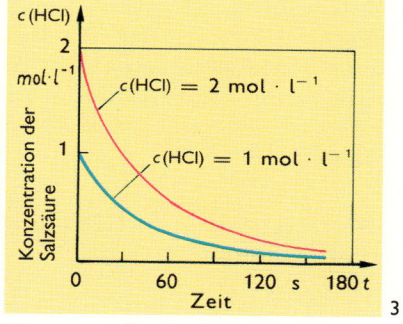

Diagramm für die Reaktion von Salzsäure unterschiedlicher Konzentration mit Zink

Experiment 6
Untersuche die Abhängigkeit der Reaktionsgeschwindigkeit von der Temperatur der Ausgangsstoffe bei der chemischen Reaktion von Salzsäure mit einem geeigneten Feststoff (Zink, Magnesium oder Calciumcarbonat)!
Führe die Reaktion zunächst bei Zimmertemperatur und dann bei 40 °C aus!

AUFGABEN

1. Beschreibe, wie man beim Entkalken einer Kaffeemaschine vorgeht! Begründe, wie die Wirkung der Kalkentfernungsmittel zu erhöhen ist!
2. Weshalb bindet Zementmörtel im Sommer schneller ab als im Winter?
3. Erläutere, wie auf die angeführten Reaktionen (↗ S. 236) Einfluss zu nehmen ist!
4. Hefeteig muss „gehen", bevor er gebacken wird. Erläutere dieses Vorgehen!
5. Die Reaktion von Zink mit Salzsäure wird bei 30 °C und bei 50 °C und sonst gleichen Bedingungen durchgeführt. Finde heraus, welche Aussagen fehlerhaft sind!
a) Bei 30 °C wird in gleicher Zeit weniger Wasserstoff gebildet als bei 50 °C.
b) Das gleiche Volumen Wasserstoff entsteht bei 30 °C eher als bei 50 °C.
c) Bei 30 °C bildet sich das gleiche Volumen Wasserstoff in längerer Zeit als bei 50 °C.

VERLAUF CHEMISCHER REAKTIONEN

Katalysator und Reaktionsgeschwindigkeit. Bei vielen chemisch-technischen Reaktionen wird die Reaktionsgeschwindigkeit durch **Katalysatoren** erhöht (Abb. 1). In kürzerer Zeit kann ohne zusätzliche Temperaturerhöhung, also mit geringerem Energieaufwand, eine höhere Ausbeute an Reaktionsprodukten erzielt werden.

> **Katalysatoren sind Stoffe, die die Reaktionsgeschwindigkeit erhöhen.**

Die als Katalysatoren wirkenden Stoffe verbrauchen sich während der chemischen Reaktion nicht, sie sind wieder verwendbar. Diese Stoffe sind meist durch die Bildung unbeständiger Zwischenverbindungen an der chemischen Reaktion beteiligt.
Wasserstoffperoxid wird bei Anwesenheit von Platin oder von Braunstein unter Sauerstoffentwicklung zersetzt. Platin oder Braunstein wirken als Katalysatoren. Ohne Katalysatorzusatz entsteht aus Wasserstoffperoxid nur sehr langsam Sauerstoff (Experiment 7).
Wasserstoff und Sauerstoff reagieren unter den Bedingungen des Normzustands praktisch nicht miteinander. Die unvorstellbar lange Zeit von 100 Milliarden Jahren wäre nötig, um nur 0,15 % dieses Gasgemisches bei 9 °C umzusetzen. Wird dieses Gemisch hingegen mit fein verteiltem Platin in Berührung gebracht, so reagieren die Stoffe im Bruchteil von Sekunden und setzen sich vollständig um. Diese Reaktion ausnutzend erfand *J. Doebereiner* 1823 ein Feuerzeug, in dem sich entwickelnder Wasserstoff an einem Platinschwamm entzündet wurde.
Der „Katalysator" ist in die Umgangssprache eingegangen wegen seines Einsatzes zur Schadstoffverringerung in Autoabgasen. Giftige Abgase, wie Kohlenstoffmonooxid, Stickstoffoxide und Kohlenwasserstoffe, werden an fein verteiltem Platin zu Stoffen, wie Stickstoff, Wasser und Kohlenstoffdioxid, umgewandelt. Diese chemischen Reaktionen laufen bei den relativ niedrigen Abgastemperaturen nur durch den Einsatz eines Platin-Katalysators ab, der sich auf einem Keramikkörper vor der Auspuffanlage befindet (Abb. 2).
Biokatalysatoren steuern Lebensvorgänge. Etwa 1000 verschiedene Enzyme wirken in unserem Körper. Sie ermöglichen, dass die Stoffwechselvorgänge – die vielen komplizierten chemischen Reaktionen – bei Körpertemperatur mit ausreichender Geschwindigkeit verlaufen. Jedes Enzym beeinflusst stets nur eine bestimmte Reaktion. Seit etwa 100 Jahren erst kennt man den Zusammenhang zwischen der Wirkung von Biokatalysatoren und chemischen Reaktionen, obgleich sich die Menschen schon im Altertum solche Vorgänge bei der Teigbereitung und der Gärung von Trauben zunutze machten.

> **Chemische Reaktionen mit Katalysatoren sind sowohl für den lebenden Organismus als auch für chemisch-technische Verfahren von großer Bedeutung.**

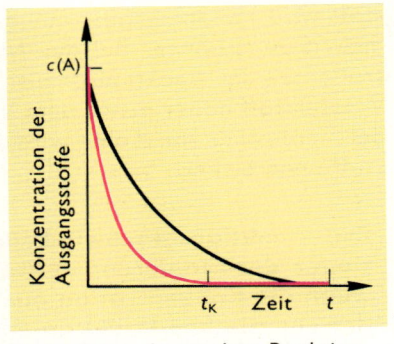

1 Verlauf der chemischen Reaktion mit (rote Kurvenlinie) und ohne Katalysator

Experiment 7
Versetze Wasserstoffperoxidlösung ($w = 3\,\%$) mit Braunstein! Weise das gasförmige Reaktionsprodukt nach!

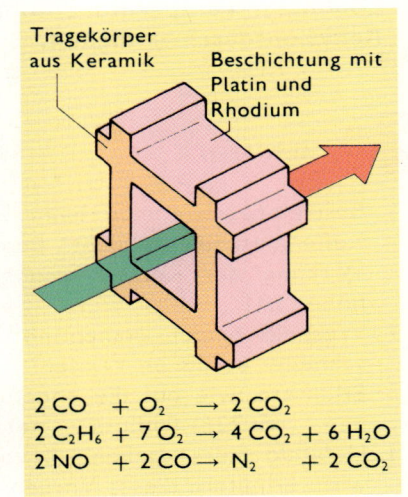

Tragekörper aus Keramik — Beschichtung mit Platin und Rhodium

$2\,CO + O_2 \rightarrow 2\,CO_2$
$2\,C_2H_6 + 7\,O_2 \rightarrow 4\,CO_2 + 6\,H_2O$
$2\,NO + 2\,CO \rightarrow N_2 + 2\,CO_2$

**REAKTIONSGESCHWINDIGKEIT
REAKTIONSBEDINGUNGEN
IM ÜBERBLICK**

AUFGABEN

1. Nenne zwei chemisch-technische Verfahren, bei denen Katalysatoren eingesetzt werden!
2. Warum laufen chemisch-technische Verfahren beim Einsatz von Katalysatoren ökonomisch günstiger ab?
3. Obgleich Katalysatoren bei chemischen Reaktionen nicht verbraucht werden, müssen technisch eingesetzte Katalysatoren von Zeit zu Zeit erneuert werden. Welchen Grund gibt es dafür?
4. Begründe, dass beim Einwirken von Chlor auf erhitztes Natrium eine chemische Reaktion stattfindet!
5. Gleiche Massen an Magnesium werden in Schwefelsäurelösungen unterschiedliche Konzentration gegeben,

   $c_1 = 1 \frac{mol}{l}$ und $c_2 = 3 \frac{mol}{l}$.

   Formuliere eine Aussage über die Reaktionsgeschwindigkeit!

Im Überblick

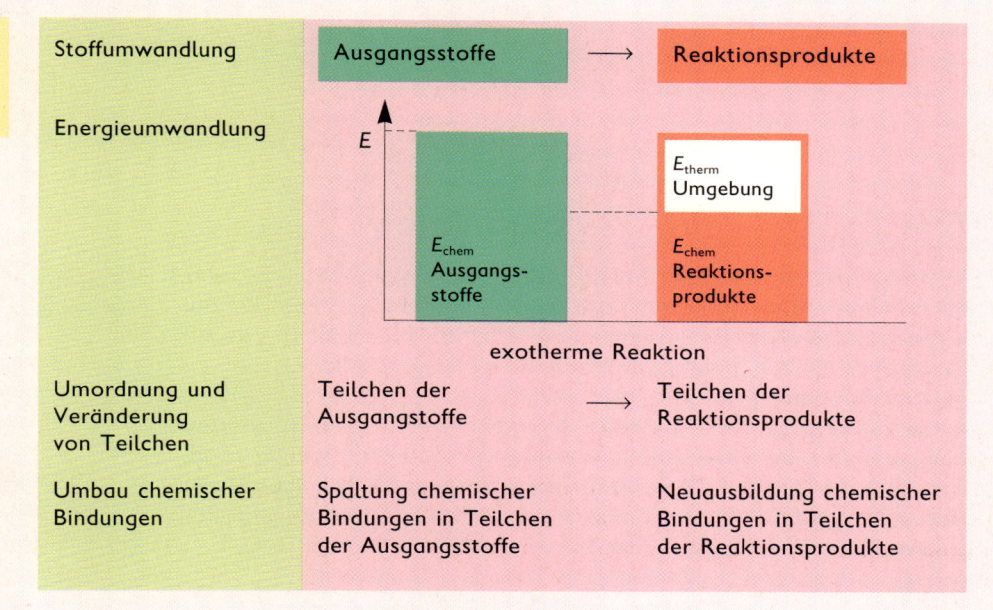

Merkmale chemischer Reaktionen		
Stoffumwandlung	Ausgangsstoffe	→ Reaktionsprodukte
Energieumwandlung	\[Diagramm: exotherme Reaktion, E_{chem} Ausgangsstoffe → E_{chem} Reaktionsprodukte + E_{therm} Umgebung\]	
Umordnung und Veränderung von Teilchen	Teilchen der Ausgangstoffe	→ Teilchen der Reaktionsprodukte
Umbau chemischer Bindungen	Spaltung chemischer Bindungen in Teilchen der Ausgangsstoffe	Neuausbildung chemischer Bindungen in Teilchen der Reaktionsprodukte

Reaktionsgeschwindigkeit

Chemische Reaktionen laufen mit einer bestimmten Geschwindigkeit ab, der Reaktionsgeschwindigkeit. Die Reaktionsgeschwindigkeit ist messbar an der

Masseänderung oder
Volumenänderung oder } eines Stoffes in *einer bestimmten Zeit*.
Konzentrationsänderung

Die Reaktionsgeschwindigkeit lässt sich durch bestimmte **Reaktionsbedingungen** beeinflussen.

| Einsatz eines Katalysators | Konzentrationserhöhung eines reagierenden Stoffes | Temperaturerhöhung |

→ **Erhöhung der Reaktionsgeschwindigkeit** ←

ELEKTROCHEMISCHE REAKTIONEN

30

Elektrochemische Reaktionen

In den Batterien für Radios, Uhren und Autos, bei der technischen Herstellung von Kupfer, Aluminium, Zink, Chlor und Natronlauge spielen elektrochemische Vorgänge eine große Rolle.
Was sind das für Vorgänge?

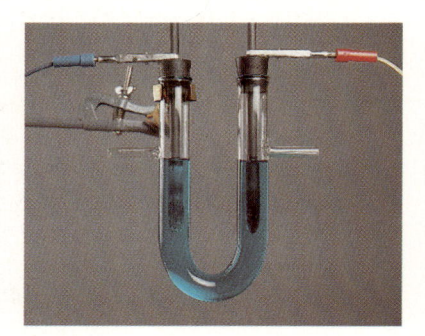

Elektrolyse – eine Redoxreaktion

Wanderung von Ionen. Stoffe, deren wässrige Lösungen oder Schmelzen Ionen enthalten und den elektrischen Strom leiten, werden als **Elektrolyte** bezeichnet. Wird an eine solche Lösung Gleichspannung angelegt, so wandern die Ionen in der Lösung zu den Elektroden.
Wird zum Beispiel an wässrige Lösungen von Citronensäure und Calciumhydroxid eine Gleichspannung angelegt, so wandern die Wasserstoff-Ionen H^+ der Citronensäure zum Minuspol, die Hydroxid-Ionen OH^- der Calciumhydroxidlösung zum Pluspol der Spannungsquelle (Experiment 1).

Elektrolyse von Kupferchloridlösung. Bei der Elektrolyse einer wässrigen Lösung von Kupferchlorid $CuCl_2$ bildet sich am Minuspol ein brauner Beschlag. Es ist Kupfer. Am Pluspol scheidet sich ein Gas ab. Ein angefeuchteter Streifen Kaliumiodid-Stärke-Papier wird blau.
Diese Verfärbung des Kaliumiodid-Stärke-Papiers ist der Nachweis, dass Chlor entstanden ist (Experiment 2).
Eine Stoffumwandlung, die durch elektrischen Strom erfolgt, wird als **Elektrolyse** bezeichnet.
Bei der Elektrolyse von Kupferchloridlösung wandern die negativ elektrisch geladenen Chlorid-Ionen Cl^- zum Pluspol und geben dort Elektronen ab. Sie werden oxidiert. Es bildet sich Chlor. Die positiv elektrisch geladenen Kupfer-Ionen Cu^{2+} wandern zum Minuspol und nehmen dort Elektronen auf. Sie werden reduziert. Es bildet sich Kupfer.
Elektronenaufnahme und Elektronenabgabe laufen an den Elektroden gleichzeitig, aber an verschiedenen Stellen ab.

Experiment 1
An ein feuchtes Indikatorpapier, auf dem sich Citronensäure und an ein zweites, auf dem sich Calciumhydroxid befindet, wird eine Gleichspannung angelegt.

ELEKTROLYSE

Experiment 2
Eine wässrige Lösung von Kupferchlorid wird elektrolysiert.

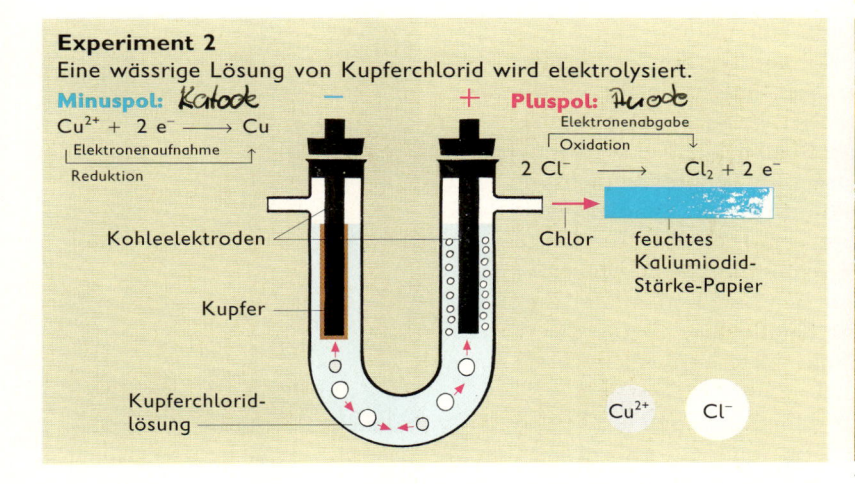

Minuspol: Katode — **Pluspol:** Anode

$Cu^{2+} + 2\,e^- \longrightarrow Cu$ (Elektronenaufnahme, Reduktion)

$2\,Cl^- \longrightarrow Cl_2 + 2\,e^-$ (Elektronenabgabe, Oxidation)

Kohleelektroden, Kupfer, Kupferchloridlösung, Chlor, feuchtes Kaliumiodid-Stärke-Papier

Verchromtes Motorrad

Bei der Elektrolyse von Kupferchloridlösung nehmen die Kupfer-Ionen so viel Elektronen auf, wie von den Chlorid-Ionen abgegeben werden. Es erfolgt also ein Elektronenübergang von den Chlorid-Ionen zu den Kupfer-Ionen.
Eine Elektrolyse ist eine chemische Reaktion mit Elektronenübergang, eine Redoxreaktion.

$Cu^{2+} + 2\,Cl^- \longrightarrow Cu + Cl_2$

(Oxidation: Elektronenabgabe; Reduktion: Elektronenaufnahme)

$Cu^{2+} + 2\,Cl^- \xrightarrow{\text{Elektrolyse}} Cu + Cl_2;$ Redoxreaktion

Bei einer Elektrolyse wird elektrische Energie in chemische Energie umgewandelt. Der Vorgang läuft nicht freiwillig, sondern nur durch Zufuhr elektrischer Energie ab.

Elektrolysen sind Redoxreaktionen, bei denen Elektronenübergänge durch elektrischen Strom bewirkt werden.

Herstellen von metallischen Überzügen. In der Technik werden dünne Schichten von Metallen auf Metalloberflächen durch Elektrolyse von wässrigen Metallsalzlösungen abgeschieden. Diesen Vorgang bezeichnet man als **Galvanisieren**. So werden Gegenstände verzinkt, verkupfert, vernickelt oder verchromt (Abb. 1). Der mit einer Metallschicht zu überziehende und gut gereinigte Gegenstand wird als Minuspol geschaltet. Als Pluspol dienen Bleche aus dem abzuscheidenden Metall. Das so behandelte Metall ist korrosionsbeständiger und hat einen verbesserten Gebrauchswert.
So kann zum Beispiel durch Hartverchromen von Werkzeugen, Zylindern und Wellen deren Gebrauchsdauer zum Teil verzehnfacht werden.

AUFGABEN

1. Beschreibe die Vorgänge an den Elektroden bei der Elektrolyse von
   a) Zinkchlorid und
   b) Bleibromid!
   Begründe, warum es sich um Redoxreaktionen handelt!
2. Erläutere die Vorgänge an den Elektroden beim Herstellen eines Kupferüberzuges! Kennzeichne die Teilreaktionen! Warum liegt eine Redoxreaktion vor?
3. Entwickle die Reaktionsgleichungen für die Vorgänge an den Elektroden zum Vernickeln eines Gegenstandes!
   (Der Elektrolyt enthält Nickel-Ionen Ni^{2+}.)
   Begründe die Zuordnung zu den Redoxreaktionen!
4. Skizziere eine Experimentieranordnung zum Verkupfern eines Eisenbleches! Erläutere die chemischen Reaktionen!

ELEKTROCHEMISCHE REAKTIONEN

Reinigen von Rohkupfer. Bei der Herstellung von Kupfer aus Kupfererzen entsteht zunächst Rohkupfer, das noch etwa 4 % metallische Verunreinigungen enthält und so nicht verwendbar ist. Dieses Rohkupfer wird elektrolytisch gereinigt (Abb. 1).
Platten aus Rohkupfer und dünne Bleche aus Reinkupfer werden im Wechsel in einen Elektrolyten aus Kupfersulfatlösung und Schwefelsäure eingetaucht. Die Platten aus Rohkupfer werden als Pluspol, die Bleche aus Reinkupfer als Minuspol geschaltet. Bei einer Gleichspannung von 0,35 V scheidet sich am Minuspol Kupfer ab (Abb. 2). Am Pluspol bilden sich aus dem Kupfer durch die Wirkung des elektrischen Stroms Kupfer-Ionen. Aus den Verunreinigungen durch Eisen und Zink entstehen Eisen- und Zink-Ionen.
Silber und Gold, die ebenfalls in dem Rohkupfer enthalten sind, werden nicht oxidiert. Diese Metalle sammeln sich als Schlamm („Anodenschlamm") auf dem Boden der Elektrolysezelle. Das elektrolytisch gewonnene Reinkupfer hat eine Reinheit von 99,98 %.

Elektrolysezellen zur Herstellung von Reinkupfer

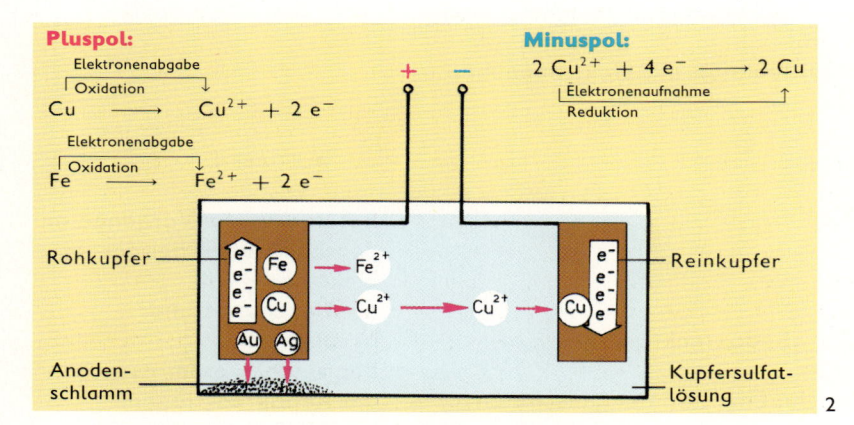

Pluspol:
Elektronenabgabe / Oxidation
$Cu \longrightarrow Cu^{2+} + 2\,e^-$

Elektronenabgabe / Oxidation
$Fe \longrightarrow Fe^{2+} + 2\,e^-$

Minuspol:
$2\,Cu^{2+} + 4\,e^- \longrightarrow 2\,Cu$
Elektronenaufnahme / Reduktion

Herstellen von Aluminium. Aluminium ist ein unedles Metall. Es wird technisch durch Elektrolyse hergestellt. Der Ausgangsstoff ist der in der Natur vorkommende **Bauxit**, aus dem Aluminiumoxid gewonnen wird. Aluminium kann nicht durch Elektrolyse einer wässrigen Lösung eines Aluminiumsalzes hergestellt werden.
Daher wird eine **Schmelzflusselektrolyse** von Aluminiumoxid durchgeführt (Abb. 3). Aluminiumoxid schmilzt aber erst bei 2150 °C. Bei dieser Temperatur zu arbeiten, wäre technisch und ökonomisch ungünstig. Die Schmelztemperatur wird deshalb durch Zusatz von Kryolith, Natrium-Aluminiumfluorid Na_3AlF_6, auf 950 °C herabgesetzt. Den Minuspol der Elektrolysezelle bildet die feuerfeste Auskleidung mit Graphit (Abb. 4). Hier scheidet sich flüssiges Aluminium ab, das selbst zur Elektrode wird.
In die Schmelze tauchen Blöcke aus Kohlenstoff als Pluspol ein. Diese verbrauchen sich durch chemische Reaktion mit dem entstehenden Sauerstoff und müssen erneuert werden. Die Elektrolyse erfolgt bei einer Spannung von 5 V, die Stromstärke beträgt 150000 A.

Abstich von Aluminium an einer Elektrolysezelle

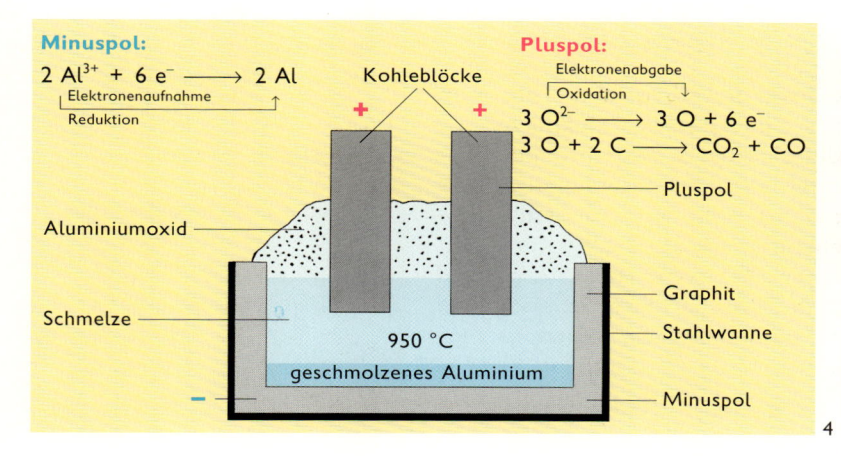

Minuspol:

$2\,Al^{3+} + 6\,e^- \longrightarrow 2\,Al$

Elektronenaufnahme
Reduktion

Pluspol:

Elektronenabgabe
Oxidation

$3\,O^{2-} \longrightarrow 3\,O + 6\,e^-$
$3\,O + 2\,C \longrightarrow CO_2 + CO$

Kohleblöcke
Aluminiumoxid
Schmelze
950 °C
geschmolzenes Aluminium
Pluspol
Graphit
Stahlwanne
Minuspol

4

ELEKTROLYSE

5

Erste Aluminiumhütte Europas am Rheinfall bei Schaffhausen

Zur Herstellung von 1 kg Aluminium sind etwa 20 kWh Strom erforderlich. Da der Energieaufwand hoch ist, muss der benötigte Strom möglichst billig sein. Deshalb stand die erste Anlage für die Schmelzflusselektrolyse zur Herstellung von Aluminium an einem Wasserkraftwerk neben dem Rheinfall bei Schaffhausen in der Schweiz (Abb. 5).

Natriumchlorid-Elektrolyse. Natriumhydroxid NaOH, Chlor Cl_2 und Wasserstoff H_2 sind wichtige Ausgangsstoffe zur technischen Herstellung einer großen Anzahl von Produkten. Diese Ausgangsstoffe entstehen bei der Elektrolyse einer wässrigen Lösung von Natriumchlorid.

Beim **Diaphragma-Verfahren** sind die Elektrodenräume durch eine poröse Wand, das Diaphragma, getrennt (Abb. 6).
Infolge des Diaphragmas können sich die entstehenden beiden Gase Wasserstoff und Chlor nicht vermischen. Anderenfalls entsteht Chlorknallgas, das leicht und heftig explodiert.
Am Minuspol werden Wasserstoff-Ionen entladen. Es entsteht Wasserstoff. Am Pluspol bildet sich Chlor durch die Oxidation der Chlorid-Ionen. Das Diaphragma bewirkt, dass sich im Raum unter dem Minuspol die Natrium-Ionen und die Hydroxid-Ionen sammeln. Durch Eindampfen der Lösung kann festes Natriumhydroxid hergestellt werden.

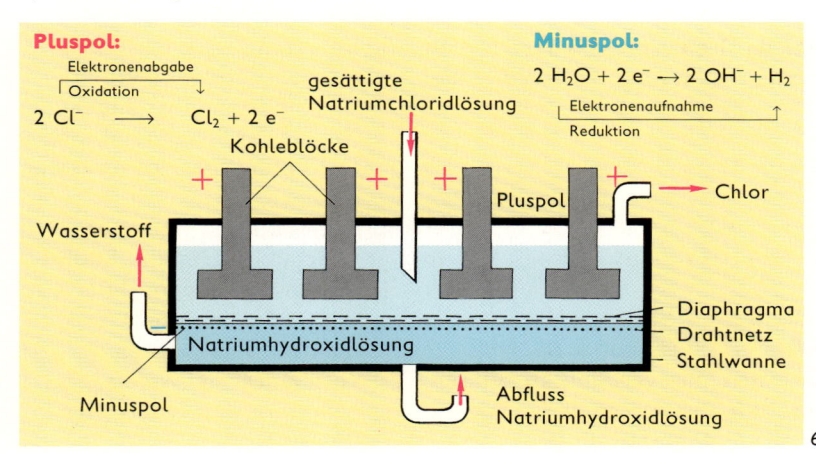

Pluspol:

Elektronenabgabe
Oxidation

$2\,Cl^- \longrightarrow Cl_2 + 2\,e^-$

Minuspol:

$2\,H_2O + 2\,e^- \longrightarrow 2\,OH^- + H_2$

Elektronenaufnahme
Reduktion

gesättigte Natriumchloridlösung
Kohleblöcke
Pluspol
Chlor
Wasserstoff
Diaphragma
Drahtnetz
Stahlwanne
Natriumhydroxidlösung
Minuspol
Abfluss Natriumhydroxidlösung

6

AUFGABEN

1. Erläutere die Vorgänge an den Elektroden bei der elektrolytischen Reinigung von Rohkupfer!
   Begründe, warum es sich um eine Redoxreaktion handelt!
2. Weshalb muss bei der elektrolytischen Reinigung von Rohkupfer von Zeit zu Zeit die Elektrolytlösung erneuert werden?
3. Erläutere die chemischen Reaktionen bei der Herstellung von Aluminium!
4. Begründe, warum die chemischen Reaktionen bei der Schmelzflusselektrolyse von Aluminiumoxid Redoxreaktionen sind!
5. Berechne die Kosten für die benötigte Elektroenergie zur Herstellung von 1 t Aluminium durch Schmelzflusselektrolyse! Lege dabei den Haushaltstarif zugrunde!
6. Erläutere die Herstellung von Natriumhydroxid durch Elektrolyse von Natriumchloridlösung!

245

ELEKTROCHEMISCHE REAKTIONEN

Metallreihe – Galvanische Elemente

Abscheiden von Metallen aus ihren Salzlösungen. Gibt man zu einer Lösung von Kupfersulfat $CuSO_4$ etwas Zinkpulver, so erwärmt sich die Lösung. Es bildet sich ein schwarzbrauner Niederschlag aus fein verteiltem Kupfer. Wird ein Eisennagel in eine Kupfersulfatlösung getaucht, so überzieht er sich mit einer Schicht aus rotbraunem Kupfer (Experiment 3). Die Kupfer-Ionen Cu^{2+} der Kupfersulfatlösung nehmen Elektronen auf, sie werden reduziert. Es bildet sich Kupfer. Die Zink- und Eisenatome geben jeweils Elektronen ab, sie werden oxidiert. Diese Vorgänge laufen freiwillig ab.

$Zn + Cu^{2+} + SO_4^{2-} \longrightarrow Zn^{2+} + Cu + SO_4^{2-}$; Redoxreaktion
$Fe + Cu^{2+} + SO_4^{2-} \longrightarrow Fe^{2+} + Cu + SO_4^{2-}$; Redoxreaktion

Taucht man aber Kupfer in eine wässrige Lösung von Zinksulfat $ZnSO_4$ oder Eisensulfat $FeSO_4$, so findet keine chemische Reaktion statt. Die Metalle reagieren nur mit den Ionen bestimmter anderer Metalle. Nach dem Reduktionsvermögen der Metalle lässt sich so eine Metallreihe aufstellen. Sie wird auch als **Redoxreihe** bezeichnet, weil beim Abscheiden der Metalle Redoxreaktionen ablaufen. Die unedlen Metalle können die Ionen der edleren Metalle aus ihren Salzlösungen abscheiden.

Redoxreihe der Metalle

Unedle Metalle									Edelmetalle
Mg	Al	Zn	Fe	Ni	Sn	Pb	Cu	Ag	Au

← Reduktionsvermögen der Metalle nimmt zu.
Oxidationsvermögen der Metall-Ionen nimmt zu. →

Bei der Abscheidung von Metall-Ionen aus ihren Salzlösungen durch andere Metalle finden Elektronenübergänge statt. Es laufen Redoxreaktionen ab.

Abscheiden von Wasserstoff. Bei der Reaktion von verdünnten Säuren mit unedlen Metallen entsteht Wasserstoff. Auch dabei läuft eine Redoxreaktion ab.

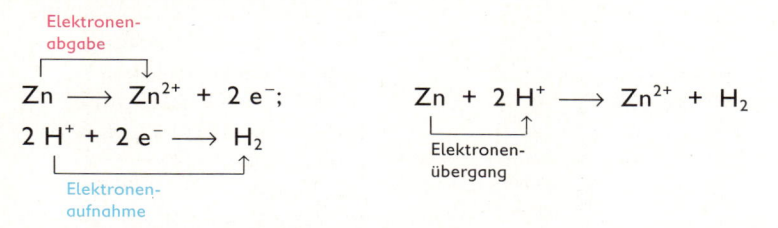

Elektronenabgabe
$Zn \longrightarrow Zn^{2+} + 2\,e^-$; $Zn + 2\,H^+ \longrightarrow Zn^{2+} + H_2$
$2\,H^+ + 2\,e^- \longrightarrow H_2$ Elektronenübergang
Elektronenaufnahme

Kupfer und Edelmetalle reagieren nicht mit verdünnten Säuren. Deswegen ist Wasserstoff in die Metallreihe zwischen Kupfer und Blei eingeordnet worden, obwohl er ein Nichtmetall ist.

Experiment 3
Tauche gut gereinigte Stäbe aus Kupfer, Eisen und Zink jeweils in Lösungen von Kupfersulfat, Eisensulfat und Zinksulfat!
Beobachte und trage die Ergebnisse in eine Tabelle ein!

AUFGABEN

1. Erläutere die chemischen Reaktionen, die beim Eintauchen von Magnesium in eine Eisensulfatlösung, von Zink in eine Bleiacetatlösung und von Kupfer in eine Silbernitratlösung ablaufen! Warum handelt es sich um Redoxreaktionen?

2. Gib an, welche Metalle aus ihren Salzlösungen durch Eisen abgeschieden werden können! Begründe!

3. Begründe, warum aus silberhaltigen fotografischen Lösungen metallisches Silber durch Zugabe von Eisenwolle ausgefällt werden kann!

4. Prüfe anhand der Spannungsreihe der Metalle, ob die im Experiment 4 gemessene Spannung von 1,1 V zutreffend ist!

5. Berechne, welche Spannungen bei den Metallkombinationen a) Silber/Kupfer, b) Silber/Zink und c) Kupfer/Eisen zu erwarten sind!

6. Entwickle die Reaktionsgleichungen für die Reaktionen von Magnesium und Aluminium mit verdünnter Salzsäure und verdünnter Schwefelsäure! Markiere den Elektronenübergang!

METALLREIHE – GALVANISCHE ELEMENTE

Spannungsreihe der Metalle – Galvanisches Element. Beim Experiment 4 wird zwischen den Metallen Zink und Kupfer eine elektrische Spannung von 1,1 V gemessen. Das unedlere Metall Zink gibt Elektronen ab. Es bilden sich Zink-Ionen. Das Zink wird oxidiert. Kupfer-Ionen nehmen Elektronen auf, sie werden reduziert. Es scheidet sich metallisches Kupfer ab.
Bei einem galvanischen Element bildet das Metall, das die Elektronen abgibt, den Minuspol.
Am Pluspol werden die Elektronen von den Metall-Ionen der Elektrolytlösung aufgenommen (Abb. 1).

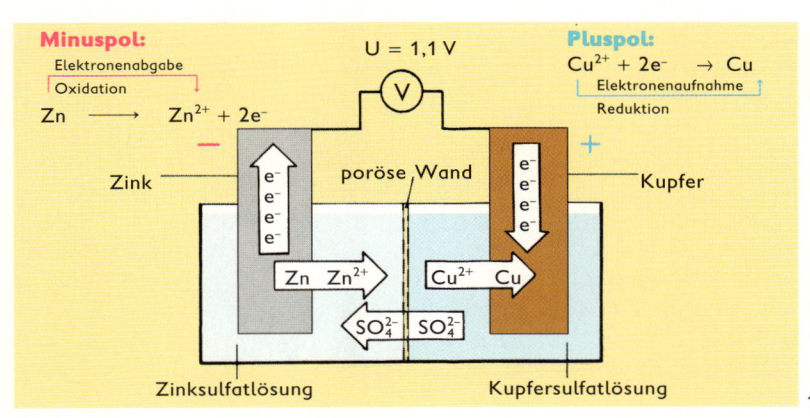

Experiment 4
Es wird die Spannung des galvanischen Elements aus Zink und Kupfer (*Daniell*-Element) gemessen.

Minuspol:
Elektronenabgabe
Oxidation
$Zn \longrightarrow Zn^{2+} + 2e^-$

$U = 1,1 \, V$

Pluspol:
$Cu^{2+} + 2e^- \rightarrow Cu$
Elektronenaufnahme
Reduktion

Zink — poröse Wand — Kupfer
Zinksulfatlösung — Kupfersulfatlösung

1

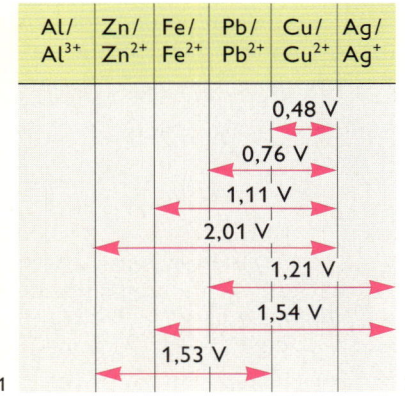

	Al/Al^{3+}	Zn/Zn^{2+}	Fe/Fe^{2+}	Pb/Pb^{2+}	Cu/Cu^{2+}	Ag/Ag^+
					0,48 V	
				0,76 V		
			1,11 V			
		2,01 V				
				1,21 V		
				1,54 V		
	1,53 V					

2

Eine Kombination aus zwei Metallen, die in ihre Salzlösungen tauchen und zwischen denen ein Elektronenübergang stattfindet, nennt man ein **galvanisches Element** (galvanische Zelle). Ein galvanisches Element aus Zink und Kupfer wird nach dem Erfinder **Daniell-Element** genannt.
In gleicher Weise wie im Experiment 4 lässt sich auch die Spannung anderer galvanischer Elemente messen (Abb. 2). Um den Anteil eines einzelnen Metalls an der elektrischen Spannung der Kombination angeben zu können, wurde Wasserstoff als Bezugselement mit der Spannung $U = \pm 0 \, V$ festgelegt.
Auf diese Weise können alle Metalle in einer **Spannungsreihe der Metalle** geordnet werden.
Das Vorzeichen in der Spannungsreihe gibt an, ob das betreffende Metall edler (positives Vorzeichen) oder unedler als Wasserstoff (negatives Vorzeichen) ist.
Der Italiener *Alessandro Volta* konstruierte im Jahr 1799 die erste praktisch nutzbare Spannungsreihe. Er schichtete im Wechsel 60 Platten aus Zink und Kupfer aufeinander. Als Elektrolyt dienten mit Schwefelsäure getränkte Filzscheiben. Das war das entscheidende Arbeitsmittel zur Untersuchung von elektrochemischen Vorgängen am Beginn des 18. Jahrhunderts. Im Jahre 1801 stellte *Volta* eine Spannungsreihe der Metalle auf.

Zwischen zwei Metallen, die von einer Elektrolytlösung umgeben sind, tritt eine elektrische Gleichspannung auf. Die Größe dieser Spannung ist abhängig von der Stellung der Metalle in der Spannungsreihe.

Spannungsreihe der Metalle	
Metall/Metall-Ion	Spannung in Volt
Li/Li^+	– 3,05
Mg/Mg^{2+}	– 2,37
Al/Al^{3+}	– 1,66
Zn/Zn^{2+}	– 0,76
Fe/Fe^{2+}	– 0,44
Ni/Ni^{2+}	– 0,28
Sn/Sn^{2+}	– 0,14
Pb/Pb^{2+}	– 0,13
H_2/2 H^+	± 0,00
Cu/Cu^{2+}	+ 0,34
Ag/Ag^+	+ 0,81
Hg/Hg^{2+}	+ 0,86

ELEKTROCHEMISCHE REAKTIONEN

Elektrischer Strom durch chemische Reaktionen

Chemische Reaktionen in Batterien. Die Erkenntnisse aus der Spannungsreihe der Metalle finden bei der Entwicklung von galvanischen Elementen zur Stromerzeugung eine praktische Anwendung. Galvanische Elemente werden auch als **Primärelemente** bezeichnet. Chemische Energie wird durch Redoxreaktionen in elektrische Energie umgewandelt.

Bei **Taschenlampenbatterien** mit *Leclanché*-Zellen (Abb. 1) gibt Zink Elektronen ab und wird zu Zink-Ionen oxidiert. Wasserstoff-Ionen nehmen Elektronen auf und werden zu Wasserstoff reduziert.

Minuspol: $Zn \longrightarrow Zn^{2+} + 2\,e^-$; Oxidation
Pluspol: $2\,H^+ + 2\,e^- \longrightarrow H_2$; Reduktion

$2\,H^+ + Zn \longrightarrow H_2 + Zn^{2+}$; Redoxreaktion

Die Wasserstoff-Ionen entstehen aus dem Elektrolyten. Dieser besteht aus Ammoniumchloridlösung, die durch Zusatz von Stärke eingedickt ist. Das Manganoxid MnO_2 oxidiert den sich bildenden Wasserstoff zu Wasser. Deswegen ist eine verbrauchte Batterie feucht und läuft aus.

Heute ist Ammoniumchlorid durch Zinkchlorid ersetzt, um ein Auslaufen zu verhindern (Super-, Super dry-Batterien).

Die sogenannten **Alkali-Mangan-Zellen** sind auslaufsicher und haben eine größere elektrische Leistung (Abb. 2). Das wird durch einen außen liegenden Zylinder aus Manganoxid und Graphit erreicht. Der Minuspol besteht aus Zinkpulver, dem zur Aktivierung etwas Quecksilber zugesetzt ist. Als Elektrolyt dient Kaliumhydroxidlösung.

Für Quarzuhren und andere elektronisch gesteuerte Geräte sind so genannte **Knopfzellen** entwickelt worden (Abb. 3). Als Reduktionsmittel dient Zink, als Oxidationsmittel Quecksilberoxid HgO oder Silberoxid Ag_2O. Moderne Knopfzellen mit einer Lagerfähigkeit bis zu 10 Jahren enthalten am Minuspol Lithium. Den Pluspol bildet ein kompliziertes Gemisch aus verschiedenen Oxidationsmitteln. Den Hauptbestandteil des Elektrolyten bildet Lithiumperchlorat $LiClO_4$.

Batterieentsorgung – ein Müllproblem. Batterien enthalten verschiedene Schwermetalle. Unbedacht weggeworfene Batterien bilden eine Gefahr für die Umwelt (↗ S. 260). In Deutschland werden je Jahr fast 500 Mill. Batterien verkauft, das sind mehr als 22000 t Müll. Davon entfallen allein etwa 60 t auf metallisches Quecksilber.

Quecksilberhaltige Altbatterien gehören nicht in den Haushaltsabfall, auch wenn der Massenanteil an Quecksilber auf 0,1 % herabgesetzt worden ist. Der Handel ist zur Rücknahme der verbrauchten Batterien verpflichtet und stellt dafür Behälter auf. Aus Knopfzellen werden Silber und Quecksilber heute bereits wiedergewonnen.

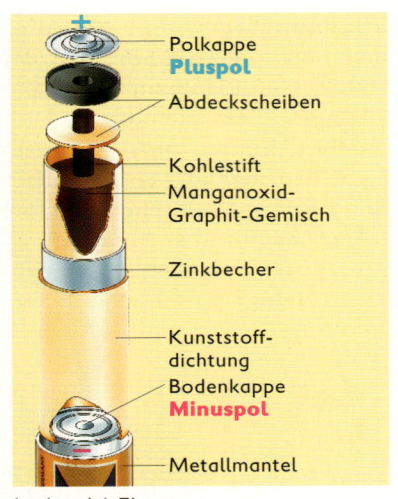

Leclanché-Element (Abb. 1): Polkappe Pluspol, Abdeckscheiben, Kohlestift, Manganoxid-Graphit-Gemisch, Zinkbecher, Kunststoffdichtung, Bodenkappe Minuspol, Metallmantel

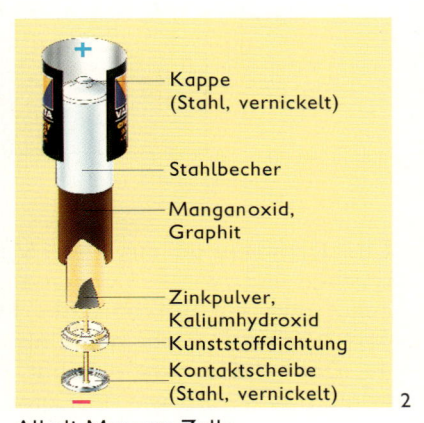

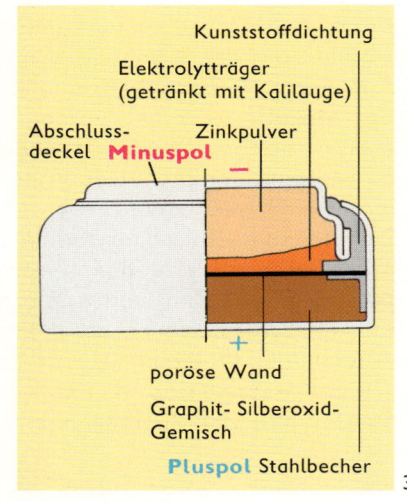

Alkali-Mangan-Zelle (Abb. 2): Kappe (Stahl, vernickelt), Stahlbecher, Manganoxid, Graphit, Zinkpulver, Kaliumhydroxid, Kunststoffdichtung, Kontaktscheibe (Stahl, vernickelt)

Abb. 3: Kunststoffdichtung, Elektrolytträger (getränkt mit Kalilauge), Abschlussdeckel Minuspol, Zinkpulver, poröse Wand, Graphit-Silberoxid-Gemisch, Pluspol Stahlbecher

Achtung! Gefahr! Knopfzellen dürfen nicht an Ladegeräte angeschlossen werden! Explosionsgefahr!

ELEKTRISCHER STROM DURCH CHEMISCHE REAKTIONEN

Brennstoffzellen. Brennstoffzellen sind galvanische Elemente, bei denen die Ausgangsstoffe kontinuierlich von außen zugeführt werden. Am bekanntesten ist die **„Knallgaszelle"** (Experiment 5). Wasserstoff und Sauerstoff umspülen in diesen Zellen Elektroden mit einer großen aktiven Oberfläche, die in Kaliumhydroxidlösungen eintauchen.
Die Elektrodenräume werden durch eine poröse Wand getrennt. Das Elektrodenmaterial dient gleichzeitig als Katalysator für die Redoxreaktion.
Brennstoffzellen werden in der Weltraumfahrt zur Stromversorgung an Bord der bemannten Raumstationen verwendet.

Akkumulatoren. Alle Primärelemente sind nach der Entladung unbrauchbar. Galvanische Elemente, die durch Zufuhr elektrischer Energie wieder aufgeladen werden können, nennt man **Sekundärelemente** oder **Akkumulatoren**. Am häufigsten genutzt wird der **Bleiakkumulator** (Abb. 4). Die negative Elektrode besteht hier aus Bleiplatten. Den Pluspol bildet Bleioxid PbO_2. Als Elektrolyt wird Schwefelsäure mit der Dichte $\varrho = 1{,}28 \text{ g/cm}^3$ verwendet. Beim Laden und Entladen laufen thermische Reaktionen mit Elektronenübergang (Redoxreaktionen) ab.
Chemische Reaktionen beim **Entladen**:

Minuspol: $\quad\quad\quad\quad\quad\quad\quad\quad Pb \longrightarrow Pb^{2+} + 2\,e^-$
Pluspol: $\quad\quad\quad PbO_2 + 2\,e^- + 4\,H^+ \longrightarrow Pb^{2+} + 2\,H_2O$
An beiden Polen: $\quad\quad\quad Pb^{2+} + SO_4^{2-} \longrightarrow PbSO_4$

An der Dichte der Schwefelsäure ist der Ladezustand zu ermitteln. Das schwer lösliche Bleisulfat $PbSO_4$ setzt sich auf den Platten im Akku ab. Im Laufe der Zeit bilden sich Kristalle, die beim Laden nicht wieder umgewandelt werden können. Dadurch sinkt die Ladekapazität des Akkumulators. Durch Anlegen einer elektrischen Gleichspannung wird der Akkumulator wieder aufgeladen. Dabei verlaufen die chemischen Reaktionen umgekehrt wie beim Entladen.
Chemische Reaktionen beim **Laden**:

Minuspol: $\quad PbSO_4 + 2\,e^- \longrightarrow Pb + SO_4^{2-}$
Pluspol: $\quad PbSO_4 + 2\,H_2O \longrightarrow PbO_2 + SO_4^{2-} + 4\,H^+ + 2\,e^-$

Wird ein Akkumulator zu lange geladen, dann entstehen an der Katode Wasserstoff und an der Anode Sauerstoff. Beim Mischen beider Gase bildet sich das explosionsgefährliche Knallgas. Deshalb bestehen in Ladestationen für Akkumulatoren besondere Sicherheitsvorschriften (Rauchverbot).
Neben den Bleiakkumulatoren haben **Nickel-Cadmium-Akkumulatoren** große Bedeutung erlangt. Die negative Elektrode bilden Platten aus Cadmium. Die positive Elektrode besteht aus Nickelplatten, die mit Nickelhydroxid $Ni(OH)_2$ beschichtet sind. Als Elektrolyt wird Kalilauge verwendet.
Nickel-Cadmium-Akkumulatoren werden auch mit einem festen Elektrolyten als Trockenzellen hergestellt. Dadurch können in vielen elektrischen Geräten Batterien durch wieder aufladbare Akkumulatoren ersetzt werden.

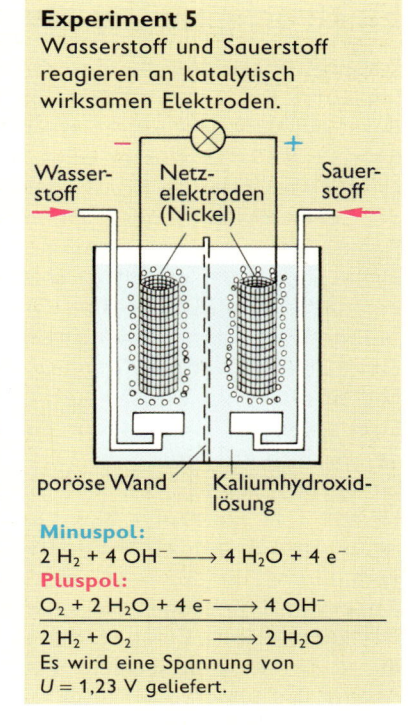

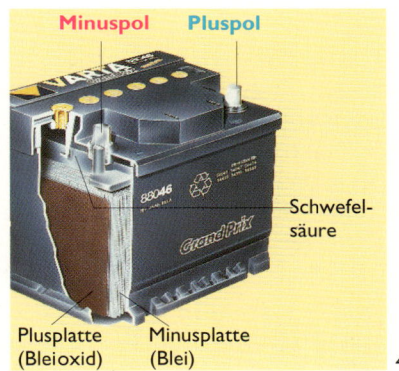

Experiment 5
Wasserstoff und Sauerstoff reagieren an katalytisch wirksamen Elektroden.

Minuspol:
$2\,H_2 + 4\,OH^- \longrightarrow 4\,H_2O + 4\,e^-$
Pluspol:
$O_2 + 2\,H_2O + 4\,e^- \longrightarrow 4\,OH^-$

$2\,H_2 + O_2 \longrightarrow 2\,H_2O$
Es wird eine Spannung von $U = 1{,}23$ V geliefert.

4 Bleiakkumulator

AUFGABEN

1. An Bord von bemannten Weltraumstationen wird den Brennstoffzellen Trinkwasser entnommen. Warum ist das möglich?
2. Begründe, warum die chemischen Reaktionen beim Laden und Entladen eines Bleiakkumulators Redoxreaktionen sind?

ELEKTROCHEMISCHE REAKTIONEN

Elektrochemische Korrosion

Lokalelement. An der Zerstörung von ungeschützten Metallteilen durch Korrosion sind Redoxreaktionen beteiligt.

Berühren sich zwei verschiedene Metalle, die von einem Elektrolyten, z. B. Regenwasser oder Meerwasser, benetzt sind, kommt es in Rissen oder an Kanten aufgrund der Stellung der Metalle in der elektrochemischen Spannungsreihe zu einer chemischen Reaktion. Eine solche Kombination ist ein **Lokalelement**.

Eisen oder Stahl enthalten stets andere Metalle als Legierungsbestandteile oder als Verunreinigungen. So kommt es an den Metalloberflächen zur Bildung von Lokalelementen, wenn geeignete Elektrolyte einwirken können.

Die teilweise im Winter zum Enteisen von Straßen verwendeten Streusalze verursachen auf diese Weise Korrosionsschäden an den Kraftfahrzeugen.

Gefährlich ist der „Lochfraß" im Inneren von eisernen Tanks für Heizöl. Der Elektrolyt bildet sich aus Kondenswasser und Salzresten im Öl. Um ein Auslaufen der Kessel wegen Korrosion zu verhindern, kleidet man solche Behälter mit Kunststoff aus. Außerdem unterliegen sie einer regelmäßigen Kontrolle.

Bei **verzinktem Eisen** bildet sich schon bei kleinen Schäden in der äußeren Metallschicht ein Lokalelement aus (Abb. 1). Die Atome des unedleren Metalls Zink geben Elektronen ab. Es entstehen durch Oxidation Zink-Ionen. Diese lagern sich zunächst auf der Oberfläche dieses Metalls an. So verhindern sie den Zutritt von Wasserstoff-Ionen. Die frei gewordenen Elektronen fließen deshalb zum edleren Metall. Dort erfolgt die Reduktion von Wasserstoff-Ionen zu Wasserstoff, der durch den Sauerstoff im Elektrolyten zu Wasser oxidiert wird.

Bei **verzinnten Eisenteilen** ist das Zinn das edlere Metall. Entstehen in der Zinnschicht Risse, kann ein Elektrolyt eindringen, das Eisen korrodiert.

> **Lokalelemente entstehen an den Berührungsstellen von unedlen Metallen mit edleren Metallen, wenn Elektrolyte einwirken.**

Korrosionsschutz. Die Erkenntnisse aus der Spannungsreihe der Metalle ermöglichen auch einen Korrosionsschutz. So werden Erdgas- und Erdölleitungen, die durch sumpfiges Gelände, durch Flüsse oder Seen führen, vor Korrosion geschützt, indem Blöcke aus unedleren Metallen (Aluminium, Magnesium) in den Untergrund verankert und elektrisch leitend mit den Rohren verbunden werden. Auch an Schiffsrümpfen werden solche Metallblöcke zum Schutz vor Korrosion (Opferanoden, Abb. 2) angebracht (Anode = Pluspol).

Bei Tankstellen werden die im Erdreich befindlichen Vorratstanks auf ähnliche Weise vor Korrosion geschützt. Dadurch werden die Zerstörung der Gefäße und das Eindringen von Benzin und Öl in den Boden und das Grundwasser und somit Umweltschäden verhindert.

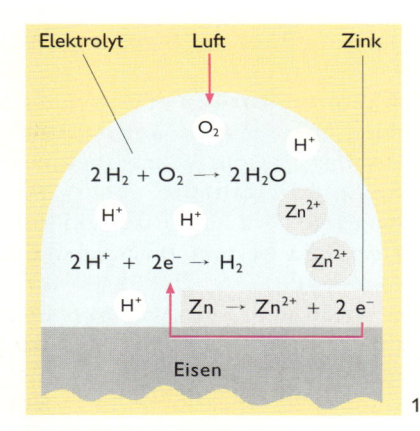

Abb. 1: Lokalelement bei verzinktem Eisen
$2H_2 + O_2 \longrightarrow 2H_2O$
$2H^+ + 2e^- \longrightarrow H_2$
$Zn \longrightarrow Zn^{2+} + 2e^-$

Abb. 2: Opferanode am Schiffsrumpf

AUFGABEN

1. Entwickle die Reaktionsgleichungen für den Korrosionsschutz an Eisenrohren durch a) Magnesium und b) Aluminium!
2. Warum sind Obstkonserven oder -säfte in verzinnten Blechbüchsen nur begrenzt lagerfähig?

ELEKTROCHEMISCHE KORROSION IM ÜBERBLICK

Im Überblick

Abscheiden von Metallen

Unedle Metalle scheiden edlere Metalle aus ihren Salzlösungen ab.
Dabei finden Elektronenübergänge statt.

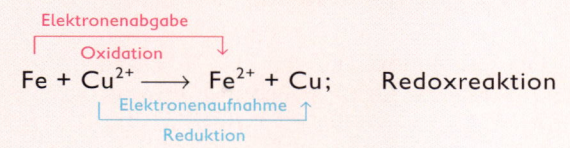

$$\underset{\underset{\text{Reduktion}}{\text{Elektronenaufnahme}}}{\overset{\overset{\text{Elektronenabgabe}}{\text{Oxidation}}}{Fe + Cu^{2+} \longrightarrow Fe^{2+} + Cu;}} \quad \text{Redoxreaktion}$$

Elektrolyse

Redoxreaktionen, bei denen Elektronenübergänge durch elektrischen Strom bewirkt werden.
Nicht freiwillig ablaufende Stoffumwandlung.
Elektrische Energie wird in chemische Energie umgewandelt.

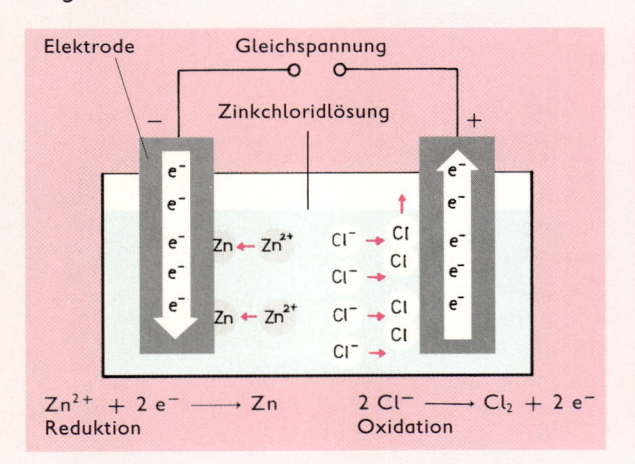

$Zn^{2+} + 2\,e^- \longrightarrow Zn$
Reduktion

$2\,Cl^- \longrightarrow Cl_2 + 2\,e^-$
Oxidation

Galvanische Elemente

Kombination aus zwei Metallen in Salzlösungen, zwischen denen Elektronenübergänge stattfinden.
Freiwillig ablaufende Stoffumwandlung.
Chemische Energie wird in elektrische Energie umgewandelt.

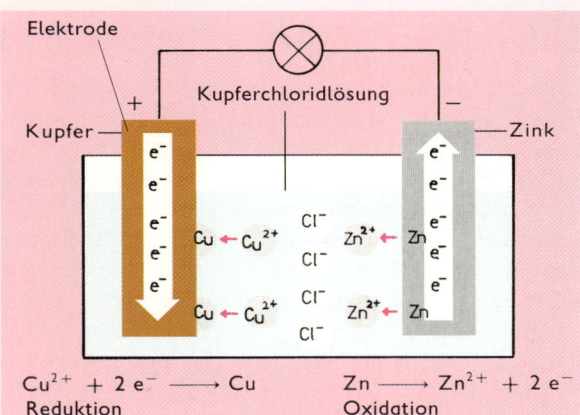

$Cu^{2+} + 2\,e^- \longrightarrow Cu$
Reduktion

$Zn \longrightarrow Zn^{2+} + 2\,e^-$
Oxidation

Batterien

Primärelemente
Die Reaktionspartner sind in den Zellen enthalten. Nicht wieder aufladbar!

Beispiele:
Taschenlampenbatterien, Alkali-Mangan-Zellen, Knopfzellen (Quecksilber-, Silberoxid-, Lithium-Zelle)

Brennstoffzellen

Die Reaktionspartner werden während der Stromerzeugung von außen zugeführt.

Beispiele:
Knallgaszelle (Wasserstoff, Sauerstoff),
Methanol-Zelle (Methanol, Wasserstoffperoxid)

Akkumulatoren

Sekundärelemente
Die chemischen Reaktionen sind umkehrbar. Wieder aufladbar!

Beispiele:
Bleiakkumulator,
Nickel-Cadmium-Akkumulator

CHEMIE UND UMWELT

31
Chemie und Umwelt

Ein idyllisches Fleckchen Erde! Wird es uns erhalten bleiben? Chemieprodukte erleichtern und verbessern unser Leben. Bei ihrer Herstellung entstehen aber auch umweltschädigende Stoffe.
Was trägt die Chemie selbst zur Lösung dieses Problems bei?

Luftverunreinigung – Luftreinhaltung

Luftschadstoffe. Die Luft wird durch Schadstoffe in Abgasen, im Rauch und in Stäuben bedrohlich verunreinigt und belastet. Zum Beispiel verursachen Schwefeldioxid und Stickstoffoxide den „sauren Regen" (↗ S. 55, S. 91, S. 125), Fluorchlorkohlenwasserstoffe zerstören die Ozonhülle der Erde (↗ S. 156), bleihaltiger Staub aus der Verbrennung von verbleitem Benzin gefährdet die Gesundheit, und selbst das scheinbar harmlose Kohlenstoffdioxid kann zu Klimaveränderungen auf unserem Planeten führen.

In Deutschland haben die Kraftfahrzeuge einen großen Anteil an der Luftverunreinigung (Abb. 1). Außerdem sind die Heiz- und Kraftwerke mit fossilen Brennstoffen, die Industrie und die Haushalte wesentlich daran beteiligt (↗ S. 35).

Dass gedankenloser Umgang mit Chemieprodukten im Haushalt und bei der Müllbeseitigung Schadstoffemissionen hervorrufen kann, zeigt das Experiment 1.

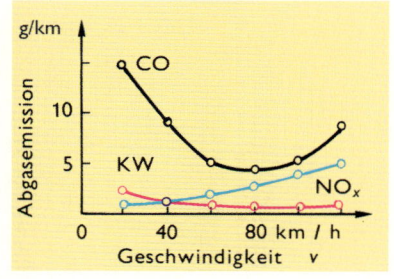

Schadstoffemission bei einem PKW in Abhängigkeit von der Geschwindigkeit

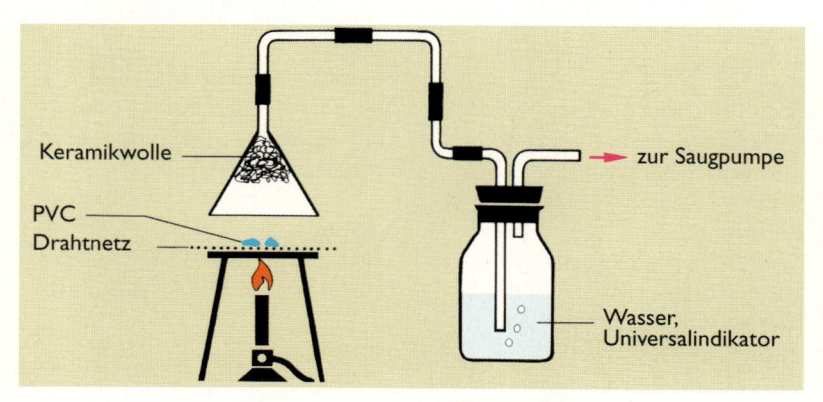

Experiment 1
Polyvinylchlorid wird unter dem Abzug erhitzt. Die Reaktionsprodukte werden durch Wasser, das mit Universalindikator versetzt ist, geleitet. Nachdem die Lösung ihre Farbe verändert hat, ist die Gaswaschflasche gegen eine zweite mit Silbernitratlösung, die mit Salpetersäure versetzt wurde, auszutauschen!

PVC wird bei starkem Erhitzen unter Bildung von Chlorwasserstoff zersetzt, der mit Wasser zu Salzsäure reagiert (Experiment 1). Gerät zum Beispiel eine Mülldeponie in Brand, auf der auch PVC-Abfälle gelagert sind, so kann die umliegende Region außerordentlich stark in Mitleidenschaft gezogen werden. Beim Verbrennen von PVC besteht außerdem immer die Gefahr, dass chlorhaltige Dioxine entstehen und die Luft belasten. Dioxine (↗ S. 166) sind äußerst giftige Stoffe, wie ein Unfall in einer Chemieanlage in Seveso (Italien) 1976 vor Augen führte.

Smog. Im Winterhalbjahr entsteht Smog (↗ S. 35) vorwiegend durch Rauchgase aus der Ofenheizung und durch Industrieabgase. Dieser Smog ist durch hohe Konzentrationen an Schwefeldioxid, Kohlenstoffmonooxid und Ruß gekennzeichnet. Ganze Regionen liegen unter einer „Dunstglocke" (Abb. 3).
Auch im Sommer kann sich Smog vor allem bei hoher Konzentration an Autoabgasen und intensiver Sonneneinstrahlung bilden. Dieser Smog enthält Ozon (Abb. 2). Auswirkungen eines erhöhten Ozongehaltes der Luft sind vor allem Augenreizungen sowie eine Schädigung der Atemwege und des Lungengewebes.
Mithilfe physikalischer und chemischer Messungen wird die Konzentration an „Schadstoffen in der Luft festgestellt", und bei bestimmten Werten müssen Maßnahmen zum Schutze der Menschen ergriffen werden.

LUFTVERUNREINIGUNG – LUFTREINHALTUNG

O_3

2

Alarm-stufe	Schadstoffkonzentration in der Luft	Maßnahmen
1	$\beta_{SO_2} \geq 0{,}8$ mg/m³ $\beta_{NO_x} \geq 0{,}6$ mg/m³	Vorwarnung, Vorbereitung auf Alarmstufen 2 und 3
2	$\beta_{SO_2} \geq 1{,}6$ mg/m³ $\beta_{NO_x} \geq 1{,}2$ mg/m³	Fahrverbot für PKW ohne Katalysator; Einsatz von schwefelhaltigen Brennstoffen in großen Feuerungsanlagen eingeschränkt
3	$\beta_{SO_2} \geq 2{,}4$ mg/m³ $\beta_{NO_x} \geq 1{,}8$ mg/m³	Zusätzlich: Fahrerlaubnis nur für PKW mit geregeltem Katalysator; zeitweilige Stilllegung von Anlagen

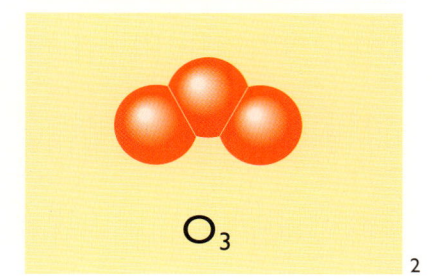

3

AUFGABEN

1. Begründe die Zunahme der Stickstoffoxid-Emission bei steigender Geschwindigkeit eines PKW (↗ Abb. 1)!
2. Welche chemischen Reaktionen treten ein, wenn Chlorwasserstoff aus der Luft ausgewaschen wird und auf Dachrinnen aus Zink oder Bauten aus Marmor oder Kalkstein einwirkt?
Entwickle die Reaktionsgleichungen!
3. Gibt es in der Heimatgemeinde, der Heimatstadt oder im Landkreis einen Smog-Alarmplan? Welche Maßnahmen sieht dieser Plan vor?
4. Begründe, warum Kraftfahrzeuge mit geregeltem Katalysator auch bei höheren Smog-Alarmstufen fahren dürfen!

CHEMIE UND UMWELT

Ozonloch. Während erhöhte Ozonkonzentration in Bodennähe zu Gesundheitsschäden führen kann, bildet Ozon in der Stratosphäre eine lebenserhaltende Schutzhülle um die gesamte Erde (↗ S. 156). Die Schutzhülle absorbiert einen Teil des ultravioletten Sonnenlichtes, das Krebs erregend wirken kann. In den letzten Jahren wurde vor allem in den Monaten September und Oktober über der Antarktis eine auffällig verminderte Ozonkonzentration gemessen. Diese Erscheinung wird Ozonloch genannt (Abb. 1).

Die Ausbildung des Ozonloches wird wesentlich durch Fluorchlorkohlenwasserstoffe (FCKW) verursacht.

Deshalb wurde bereits 1987 in Montreal ein internationales Protokoll unterzeichnet, das bis 1999 weltweit eine Halbierung der Produktion und des Verbrauchs von FCKW und ähnlichen Stoffen vorsieht. In Deutschland dürfen nach der FCKW-Halonverbotsverordnung vom 6. 5. 1991 ab 1. 1. 1995 keine FCKW mehr produziert und verwendet werden.

Saurer Regen. Die Entstehung von „saurem Regen" (↗ S. 55 und S. 91) kann eingeschränkt werden, wenn die Emission von Schwefeldioxid und Stickstoffoxiden vermindert wird. In Kraftwerken mit modernen Entschwefelungsanlagen entsteht statt eines Calciumsulfat-Rückstandes beim Entschwefeln der Rauchgase reines Schwefeldioxid. Das Schwefeldioxid dient als Ausgangsstoff zur Schwefelsäureherstellung und wird so gleich verwertet (Abb. 2). Außerdem haben viele Kraftwerke eine Entstickungsanlage, DENOX-Anlage, die Rauchgase von Stickstoffoxiden reinigt (↗ S. 125). In einer katalytischen Redoxreaktion reagieren diese Oxide mit Ammoniak und Sauerstoff.

$4 NO + 4 NH_3 + O_2 \longrightarrow 4 N_2 + 6 H_2O$

$2 NO_2 + 4 NH_3 + O_2 \longrightarrow 3 N_2 + 6 H_2O$

Kraftwerke mit kombinierter Rauchgasentschwefelung und -entstickung fördern die Reinhaltung der Luft hervorragend.

Treibhauseffekt. An der Erdoberfläche wird eingestrahltes kurzwelliges Sonnenlicht in langwellige Wärmestrahlung umgewandelt. Diese Wärmestrahlung kann die Erde durch die Atmosphäre nicht ungehindert verlassen, sie wird zum Teil absorbiert oder erdwärts reflektiert. Die Atmosphäre wirkt wie die Glasscheiben eines Treibhauses (↗ S. 55).

Ohne den natürlichen Treibhauseffekt läge die durchschnittliche Lufttemperatur auf der Erde bei etwa −18 °C. Hauptverursacher des Treibhauseffekts sind die natürlich vorkommenden Gase Wasserdampf, Kohlenstoffdioxid, Methan, aber auch synthetisch hergestellte Fluorchlorkohlenwasserstoffe. Die zunehmende Nutzung fossiler Brennstoffe und die Brandrodung von Wäldern haben den Kohlenstoffdioxidkreislauf in der Natur gestört (Abb. 3). Die Atmosphäre wird jährlich mit etwa 11 Milliarden t Kohlenstoffdioxid belastet. Folge ist eine Verstärkung des Treibhauseffektes. Seit 1860 hat sich die Jahresmitteltemperatur über der Nordhalbkugel der Erde um mehr als 0,5 K erhöht, weiteres Ansteigen ist zu befürchten.

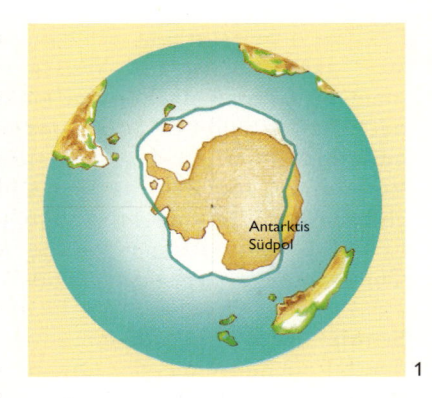

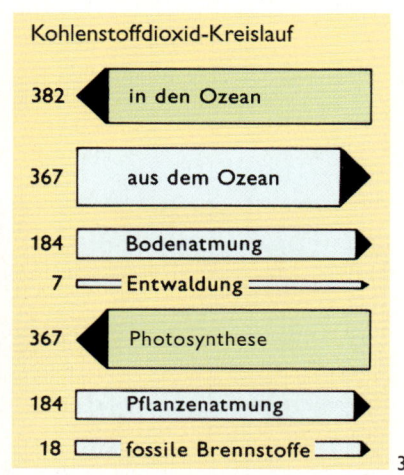

Kohlenstoffdioxid-Kreislauf

382	in den Ozean
367	aus dem Ozean
184	Bodenatmung
7	Entwaldung
367	Photosynthese
184	Pflanzenatmung
18	fossile Brennstoffe

Jährliche Zunahme von Kohlenstoffdioxid in der Atmosphäre: 11 Mrd. t

LUFTVERUNREINIGUNG – LUFTREINHALTUNG IM ÜBERBLICK

AUFGABEN

1. Bereite einen Vortrag über Bau und Funktion eines Kraftfahrzeug-Katalysators vor!
2. Ermittle, ob im Handel Spraydosen mit dem Treibmittel FCKW erhältlich sind und ob Dämmstoffe, wie Styropor, ohne FCKW hergestellt werden!
3. Begründe, dass der Treibhauseffekt einerseits lebenserhaltend ist, andererseits aber in den letzten Jahren immer mehr zum Problem geworden ist!
4. Weshalb wird von mehreren Organisationen ein Verbot der Verwendung tropischer Hölzer in der Bau- und Möbelbranche gefordert?
5. Warum ist es umweltfreundlicher, mit Erdgas statt mit Kohle zu heizen?
6. Leite aus den Ursachen der Verstärkung des Treibhauseffektes Maßnahmen zur Verringerung dieses Effektes ab! Begründe die Aussagen!
7. Erläutere die Ursachen und die Bildung von „saurem Regen"!
8. Wie kann das Auftreten von „saurem Regen" reduziert werden?
9. Weshalb sollen beim Halten von Kraftfahrzeugen in Straßentunneln die Motoren ausgeschaltet werden?

Im Überblick

Schadstoff	Emissionsquellen	Einige Auswirkungen	Einige Gegenmaßnahmen
Schwefeldioxid	Feuerungsanlagen; Hüttenwerke; Schwefelsäure-, Zellstoff- und Papierindustrie	Schädigung der Atemorgane; Kopfschmerzen; saurer Regen; Baumsterben; Zerstörung von Bauwerken; Korrosion von Metallen	Entschwefelung industrieller Abgase (↗ S. 101); Kalkdüngung des Waldes; Nutzung alternativer Energiequellen (z. B. Sonnenenergie)
Stickstoffoxide	Verbrennungsmotoren; Feuerungsanlagen; Industrie	Schädigung der Atemorgane; saurer Regen; Korrosion; Zerstörung von Baumaterialien; Baumschäden	Abgaskontrollen; katalytische Abgasreinigung (↗ S. 35); Senkung der Verbrennungstemperatur in Feuerungsanlagen (↗ S. 125)
Kohlenstoffmonooxid	Verbrennungsmotoren; Feuerungsanlagen	Atemgift (Schadwirkung tritt u. a. bei starkem Straßenverkehr auf)	Ausrüstung von Kraftfahrzeugen mit Katalysatoren; Senken der Verbrennungstemperatur in Feuerungsanlagen
Kohlenstoffdioxid	Feuerungsanlagen; Verbrennungsmotoren; Industrie; Brandrodungen	Verstärkung des Treibhauseffekts	Nutzung alternativer Energiequellen; Fahrt mit öffentlichen Verkehrsmitteln anstelle des PKW; keine Brandrodungen
Kohlenwasserstoffe	Verbrennungsmotoren; Industrie; Verdunstung von Benzin u. a.	Schädigung der Atemorgane	Kraftfahrzeug-Katalysatoren; Reinigung von industriellen Abgasen
Fluorchlorkohlenwasserstoffe	Industrie (geschäumte Kunststoffe); Kühlanlagen; Spraydosen	Zerstörung der Ozonschicht in der Stratosphäre (verstärkte UV-Strahlung)	Einsatz anderer Treibgase in Spraydosen und zum Schäumen (↗ S. 156)
Stäube mit Schwermetallverbindungen	Verbrennung von verbleitem Benzin und Müll; Hüttenwerke	Schädigung der Atemorgane; Gift für viele Lebewesen	ausreichende Entstaubung industrieller Abgase; bleifreies Benzin

CHEMIE UND UMWELT

Aus der Welt der Chemie

Energie – aber woher?

Kraftwerke mit fossilen Brennstoffen (Abb. 1)

Kohleverbrennung:
$C + O_2 \longrightarrow CO_2$;
exotherm

Erdölverbrennung:
$C_{17}H_{36} + 26\,O_2 \longrightarrow 17\,CO_2 + 18\,H_2O$;
exotherm

Erdgasverbrennung:
$CH_4 + 2\,O_2 \longrightarrow CO_2 + 2\,H_2O$;
exotherm

- erprobte Technik
- ausreichender Vorrat an Brennstoffen
- Schadstoffabgabe, zum Beispiel Schwefeldioxid und Stickstoffoxide (können aber aus den Rauchgasen entfernt werden)
- Kohlenstoffdioxid verstärkt den Treibhauseffekt
- Eingriffe in die Landschaft

Atomkraftwerke (Abb. 2)

- ausreichende Vorräte an Kernbrennstoffen
- hohe Investitionskosten, geringe Betriebskosten
- preiswerte Elektroenergieerzeugung
- keine Abgase
- Gefahr von atomaren Unfällen
- Probleme bei der Wiederaufbereitung und bei der Endlagerung von ausgebrannten Brennelementen

256

AUS DER WELT DER CHEMIE

Wasserkraftwerke (Abb. 3)
- erprobte Technik
- Kopplung mit dem Elektroenergienetz
- abhängig von Wasservorräten

Biogas-Anlagen (Abb. 4)
- Erzeugung von Gas zu Heizzwecken und zur Elektroenergieerzeugung
- Kopplung mit dem Elektroenergienetz möglich
- bedeutender Investitionsaufwand
- abhängig vom Angebot an Biomasse, deshalb vorwiegend im ländlichen Raum sinnvoll

Fotovoltaik-Anlagen (Abb. 5)
- wandeln Sonnenlicht, auch diffuses Tageslicht, in elektrische Energie um
- Kopplung mit dem Elektroenergienetz möglich
- auch im Winter wirksam
- sehr hohe Investitionskosten

Solarkollektoren (Abb. 6)
- Erwärmung von Brauchwasser durch Sonneneinstrahlung, Unterstützung von Heizanlagen im Frühjahr und Herbst
- im Winterhalbjahr in Deutschland nahezu wirkungslos

Windkraftwerke (Abb. 7)
- Kopplung mit dem Elektroenergienetz möglich
- nur in windsicheren Gebieten sinnvoll
- hohe Investitionskosten
- starker Eingriff in die Landschaft

CHEMIE UND UMWELT

Wasserverunreinigung – Wasserschutz

Bedeutung des Wassers. Sauberes Wasser braucht der Mensch zum Leben und zur Erholung in einer gesunden Umwelt, aber auch zur Herstellung vieler lebensnotwendiger Produkte. Der Pro-Kopf-Verbrauch an Trinkwasser hat sich in den Industriestaaten in den letzten Jahrzehnten fast verdoppelt (↗ S. 43).
Die Wasservorkommen auf der Erde werden durch Abwässer und Abfälle, durch Havarien von Öltankern, Pipelines und Tankfahrzeugen sowie durch unsachgemäßen Umgang mit Chemieprodukten gefährlich verunreinigt. In Flüssen, Seen und im Grundwasser reichern sich vielerorts Schadstoffe so stark an, dass die Trinkwasser- und sogar die Brauchwasserversorgung gefährdet oder nicht mehr möglich sind.

Gewässerschutz. Der Schutz der Gewässer ist für das weitere Leben auf der Erde unabdingbar geworden. Jeder kann durch sorgsamen Umgang mit Trink- und Brauchwasser die Bemühungen um eine stabile Wasserversorgung unterstützen.
Wichtige Voraussetzungen für die Bereitstellung qualitativ hochwertigen Trinkwassers sind die regelmäßige und sorgfältige Untersuchung der Wasservorräte (Experimente 2 bis 4) und die Einhaltung der Wasserschadstoff-Grenzwerte.

Experiment 2
Untersuche Proben eines Grobdesinfektionsmittels und eines Konservierungsmittels auf ihren Formaldehyd-Gehalt! Halte die Gebrauchsanleitung genau ein!

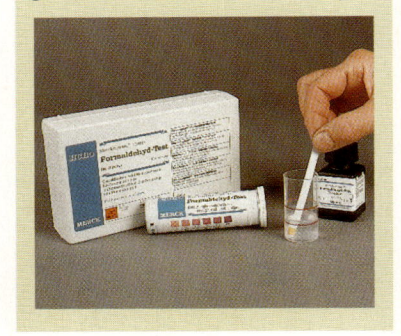

Experiment 3
Ermittle mit einem pH-Messgerät den pH-Wert von Trinkwasser, Regenwasser, Waschlauge!

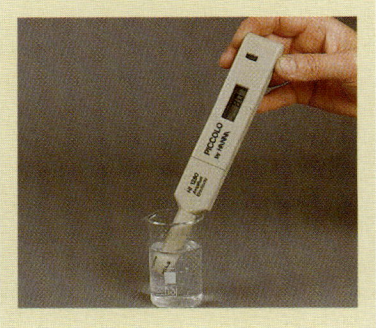

Experiment 4
Bestimme mit Teststäbchen den Nitrat-Gehalt von Trinkwasser, Brunnenwasser, wässrigem Auszug von Gartenerde und Presssaft von Blättern oder Früchten!

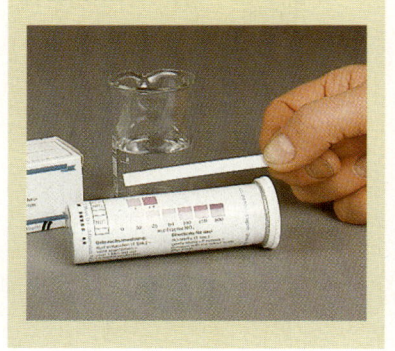

Anforderungen an das Trinkwasser nach der in Deutschland geltenden Trinkwasserverordnung

Temperatur: max. 20 °C	Nitrat-Ionen: max. 50 mg/l
pH-Wert: 6,5 ... 9,5	Nitrit-Ionen: max. 0,1 mg/l
Arsen-Ionen: max. 0,04 mg/l	Blei-Ionen: max. 0,04 mg/l
Chrom-Ionen: max. 0,05 mg/l	Chlorierte Kohlenwasser-
Pflanzenschutzmittel,	stoffe: max. 0,025 mg/l,
gesamt: max. 0,0005 mg/l	darunter Tetrachlor-
Einzelstoff: max. 0,0001 mg/l	methan: max. 0,003 mg/l

Welcher Schaden durch unachtsamen Umgang mit chemischen Stoffen verursacht werden kann, zeigen folgende Beispiele:
Versickert ein einziger Liter Kraftstoff oder Altöl im Erdreich und gelangt ins Grundwasser, so können 1 Million Liter Wasser verseucht werden.
Chlorierte Kohlenwasserstoffe werden häufig zur Metall- und Textilreinigung verwendet. Ein Liter dieser chlorierten Kohlenwasserstoffe kann bis zu 50 Millionen Liter Grundwasser für die Trinkwassergewinnung unbrauchbar machen.

Abwasserbehandlung. Nach jeder Nutzung ist das Wasser mehr oder minder verschmutzt und durch Schadstoffe belastet. Deshalb müssen alle kommunalen und Industrieabwässer in geeigneten Kläranlagen (↗ S. 46 f.) gereinigt werden, bevor man sie in die Oberflächengewässer zurückleitet. Das ist auch deshalb von großer Bedeutung, weil aus Brunnen in der Uferzone von Flüssen und Seen Uferfiltrat gefördert und dann zu Trinkwasser aufgearbeitet wird.

WASSERVERUNREINIGUNG – WASSERSCHUTZ IM ÜBERBLICK

➤ AUFGABEN

1. Wie kann die Versorgung mit einwandfreiem Trinkwasser gewährleistet werden? Bereite einen Vortrag über die Reinhaltung des Grund- und Oberflächenwassers vor!
2. Überlege, durch welche Maßnahmen der Besitzer eines Eigenheimes Trinkwasser einsparen kann!
3. Welche Bedeutung haben phosphatfreie Waschmittel für den Umweltschutz?
4. Wie müssen Altmedikamente und Reste von Pflanzenschutzmitteln entsorgt werden?
5. Weshalb ist es in vielen Städten und Gemeinden verboten, Kraftfahrzeuge auf den Straßen zu waschen?
6. Warum sind auf Waschplätzen für Kraftfahrzeuge Benzin- und Ölabscheider installiert worden?
7. Weshalb wird Altöl in Behältern gesammelt?
8. Wie ist es zu erklären, dass in einer Regenwasserprobe ein pH-Wert von $pH = 4,2$ gemessen wurde?
9. Ermittle die Nitrat-Belastung des Grundwassers in der Heimatregion!
10. Bereite einen Vortrag über Bau und Funktion einer modernen Kläranlage vor!
11. Aus der Messung der elektrischen Leitfähigkeit von Wasserproben kann man auf die Salzbelastung eines Gewässers schließen. Begründe!
12. Begründe, weshalb Fäkalien oder Jauche auf keinen Fall ungeklärt in Bäche, Flüsse oder Seen eingeleitet werden dürfen!
13. Wo werden die kommunalen Abwässer deines Heimatortes geklärt?

Im Überblick

Schadstoff	Ursprung	Einige Auswirkungen	Einige Gegenmaßnahmen
Phosphat-Ionen	Waschmittel; Fäkalien; falsche Düngung	Eutrophierung von Gewässern (↗ S. 124); Sterben von Tieren	Abwasseraufbereitung; Sauerstoffanreicherung der Gewässer; phosphatfreie Waschmittel; richtige Dosierung von Düngemitteln
Nitrat-Ionen	falsche Düngung; Fäkalien; Gülle	Eutrophierung; lebensbedrohliche Zustände bei Säuglingen (↗ S. 127)	Vermeidung von Überdüngung; Zugabe von nitratfreiem Wasser bei der Trinkwasseraufbereitung
Mineralöle	Havarien; sorgloser Umgang mit Kraft- und Schmierstoffen	Sterben von Fischen und Vögeln; Strandverschmutzung; Trinkwasserverseuchung	doppelwandige Tanker und Pipelines; Öl abbauende Chemikalien und Organismen; Entsorgungsschiffe; Benzin- und Ölabscheider
Pflanzenschutz- und Schädlingsbekämpfungsmittel	unsachgemäße Anwendung (falscher Zeitpunkt; Überdosierung)	Anreicherung im Körper, Folgen oft noch nicht absehbar	wohlüberlegter Einsatz von Pflanzenschutz- und Schädlingsbekämpfungsmitteln; biologische Schädlingsbekämpfung
Organische Verbindungen; Lösungsmittel; Säuren; Laugen; Salze (besonders Schwermetallsalze)	Industrieabwässer; Rückstände der Kaliindustrie; Säure- und Hydroxidlösungen, unzureichende Abwasserreinigung; Havarien	Fischsterben; Gefährdung der Trinkwasserversorgung; Vergiftung von Mikroorganismen, die der Selbstreinigung der Gewässer dienen	hinreichende Klärung industrieller Abwässer; Rückgewinnung von Abwasserinhaltsstoffen; Badeverbot

CHEMIE UND UMWELT

Bodenschädigung – Bodenschutz

Zusammensetzung des Bodens. Der Boden ist ein sehr kompliziertes Ökosystem. Er besteht aus festen Stoffen, sowohl anorganischen (Verwitterungsprodukte) als auch organischen (Zersetzungsprodukte von Tieren und Pflanzen). Das **Bodenwasser** bewegt sich in den Poren und Hohlräumen des Bodens und ist Lösungsmittel für viele Nährstoffe der Pflanzen. Die **Bodenluft** befindet sich ebenfalls in Hohlräumen und Poren des Bodens. Sie enthält relativ viel Kohlenstoffdioxid. Außerdem enthält der Boden noch lebende Bestandteile. Das sind nicht nur Pflanzenwurzeln, sondern auch Tiere, Bakterien und andere Mikroorganismen.

Bodenschädigung. Auf die Bodenoberfläche wirken Abfälle, Stäube, Flüssigkeiten, Düngemittel und viele weitere Stoffe ein, die Bodenschäden hervorrufen können.
So beeinträchtigen zum Beispiel Schwermetall-Ionen das Pflanzenwachstum (Experiment 5, obere Schale), den Wasserhaushalt in der Natur und die Qualität des Wassers.
Streusalze auf winterlichen Straßen werden von Niederschlägen abgewaschen und schädigen entlang der Straßen die Vegetation einschließlich des Baumbestandes. Bodenschäden durch Salze sind oft in der Nähe von Abraumhalden der Kaliindustrie zu beobachten (Abb. 1 und 2).

Bodenschutz und Bodensanierung. Bodenschäden werden vor allem vermieden, wenn man das Aufbringen und Eindringen von Schadstoffen verhindert.
Der Auf- und Ausbau geordneter **Mülldeponien** (Abb. 3) ist dazu ein wichtiger Beitrag. Eine geordnete Deponie muss nach unten (nach der Füllung auch nach oben) abgedichtet sein. Das Sickerwasser ist einer Kläranlage zuzuführen.
Durch **Müllverbrennung** lassen sich einige Schadstoffe beseitigen, die bei der Deponierung Umweltprobleme auslösen könnten. Eine Befreiung des Bodens von Schadstoffen, wie das zum Beispiel bei der Abwasseraufbereitung geschieht („Waschen" des Bodens) ist sehr aufwendig. Stark saurer oder stark alkalischer Boden kann nur allmählich durch neutralisierend wirkende Düngemittel auf einen für das Gedeihen der Pflanzen günstigen pH-Wert gebracht werden.

Experiment 5
Vorsicht!
Verdünne 1%ige Bleinitratlösung so, dass 0,1%ige, 0,01%ige und 0,001%ige Lösungen entstehen!
Lege in die Unterschalen von 5 Petrischalen je ein Rundfilter und verteile darauf jeweils 50 Samen der Gartenkresse. Fülle je 5 ml der Bleinitratlösungen unterschiedlicher Konzentration ein! In die fünfte Unterschale werden 5 ml Leitungswasser gegeben.
Stelle die zugedeckten Schalen an einen hellen Ort!
Notiere in einer Tabelle täglich die Beobachtungen zur Entwicklung der Kressepflänzchen!

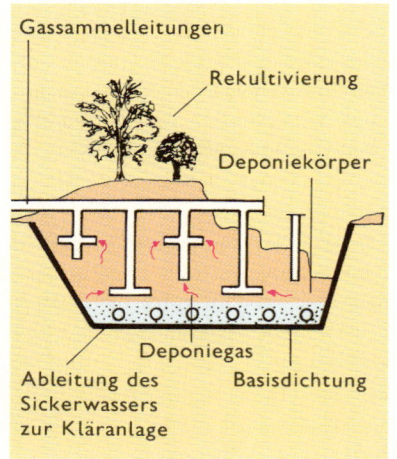

> BODENSCHÄDIGUNG –
> BODENSCHUTZ
> IM ÜBERBLICK

AUFGABEN

1. Wie kann der Einzelne zum Umweltschutz beitragen?
   Entwirf zu einem selbstgewählten Problemkreis ein Informationsblatt für Haushalte oder Schüler oder Autofahrer!
2. Saure Böden werden mit Calciumcarbonat behandelt.
   Welche chemische Reaktion könnte ablaufen? Entwickle eine Reaktionsgleichung!
3. Begründe, weshalb Klärschlamm, der mit Schwermetallen belastet ist, nicht auf landwirtschaftlichen Nutzflächen ausgebracht werden darf?
4. Weshalb wirft man verbrauchte Batterien und Leuchtstofflampen nicht in die Mülltonne?
5. Nenne Beispiele für Umweltschäden durch Gülleaustrag und falsche Düngung!
6. Auf den Verpackungen vieler Lebensmittel und Industriewaren ist der „Grüne Punkt" aufgedruckt. Welche Bedeutung hat dieser Aufdruck?
7. Weshalb ist die Mülldeponie für die Entsorgung von Kühlschränken ungeeignet?
8. Farb- und Lackreste sowie Reste von Lösungsmitteln dürfen weder in den Müll geworfen noch in die Kanalisation gegossen werden. Begründe die Vorschriften zur gesonderten Entsorgung!
9. Diskutiere die Auffassung, dass die Chemie die Umwelt nur schädigt!
10. Welche Gefahren können entstehen, wenn ausgediente Kraftfahrzeuge einfach auf Mülldeponien abgelagert werden?
11. Überlege, warum eine verfüllte Mülldeponie nicht (oder erst nach längerer Zeit) mit Wohnhäusern überbaut werden darf!
12. Welche Vorteile bringt Recycling gegenüber der Deponierung von Abfällen?
13. Nenne Beispiele für Recycling!
14. Schadstoffbelastete Böden sind immer eine Gefahr für das Grundwasser! Begründe an Beispielen!

Im Überblick

Schadstoff	Ursprung	Einige Auswirkungen	Einige Gegenmaßnahmen
Abfälle und Abprodukte	Industrie, Gewerbe, Haushalte	Veränderung der Bodenstruktur; Verunreinigung des Grundwassers; Erkrankungen, Störungen im Pflanzenwachstum, Absterben von Pflanzen	bei Mülldeponien: Anlage auf Sperrschichten; Sonderabfälle getrennt lagern; Auffangen und Reinigen des Sickerwassers; Müllverbrennung ohne Schadstoffemission
Industriestaub	Hüttenwerke, Zementwerke, Feuerungsanlagen	Veränderung des pH-Wertes; Schädigung der Bodenlebewesen durch Schwermetall-Ionen	Entstaubung von Industrieabgasen, Neutralisation des Bodens
Saurer Regen	Schwefeldioxid und Stickstoffoxide aus Kraftwerken, Kraftfahrzeugen, Heizungsanlagen	Bodenversauerung, Schädigung der Bodenlebewesen, Lösen von giftigen Aluminium- und Schwermetall-Ionen	Neutralisation des Bodens; Entfernen von Schwefel- und Stickstoffoxiden aus Rauch- und Abgasen (↗ S. 125)
Streusalz und Salzlösungen auf winterlichen Straßen	Winterdienst	Schädigung von Pflanzenwurzeln, Absterben von Bäumen	Kies anstelle von Salz und Salzlösungen
Düngemittel bei Überdosierung	Landwirtschaft	Schädigung von Pflanzenwurzeln; Verunreinigung des Grundwassers	Pflanzen nur bedarfsgerecht düngen (↗ S. 127)

ANHANG

Atombau der Elemente

Periode	Protonenanzahl ≙ Ordnungszahl	Element		Elektronenanzahl der Elektronenschale						
		Name	Symbol	1.	2.	3.	4.	5.	6.	7.
1	1	Wasserstoff	H	1						
	2	Helium	He	2						
2	3	Lithium	Li	2	1					
	4	Beryllium	Be	2	2					
	5	Bor	B	2	3					
	6	Kohlenstoff	C	2	4					
	7	Stickstoff	N	2	5					
	8	Sauerstoff	O	2	6					
	9	Fluor	F	2	7					
	10	Neon	Ne	2	8					
3	11	Natrium	Na	2	8	1				
	12	Magnesium	Mg	2	8	2				
	13	Aluminium	Al	2	8	3				
	14	Silicium	Si	2	8	4				
	15	Phosphor	P	2	8	5				
	16	Schwefel	S	2	8	6				
	17	Chlor	Cl	2	8	7				
	18	Argon	Ar	2	8	8				
4	19	Kalium	K	2	8	8	1			
	20	Calcium	Ca	2	8	8	2			
	21	Scandium	Sc	2	8	8+1	2			
	22	Titan	Ti	2	8	8+2	2			
	23	Vanadium	V	2	8	8+3	2			
	24	Chrom	Cr	2	8	8+4	2*			
	25	Mangan	Mn	2	8	8+5	2			
	26	Eisen	Fe	2	8	8+6	2			
	27	Cobalt	Co	2	8	8+7	2			
	28	Nickel	Ni	2	8	8+8	2			
	29	Kupfer	Cu	2	8	8+9	2*			
	30	Zink	Zn	2	8	8+10	2			
	31	Gallium	Ga	2	8	18	3			
	32	Germanium	Ge	2	8	18	4			
	33	Arsen	As	2	8	18	5			
	34	Selen	Se	2	8	18	6			
	35	Brom	Br	2	8	18	7			
	36	Krypton	Kr	2	8	18	8			
5	37	Rubidium	Rb	2	8	18	8	1		
	38	Strontium	Sr	2	8	18	8	2		
	39	Yttrium	Y	2	8	18	8+1	2		
	40	Zirconium	Zr	2	8	18	8+2	2		
	41	Niob	Nb	2	8	18	8+3	2*		
	42	Molybdän	Mo	2	8	18	8+4	2*		
	43	Technetium	Tc	2	8	18	8+5	2		
	44	Ruthenium	Ru	2	8	18	8+6	2*		
	45	Rhodium	Rh	2	8	18	8+7	2*		
	46	Palladium	Pd	2	8	18	8+8	2*		
	47	Silber	Ag	2	8	18	8+9	2*		
	48	Cadmium	Cd	2	8	18	8+10	2		
	49	Indium	In	2	8	18	18	3		
	50	Zinn	Sn	2	8	18	18	4		
	51	Antimon	Sb	2	8	18	18	5		
	52	Tellur	Te	2	8	18	18	6		
	53	Iod	I	2	8	18	18	7		
	54	Xenon	Xe	2	8	18	18	8		

ATOMBAU DER ELEMENTE

Periode	Protonenanzahl ≙ Ordnungszahl	Element		Elektronenanzahl der Elektronenschale						
		Name	Symbol	1.	2.	3.	4.	5.	6.	7.
6	55	Caesium	Cs	2	8	18	18	8	1	
	56	Barium	Ba	2	8	18	18	8	2	
	57	Lanthan	La	2	8	18	18	8+1	2	
	58	Cer	Ce	2	8	18	18+1	8+1	2	
	59	Praseodym	Pr	2	8	18	18+2	8+1	2	
	60	Neodym	Nd	2	8	18	18+3	8+1	2*	
	61	Promethium	Pm	2	8	18	18+4	8+1	2*	
	62	Samarium	Sm	2	8	18	18+5	8+1	2*	
	63	Europium	Eu	2	8	18	18+6	8+1	2*	
	64	Gadolinium	Gd	2	8	18	18+7	8+1	2	
	65	Terbium	Tb	2	8	18	18+8	8+1	2	
	66	Dysprosium	Dy	2	8	18	18+9	8+1	2	
	67	Holmium	Ho	2	8	18	18+10	8+1	2	
	68	Erbium	Er	2	8	18	18+11	8+1	2	
	69	Thulium	Tm	2	8	18	18+12	8+1	2*	
	70	Ytterbium	Yb	2	8	18	18+13	8+1	2*	
	71	Lutetium	Lu	2	8	18	18+14	8+1	2	
	72	Hafnium	Hf	2	8	18	32	8+2	2	
	73	Tantal	Ta	2	8	18	32	8+3	2	
	74	Wolfram	W	2	8	18	32	8+4	2	
	75	Rhenium	Re	2	8	18	32	8+5	2	
	76	Osmium	Os	2	8	18	32	8+6	2	
	77	Iridium	Ir	2	8	18	32	8+7	2	
	78	Platin	Pt	2	8	18	32	8+8	2*	
	79	Gold	Au	2	8	18	32	8+9	2*	
	80	Quecksilber	Hg	2	8	18	32	8+10	2	
	81	Thallium	Tl	2	8	18	32	18	3	
	82	Blei	Pb	2	8	18	32	18	4	
	83	Bismut	Bi	2	8	18	32	18	5	
	84	Polonium	Po	2	8	18	32	18	6	
	85	Astat	At	2	8	18	32	18	7	
	86	Radon	Rn	2	8	18	32	18	8	
7	87	Francium	Fr	2	8	18	32	18	8	1
	88	Radium	Ra	2	8	18	32	18	8	2
	89	Actinium	Ac	2	8	18	32	18	8+1	2*
	90	Thorium	Th	2	8	18	32	18+1	8+1	2*
	91	Protactinium	Pa	2	8	18	32	18+2	8+1	2*
	92	Uran	U	2	8	18	32	18+3	8+1	2*
	93	Neptunium	Np	2	8	18	32	18+4	8+1	2*
	94	Plutonium	Pu	2	8	18	32	18+5	8+1	2*
	95	Americium	Am	2	8	18	32	18+6	8+1	2*
	96	Curium	Cm	2	8	18	32	18+7	8+1	2*
	97	Berkelium	Bk	2	8	18	32	18+8	8+1	2*
	98	Californium	Cf	2	8	18	32	18+9	8+1	2*
	99	Einsteinium	Es	2	8	18	32	18+10	8+1	2*
	100	Fermium	Fm	2	8	18	32	18+11	8+1	2*
	101	Mendelevium	Md	2	8	18	32	18+12	8+1	2*
	102	Nobelium	No	2	8	18	32	18+13	8+1	2*
	103	Lawrencium	Lr	2	8	18	32	18+14	8+1	2*
	104	Rutherfordium	Rf[1]	2	8	18	32	32	8+2	2*
	105	Dubnium	Db[1]	2	8	18	32	32	8+3	2*

* Bei diesen Elementen bestehen bei den Atomen Abweichungen in der Anordnung der neu hinzukommenden Elektronen oder ist die Anordnung derselben nicht gesichert.
[1] IUPAC-Empfehlung für Namen und Symbole (1997)

ANHANG

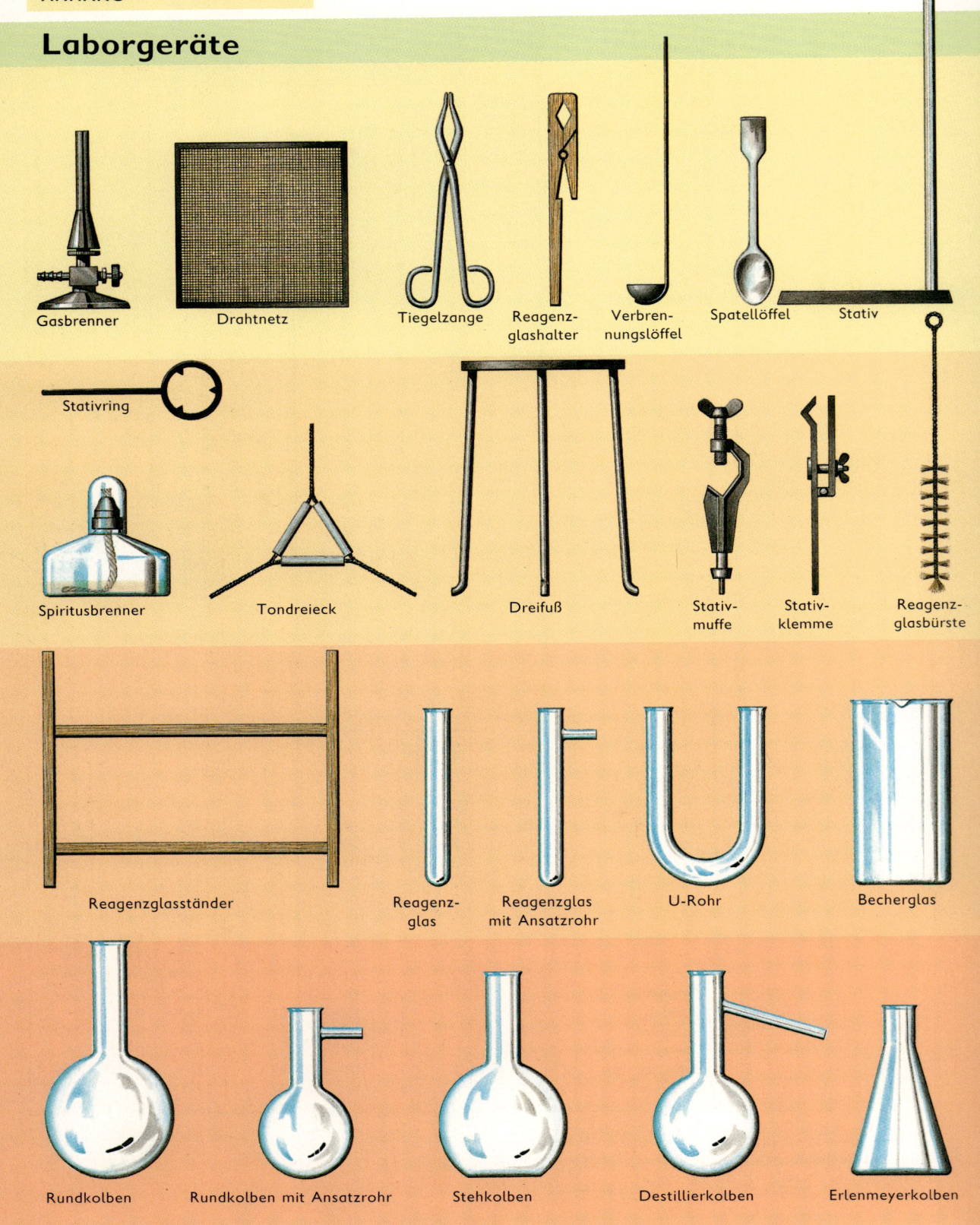

Laborgeräte

- Gasbrenner
- Drahtnetz
- Tiegelzange
- Reagenzglashalter
- Verbrennungslöffel
- Spatellöffel
- Stativ
- Stativring
- Spiritusbrenner
- Tondreieck
- Dreifuß
- Stativmuffe
- Stativklemme
- Reagenzglasbürste
- Reagenzglasständer
- Reagenzglas
- Reagenzglas mit Ansatzrohr
- U-Rohr
- Becherglas
- Rundkolben
- Rundkolben mit Ansatzrohr
- Stehkolben
- Destillierkolben
- Erlenmeyerkolben

LABORGERÄTE

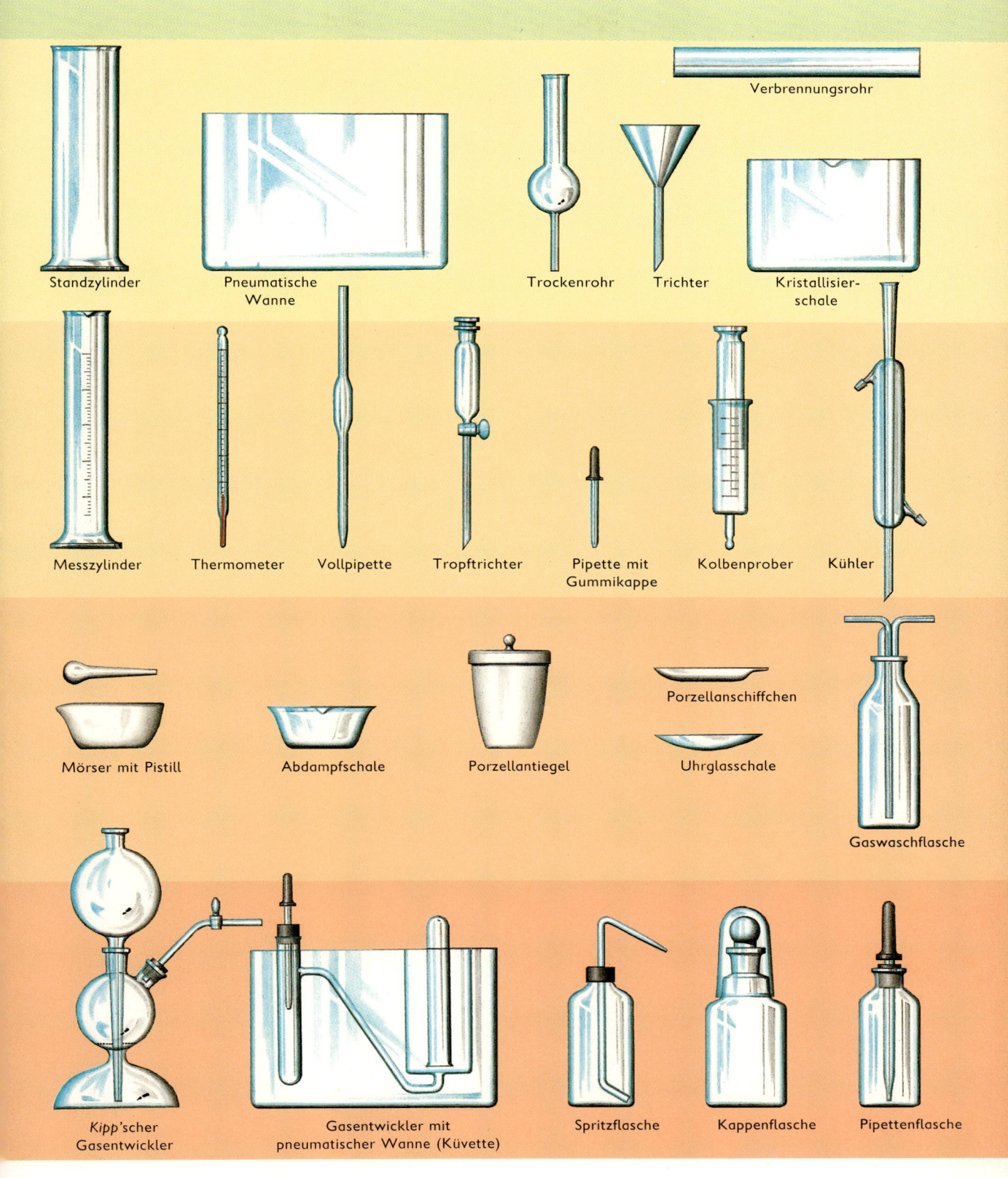

Standzylinder	Pneumatische Wanne
Trockenrohr	Trichter
Verbrennungsrohr	Kristallisierschale
Messzylinder	Thermometer
Vollpipette	Tropftrichter
Pipette mit Gummikappe	Kolbenprober
Kühler	Mörser mit Pistill
Abdampfschale	Porzellantiegel
Porzellanschiffchen	Uhrglasschale
Gaswaschflasche	Kipp'scher Gasentwickler
Gasentwickler mit pneumatischer Wanne (Küvette)	Spritzflasche
Kappenflasche	Pipettenflasche

265

ANHANG

Gefahrensymbole, Kennbuchstaben und Gefahrenbezeichnungen (Auswahl)

Die Gefahrenbezeichnungen werden durch die R-Sätze für die einzelnen Stoffe präzisiert (↗ Seite 269f.).

T — **Giftige Stoffe (sehr giftige Stoffe T+)** verursachen durch Einatmen, Verschlucken oder Aufnahme durch die Haut meist erhebliche Gesundheitsschäden oder gar den Tod.
Was tun? Nicht direkt berühren! Unwohlsein sofort dem Lehrer melden!

Xn — **Gesundheitsschädliche Stoffe** können durch Einatmen, Verschlucken oder Aufnahme durch die Haut gesundheitsschädigend wirken.
Was tun? Nicht direkt berühren! Unwohlsein sofort dem Lehrer melden!

C — **Ätzende Stoffe** zerstören das Hautgewebe oder die Oberfläche von Gegenständen.
Was tun? Berührung mit der Haut, Augen und Kleidung vermeiden! Dämpfe nicht einatmen!

Xi — **Reizende Stoffe** haben Reizwirkung auf Haut, Augen und Atmungsorgane.
Was tun? Berührung mit Haut, Augen und Atmungsorganen vermeiden! Nicht einatmen!

F — **Leichtentzündliche Stoffe (hochentzündliche Stoffe F+)** entzünden sich von selbst an heißen Gegenständen. Zu ihnen gehören selbstentzündliche Stoffe, leichtentzündliche gasförmige Stoffe, brennbare Flüssigkeiten und Stoffe, die mit Feuchtigkeit brennbare Gase bilden.
Was tun? Vorsicht beim Umgang mit offenen Flammen und Wärmequellen! Keine Berührung mit brandfördernden Stoffen!

O — **Brandfördernde Stoffe** können brennbare Stoffe entzünden oder ausgebrochene Brände fördern.
Was tun? Kontakt mit brennbaren Stoffen vermeiden!

E — **Explosionsgefährliche Stoffe** können unter bestimmten Bedingungen explodieren.
Was tun? Schlag, Stoß, Reibung, Funkenbildung und Hitzeeinwirkung vermeiden!

N — **Umweltgefährliche Stoffe** sind sehr giftig, giftig oder schädlich für Wasserorganismen und können in Gewässern längerfristig schädliche Wirkungen haben. In der nichtaquatischen Umwelt sind sie giftig für Pflanzen, Tiere, Bodenorganismen und Bienen, können auf die Umwelt längerfristig schädliche Wirkungen haben und für die Ozonschicht gefährlich sein.
Was tun? Freisetzung der Stoffe in die Umwelt vermeiden, Stoffe der Problemabfallentsorgung zuführen!

Gefahrenhinweise (R-Sätze)

R 1 In trockenem Zustand explosionsgefährlich
R 2 Durch Schlag, Reibung, Feuer oder andere Zündquellen explosionsgefährlich
R 3 Durch Schlag, Reibung, Feuer oder andere Zündquellen besonders explosionsgefährlich
R 4 Bildet hochempfindliche explosionsgefährliche Metallverbindungen
R 5 Beim Erwärmen explosionsfähig
R 6 Mit und ohne Luft explosionsfähig
R 7 Kann Brand verursachen
R 8 Feuergefahr bei Berührung mit brennbaren Stoffen
R 9 Explosionsgefahr bei Mischung mit brennbaren Stoffen
R 10 Entzündlich
R 11 Leichtentzündlich
R 12 Hochentzündlich
R 14 Reagiert heftig mit Wasser
R 15 Reagiert mit Wasser unter Bildung hochentzündlicher Gase
R 16 Explosionsgefährlich in Mischung mit brandfördernden Stoffen
R 17 Selbstentzündlich an der Luft
R 18 Bei Gebrauch Bildung explosionsfähiger/leichtentzündlicher Dampf-Luftgemische möglich
R 19 Kann explosionsfähige Peroxide bilden
R 20 Gesundheitsschädlich beim Einatmen
R 21 Gesundheitsschädlich bei Berührung mit der Haut
R 22 Gesundheitsschädlich beim Verschlucken
R 23 Giftig beim Einatmen
R 24 Giftig bei Berührung mit der Haut
R 25 Giftig beim Verschlucken
R 26 Sehr giftig beim Einatmen
R 27 Sehr giftig bei Berührung mit der Haut
R 28 Sehr giftig beim Verschlucken
R 29 Entwickelt bei Berührung mit Wasser giftige Gase
R 30 Kann bei Gebrauch leichtentzündlich werden
R 31 Entwickelt bei Berührung mit Säure giftige Gase
R 32 Entwickelt bei Berührung mit Säure sehr giftige Gase
R 33 Gefahr kumulativer Wirkungen
R 34 Verursacht Verätzungen
R 35 Verursacht schwere Verätzungen
R 36 Reizt die Augen
R 37 Reizt die Atmungsorgane
R 38 Reizt die Haut
R 39 Ernste Gefahr irreversiblen Schadens
R 40 Irreversibler Schaden möglich
R 41 Gefahr ernster Augenschäden
R 42 Sensibilisierung durch Einatmen möglich
R 43 Sensibilisierung durch Hautkontakt möglich
R 44 Explosionsgefahr bei Erhitzen unter Einschluss
R 45 Kann Krebs erzeugen
R 46 Kann vererbbare Schäden verursachen
R 48 Gefahr ernster Gesundheitsschäden bei längerer Exposition
R 49 Kann Krebs erzeugen beim Einatmen
R 50 Sehr giftig für Wasserorganismen
R 51 Giftig für Wasserorganismen
R 52 Schädlich für Wasserorganismen
R 53 Kann in Gewässern längerfristig schädliche Wirkungen haben
R 54 Giftig für Pflanzen
R 55 Giftig für Tiere
R 56 Giftig für Bodenorganismen
R 57 Giftig für Bienen
R 58 Kann längerfristig schädliche Wirkungen auf die Umwelt haben
R 59 Gefährlich für die Ozonschicht
R 60 Kann die Fortpflanzungsfähigkeit beeinträchtigen
R 61 Kann das Kind im Mutterleib schädigen
R 62 Kann möglicherweise die Fortpflanzungsfähigkeit beeinträchtigen
R 63 Kann das Kind im Mutterleib möglicherweise schädigen
R 64 Kann Säuglinge über die Muttermilch schädigen

Kombination der R-Sätze (Auswahl)

R 14/15 Reagiert heftig mit Wasser unter Bildung hochentzündlicher Gase
R 20/22 Gesundheitsschädlich beim Einatmen und Verschlucken
R 20/21/22 Gesundheitsschädlich beim Einatmen, Verschlucken und bei Berührung mit der Haut
R 21/22 Gesundheitsschädlich bei Berührung mit der Haut und beim Verschlucken
R 23/25 Giftig beim Einatmen und beim Verschlucken
R 23/24/25 Giftig beim Einatmen, Verschlucken und bei Berührung mit der Haut
R 24/25 Giftig bei Berührung mit der Haut und beim Verschlucken
R 36/37 Reizt die Augen und die Atmungsorgane
R 36/38 Reizt die Augen und die Haut
R 36/37/38 Reizt die Augen, Atmungsorgane und die Haut
R 42/43 Sensibilisierung durch Einatmen und Hautkontakt möglich
R 48/22 Gesundheitsschädlich: Gefahr ernster Gesundheitsschäden bei längerer Exposition durch Verschlucken
R 48/20/22 Gesundheitsschädlich: Gefahr ernster Gesundheitsschäden bei längerer Exposition durch Einatmen und durch Verschlucken
R 48/23 Giftig: Gefahr ernster Gesundheitsschäden bei längerer Exposition durch Einatmen
R 48/23/24/25 Giftig: Gefahr ernster Gesundheitsschäden bei längerer Exposition durch Einatmen, Berührung mit der Haut und durch Verschlucken
R 52/53 Schädlich für Wasserorganismen, kann in Gewässern längerfristig schädliche Wirkungen haben

GEFAHRENSYMBOLE, -HINWEISE
SICHERHEITSRATSCHLÄGE
ENTSORGUNGSRATSCHLÄGE

Sicherheitsratschläge (S-Sätze)

- **S 1** Unter Verschluss aufbewahren
- **S 2** Darf nicht in die Hände von Kindern gelangen
- **S 3** Kühl aufbewahren
- **S 4** Von Wohnplätzen fernhalten
- **S 5** Unter ... aufbewahren (geeignete Flüssigkeit vom Hersteller anzugeben)
- **S 6** Unter ... aufbewahren (inertes Gas vom Hersteller anzugeben)
- **S 7** Behälter dicht geschlossen halten
- **S 8** Behälter trocken halten
- **S 9** Behälter an einem gut gelüfteten Ort aufbewahren
- **S 12** Behälter nicht gasdicht verschließen
- **S 13** Von Nahrungsmitteln, Getränken und Futtermitteln fernhalten
- **S 14** Von ... fernhalten (inkompatible Substanzen sind vom Hersteller anzugeben)
- **S 15** Vor Hitze schützen
- **S 16** Von Zündquellen fernhalten – Nicht rauchen
- **S 17** Von brennbaren Stoffen fernhalten
- **S 18** Behälter mit Vorsicht öffnen und handhaben
- **S 20** Bei der Arbeit nicht essen und trinken
- **S 21** Bei der Arbeit nicht rauchen
- **S 22** Staub nicht einatmen
- **S 23** Gas/Rauch/Dampf/Aerosol nicht einatmen (geeignete Bezeichnung(en) vom Hersteller anzugeben)
- **S 24** Berührung mit der Haut vermeiden
- **S 25** Berührung mit den Augen vermeiden
- **S 26** Bei Berührung mit den Augen sofort gründlich mit Wasser abspülen und Arzt konsultieren
- **S 27** Beschmutzte, getränkte Kleidung sofort ausziehen
- **S 28** Bei Berührung mit der Haut sofort abwaschen mit viel ... (vom Hersteller anzugeben)
- **S 29** Nicht in die Kanalisation gelangen lassen
- **S 30** Niemals Wasser hinzugießen
- **S 33** Maßnahmen gegen elektrostatische Aufladungen treffen
- **S 35** Abfälle und Behälter müssen in gesicherter Weise beseitigt werden
- **S 36** Bei der Arbeit geeignete Schutzkleidung tragen
- **S 37** Geeignete Schutzhandschuhe tragen
- **S 38** Bei unzureichender Belüftung Atemschutzgerät anlegen
- **S 39** Schutzbrille/Gesichtsschutz tragen
- **S 40** Fußboden und verunreinigte Gegenstände mit ... reinigen (Material vom Hersteller anzugeben)
- **S 41** Explosions- und Brandgase nicht einatmen
- **S 42** Bei Räuchern/Versprühen geeignetes Atemschutzgerät anlegen (geeignete Bezeichnung(en) vom Hersteller anzugeben)
- **S 43** Zum Löschen ... (vom Hersteller anzugeben) verwenden (wenn Wasser die Gefahr erhöht, anfügen: „Kein Wasser verwenden")
- **S 45** Bei Unfall oder Unwohlsein sofort Arzt hinzuziehen (wenn möglich, dieses Etikett vorzeigen)
- **S 46** Bei Verschlucken sofort ärztlichen Rat einholen und Verpackung oder dieses Etikett vorzeigen
- **S 47** Nicht bei Temperaturen über ... °C aufbewahren (vom Hersteller anzugeben)
- **S 48** Feucht halten mit ... (geeignetes Mittel vom Hersteller anzugeben)
- **S 49** Nur im Originalbehälter aufbewahren
- **S 50** Nicht mischen mit ... (vom Hersteller anzugeben)
- **S 51** Nur in gut gelüfteten Bereichen verwenden
- **S 52** Nicht großflächig für Wohn- und Aufenthaltsräume verwenden
- **S 53** Exposition vermeiden – vor Gebrauch besondere Anweisungen einholen
- **S 56** Diesen Stoff und seinen Behälter der Problemabfallentsorgung zuführen
- **S 57** Zur Vermeidung einer Kontamination der Umwelt geeigneten Behälter verwenden
- **S 59** Information zur Wiederverwendung/Wiederverwertung beim Hersteller/Lieferanten erfragen
- **S 60** Dieser Stoff und sein Behälter sind als gefährlicher Abfall zu entsorgen
- **S 61** Freisetzung in die Umwelt vermeiden. Besondere Anweisungen einholen/Sicherheitsdatenblatt zu Rate ziehen
- **S 62** Bei Verschlucken kein Erbrechen herbeiführen. Sofort ärztlichen Rat einholen und Verpackung oder dieses Etikett vorzeigen

Kombination der S-Sätze (Auswahl)

- **S 1/2** Unter Verschluss und für Kinder unzugänglich aufbewahren
- **S 7/8** Behälter trocken und dicht geschlossen halten
- **S 7/9** Behälter dicht geschlossen an einem gut gelüfteten Ort aufbewahren
- **S 24/25** Berührung mit den Augen und der Haut vermeiden
- **S 36/37** Bei der Arbeit geeignete Schutzhandschuhe und Schutzkleidung tragen
- **S 36/37/39** Bei der Arbeit geeignete Schutzhandschuhe, Schutzkleidung und Schutzbrille/Gesichtsschutz tragen
- **S 36/39** Bei der Arbeit geeignete Schutzkleidung und Schutzbrille/Gesichtsschutz tragen
- **S 37/39** Bei der Arbeit geeignete Schutzhandschuhe und Schutzbrille/Gesichtsschutz tragen

Entsorgungsratschläge (E-Sätze)

- **E 1** Verdünnen, in den Ausguss geben (WGK 0 bzw. 1)
- **E 2** Neutralisieren, in den Ausguss geben
- **E 3** In den Hausmüll geben, gegebenenfalls in PE-Beutel (Stäube)
- **E 4** Als Sulfid fällen
- **E 5** Mit Calcium-Ionen fällen, dann E 1 oder E 3
- **E 6** Nicht in den Hausmüll geben
- **E 7** Im Abzug entsorgen; wenn möglich, verbrennen
- **E 8** Der Sondermüllbeseitigung zuführen (Adresse zu erfragen bei der Kreis- oder Stadtverwaltung) Abfallschlüssel beachten
- **E 9** Unter größter Vorsicht in kleinsten Portionen reagieren lassen (z. B. offen im Freien verbrennen)
- **E 10** In gekennzeichneten Glasbehältern sammeln:
  1. „Organische Abfälle – halogenhaltig"
  2. „Organische Abfälle – halogenfrei"
  dann E 8
- **E 11** Als Hydroxid fällen (pH = 8), den Niederschlag zu E 8
- **E 12** Nicht in die Kanalisation gelangen lassen (S-Satz S 29)
- **E 13** Aus der Lösung mit unedlem Metall (z. B. Eisen) als Metall abscheiden (E 14, E 3)
- **E 14** Recycling-geeignet (Redestillation oder einem Recyclingunternehmen zuführen)
- **E 15** Mit Wasser vorsichtig umsetzen, evtl. frei werdende Gase verbrennen oder absorbieren oder stark verdünnt ableiten
- **E 16** Entsprechend den Ratschlägen für die Beseitigungsgruppen beseitigen

Hinweise zu den folgenden Tabellen

Beim Arbeiten mit Chemikalien sind die geltenden Rechtsvorschriften (Chemikaliengesetz, Gefahrstoffverordnung, Technische Regeln für den Umgang mit Gefahrstoffen, Arbeits- und Unfallschutzvorschriften) einzuhalten. Dies gilt in gleichem Maße für die Entsorgung der beim Arbeiten anfallenden Gefahrstoffabfälle; das grundlegende Gesetz hierbei ist das Abfallgesetz.

Alle in diesem Buch bei Experimenten angeführten Gefahrstoffe werden in einer Liste, Seite 269f., mit den jeweils zutreffenden R-, S- und E-Sätzen aufgeführt. Die Übersicht zur Entsorgung von Gefahrstoffabfällen, Seite 268, stellt den prinzipiellen Ablauf der Behandlung und des Sammelns bis zur Entsorgung sowie der Übergabe der Gefahrstoffabfälle zur Sondermüllentsorgung dar. Die Behandlung und das Sammeln der Abfälle setzt solide Kenntnisse der Lehrer(innen) voraus. Daher kann die Übersicht nur eine Orientierungshilfe sein.

ANHANG

Entsorgung von Gefahrstoffabfällen

Stoffe	Stoffe mit E 3	Stoffe mit E 5	Stoffe mit E 1	Stoffe mit E 2	Stoffe mit E 11	Stoffe mit E 4
Beispiele	Eisenspäne, Holzkohle, Braunstein	Fluoride, Oxalate	Alkalichloride, Glucose, Natriumcarbonat	Mineralsäuren, Essigsäure, Laugen	Nickelsalze, Cobaltsalze, Kupfersalze	Bleisalze
	Unmittelbar nach dem Experimentieren Stoffe einsammeln!					
Behandlung		Mit Calciumchloridlösung fällen und Niederschlag abtrennen	Verdünnen	Neutralisieren	Als Hydroxid fällen, Niederschlag absetzen lassen	Als Sulfid fällen, Niederschlag absetzen lassen
		Feststoff / Flüssigkeit			Flüssigkeit / Schlamm	Niederschlag
Sammeln						Sammelbehälter I „Anorganische Chemikalienreste" (C; T) pH > 10 beachten!
Entsorgen	Hausmüll	Hausmüll / Abwasser	Abwasser	Abwasser	Abwasser / Sondermüllentsorgung (eventuell Recycling)	Sondermüllentsorgung (eventuell Recycling)

Stoffe	Stoffe mit E 10 halogenfrei	Stoffe mit E 10 halogenhaltig	Stoffe mit E 7	Stoffe mit E 9	Stoffe mit E 13	Stoffe mit E 15
Beispiele	Lösemittelreste, z. B. Methanol, Petroleumbenzin, Anilin	Lösemittelreste, z. B. Trichlormethan, Chlorbenzol, Bromethan	Schwefelwasserstoff, Stickstoffdioxid, Ammoniak, Chlorwasserstoff	Roter Phosphor, Diethylether, Kohlenstoffdisulfid	Chromsalze, Kupfersalze	Calciumcarbid
	Unmittelbar nach dem Experimentieren Stoffe einsammeln!					
Behandlung			Arbeiten unter dem Abzug! Wenn möglich, absorbieren oder verbrennen.	In kleinsten Portionen vorsichtig(!) verbrennen; kleinste Kohlenstoffdisulfidmengen im Freien verdunsten lassen.	Mit unedlen Metallen (Eisen) behandeln, eine Nacht stehen lassen.	Abzug! Vorsichtig mit Wasser umsetzen, Gase verbrennen oder ableiten, Rückstände verdünnen.
					Metall / Flüssigkeit	
Sammeln	Sammelbehälter II „Organische Reste – halogenfrei –" (F; T bzw. Xn)	Sammelbehälter III „Organische Reste – halogenhaltig –" (F; T bzw. Xn)				
Entsorgen	Sondermüllentsorgung	Sondermüllentsorgung	Abluft	Abluft	Recycling/Sondermüll	Abwasser

Stoffe	Stoffe mit E 16			
Beispiele	Chlorwasser, Brom, Bromwasser, Iod	Alkalimetalle z. B. Natrium, Kalium	Quecksilber, quecksilberhaltige Rückstände	Chromate
	Unmittelbar nach dem Experimentieren Stoffe einsammeln!			
Behandlung	Mit Natriumthiosulfatlösung umsetzen.	Vorsichtig mit Ethanol bzw. Butanol (Kalium) umsetzen; nach 1 ··· 3 Tagen wie Stoffe mit E 2 weiterbehandeln (Neutralisieren).		Mit Natriumhydrogensulfitlösung bei pH = 2 zu Chrom(III)-Salzen reduzieren; nach 2 Stunden in den Sammelbehälter geben.
Sammeln			Sammelbehälter „Quecksilberreste" (T+) (verschlossen aufbewahren)	Sammelbehälter I „Anorganische Chemikalienreste" (C; T)
Entsorgen	Abwasser	Abwasser	Recycling oder Sondermüllentsorgung	Sondermüllentsorgung (eventuell Recycling)

ENTSORGUNG VON
GEFAHRSTOFFABFALLEN
LISTE DER GEFAHRSTOFFE

Liste der Gefahrstoffe

[1] + Schülerexperimente mit diesen Stoffen erlaubt
  ○ Schülerexperimente mit diesen Stoffen nicht untersagt, aber möglichst Ersatzstoffe suchen
  − Schülerexperimente mit diesen Stoffen nicht erlaubt
  * Schülerexperimente mit diesen Stoffen nur in der gymnasialen Oberstufe gestattet
  −w Experimente mit diesen Stoffen für Schülerinnen nicht erlaubt

Gefahrstoffe	Kenn-buchstabe	R-Sätze	S-Sätze	E-Sätze	Schüler-experimente[1]
Aceton (Propanon)	F	11	(2)−9−16−23−33	1−10−14	+
Ameisensäure (Methansäure) ≥ 90 %	C	35	(1/2)−23−26−45	1−10	+
Ameisensäure (Methansäure) 10 % ··· 90 %	C	34	(1/2)−23−26−45	1−10	+
Ammoniak, wasserfrei	T	10−23	(1/2)−7/9−16−38−45	2−7	○
Ammoniaklösung ≥ 10 %	C	34−37	(1/2)−7−26−45	2	+
Ammoniaklösung 5 % ··· 10 %	Xi	36/37/38	2−26	2	+
Ammoniumchlorid	Xn	22−36	(2)−22	1	+
Antimon(III)-chlorid	C	34−37	(1/2)−26−45	3−14	+
Bariumchloridlösung ≥ 25 %	Xn	20/22	28	1	+
Bariumhydroxid-8-Wasser	C	20/22−34	26−36/37/39−45	1−3	+
Blei	T	61−20/22−33	53−37−45	8	○
Blei(II)-nitratlösung 0,5 % ··· 5 %	T	61−20/22−33	53−45	4−8−14	−w
Brom	T+, C	26−35	(1/2)−7/9−26−45	16	−w
Bromwasser 1 % ··· 5 %	T, Xi	23−24	7/9−26	16	○
Bromethan (Ethylbromid)	Xn	20/21/22	(2)−28	10	−
Bromwasserstoff	C	35−37	(1/2)−7/9−26−45	1	+
Butan	F+	12	(2)−9−16	7	+
Butanol	Xn	10−20	(2)−16	10	+
Buttersäure	C	34	(1/2)−26−36−45	10	+
Cadmiumsulfid	T	22−40−48/23/25	(1/2)−22−36/37−45	8−14	−
Calcium	F	15	(2)−8−24/25−43	15	+
Calciumcarbid	F	15	(2)−8−43	15−16	+
Calciumchlorid	Xi	36	(2)−22−24	1	+
Calciumhydroxid	C	34	26−36/37/39−45	2	+
Calciumoxid	C	34	26−36	2	+
Chlor	T	23−36/37/38	(1/2)−7/9−45	16	○
Chlorethan (Ethylchlorid)	F+	12	(2)−9−16−33	7−12	*
Chlormethan (Methylchlorid)	F+, Xn	12−40−48/20	(2)−9−16−33	7−12	−
Chloroform (Trichlormethan)	Xn	22−38−40−48/20/22	(2)−36/37	10−12	−w
Chlorwasser 0,5 % ··· 5 %	Xn	20−36/37/38	7/9−45	16	○
Chlorwasserstoff	C	35−37	(1/2)−7/9−26−45	2	○
Cyclohexan	F	11	(2)−9−16−33	10−12	+
1,2-**D**ibromethan	T	45−23/24/25−36/37/38	53−45	10−12	−
Diethylether (Ether)	F+	12−19	(2)−9−16−29−33	9−10−12	*
Distickstofftetraoxid	T+	26−37	(1/2)−7/9−26−45	7	−
Eisen(III)-chlorid-6-Wasser	Xn	22−38−41	26−39	2	+
Eisen(II)-sulfatlösung ≥ 25 %	Xn	22	24/25	1	+
Essigsäure (Ethansäure) 25 % ··· 90 %	C	34	(1/2)−23−26−45	2−10	+
Essigsäure (Ethansäure) 10 % ··· 25 %	Xi	36/38	23−26	2−10	+
Essigsäureethylester (Ethylacetat)	F	11	(2)−16−23−29−33	10−12	+
Ethanal (Acetaldehyd)	F+, Xn	12−36/37−40	(2)−16−33−36/37	9−10−12−16	*
Ethanol (Ethylalkohol)	F	11	(2)−7−16	1−10	+
Ethen (Ethylen)	F+	12	(2)−9−16−33	7	+
Ethin (Acetylen)	F+	5−6−12	(2)−9−16−33	7	*
Fehlingsche Lösung II	C	35	(2)−26−27−37/39	2	+
Heptan	F	11	(2)−9−16−23−29−33	10−12	+
Hexan	F, Xn	11−48/20	(2)−9−16−24/25−29−51	10−12	+
Hexen	F	11	9−16−23−29−33	10−12	+
Iod	Xn	20/21	(2)−23−25	1−16	+
Kalium	F, C	14/15−34	(1/2)−5−8−43−45	6−12−16	−
Kaliumdichromat	Xi	36/37/38−43	(2)−22−28	12−16	○
Kaliumhydroxid	C	35	(1/2)−26−37/39−45	2	+
Kaliumhydroxidlösung ≥ 5 %	C	35	(1/2)−26−37/39−45	2	+
Kaliumhydroxidlösung 2 % ··· 5 %	C	34	(1/2)−26−37/39−45	2	+
Kaliumhydroxidlösung 0,5 % ··· 2 %	Xi	36/38	26	2	+
Kaliumnitrat	O	8	16−41	1	+
Kaliumpermanganat	O, Xn	8−22	(2)	1−6	+
Kaliumpermanganatlösung ≥ 25 %	Xn	22	(2)	1−6	+
Kohlenstoffmonooxid	F+, T	61−12−48/23	53−45	7	*
Kupfer(I)-oxid	Xn	22	(2)−22	8−16	+
Kupfer(II)-sulfat-5-Wasser	Xn	22−36/38	(2)−22	11	+
Kupfer(II)-sulfatlösung ≥ 25 %	Xn	22−36/38	(2)−22	11	+

ANHANG

Liste der Gefahrstoffe

[1] + Schülerexperimente mit diesen Stoffen erlaubt
o Schülerexperimente mit diesen Stoffen nicht untersagt, aber möglichst Ersatzstoffe suchen
− Schülerexperimente mit diesen Stoffen nicht erlaubt
∗ Schülerexperimente mit diesen Stoffen nur in der gymnasialen Oberstufe gestattet
−w Experimente mit diesen Stoffen für Schülerinnen nicht erlaubt

Gefahrstoffe	Kenn-buchstabe	R–Sätze	S–Sätze	E–Sätze	Schüler-experimente[1]
Magnesiumpulver, phlegmatisiert	F	11–15	(2)–7/8–43	3	+
Mangandioxid (Braunstein)	Xn	20/22	(2)–25	3	+
Methan	F+	12	(2)–9–16–33	7	+
Methanal(Formaldehyd)-lösung ≥ 25 %	T	23/24/25–34–40–43	(1/2)–26–36/37–45–51	10–12–16	o
Methanal(Formaldehyd)-lösung 5 % ··· 25 %	Xn	20/21/22–36/37/38–40–43	(1/2)–26–36–37–51	1–10	o
Methanal(Formaldehyd)-lösung 1 % ··· 5 %	Xn	40–43	23–37	1	o
Methanol (Methylalkohol)	F, T	11–23/25	(1/2)–7–16–24–45	1–10	o
Natrium	F, C	14/15–34	(1/2)–5–8–43–45	6–12–16	o
Natriumcarbonat-10-Wasser	Xi	36	(2)–22–26	1	+
Natriumfluorid	T	25–32–36/38	(1/2)–22–36–45	5	o
Natriumhydroxid (Ätznatron)	C	35	(1/2)–26–37/39–45	2	+
Natriumhydroxidlösung ≥ 5 %	C	35	(1/2)–26–37/39–45	2	+
Natriumhydroxidlösung 2 % ··· 5 %	C	34	(1/2)–26–37/39–45	1	+
Natriumhydroxidlösung 0,5 % ··· 2 %	Xi	36/38	28	1	+
Natriumnitrat	O	8	16–41	1	+
Natriumsulfidlösung ≥ 10 %	C	31–34	(1/2)–26–45	1	o
Natriumsulfidlösung 5 % ··· 10 %	Xi	31–36/37/38	(1/2)–26–45	1	+
Nickel(II)-sulfat-6-Wasser	Xn	22–40–42/43	(2)–22–36/37	11–12	o
Nicotin	T+	25–27	(1/2)–36/37–45	10–16	−
Octan	F	11	(2)–9–16–29–33	10–12	+
Oxalsäure-2-Wasser	Xn	21/22	(2)–24/25	5	+
Oxalsäurelösung ≥ 5 %	Xn	21/22	(2)–24/25	5	+
Ozon	O, T	34–36/37/38		7	o
Pentan	F	11	(2)–9–16–29–33	10–12	+
Pentanol	Xn	10–20	24/25	10–14	+
Petrolether	F	11	9–16–29–33	10–12	+
Petroleumbenzin	F	11	9–16–29–33	10–12	+
Phenol	T	24/25–34	(1/2)–28–45	10–12	o
Phenollösung 1 % ··· 5 %	Xn	21/22–36/38	(1/2)–28–45	10–12	o
Phosphor, rot	F	11–16	(2)–7–43	6–9	+
Phosphor(V)-oxid	C	35	(1/2)–22–26–45	2	+
Phosphorsäure ≥ 25 %	C	34	(1/2)–26–45	2	+
Phosphorsäure 10 % ··· 25 %	Xi	36/38	25	1	+
Propanol	F	11	(2)–7–16	10	+
Quecksilber	T	23–33	(1/2)–7–45	6–12–14–16	−
Resorcin (1,3-Dihydroxybenzol)	Xn, N	22–36/38–50	(2)–26–61	10	+
Salpetersäure ≥ 70 %	O, C	8–35	(1/2)–23–26–36–45	2	o
Salpetersäure 20 % ··· 70 %	C	35	(1/2)–23–26–27	2	+
Salpetersäure 5 % ··· 20 %	C	34	(1/2)–23–26–27	2	+
Salzsäure ≥ 25 %	C	34–37	(1/2)–26–45	2	+
Salzsäure 10 % ··· 25 %	Xi	36/37/38	(2)–28	2	+
Schwefeldioxid	T	23–36/37	(1/2)–7/9–45	7	o
Schwefelsäure ≥ 15 %	C	35	(1/2)–26–30–45	2	+
Schwefelsäure 5 % ··· 15 %	Xi	36/38	(2)–26	2	+
Schwefelwasserstoff	F+, T+	12–26	(1/2)–7/9–16–45	2–7	−
Schwefelwasserstofflösung 0,2 % ··· 1 %	T	23	(1/2)–7/9–16–45	2	o
Schweflige Säure 3 % ··· 20 %	Xi	36/37	24–26	2	+
Silbernitrat	C	34	(1/2)–26–45	12–13–14	+
Silbernitratlösung 5 % ··· 10 %	Xi	36/38	26–45	12–13–14	+
Stickstoffdioxid	T+	26–37	(1/2)–7/9–26–45	7	−
Stickstoffmonooxid	T+	26/27	45	7	−
Tetrachlormethan	T, N	23/24/25–40–48/23–59	(1/2)–23–36/37–45–59–61	10–12	∗
Trichlormethan (Chloroform)	Xn	22–38–40–48/20/22	(2)–36/37	10–12	−w
Toluol	F, Xn	11–20	(2)–16–25–29–33	10–12	o
Wasserstoff	F+	12	(2)–9–16–33	7	+
Wasserstoffperoxidlösung ≥ 60 %	O, C	8–34	(1/2)–3–28–36/39–45	1–16	o
Wasserstoffperoxidlösung 20 % ··· 60 %	C	34	28–39	1	+
Wasserstoffperoxidlösung 5 % ··· 20 %	Xi	36/38	28–39	1	+
Zinkpulver, stabilisiert		10–15	(2)–7/8–43	3	+
Zinkchlorid	C	34	(1/2)–7/8–28–45	1–11	+
Zinkiodid	C	34	26	1–11	+
Zinksulfat	Xi	36	(2)–24	1–11	+

Lösungen zu Aufgaben

S. 33
7. $V_{Sauerstoff} = 164\ m^3$
8. $V_{Sauerstoff} = 2100\ l$

S. 81
1. $m_{KOH} = 200\ g$

S. 93
3. $m_{HCl} = 4{,}5\ g$

S. 111
2. $w_S = 53{,}3\ \%$ (Pyrit)
   $w_S = 23{,}5\ \%$ (Anhydrit)

S. 113
6. $w_S = 0{,}6\ \%$

S. 117
2. a) $m_{SO_2} = 2\ t$
   b) $m_{SO_2} = 0{,}4\ t$
      (Ausgangsstoff Cu_2S)
      $m_{SO_4} = 0{,}7\ t$
      (Ausgangsstoff CuS)

S. 129
4. $V_{NH_3} = 355{,}6\ m^3$

S. 227
1. $V = 27\ cm^3$
2. $V_{Fe} = 31{,}8\ cm^3$

4. a) $N_{Cu} = 6 \cdot 10^{23}$ Kupferatome
   b) $N_{Cu} = 12 \cdot 10^{23}$ Kupferatome
   c) $N_{H_2} = 18 \cdot 10^{23}$ Wasserstoffmoleküle
   d) $N_{H_2SO_4} = 6 \cdot 10^{23}$ Schwefelsäuremoleküle
5. $n = 0{,}25\ mol$

S. 229
1. a) $N_{O_2} = 6 \cdot 10^{23}$ Moleküle
   b) $N_{NaOH} = 0{,}6 \cdot 10^{23}$ Baueinheiten
2. a) $n_{N_2} : n_{H_2} : n_{NH_3} = 1 : 3 : 2$
      $N_{N_2} : N_{H_2} : N_{NH_3} = 1 : 3 : 2$
   b) $n_{Fe_2O_3} : n_{Mg} : n_{Fe} : n_{MgO} = 1 : 3 : 2 : 3$
      $N_{Fe_2O_3} : N_{Mg} : N_{Fe} : N_{MgO} = 1 : 3 : 2 : 3$
3. a) $m_{O_2} = 32\ g$
   b) $m_{Zn} = 130\ g$
4. a) $n_{Mg} = 0{,}075\ mol$
   b) $N_{Mg} = 45 \cdot 10^{21}$ Magnesiumatome

S. 231
3. a) $M_{Fe} = 56\ g \cdot mol^{-1}$
      $M_S = 32\ g \cdot mol^{-1}$
      $M_{FeS} = 88\ g \cdot mol^{-1}$

4.

m_{Fe}	1,75 g	3,5 g	7,0 g	5,25 kg
m_S	1,00 g	2,0 g	4,0 g	3,00 kg

5. $Ca(OH)_2 + 2\,HCl \rightarrow CaCl_2 + 2\,H_2O$
   74 g   73 g   111 g   36 g
6. $m_{Mg} = 9\ g$
7. $m_{Fe} = 5{,}6\ g$

S. 233
2.

M	Sauerstoff $32\ g \cdot mol^{-1}$	Wasserstoff $2\ g \cdot mol^{-1}$
V_m	$22{,}4\ l \cdot mol^{-1}$	$22{,}4\ l \cdot mol^{-1}$

3. $N_{N_2} = 44{,}8\ l$
4. $N_{O_2} = 0{,}27 \cdot 10^{23}$
5. $V_{O_2} = 0{,}23\ l$
6. $V_{H_2} = 0{,}34\ l$
7. $V_{CO_2} = 112\ l$

S. 245
5. 5800,– DM (1 KWh – 0,29 DM)

S. 246
5. a) $U = 0{,}47\ V$
   b) $U = 1{,}57\ V$
   c) $U = 0{,}78\ V$

REGISTER

Register

Abwasser 44f., 99
Abwasserbehandlung 44
Acetate 183
Aceton 180
Addition 160, 162f.
Aggregatzustand 10
Akkumulatoren 249, 251
Alanin 187
Aldehyde 178f., 181
Aldehydgruppe 178
Alkalimetalle 222
–, Flammfärbung 222
alkalische Lösung 81, 98, 100, 221
Alkanale 179
Alkane 14
–, Eigenschaften 149ff.
–, homologe Reihe 148
–, Isomerie 152
–, Verbrennung 151
Alkanole 176
–, homologe Reihe 176
Alkene 158ff., 163, 167
Alkine 158, 162ff., 167
Alkohol, physiologische Wirkung 174
Alkohole 172ff., 181
–, Strukturmerkmal 181
alkoholische Gärung 172
Alkylrest 153
Altstoffe 9
Aluminium 22, 28
–, Herstellung 244
Aluminiumlegierungen 23
aluminothermisches Schweißen 60
Ameisensäure 88, 184, 187
Aminogruppe 204
Aminoplaste 209f.
Aminosäuren 186, 204f.
Ammoniak 120ff.
–, Herstellung 122f.
–, Nachweis 124
Ammoniaksynthese 122
Ammonium-Ionen 121
–, Nachweis 124
Ammoniumverbindungen 124
Anilin 165
Aromaten 165
Atom 24, 38, 41
Atomart 71
Atombau 70ff., 219f., 262f.
Atombindung 86f.
Atomhülle 70f., 73, 218
Atomkern 70f., 73
Atommodell 71
Atomverband 24, 39
Ausgangsstoff 18f.
Außenelektronen 70f.
Avogadro, A. 231
Avogadro, Satz von 231
2-Aminosäuren 204

Basische Lösung 81, 98, 100, 221
Batterien 248, 251
Baueinheit 52, 77
Baustoffe 139
Beilstein, F. 154
Beilstein-Probe 154
Benzoesäure 186f.
Benzol 164, 167, 171
Berzelius, J. J. 24f.
Beton 139
Betriebswasser 43
Bierherstellung 173
Biogas 146
Biokatalysatoren 172
Bodenschutz 260f.
Bohr, N. 70f.
Born, M. 71
Bosch, C. 122
Boyle, R. 40
Brandgefahren 66
Brandschutz 67, 69
Brandschutzbestimmungen 67
Branntkalk 139
Braunkohle 130
Brennbarkeit 10
Brennstoffe, fossile 254, 256
Brennstoffzellen 249
Brom 105, 109
Bromide 106
Bronze 22
Butadien 212
Butan 68, 147
Buten 159

Calciumcarbonat 136
–, Nachweis 136f.
Calciumoxid 63, 82, 139
Carbonat-Ionen 135
Carbonate 135
Carbonsäureester, Darstellung 188
–, Spaltung 189
Carbonsäuren 182ff.
–, ungesättigte 186
Carboxylat-Gruppe 194
Carboxylgruppe 183, 185f.
Cavendish, H. 48
Cellulose 202
Chemie, Bedeutung 4ff.
–, Entwicklung 7
– und Umwelt 252ff.
Chemiefasern 213
chemische Bindung 84ff.
–, Umbau 235
chemische Elemente 24, 63, 71, 73
chemische Erscheinungen 61
chemische Reaktion 18f.
–, Teilchenveränderungen 224f.
–, zeitlicher Verlauf 236
chemische Symbole 24
chemische Verbindung 47, 51
chemische Zeichensprache 25, 41, 63
Chlor 105, 109
Chlorid-Ionen 76f., 90, 92
–, Nachweis 78, 83

Chlorwasserstoff 90
–, Reaktion mit Wasser 90
–, Reaktion mit Zink 49, 96
Chromatografie 16
Citronensäure 88, 187
Cracken 170f.
Cycloalkane 164
Cyclohexan 164, 167
Cyclohexen 164, 167

Dalton, J. 71, 230
Daniell-Element 247
DDT 166
Dehydrierung 161, 163, 178
Dekantieren 14, 19
Derivate 154
Destillation, fraktionierte 169, 171
–, Vakuum 170
Destillieren 16, 19
destilliertes Wasser 16
Diamant 54, 131ff.
Diaphragma-Verfahren 245
Dichte 11, 233
Diethylether 180
Dimethylketon 180
Dioxin 166
Disaccharid 200, 202
Distickstoffmonooxid 125
Doppelbindung 158
–, Nachweis 160
Dreifachbindung 162
–, Nachweis 162
Duroplaste 209, 217

Edelgas 33f., 219
Edelmetalle 21
Eindampfen 14, 19
Eindunsten 14
Einfachbindungen 148
Eisen 22, 60
Eisenerzeugung 58
Eisenoxid 27
Eisessig 183
Eiweiße 203ff.
–, arteigene 205
–, Gerinnung 203
–, Nachweis 126
–, Stoffwechsel 205
Eiweißmoleküle, Bau 205
Elastomere 212, 217
elektrochemische Reaktionen 242ff.
Elektrolyse 242ff., 251
–, Kupferchloridlösung 242
–, Natriumchloridlösung 245
Elektrolyte 242
Elektronen 70f., 73
Elektronengas 85
Elektronenpaare 87
Elektronenschalen 218f.
Elektronensextett 165
Elektronenübergang 106, 224
Elektroofen 62
Elementsubstanzen 24
Eliminierung 161, 163

272

REGISTER

Emaille 29
Emission 35
endotherm 56
endotherme Reaktion 235
Energiegewinnung 256f.
Energieumwandlung 234f.
Entgasung 131
Entkalken 137
Entzündungstemperatur 64f., 69
Enzyme 182
Erdgas 146
Erdöl 168f.
Ernährung 206
Erze 53, 61, 111
Essigsäure 89, 182f., 187
Ester 182, 188ff.
Estergruppe 188
Esterspaltung 189
Ethanal 178
Ethanol 172ff.
Ethanolmolekül, Struktur 175
Ethansäure 183
Ethen (Ethylen) 158, 171
Ether 180
Ethin 162
Ethylenglykol 177
Eutrophierung 259f.
exotherm 56
exotherme Reaktion 234
Explosionsgrenzen 68

Faraday, M. 164
Faulgas 146
FCKW 156
Feinseifen 193
Fette 195
fette Öle 198
Fettsäuren 193, 198
Fettspaltung 199
Feuer 64ff.
–, Entstehung 65, 69
–, Löschen 66, 69
Feuerlöscher 66
Feuerluft 40
Feuerstoff 41
Filtrieren 14, 19
Flammen 15
Flammenfärbung 222
Fluor 105, 109
Flüssigseifen 193
Formel 39, 41, 52, 63
Formiate 184
Freone 156
Frigene 156
Fruchtester 188
Fructose 201
funktionelle Gruppe 175

Galvanische Elemente 247, 251
Galvanisieren 243
Gangart 61
Gasbrenner 15
Gasentwickler 36
Gasexplosion 68

Gasgemisch 12
Gefahrstoffe 11, 69, 95, 266ff.
Gegenstromprinzip 61, 123
Gemenge 12
Geruch 10
Geruchsprobe 10
Gesetz der konstanten Proportionen 230
Gesetz der Periodizität 219
Gesetz von der Erhaltung der Masse 30, 226
Glas 140f.
Glasarten 141
Glucose 200
Glycerin 177
Gold 22f.
Graphit 54, 131ff.
Grubengas 146
Gruppeneigenschaften 222f.

Haber, F. 122
Haber-Bosch-Verfahren 122
Halogenalkane 154ff., 160
–, Nachweis 154
–, Verwendung 155
Halogene 104f.
–, Gruppeneigenschaften 222
–, Reaktionen mit Metallen 106, 109
Halogenid-Ionen, Nachweis 107
Halogenide 106, 109
Halogenwasserstoffe 108f.
Halon 156
Hämoglobin 205
Hartgummi 212
Hauptgruppe 72, 225
Heisenberg, W. 71
Hexan 147
Hexen 159
Hochofen 59f.
homologe Reihe, Alkane 148
–, Alkanole 176
–, Alkansäuren 185
–, Alkene 159
–, Alkine 162
Hydrierung 160, 163
Hydrolyse 214
hydrophob 150
Hydroxid-Ionen 80, 83, 99f., 120f.
Hydroxide 79ff., 221
Hydroxylgruppe 175

Indikator 81, 88ff., 120
Insulin 205
Iod 105, 109
Iodide 106
Ionen 76, 220
Ionenaustauscher 138
Ionenbindung 84f.
Ionen, Nachweis 83, 89, 103, 112, 114, 124
Ionensubstanzen 77, 80, 82f.
Isoalkane 152
Isobutan 152
Isomerie 152

Isooctan 153
Isopren 212

Kaliumpermanganat 36
Kalk 139f.
Kalkbrennen 139
Kalkmörtel 139
Kalkseifen 193
Kalkstein 136
Katalysator 35, 116, 240
Kekulé, A. 165
Keramik 140f.
Kernseife 193
Kesselstein 138
Ketone 180
Kiesfilter 44
Kläranlage 44
Kleesäure 92
Klopffestigkeit 153
Knopfzelle 248
Kochsalz, Gewinnung 75
–, Verwendung 75
–, Vorkommen 74
Kohle 130
Kohlenhydrate 200ff.
Kohlensäure 135
Kohlenstoff 54, 130ff.
Kohlenstoffatome, Bindigkeit 145
Kohlenstoffdioxid 33, 54f., 56, 134
–, Nachweis 136
Kohlenstoffmonooxid 60, 134
Kohlenstoffverbindungen, kettenförmig 144
–, ringförmig 145
Kohlenwasserstoffe, aromatische 164ff.
–, gesättigt 148
–, kettenförmig 148
–, ringförmig 164, 167
–, Umwandlung 163, 167
–, ungesättigt 159, 162f., 167
Kohleveredlung 131
Kondensation 209
Kondensationreaktionen 188
Konservierungsmittel 186f.
Kontaktapparat 117, 123
Kontaktverfahren 116
kontinuierliche Arbeitsweise 123
Konverter 62
Konzentration 237
Konzentrationsänderung 237
konzentrierte Laugen 79
konzentrierte Säuren 95
Körper 8
Korrosion 26f.
–, elektrochemische 250
Korrosionsschutz 28, 250
Kreislaufprinzip 123
Kunststoffarten 208
Kunststoffe 161, 208ff., 217
–, Werkstoffe nach Maß 215
Kupfer 22
–, Herstellung 244

273

REGISTER

Laboratorien 7
Laborgeräte 264f.
Lackmus 81, 88
Lactose 201
Laugen 79
Lavoisier, A. L. 30f., 41
Lebensluft 41
Legierung 12, 22
Leichtmetalle 20
Leitfähigkeit, elektrische 11, 20
Liebig, J. von 127
Lindan 166
Linde-Verfahren 122
lipophil 150
Lokalelement 250
Lomonossow, M. W. 30f., 40f.
Löschmittel 65, 69
Löslichkeit 10
Lösung 12
Lötzinn 23
Luft 32ff., 41
–, als Rohstoff 34
–, flüssige 34
–, Reinhaltung 34, 252ff.
–, Zusammensetzung 32f.
Luftschadstoffe 35, 113, 252ff., 255
Luftschiff 48
Luftverunreinigungen 91

Magnesia-Laborgeräte 53, 82
Magnesium 22, 53
makromolekulare Stoffe 207, 209ff.
Makromoleküle 161, 201, 208
Maltose 200
Margarine 199
Marmor 136
Masse 226, 233
–, Berechnen 229ff.
Massenanteil 79
Meerwasser 42
Mehrfachbindung 162
Mendelejew, D. I. 72, 223
Messing 22
Metallbindung 85f.
Metallchloride 76, 83
–, Formeln 77
–, Ionen in Wasser 78
–, Namen 77
Metalle 20ff., 22, 31, 63, 83, 86
–, Abscheidung aus Lösungen 246, 251
–, Bau 85
–, Reaktion mit Wasser 81
–, unedle 20
–, Verwendung 21
Metallhydroxide 79f., 83
–, Bau 80
–, Reaktion mit Wasser 80
–, Umgang mit 79
–, Verwendung 79
Metalloxide 52ff., 82f.
–, Bau 82
–, Eigenschaften 82
–, Reaktion mit Wasser 82

Metallsulfide 111
Metallüberzüge 29
Methan 146f.
Methanal 178, 211
Methanmolekül, Struktur 147
Methanol 176
Methansäure 184
Meyer, L. 72, 223
Milchsäure 186f.
Mineralöle 198
Mineralsalze 206
Mittasch, A. 122
Modell 24, 38
Mol 227
molare Masse 228, 233
molares Volumen 231, 233
Molekül 38, 41, 87
–, Struktur 158, 162f., 164f., 175
Molekülsubstanz 37, 41, 87
Monosaccharid 200, 202
Müll 260f.

Nährstoffe 198ff.
Naphthalin 165
Natrium 81, 106, 222
Natriumchlorid 74ff.
–, Bau 76
–, Eigenschaften 76
Natriumchlorid-Elektrolyse 245
Nebel 12
Nebengruppen 72
Nebengruppenelemente 219
Neusilber 23
neutrale Lösung 98f.
Neutralisation 98, 100f.
–, Bedeutung 101
Nichtmetalle 41, 63
–, Bau 86
Nichtmetalloxide 54
–, Reaktion mit Wasser 94
Niederschlag 78, 102
Nitrate 127
–, Nachweis 127
nitrose Gase 125f.
Normalalkane 152
Normalbutan 152
Normzustand 231

Octanzahl 153
Ölsäure 186f.
Ordnungszahl 72, 221, 224
organische Chemie 144f.
organische Verbindungen 145
Ostwald, W. 126
Ostwald-Verfahren 126
Oxalsäure 186f.
Oxid 27
Oxidation 52ff., 63f., 225
–, Bedingungen 55
Oxidationsmittel 57
Oxide 63
Ozon 156
Ozonloch 254

Palmitinsäure 187
Papierherstellung 202
Paraffin 147
Patina 26
Pauling, L. 84
Penten 159
Peptidbindung 204
Peptidketten 205
Perioden 72, 219
Periodensystem der Elemente 70ff., 218ff., hinteres Vorsatz
–, Entwicklung 223
–, Metalle 220
–, Nichtmetalle 220
Petrochemie 171
pH-Wert 98
Phenoplaste 209
Phlogiston 40
Phosphor 62
Phosphorsäure 94
Phthalsäure 187
pneumatisches Auffangen 36
Polyacrylnitrilfasern 213
Polyamidfasern 213
Polyesterfasern 213
Polyethylen 161, 171
Polykondensation 209f., 217
polymere Stoffe 132, 140
Polymerisation 161, 209, 217
Polysaccharide 201f.
Polyvinylchlorid 162
Priestley, J. 36, 40
Primärelement 248
Propan 147
Propangas, Umgang mit 150
Propanon 180
Propen 159, 171
Proteine 203
Protonen 70, 73
Proust, L. 230
Pyrolyse 214

Quantitative Betrachtungen 226
Quecksilberoxid 56

Raffinieren 170f.
Rauch 12
Raumfähre 48
Reaktion, umkehrbare 116
Reaktionsbedingungen 238f.
Reaktionsgeschwindigkeit 238f.
Reaktionsgleichung 50f., 52, 63, 78, 226f.
Reaktionsprodukt 18f.
Recycling 8, 214f.
Redoxreaktionen 56f., 63, 224f.
Redoxreihe 246
Reduktion 56, 63
Reduktionsmittel 57
Reformieren 170f.
Reinstoffe 13, 19, 31
Rennofen 58
Rieseltürme 117
Roheisen 62

REGISTER

Rohkupfer, Reinigung 244
Rost 28
R-Sätze 266
Ruß 54
Rutherford, E. 70f.

Saccharide 200
Saccharose 201
Salpetersäure 93
–, Herstellung 126
–, Verwendung 126
salzartige Stoffe 76ff., 83
Salze 74
Salze, Namen 102
Salzlagerstätten 74
Salzlösungen, Bildung 96
–, Darstellung 102
Salzsäure 88f., 92
Sauerstoff 33, 41, 62
–, Bau 38f.
–, Darstellung 36
–, Eigenschaften 37
–, Entdeckung 36
–, Nachweis 37
–, Verwendung 37
saure Lösung 88ff., 98, 100, 221
–, im Haushalt 89
Säurelösungen, Darstellung 97
–, Reaktionen mit Metallen 96
–, Reaktionen mit Metalloxiden 96
Säuren 92ff.
–, Umgang mit 95
Säurerest-Ionen 92
–, Nachweis 102
saurer Regen 55, 91, 113, 125, 254f., 261
Schachtofen 58
Schadstoffe 53, 125, 252ff.
–, im Wasser 45, 258f.
Scheele, C. W. 36, 40
Schmelzflusselektrolyse 244
Schmelztemperatur 11
Schnellessigverfahren 182
Schrödinger, E. 71
Schwefel 54, 110ff.
Schwefel, Modifikationen 110
–, Vorkommen 111
Schwefeldioxid 54f., 113
Schwefelsäure 93
–, Eigenschaften, Verwendung 115
–, Herstellung 116
Schwefeltrioxid 114
Schwefelverbindungen 110ff.
Schwefelwasserstoff 112
schweflige Säure 94
Schwermetalle 20
Seife 192, 197
Seifen 192ff.
Sekundärelement 249
Sieben 19

Siedesalz 75
Siedetemperatur 11
Silber 22
Silicate 141
Silicium 62, 130, 133
Siliciumdioxid 140
Smog 35, 125, 253
Sommerfeld, A. 71
Spannungsreihe der Metalle 247
Spanprobe 37
Speiseessig 88f.
S-Sätze 267
Stadtgas, Umgang mit 68
Stahl 21f., 62
Stahl, G. E. 40
Stärke 201
Stearinsäure 187
Steinkohle 130
Steinsalz 75
Stickstoff 33f., 37
Stickstoff, Kreislauf 128
Stickstoffdioxid 125
Stickstoffmonooxid 125
Stickstoffoxid-Emission 35, 125
Stickstoffverbindungen 120ff.
Stoffe 8ff., 19
–, Einteilung 13, 19, 31, 63
–, Erkennen 10
–, Teilchenaufbau 24
Stoffgemisch 12, 19, 33
–, Trennen 14, 19
Stoffmenge 226f., 233
–, Berechnen 229
Stoffumwandlung 17f., 19, 50, 234f.
Strukturformel 147ff.
Substitution 151
Sulfat-Ionen, Nachweis 114, 118f.
Sulfate 111
Sulfide 112
Sulfid-Ionen 112
sulfidische Erze, Rösten 113
Sulfit-Ionen 94
Summenformel 147ff.
Sumpfgas 146
Süßwasser 42
Symbol 41, 63
synthetischer Kautschuk 212

Teilchenanordnung 38f.
Teilchenanzahl 226f.
Teilchenart 76
Teilchenumordnung 50
Teilchenveränderung 106, 224, 235
Tenside 195
Thermoplaste 208f., 217
Thomson, J. 71
Toluol 165, 174
Treibhauseffekt 55, 254f.
Trinkwasser 43f., 45

Umweltschutz 252ff.
unedle Metalle 21, 81, 96
Universalindikator 81, 98

Van-der-Waals-Kräfte 149
Verbindung 51, 63
Verbrennung 64
Verchromen 243
verdünnte Laugen 79f.
verdünnte Säuren 95, 97
Veresterung 188f.
Vergasung 131
Verseifung 189
Viskosität 150
Vitamine 206
Volumen 226, 233
–, Berechnen 232
Vulkanisation 212

Waldsterben 55, 91
Wärmeaustauscher 117, 123
Wärmeerscheinung 56, 63
Wärmeleitfähigkeit 20
waschaktive Substanzen 195, 197
Waschmittel 192, 194ff.
–, Geschichte 196
–, Umweltbelastung 195, 197
Waschvorgang 192, 194, 197
Wasser 42ff., 51
–, Eigenschaften 46
–, Formel 47
–, hart 138
–, Kreislauf 42
–, weich 138
–, Zerlegung 47
Wasserenthärtung 138
Wasserhärte 138, 193
Wasserschutz 44f., 258f.
Wasserstoff 48, 51
–, Bau 49
–, Eigenschaften 49
Wasserstoffatom 89
Wasserstoff-Ionen 89f., 92, 100, 103
Wasserstoffperoxid 36
Wasserverunreinigung 45, 258
Wasservorräte 47
Weichgummi 212
Weinsäure 186
Wöhler, F. 144
Wortgleichung 27, 50, 78

Xanthoproteinreaktion 126

Zement 139
Zementmörtel 139
Zentrifugieren 16
Zink 22
Zinn 23

Abbildungsverzeichnis

ADN, Berlin: Ahnert 111/4, Eicke 120, Günther 75/5, Junge 226, Link 44/4, Müller 52, 61/2, 202/2, Sindermann 21/4; Aluminium Rheinfelden GmbH, Rheinfelden: 245/5; BASF Aktiengesellschaft, Ludwigshafen: 6/3, 122/4; Bäuerle + Schwarz GmbH + Co, Pforzheim: 23/6; Baumann Schicht, Bad Reichenhall: 75/3; Bayer AG, Leverkusen: 93/4, 110, 117/3; Braunschweigische Kohlen-Bergwerke AG, Buschhaus: 254/2; Bristol Hotel Kempinski/Foto AV Design GmbH Berlin: 198; Degussa-Bild, Frankfurt a. M.: 96/1; Deutsche Airbus GmbH, Hamburg: 23/4, 208/1; Deutsche Shell Aktiengesellschaft, Hamburg, Reg. Press 141122: 144; Döring, Berlin: 45/6, 67/3, 75/4, 134/2, 140/3−4, 155/5, 195/6, 212/1; Eckelt, Berlin: 78/2, 98/1; EVT-Mahler GmbH, Stuttgart: 234/1; Forschungszentrum Jülich GmbH, Jülich: 70; Fotoagentur Zentralbild GmbH, Hellmann: 130; Fotoarchiv Grünes Gewölbe, G. Beyer, Weimar: 133/3; Fotoatelier H.-J. Mock, Mühlhausen: 56/1, 82/2, 98/2, 102/2, 110/1−3, 112/2, 114/3, 115/4, 118/1−2, 124/1, 164/1, 222/1−2, 242/unten, 258/E2−4, 260/E5; Gesellschaft für Öffentlichkeitsarbeit der Deutschen Brauwirtschaft e.V., Archiv Bonn-Bad Godesberg: 5/3, 173/1; Geologische Forschung und Erkundung Halle: 133/4; Giebe, Halle: 75/2; Gottlieb, Halle: 15/4; Grambow, Berlin: 99/3, 179/3; Henkel KGaA, Düsseldorf-Werksarchiv: 194/4; Heßheimer, Berlin: 209/4, 210/3; Hofmann, Mühlhausen: 114/1, 238/1, 260/1−2; Dr. Jänsch, Berlin: 91/4, 127/4; Kefrig, Osnabrück: 21/3; Knopfe, TU Bergakademie Freiberg: 12/1, 53/1−4, 54/1, 74, 85/2, 102/1, 111/5−7, 119, 130/2, 131/1, 131/5−6; Kreutzmann, Premnitz: 213/6; Fotoagentur Helga Lade, Berlin: 4/1, 5/2, 5/6−7, 7/7, 8, 9/4, 15/2, 17/5, 22/1, 22/3, 23/5, 26/1, 32, 34/3−4, 35/5, 37/3, 42, 48/2−4, 55/4, 64, 66/1, 68/1, 84, 86/1 91/2−3, 91/5, 95/3, 98, 104, 125/2, 130/1, 136/2−4, 138/1, 140/1, 141,6, 142/2, 142/5, 161/3, 168, 170/2, 172, 180/1, 182, 190/1−2, 192, 194/1, 208, 214,1, 216/2, 235/2, 236/1−2, 243/1, 252, 253/3, 256/2, 257/3−7; Mansfelder Kupferhütte: 244/1; Nowosti-APN: 131/3; Adam Opel AG, Rüsselsheim: 28/links; Phywe Systeme GmbH, Göttingen: 45/7; Rudolf Perner GmbH & Co. Glockengießerei, Passau: 22/2; Ludwig Preiß Industrie- und Pressebilddienst GmbH, Berlin: 4, 5/5, 8/2−3, 9/5, 10/1, 13/2, 18/1−2, 20, 21/2, 21/5, 28/rechts, 29/(3), 34/1, 35/6, 37/4, 45/6, 52, 62/2, 65/1, 67/4, 79/3−4, 87/4, 88, 88/1, 89/2−4, 92/1−3, 94/1, 95/4, 96/2, 100/3, 101/6, 104/1, 133/Mitte, rechts, 134/1, 135/3, 138/2, 140/2, 141/5, 142/1, 142/3−4, 146, 148/1, 149/E4, 151/2, 154/3, 162/2, 170/1, 174/3, 176/E6, 177/2, 179/4, 180/3, 184/1, 184/3, 186/1, 192/1−2, 193/3, 195/5, 198/1, 203/4, 208/2, 210/1, 211/5, 212/3, 213/5, 214/2, 215/Umweltzeichen, 256/1; Prevost, Paris: 107/2; S & M Rümmler Studio, Flöha (Museum Auerbach): 158; Sartorius AG, Göttingen: 227/2; Schiffswerft "Neptun" GmbH, Rostock: 250/2; Schlegel, Lunzenau: 131/4; Schultheis Brauerei AG Berlin, Tietze: 173/2; Siemens-Pressebild: 133/links, 141/7; Staatliche Museen zu Berlin: 6/1; Stora Feldmühle AG, Hagen: 202/1; TASS: 218; Theuerkauf, Gotha: 5/4, 99/5−6, 101/7, 184/4; Thüringisches Landesamt für Denkmalpflege, Erfurt: 55/6; Ullstein Bilderdienst, Berlin: 93/5; VARTA Batterie AG, Hannover: 248/1, 248/2, 249/4; VAW Aluminium AG, Bonn: 26/2, 242, 244/3; Verband der Textilhilfsmittel-, Lederhilfsmittel-, Gerbstoff- und Waschrohstoff Industrie e. V. TEGEWA, Frankfurt a. Main: 196/links; Verlag Werbung und Foto Fabry GmbH, Rüdersdorf: 6/2, 236/3; Voest Alpine GmbH, München: 62/1; Volkswagen AG, Wolfsburg: 29/unten, 99/4; Wahlstab, Berlin: 85/6; Wasserwerke Berlin: 44/2; Wilkens Silbermanufaktur Bremen: 23/8.

Die nicht aufgeführten Bilder sind aus dem Archiv des Verlages Volk und Wissen GmbH.

Periodensystem der Elemente (Langperiodensystem)

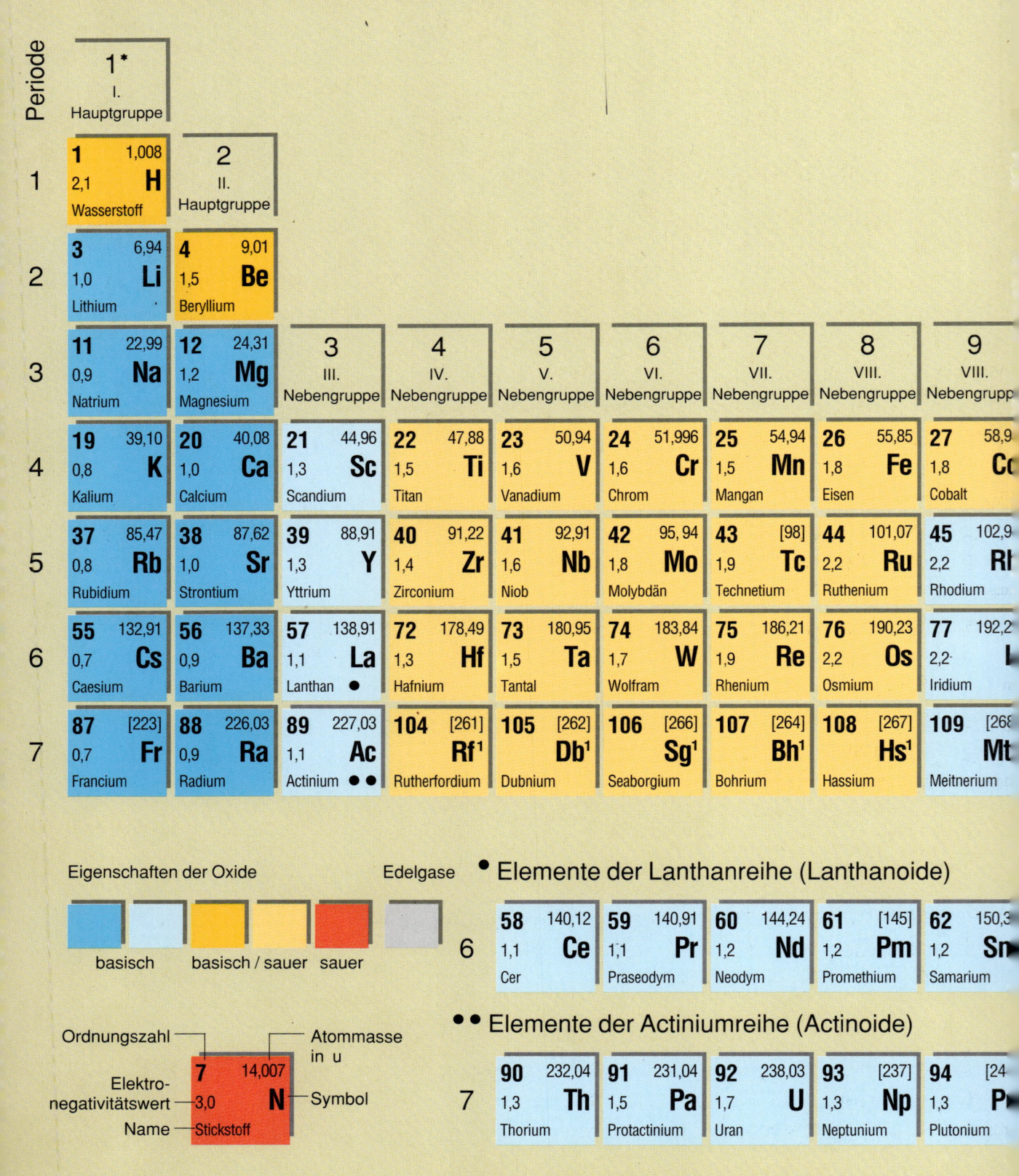

Periode	1* I. Hauptgruppe	2 II. Hauptgruppe	3 III. Nebengruppe	4 IV. Nebengruppe	5 V. Nebengruppe	6 VI. Nebengruppe	7 VII. Nebengruppe	8 VIII. Nebengruppe	9 VIII. Nebengruppe
1	1 1,008 2,1 **H** Wasserstoff								
2	3 6,94 1,0 **Li** Lithium	4 9,01 1,5 **Be** Beryllium							
3	11 22,99 0,9 **Na** Natrium	12 24,31 1,2 **Mg** Magnesium							
4	19 39,10 0,8 **K** Kalium	20 40,08 1,0 **Ca** Calcium	21 44,96 1,3 **Sc** Scandium	22 47,88 1,5 **Ti** Titan	23 50,94 1,6 **V** Vanadium	24 51,996 1,6 **Cr** Chrom	25 54,94 1,5 **Mn** Mangan	26 55,85 1,8 **Fe** Eisen	27 58,9 1,8 **Co** Cobalt
5	37 85,47 0,8 **Rb** Rubidium	38 87,62 1,0 **Sr** Strontium	39 88,91 1,3 **Y** Yttrium	40 91,22 1,4 **Zr** Zirconium	41 92,91 1,6 **Nb** Niob	42 95,94 1,8 **Mo** Molybdän	43 [98] 1,9 **Tc** Technetium	44 101,07 2,2 **Ru** Ruthenium	45 102,9 2,2 **Rh** Rhodium
6	55 132,91 0,7 **Cs** Caesium	56 137,33 0,9 **Ba** Barium	57 138,91 1,1 **La** • Lanthan	72 178,49 1,3 **Hf** Hafnium	73 180,95 1,5 **Ta** Tantal	74 183,84 1,7 **W** Wolfram	75 186,21 1,9 **Re** Rhenium	76 190,23 2,2 **Os** Osmium	77 192,2 2,2 **Ir** Iridium
7	87 [223] 0,7 **Fr** Francium	88 226,03 0,9 **Ra** Radium	89 227,03 1,1 **Ac** •• Actinium	104 [261] **Rf**[1] Rutherfordium	105 [262] **Db**[1] Dubnium	106 [266] **Sg**[1] Seaborgium	107 [264] **Bh**[1] Bohrium	108 [267] **Hs**[1] Hassium	109 [268] **Mt** Meitnerium

Eigenschaften der Oxide: basisch / basisch / sauer / sauer

Edelgase

• Elemente der Lanthanreihe (Lanthanoide)

6	58 140,12 1,1 **Ce** Cer	59 140,91 1,1 **Pr** Praseodym	60 144,24 1,2 **Nd** Neodym	61 [145] 1,2 **Pm** Promethium	62 150,3 1,2 **Sm** Samarium

•• Elemente der Actiniumreihe (Actinoide)

7	90 232,04 1,3 **Th** Thorium	91 231,04 1,5 **Pa** Protactinium	92 238,03 1,7 **U** Uran	93 [237] 1,3 **Np** Neptunium	94 [244] 1,3 **Pu** Plutonium

Legende: Ordnungszahl — Atommasse in u — Elektronegativitätswert — Symbol — Name
Beispiel: 7 14,007 3,0 **N** Stickstoff

Die Atommassen in eckigen Klammern beziehen sich auf das längs...